Begleitmaterialien zum Lehrwerk

für Schülerinnen und Schüler

Arbeitsheft Klasse 5
978-3-06-009198-0

für Lehrerinnen und Lehrer

Serviceband Klasse 5
978-3-06-040386-8

Lösungen
978-3-06-009475-2

Autoren: Hans Ahrens, Dr. Wolfram Eid, Dr. Ralf Benölken, Dr. habil. Lothar Flade, Walter Klages, Anna-Kristin Kracht, Sabine Krüger, Brigitta Krumm, Dr. Hubert Langlotz, Dr. Andreas Pallack, Dr. habil. Manfred Pruzina, Melanie Quante, Dr. Ulrich Rasbach, Nadeshda Rempel, Reinhard Schmidt, Angelika Siekmann, Christian Theuner, Dr. Christian Wahle, Florian Winterstein, Anne-Kristina Wolff, Dr. Sandra Wortmann

Beraten durch: Thomas Brill (Naumburg), Dr. Wolfram Eid (Möckern), Dr. habil. Lothar Flade (Halle/Saale), Andrea Penne (Zahna-Elster), Dr. habil. Manfred Pruzina (Petersberg)

Herausgeber: Dr. Andreas Pallack

Redaktion: Maya Brandl, Anke Haschick, Dr. Günter Liesenberg, Stefan Rubly, Dr. Sonja Thiele

Illustration: Matthias Pflügner, Niels Schröder, Wolfgang Zieger

Technische Zeichnungen: Christian Böhning, Wolfgang Mattern, zweiband.media, Berlin

Umschlaggestaltung und Zwischentitel: havemannundmosch GbR

Layoutkonzept: klein & halm GbR

Technische Umsetzung: zweiband.media, Berlin

Unter der folgenden Adresse befinden sich umfassende Informationen zum Unterrichtswerk Fundamente der Mathematik.

www.fundamente.de

www.cornelsen.de

Unter der folgenden Adresse befinden sich Zusatzangebote für Lehrerinnen und Lehrer für die Arbeit mit dem Schülerbuch.

www.cornelsen.de/unterrichtsmanager

Die Webseiten Dritter, deren Internetadressen in diesem Lehrwerk angegeben sind, wurden vor Drucklegung sorgfältig geprüft. Der Verlag übernimmt keine Gewähr für die Aktualität und den Inhalt dieser Seiten oder solcher, die mit ihnen verlinkt sind.
1. Auflage, 6. Druck 2024
Alle Drucke dieser Auflage sind inhaltlich unverändert und können im Unterricht nebeneinander verwendet werden.
© 2015 Cornelsen Schulverlag GmbH, Berlin
© 2020 Cornelsen Verlag GmbH, Mecklenburgische Str. 53, 14197 Berlin,
E-Mail: service@cornelsen.de

Das Werk und seine Teile sind urheberrechtlich geschützt. Jede Nutzung in anderen als den gesetzlich zugelassenen Fällen bedarf der vorherigen schriftlichen Einwilligung des Verlages. Hinweis zu §§ 60 a, 60 b UrhG: Weder das Werk noch seine Teile dürfen ohne eine solche Einwilligung an Schulen oder in Unterrichts- und Lehrmedien (§ 60 b Abs. 3 UrhG) vervielfältigt, insbesondere kopiert oder eingescannt, verbreitet oder in ein Netzwerk eingestellt oder sonst öffentlich zugänglich gemacht oder wiedergegeben werden. Dies gilt auch für Intranets von Schulen und anderen Bildungseinrichtungen.
Der Anbieter behält sich eine Nutzung der Inhalte für Text- und Data-Mining im Sinne § 44 b UrhG ausdrücklich vor.

Druck: Livonia Print, Riga

ISBN 978-3-06-009187-4 (Schülerbuch)
ISBN 978-3-06-009484-4 (E-Book)

PEFC zertifiziert
Dieses Produkt stammt aus nachhaltig bewirtschafteten Wäldern und kontrollierten Quellen.

PEFC/12-31-006   www.pefc.de

Fundamente
|der Mathematik|

Sachsen-Anhalt

Gymnasium · Klasse 5

Herausgegeben von
Dr. Andreas Pallack

Inhaltsverzeichnis

	Vorwort	4
1.	**Daten**	**5**
	Dein Fundament	6
1.1	Daten in Tabellen und Diagrammen erfassen	8
1.2	Diagramme mit Tabellenkalkulationen erstellen	10
	Vermischte Aufgaben	12
	Prüfe dein neues Fundament	14
	Zusammenfassung	16
2.	**Natürliche Zahlen**	**17**
	Dein Fundament	18
2.1	Natürliche Zahlen darstellen	20
2.2	Mit römischen Zahlen umgehen	22
2.3	Große Zahlen lesen und schreiben	24
2.4	Natürliche Zahlen runden	27
2.5	Natürliche Zahlen addieren und subtrahieren	29
2.6	Natürliche Zahlen multiplizieren und dividieren	32
2.7	Vorrangregeln sicher anwenden	37
2.8	Rechengesetze (Addition und Multiplikation)	40
2.9	Das Distributivgesetz	43
	Streifzug: Kopfrechnen*	45
2.10	Natürliche Zahlen schriftlich addieren	46
2.11	Natürliche Zahlen schriftlich subtrahieren	48
2.12	Natürliche Zahlen schriftlich multiplizieren	50
2.13	Natürliche Zahlen schriftlich dividieren	52
	Vermischte Aufgaben	55
	Prüfe dein neues Fundament	58
	Zusammenfassung	60
3.	**Gleichungen**	**61**
	Dein Fundament	62
3.1	Variablen und Terme verwenden	64
3.2	Gleichungen lösen	66
	Vermischte Aufgaben	68
	Prüfe dein neues Fundament	70
	Zusammenfassung	72
4.	**Brüche und Dezimalbrüche**	**73**
	Dein Fundament	74
4.1	Brüche als Anteile von Ganzen angeben	76
4.2	Brüche erweitern und kürzen	79
4.3	Brüche vergleichen und ordnen	82
4.4	Gleichnamige Brüche addieren und subtrahieren	86
	Streifzug: Triff den Bruch*	88
4.5	Dezimalbrüche schreiben und ordnen	90
4.6	Dezimal- und Prozentschreibweise von Brüchen	93
4.7	Dezimalbrüche runden	97
4.8	Dezimalbrüche addieren und subtrahieren	99
4.9	Dezimalbrüche multiplizieren	101
	Vermischte Aufgaben	104
	Prüfe dein neues Fundament	106
	Zusammenfassung	108
5.	**Aufgabenpraktikum Teil (1)**	**109**

6.	**Größen und ihre Einheiten**	**117**
	Dein Fundament	118
6.1	Massen, Längen und Zeiten schätzen	120
6.2	Größenangaben umwandeln	123
6.3	Mit Größenangaben rechnen	126
6.4	Größenanteile ermitteln	129
6.5	Mit Maßstäben umgehen	131
6.6	Mit Flächeneinheiten rechnen	134
6.7	Mit Volumeneinheiten rechnen	137
	Vermischte Aufgaben	140
	Prüfe dein neues Fundament	142
	Zusammenfassung	144
7.	**Geometrische Grundbegriffe**	**145**
	Dein Fundament	146
7.1	Geometrische Figuren beschreiben	148
7.2	Lagebeziehungen von Geraden untersuchen	150
7.3	Parallelverschiebungen durchführen	154
7.4	Koordinatensysteme zum Zeichnen nutzen	157
7.5	Achsensymmetrische Figuren zeichnen	161
7.6	Geometrische Figuren spiegeln	164
7.7	Winkelarten unterscheiden	166
7.8	Winkel messen und zeichnen	169
7.9	Geometrische Figuren drehen	172
7.10	Dynamische Geometriesoftware verwenden	174
	Streifzug: Punktsymmetrische Figuren untersuchen*	176
	Vermischte Aufgaben	178
	Prüfe dein neues Fundament	180
	Zusammenfassung	182
8.	**Umfang und Flächeninhalt**	**183**
	Dein Fundament	184
8.1	Umfänge von Figuren ermitteln	186
8.2	Flächeninhalte von Rechtecken ermitteln	189
	Vermischte Aufgaben	192
	Prüfe dein neues Fundament	194
	Zusammenfassung	196
9.	**Volumen und Oberflächeninhalt**	**197**
	Dein Fundament	198
9.1	Körpernetze zeichnen	200
9.2	Oberflächeninhalte von Quadern berechnen	203
9.3	Volumen eines Quaders berechnen	206
9.4	Schrägbilder von Körpern zeichnen	209
	Vermischte Aufgaben	212
	Prüfe dein neues Fundament	214
	Zusammenfassung	216
10.	**Aufgabenpraktikum Teil (2)**	**217**
11.	**Komplexe Aufgaben***	**225**
12.	**Arbeitsmethoden**	**231**
13.	**Anhang**	**234**
	Lösungen	235
	Stichwortverzeichnis	254

* Streifzüge und komplexe Aufgaben sind fakultative Inhalte.

Vorwort

Liebe Schülerin, lieber Schüler,

hier findest du Hinweise, die dir helfen sollen, dich in deinem Buch zurechtzufinden.

Bauplan zu „Fundamente der Mathematik"

Dein Fundament: Am Anfang eines Kapitels findest du Aufgaben, die du zum *Prüfen des notwendigen Vorwissens* nutzen sollst. Das ist für das Verständnis im nachfolgenden Kapitel notwendig. *Die Lösungen dazu findest du im Anhang. (↗ S.)*

Einführungsaufgaben: Jeder Lernabschnitt beginnt mit einer *einführenden Aufgabe*, die zum nachfolgenden Thema passt.

Wissenskästen: In rot markierten Wissenskästen ist *Wichtiges* zusammengefasst.

Beispiele mit Übungsaufgaben: Neues wird immer an Beispielaufgaben mit Lösungswegen erklärt. Du kannst die direkt daran anschließenden Übungsaufgaben nutzen, um dein neu erworbenes Wissen und Können sofort zu *testen und auszuprobieren*.

Aufgaben: Jeder Lernabschnitt enthält drei besonders gekennzeichnete Übungsaufgaben.

Durchblick: Diese Aufgabe solltest du lösen können, wenn du alles verstanden hast.

Stolperstelle: Diese Aufgabe enthält typische Fehler, die du erkennen sollst. Das hilft dir, weitere Fehler zu vermeiden.

Ausblick: Diese Aufgabe enthält echte Herausforderungen. Bearbeite sie nur, wenn du die anderen Aufgaben sicher lösen konntest.

Löst die mit 👥 gekennzeichneten Aufgaben in Partner- oder in Gruppenarbeit.

Vermischte Aufgaben: Diese Aufgaben beinhalten Forderungen aus allen Lernabschnitten. Hier findest du auch besonders gekennzeichnete Blütenaufgaben ❀ ❀ ❀ . Entscheide bei diesen Aufgaben selbst, in welcher Reihenfolge du sie lösen willst. Finde heraus, was du bereits kannst, arbeite selbstständig, sei erfinderisch und kreativ.

Prüfe dein neues Fundament: An Ende eines Kapitels findest du Aufgaben, die du zum *Vorbereiten von Leistungskontrollen, Tests und Klassenarbeiten* nutzen kannst. *Die Lösungen dazu findest du im Anhang. (↗ S.)*

Zusammenfassung: Die letzte Seite eines Kapitels enthält *Wichtiges zum Nachschlagen*.

Streifzüge: Sie enthalten *Ergänzungen* und Themen, die über den regulären Lernstoff hinausgehen. Es sind fakultative Inhalte, die auch zum *Selbstlernen* dienen können.

Komplexe Aufgaben: Diese *fakultativen Aufgaben* beinhalten Forderungen aus allen Kapiteln des Buches und vernetzen diese miteinander.

Methodenkarten: Sie helfen dir, *typische Unterrichtssituationen* gut zu bewältigen.

Viel Erfolg im neuen Schuljahr!

1. Daten

In allen Bereichen unseres täglichen Lebens werden Informationen gesammelt und ausgewertet.
Die dabei anfallenden Daten werden oft in Tabellen übersichtlich geordnet und in Diagrammen dargestellt.

Dein Fundament

1. Daten

Lösungen ↗ S. 235

Sicher rechnen

1. Rechne im Kopf.
   a) 17 + 19   b) 38 − 17   c) 58 − 19   d) 47 + 14   e) 111 − 22
   f) 9 · 8   g) 13 · 3   h) 56 : 8   i) 42 : 2   j) 12 · 5

2. Rechne im Kopf. Nutze Rechenvorteile.
   a) 13 + 19 + 17   b) 25 + 17 + 5   c) 19 + 38 − 9   d) 111 + 99 − 10   e) 37 + 19 − 17
   f) 5 · 17 · 2   g) 9 · 15 · 6   h) 8 · 2 + 8 · 8 i) (12 + 24) : 6   j) 7 · 17 + 3 · 17

3. Berechne und erläutere dein Vorgehen.
   a) 16 : 2 + 2   b) 16 : (2 + 2)   c) 3 + 4 · 11   d) (3 + 4) · 11   e) 14 − 4 : 2

4. Gib alle Zahlenpaare an, deren Produkt 12 ist.

5. Gib die gesuchte Zahl an.
   a) das Doppelte der Zahl 17   b) das Dreifache der Zahl 13
   c) das Vierfache der Zahl 19   d) das Fünffache der Zahl 14

Informationen aus Tabellen entnehmen

6. Die Tabelle enthält die Ergebnisse der letzten Klassenarbeit der Klasse 5b.

sehr gut	gut	befriedigend	ausreichend	mangelhaft	ungenügend
3	5	9	3	1	0

   a) Ermittle, wie viele Klassenarbeiten insgesamt bewertet wurden.
   b) Wie oft wurde in der Klassenarbeit die Note „sehr gut" oder die Note „gut" vergeben?

7. In der Tabelle ist das Alter aller Schülerinnen und Schüler der Klasse 5c zusammengefasst.

Alter in Jahren	10	11	12
Anzahl	9	13	2

   a) Gib die Anzahl aller 11-jährigen in der Klasse an.
   b) Ermittle, wie viele Kinder der Klasse älter als 10 Jahre sind.
   c) Berechne, wie viele Kinder zur Klasse gehören.

8. Auf dem Klassenfest der Klasse 5a wurde ein Quiz mit acht Fragen durchgeführt.
   23 Peronen nahmen daran teil. Kein Teilnehmer hatte alle Fragen richtig beantwortet.
   In der Tabelle sind einige Ergebnisse dargestellt.

Anzahl richtiger Antworten	8	7	6	5	4	3	2	1	0
Anzahl der Teilnehmer		1	5	4	3	4	2	2	

   a) Übertrage die Tabelle in dein Heft und ergänze die fehlenden Daten.
   b) Gib an, wie viele Teilnehmer drei richtige Antworten hatten.
   c) Ermittle, wie viele Teilnehmer weniger als vier richtige Antworten hatten.
   d) Wie viele Teilnehmer hatten mehr als drei und weniger als sieben richtige Antworten?
   e) Wie viele Teilnehmer hatten nur zwei falsche Antworten?

Dein Fundament

Diagramme lesen und zeichnen

9. Das abgebildete Diagramm stellt die Anzahl der Jungen (J) und der Mädchen (M) der Klassen 5a, 5b und 5c der Schiller-Schule dar.
   a) Entnimm dem Diagramm, wie viele Jungen insgesamt die drei fünften Klassen der Schiller-Schule besuchen.
   b) Ermittle auch, wie viele Schülerinnen und Schüler insgesamt die drei fünften Klassen der Schiller-Schule besuchen.

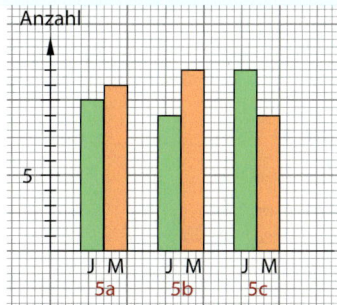

10. Die Tabelle zeigt das Alter der Jungen und Mädchen der Klasse 5a der Brunnenschule. Zeichne zu den Angaben der Tabelle ein Diagramm. Du kannst dazu nebenstehendes Bild in dein Heft übertragen und ergänzen.

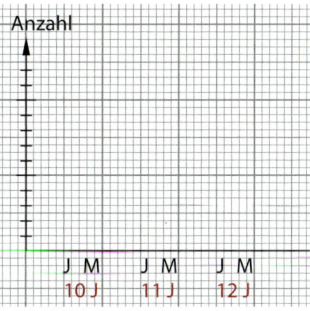

Alter	Anzahl der Jungen	Anzahl der Mädchen
10	5	5
11	8	4
12	1	2

11. Beim Würfeln erhielt Ben folgende Augenzahlen:
    1; 2; 4; 6; 6; 5; 4; 3; 6; 1; 2; 4; 5; 6; 1; 3; 3; 6; 3; 2
    Stelle die Würfelergebnisse in einem Diagramm dar.

Vermischtes

12. Gib an, wie viele Schokoladenstücke jedes Kind bei folgender Aufteilung bekommt.
    12 Stück Schokolade werden gerecht aufgeteilt auf:
    a) zwei Kinder   b) drei Kinder   c) vier Kinder

13. Ermittle den Anteil.
    a) die Hälfte von 26 Bonbons   b) ein Viertel von 8 Murmeln
    c) drei Viertel von 12 Stück Kuchen   d) ein Drittel von 9 €

14. Übertrage die drei abgebildeten Figuren in dein Heft.
    a) Färbe die Hälfte jeder Figur rot.   b) Färbe ein Viertel jeder Figur blau.

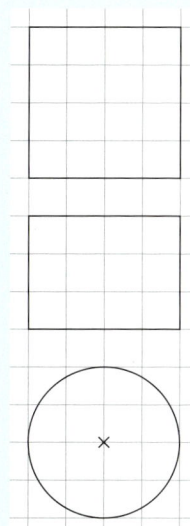

15. Bei einer Verkehrszählung am Schillerplatz wurden von 8:00 Uhr bis 11:00 Uhr Pkw mit nebenstehendem Ergebnis gezählt. Man verwendete das Symbol ■ für 50 gezählte Pkw, das Symbol ▲ für 10 gezählte Pkw und das Symbol | für einen Pkw.
    a) Lies ab, wie viele Pkw in der zweiten Stunde gezählt wurden.
    b) Wie viele Pkw passierten in der ersten Stunde weniger den Schillerplatz als in der 3. Stunde?
    c) Wie viele Pkw sind von 8:00 Uhr bis 11:00 Uhr insgesamt gezählt worden?
    d) Zeichne ein Schaubild für die insgesamt gezählten Pkw mit den verwendeten Symbolen.

Zeit	Anzahl gezählter Pkw
1. Stunde	▲ ▲ ▲ ▲ |||
2. Stunde	■ ▲ ▲ ▲ ▲ ||
3. Stunde	■ ||||

1.1 Daten in Tabellen und Diagrammen erfassen

■ Zum gegenseitigen Kennenlernen wurde in der Klasse 5a ein Fragebogen entwickelt. Erläutere, wie du die Ergebnisse darstellen würdest. ■

Vorname: _____ Alter: ___ Anzahl der Geschwister: _____ Lieblingsfach: _____
Leseverhalten
Ich lese im Jahr
☐ mehr als 4 Bücher ☐ 4 Bücher ☐ 3 Bücher ☐ weniger als 3 Bücher
Was liest du gern? (Mehrfachnennungen möglich)
☐ Reiseberichte ☐ Comics ☐ Erzählungen ☐ Krimis ☐ Märchen ☐ Sonstiges

Daten werden häufig in **Fragebögen** erfasst. Dabei können auch Auswahlantworten vorgegeben sein. In manchen Fällen sind auch mehrere Antworten pro Frage möglich, das sind dann Mehrfachnennungen. Zum **Auswerten** von Befragungen sind **Strichlisten** oft hilfreich.

Die 24 Schülerinnen und Schüler der Klasse 5a antworteten nach ihrem Lieblingsfach wie folgt:
Sp; Ma; D; Sp; Ma; Sp; Bio; Sp; Ma; Sp; Ma; D; Ma; Sp; Ma Sp; Bio; Sp; Sp; Sp; Bio; Sp; D; Sp

Lieblingsfach	Strichliste	Häufigkeit
Deutsch (D)	|||	3
Mathe (Ma)	⦀⦀		6
Biologie (Bio)	|||	3
Sport (Sp)	⦀⦀ ⦀⦀ ||	12

In einer Strichliste wurden die Antworten (Merkmale) erfasst und sortiert. Die Anzahl der Striche gibt die **Häufigkeit** der gegeben Antwort an. Es entsteht eine **Häufigkeitstabelle**.

Befragungsergebnisse können übersichtlich in einem **Säulendiagramm** (manchmal auch Streifendiagramm genannt) oder in einem **Balkendiagramm** dargestellt werden.

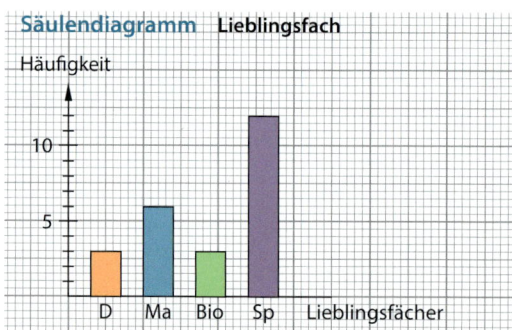
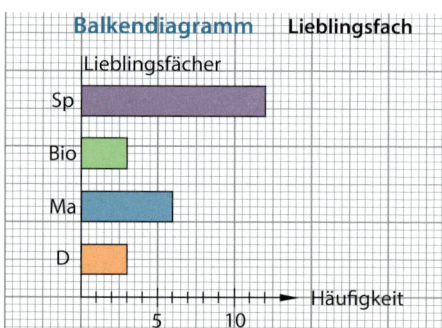

> **Wissen: Daten erfassen und darstellen**
>
> Daten werden oft in einem **Fragebogen** erfasst.
>
> Zum Auswerten sind **Strichlisten** hilfreich. Die Anzahl der Striche gibt die **Häufigkeit** an, wie oft ein Merkmal zutrifft. Dabei entsteht eine **Häufigkeitstabelle**.
>
> Daten können übersichtlich in **Diagrammen** dargestellt werden.
>
> In einem **Säulendiagramm** veranschaulicht die **Länge der Säulen** die **Häufigkeit** der auftretenden Merkmale.
>
> In einem **Balkendiagramm** veranschaulicht die **Länge der Balken** die **Häufigkeit** der auftretenden Merkmale.

1.1 Daten in Tabellen und Diagrammen erfassen

Beispiel 1: Daten in einem Diagramm darstellen

Auf die Frage nach dem Ziel des Klassenausflugs waren 15 der Befragten für das Schwimmbad und 5 für den Zoo. Stelle das Abstimmungsergebnis in einem Diagramm dar.
a) in einem Säulendiagramm   b) in einem Balkendiagramm

Hinweis: Achte darauf, dass alle Säulen (Balken) die gleiche Breite haben.

Lösung:

a) Zeichne eine Senkrechte und eine Waagerechte. Trage an der Senkrechten die Häufigkeiten der Stimmen ab. Schreibe an die Waagerechte die Ziele des Klassenausflugs. Die (blaue) Säule für den Besuch des Schwimmbades ist 15 Einheiten lang. Die (grüne) Säule für den Zoobesuch ist 5 Einheiten lang.

b) Trage an der Waagerechten die Häufigkeiten der Stimmen ab. Schreibe an die Senkrechte die Ziele des Klassenausflugs. Der (blaue) Balken für den Besuch des Schwimmbades ist 15 Einheiten lang. Der (grüne) Balken für den Zoobesuch ist 5 Einheiten lang.

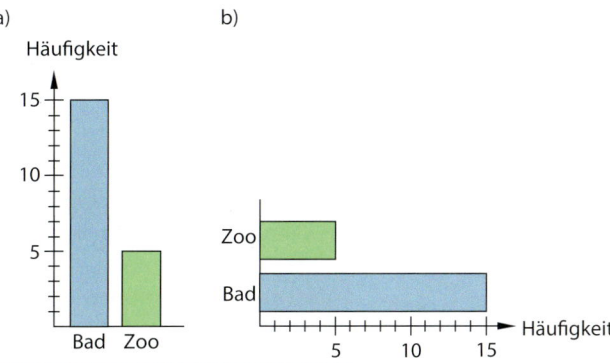

Aufgabe 1: Die Tabelle enthält die Lieblingsfarben von 28 Personen.
a) Erstelle dafür ein Säulendiagramm.
b) Erstelle dafür ein Balkendiagramm.

Farbe	Anzahl
Rot	7
Blau	7
Grün	14

Aufgaben

2. Eine Befragung der 12 Mädchen in der 5b der Schillerschule zum Schulweg [mit dem Bus (B); mit dem Fahrrad (R); zu Fuß (F)] ergab folgendes Ergebnis: F; F; F; B; R; F; R; B; F; R; F; B. Veranschauliche das Ergebnis sowohl in einem Säulendiagramm als auch in einem Balkendiagramm.

3. Das nebenstehende Diagramm zeigt, wie viele Schülerinnen und Schüler einer Schule aus welchen Ländern kommen. Lies die Anzahlen ab und fertige eine Häufigkeitstabelle an.

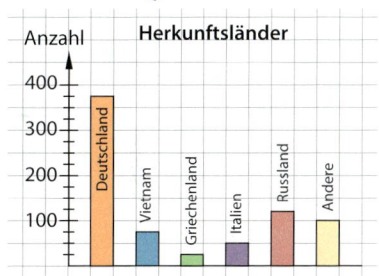

4. **Durchblick:** Erkläre an einem Beispiel, wie du ein Säulendiagramm erstellst. Orientiere dich an Beispiel 1a auf Seite 9.

5. **Stolperstelle:** Ole hat die Regenmengen der australischen Stadt Brisbane für vier Monate in einem Diagramm dargestellt.
   a) Vergleiche die Häufigkeitstabelle mit dem Diagramm. Hat Ole richtig gezeichnet?
   b) Ole behauptet, dass es im Januar ungefähr vier Mal so viel regnet wie im November. Stimmt das?

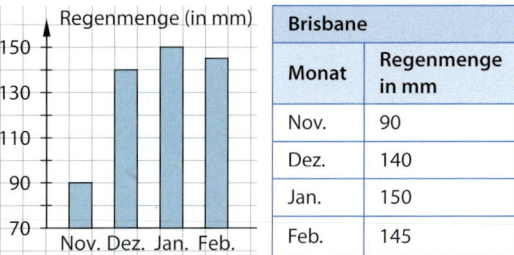

6. **Ausblick:** Die Hälfte der Mitglieder eines Sportvereins gehören zur Abteilung *Fußball*, ein Viertel zur Abteilung *Handball* und die restlichen Mitglieder verteilen sich zu gleichen Teilen auf die Abteilung *Turnen* und *Badminton*.
   a) Markiere in einem Kreis den Anteil des Mitglieder der Abteilung Fußball grün und den der Abteilung Handball rot.
   b) Welche Information ist noch erforderlich, um ein Säulendiagramm zu erstellen?

1.2 Diagramme mit Tabellenkalkulationen erstellen

■ Während sich Max noch müht, zu dem Befragungsergebnis zum „Alter der Schüler" ein Diagramm zu zeichnen, kann sich Luisa ihr Diagramm schon in ihrer Tabellenkalkulation am Monitor ansehen.

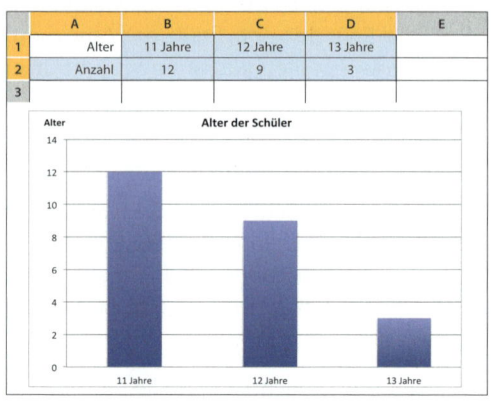

Befragungsergebnisse

Alter der Schüler	11 Jahre	12 Jahre	13 Jahre
Anzahl	12	9	3

Erläutere, wie du ein Diagramm mit einer Tabellenkalkulation erstellen kannst. ■

Wissen: Diagramme mit einer Tabellenkalkulation erstellen
Um Diagramme mit einer **Tabellenkalkulation** erstellen zu können, müssen die Daten auf dem Rechenblatt als Tabelle in den Zellen eingetragen sein. Nach dem Markieren der gewünschten Daten kann über die Menüleiste eine **Diagrammart** ausgewählt werden. Diagramme können nach dem Erstellen weiter bearbeitet und gespeichert werden.

Zu jedem Diagramm gehört eine aussagekräftige Überschrift und eine Legende. Die Legende enthält Informationen, die zum Verständnis des Diagramms erforderlich sind, z. B. welche Bedeutung die verwendeten Farben haben.

Hinweis:
Die Arbeitsschritte hängen von der verwendeten Tabellenkalkulation ab.

Beispiel 1: Diagramme mit einer Tabellenkalkulation erzeugen
Stelle die folgenden Befragungsergebnisse in einem Diagramm dar:

Klassensprecherwahl der Klasse 5b (24 Schülerinnen und Schüler)

Kandidat	Eva	Paul	Katja
Anzahl der Stimmen	6	6	12

a) in einem Säulendiagramm b) in einem Balkendiagramm

Lösung:
a) Gib die Daten in die Zellen des Rechenblattes deiner Tabellenkalkulation ein. Markiere dann alle Daten, die du im Diagramm darstellen möchtest. Wähle anschließend in der Menüleiste die gewünschte Diagrammart (Säulendiagramm). Es erscheint ein Säulendiagramm mit automatisch erzeugter Überschrift und Legende. Diese kann verändert werden. Schreibe als Überschrift „Klassensprecherwahl".

b) Arbeite wie bei Aufgabe a), wähle aber in der Menüleiste die Diagrammart Balkendiagramm.

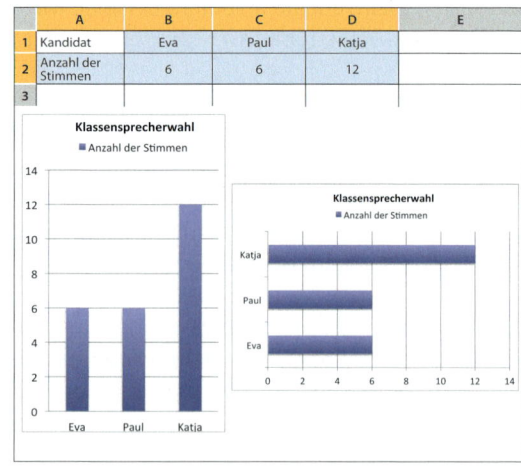

1.2 Diagramme mit Tabellenkalkulationen erstellen

Aufgabe 1: Die Tabelle zeigt die Ergebnisse der letzten Klassenarbeit der Klasse 5b.

sehr gut	gut	befriedigend	ausreichend	mangelhaft	ungenügend
4	7	11	3	2	0

Erstelle mit einer Tabellenkalkulation dafür sowohl ein Säulen- als auch ein Balkendiagramm.

Aufgaben

2. Bei einer Verkehrszählung wurde die Anzahl der Personen in den vorbeifahrenden Personenkraftwagen gezählt. In der Zeit von 9 bis 10 Uhr ergab sich folgendes Ergebnis:

Anzahl der Personen in einem Pkw	eine	zwei	drei	vier
Anzahl der Personenkraftwagen	54	39	22	17

   a) Ermittle die Anzahl der in der Verkehrszählung beobachteten Personenkraftwagen.
   b) Gib die Daten in eine Tabellenkalkulation ein und erstelle ein Säulendiagramm. Erzeuge dabei eine aussagekräftige Überschrift.
   c) Erzeuge mit den Daten ein Balkendiagramm. Probiere verschiedene Darstellungsarten für Balkendiagramme aus.

   Hinweis: Automatisch erzeugte Überschriften sind oft nicht sehr aussagekräftig.

3. **Durchblick:** Zum letzten Wandertag gingen von 186 Kindern 38 ins Kino, 29 ins Museum und 67 ins Spielehaus. Alle anderen Kinder waren im Spaßbad.
   a) Erstelle für diese Daten eine Tabelle mit einer Tabellenkalkulation.
   b) Erstelle dafür sowohl ein Säulen- als auch ein Balkendiagramm.

4. **Stolperstelle:** Bei einer Befragung in der Klasse 5a zum Kennenlernen wurde auch nach der Anzahl der Geschwister gefragt. Orientiere dich am Beispiel 1 auf Seite 10:

Anzahl der Geschwister	0	1	2	3
Anzahl der Schüler/innen	6	8	6	4

Bernd gibt diese Tabelle in seine Tabellenkalkulation ein, markiert den grünen Zellbereich und wählt als Diagrammart Säulendiagramm. Er erhält nebenstehendes Diagramm.
   a) Entscheide, welche Daten zur Datenreihe 1 bzw. zur Datenreihe 2 gehören.
   b) Wie kann das Entstehen der blauen Streifen erklärt werden?
   c) Finde eine Möglichkeit, das Diagramm sachgerecht darzustellen.

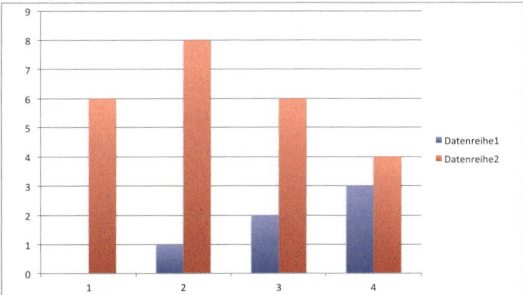

5. **Ausblick:** Andrea hat mit einer Tabellenkalkulation die Daten aus Aufgabe 4 in einem Diagramm wie nebenstehend dargestellt. Erzeuge diese Darstellung ebenfalls mit einer Tabellenkalkulation.

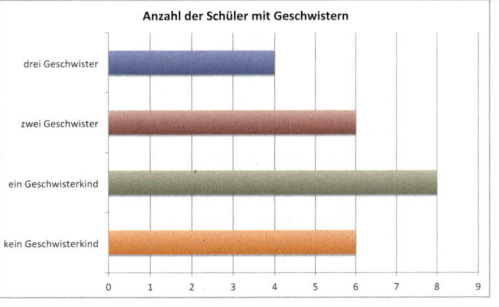

Vermischte Aufgaben

1. Petras Freundin Jana hat in ihrer Klasse eine Befragung zum Alter ihrer Mitschüler durchgeführt und die Ergebnisse in eine Häufigkeitstabelle eingetragen. Fertige hierzu ein Säulendiagramm an.

Alter	9	10	11	12
Häufigkeit	3	14	9	4

2. Nach ihrem Lieblingsgetränk gefragt, gaben 16 Schülerinnen und Schüler folgende Antworten: Cola; Apfelsaft; Cola; Kakao; Cola; Apfelsaft; Cola; Apfelsaft; Apfelsaft; Kakao. Die restlichen Befragten gaben als Lieblingsgetränk Orangensaft an.
   a) Erstelle eine Strichliste und eine Häufigkeitstabelle.
   b) Stelle den Sachverhalt (ohne Tabellenkalkulation) in einem Säulendiagramm dar.
   c) Stelle den Sachverhalt (ohne Tabellenkalkulation) in einem Balkendiagramm dar.

3. Nina hat in ihrer Klasse nach Lieblingstieren gefragt. Die Antworten hat sie in einem Säulendiagramm dargestellt. Fertige zu den Antworten eine Häufigkeitstabelle an.

4. Bei einer Meinungsumfrage wurde 800 Jugendlichen die Frage gestellt, ob sie Informationen aus Fernsehsendungen für den Unterricht und für die Hausaufgaben nutzen können. 80 Jugendliche gaben keine Antwort.
Die anderen Antworten waren: häufig (64), selten (144), manchmal (432), nie (80).
Stelle das Befragungsergebnis in einem Säulendiagramm dar.

5. Paul hat eine Strichliste mit Häufigkeitstabelle zur Anzahl der in den letzten beiden Jahren von den Schülerinnen und Schülern seiner Klasse gelesenen Bücher angefertigt. Erkläre und begründe, warum die Tabelle fehlerhaft ist.

Anzahl gelesener Bücher	Strichliste	Häufigkeit
0 bis 3	‖‖‖‖ ‖‖‖‖	9
3 bis 5	‖‖‖‖ ‖‖‖‖	9
6	‖	1
mehr als 6	‖‖‖	3

6. Betrachte das nebenstehende Diagramm und gib einen Sachverhalt an, der dazu passen könnte.

Tipp zu 7:
Beachtet die Regeln zur Arbeit in der Gruppe (Seite 233, Methodenkarte 5C).

7. Entwickelt eine eigene Umfrage. Überlegt dazu, welche Themen euch interessieren. Hier sind einige Vorschläge:
   – Steckbrief der Schule (Schüler- und Lehrerzahl, Anzahl der Jungen/Mädchen, Wohnorte …)
   – Freizeitgestaltung

Vermischte Aufgaben

8. Das nebenstehende Balkendiagramm zeigt die Anzahl der Schülerinnen und Schüler der fünften Klassen des Mariengymnasiums.
   a) Wie vielen Schülerinnen und Schülern entspricht ein ausgefülltes Kästchen?
   b) Wie viel Schülerinnen und Schüler sind in jeder Klasse?
   c) Zeichne für eure Klasse und für die Parallelklassen ein passendes Balkendiagramm.

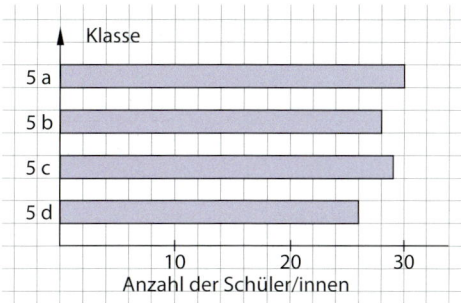

9. In einer Umfrage wurden 1000 Jugendliche im Alter von 10 bis 18 Jahren gefragt, welche Medien (Handy, Computer, TV Medium, Radio, Zeitschriften, Bücher) sie täglich wie lange nutzen. Das Diagramm zeigt die Ergebnisse.

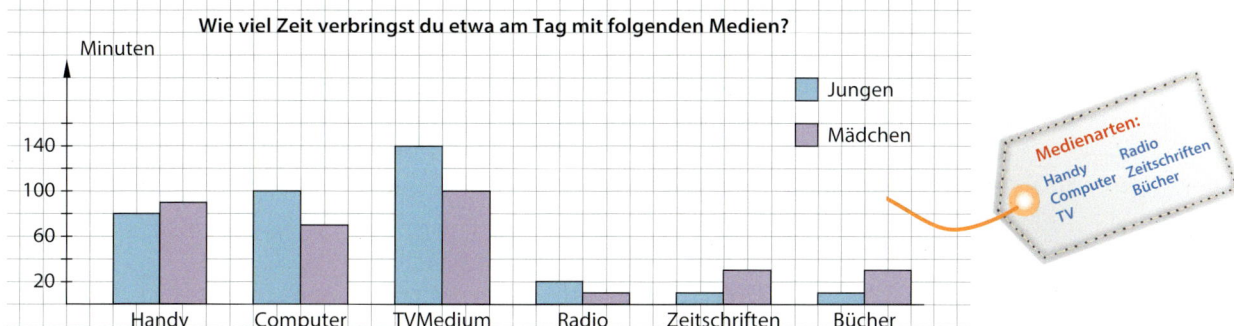

   a) Erstelle eine Häufigkeitstabelle sowohl für Jungen als auch für Mädchen, in die du die ungefähren Minutenangaben aus dem Diagramm einträgst.
   b) Entscheide, ob die Behauptung stimmt, dass Jungen viel mehr Zeit mit dem Handy und dem Computer verbringen als Mädchen. Begründe deine Antwort.
   c) Schätze, wie viel Minuten du mit den oben genannten Medien am Tag verbringst. Zeichne ein aussagekräftiges Diagramm. Entscheide, ob du beim Medienkonsum ein „typisches Mädchen" bzw. ein „typischer Junge" bist.

10. In der letzten Schulvergleichsarbeit in Mathematik erreichten die Schülerinnen und Schüler der 5. Klassen des Südstadtgymnasiums folgende Zensuren:

Zensur	1	2	3	4	5	6
Anzahl	9	18	24	12	9	0

Stelle diese Ergebnisse mithilfe einer Tabellenkalkulation in einem Balkendiagramm dar.

11. Nach dem gleichzeitigen Werfen eines gelben und eines grünen Spielwürfels werden die beiden Augenzahlen addiert. Die Ergebnisse sind in der folgenden Strichliste eingetragen:

Augensumme	2	3	4	5	6	7	8	9	10	11	12
Anzahl der Würfe	I		II	I	IIII	IIII	III	I	II	II	

   a) Ermittle die Gesamtanzahl der Würfe.
   b) Schreibe alle Möglichkeiten für das Erreichen der Augensumme 6 auf.
   c) Es fällt auf, dass die Augensummen „in der Mitte", also bei der 6, der 7 und der 8, öfter vorkommen als die Augensummen „am Rand". Erkläre, warum das auch beim weiteren Würfeln wahrscheinlich so bleiben wird.

Prüfe dein neues Fundament

1. Daten

Lösungen ↗ S. 235

1. Die Tabelle zeigt, wie viele Stück Kuchen Paul und Marie für das Schulcafé bestellen:

Kuchensorte	Montag	Dienstag	Mittwoch	Donnerstag	Freitag
Kirschkuchen	15	15	18	10	20
Apfelkuchen	12	12	20	10	10
Quarkkuchen	15	15	20	10	5
Streuselkuchen	30	25	35	20	15
Schokokuchen	10	15	20	10	10

a) Lies ab, wie viele Stück Apfelkuchen für den Mittwoch bestellt wurden.
b) Ermittle, wie viele Kuchenstücke für den Montag insgesamt bestellt wurden.
c) Wie viele Stück Apfelkuchen werden für die gesamte Woche bestellt?
d) Ermittle, welche Kuchensorte in der Woche insgesamt am wenigsten bestellt wurde.
e) Stelle die Angaben vom Freitag ohne Tabellenkalkulation in Form eines Balkendiagramms dar.

2. Im Training mussten die Teilnehmer der Sportgruppe „Leichtathletik" möglichst viele Liegestütze machen. Dabei wurden folgende Ergebnisse erzielt:

Name	Sven	Mark	Eva	Lena	Mia	Anja	Paul	Petra	Karl	Ina
Anzahl	10	11	10	9	9	11	13	9	7	8

a) Gib an, wer die meisten Liegestütze geschafft hat.
b) Ermittle den Unterschied zwischen dem besten und dem schlechtesten Ergebnis.
c) Zeichne ein passendes Diagramm.

3. Klaus hat seine Mitschüler nach ihren Lieblingsfußballvereinen befragt. Folgende Antworten hat er erhalten:
Borussia Dortmund, Schalke 04, 1. FC Köln, Borussia Dortmund, Borussia Dortmund, Schalke 04, Bayern München, Bayern München, SC Freiburg, Borussia Dortmund, Borussia Dortmund, 1. FC Köln, Schalke 04, Borussia Dortmund, Bayern München, 1. FC Köln, Borussia Mönchengladbach, Borussia Mönchengladbach, Borussia Dortmund, Schalke 04, Bayer Leverkusen, Bayern München, Borussia Dortmund, 1. FC Köln, 1. FC Köln, Schalke 04.

a) Erstelle zu den Daten eine Strichliste und eine Häufigkeitstabelle.
b) Fertige ein Säulendiagramm an.
c) Im folgenden Säulendiagramm sind die Antworten der Schüler der Parallelklasse zur selben Frage dargestellt. Wie viele Schüler der Parallelklasse sind Fans der jeweiligen Fußballvereine?

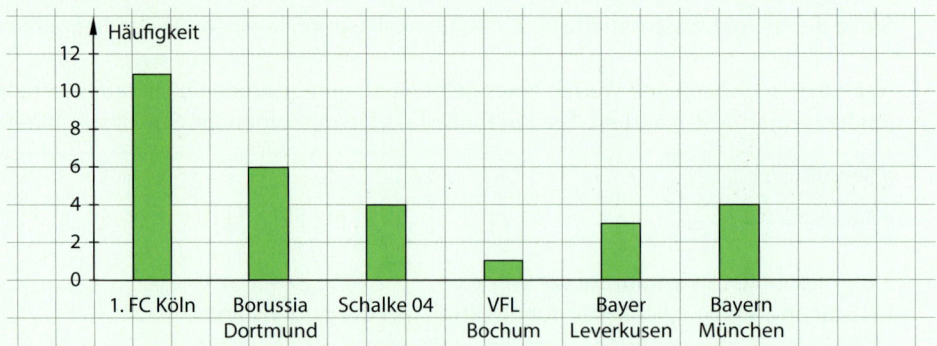

4. Stelle die Längen der Elbe (1100 km), der Mosel (500 km), des Rheins (1200 km) und der Saale (400 km) in einem Säulendiagramm dar. (Die Längen sind auf Hunderter gerundet.)

Prüfe dein neues Fundament

5. Maria hat von allen Schülerinnen und Schülern ihrer Klasse die Körpergrößen in einem Säulendiagramm dargestellt.
   a) Fertige eine Häufigkeitstabelle an.
   b) Wie viele Schüler sind in Marias Klasse?
   c) Ermittle, wie viele Schüler größer als 150 cm sind.
   d) Wie viele Schüler sind nicht größer als 160 cm?
   e) Kannst du aus dem Diagramm ablesen, wie groß das größte Mädchen und der größte Junge der Klasse ist? Begründe deine Antwort.

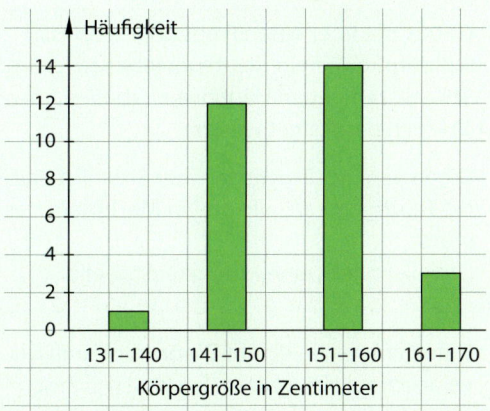

6. Der Tabelle kannst du entnehmen, wie schwer einzelne Tiere etwa werden können.

Tier	Erdmännchen	Hauskatze	Känguru	Giraffe	Reh	Schäferhund
Masse	1 kg	10 kg	70 kg	2000 kg	30 kg	40 kg

   a) Stelle die Masse einzelner Tiere in einem Säulendiagramm dar. Zeichne für je 10 kg eine 1 cm hohe Säule.
   b) Nenne die Tiere, die sich in dem Säulendiagramm nicht oder nur schwer darstellen lassen. Begründe deine Entscheidung.

7. Mit einem „Regenmesser" wurden die Niederschlagsmengen in den Monaten Mai bis August in der Stadt Magdeburg erfasst.
   Die Millimeter-Angaben stellen die Höhen im Regenmesser dar.

Monate	Mai	Juni	Juli	August
Niederschläge in Milimeter	54	62	47	36

   a) Stelle die Daten mit einer Tabellenkalkulation sowohl in einem Säulendiagramm als auch in einem Balkendiagramm dar. Gestalte auch eine sinnvolle Überschrift sowie eine aussagekräftige Legende.
   b) Tabellenkalkulationen bieten verschiedene Formen von Säulen- oder Balkendiagrammen zur Auswahl. Probiere verschiedene Formen aus.

Wiederholungsaufgaben

1. Ersetze ■ (falls möglich) so durch ein Operationszeichen, dass eine wahre Aussage entsteht.
   a) 5 ■ 17 = 22   b) 9 ■ 8 = 72   c) 4 ■ 7 = 28   d) 38 ■ 19 = 2   e) 0 ■ 17 = 0

2. Rechne im Kopf.
   a) $6 + 4 \cdot 7$ b) $6 + 4 : 2$ c) $(8 + 2) : 5$ d) $(8 - 2 \cdot 4) \cdot 7$ e) $5 \cdot 29 \cdot 2 - 100$

3. Entscheide, welche der dargestellten Figuren Quadrate (Rechtecke, Vierecke) sind.

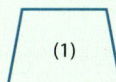  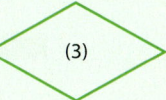 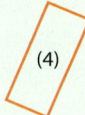  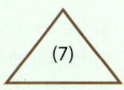

Zusammenfassung

1. Daten

Daten in Tabellen und Diagrammen darstellen

Daten, die über einen Fragebogen erfasst wurden, können in der Regel tabellarisch in **Strichlisten** und in Häufigkeitstabellen übersichtlich dargestellt werden.

Die Anzahl der Striche in einer Strichliste gibt die **Häufigkeit** an, wie oft ein **Merkmal** erfasst wurde.
Dabei entsteht eine Häufigkeitstabelle.

Telefonierst du an Schultagen täglich mit deinen Freunden, obwohl du sie in der Schule siehst?		
Antwort	Strichliste	Häufigkeit
ja	||||		6
manchmal	|||| |||| ||	12
selten	|||	3
gar nicht	|||	3

Daten können in einem **Diagramm** grafisch veranschaulicht werden. Sie lassen sich so gut **erfassen** und miteinander **vergleichen**.

Es gibt verschiedene **Diagrammarten**:

In einem **Säulendiagramm** veranschaulicht die **Länge** der Säulen die **Häufigkeit** der auftretenden Merkmale.

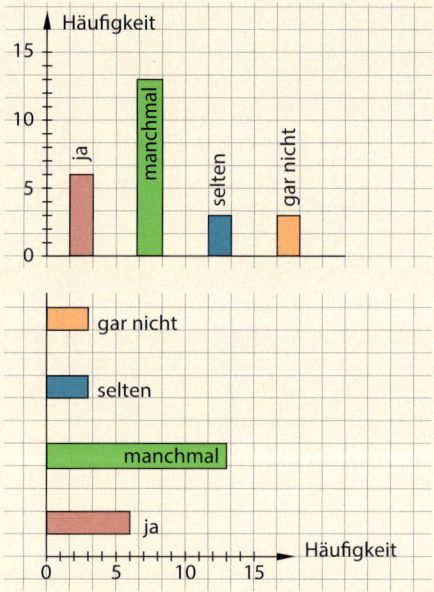

In einem **Balkendiagramm** veranschaulicht die **Länge** der Balken die **Häufigkeit** der auftretenden Merkmale.

Diagramme mit einer Tabellenkalkulation erstellen

Mit einer **Tabellenkalkulation** können Daten als **Säulendiagramm** oder als **Balkendiagramm** dargestellt werden. Dazu müssen Daten in **Tabellenform im Rechenblatt** vorhanden sein.

Nach dem Markieren der darzustellenden Tabelle oder Teilen davon ist in der Menüleiste die gewünschte **Diagrammart** auszuwählen.

Überschriften und **Legenden** sollten immer geprüft und nach Erstellen der Diagramme ggf. bearbeitet werden.

Tabellenblätter und Diagramme in Tabellenkalkulationen können gemeinsam oder getrennt gespeichert werden.

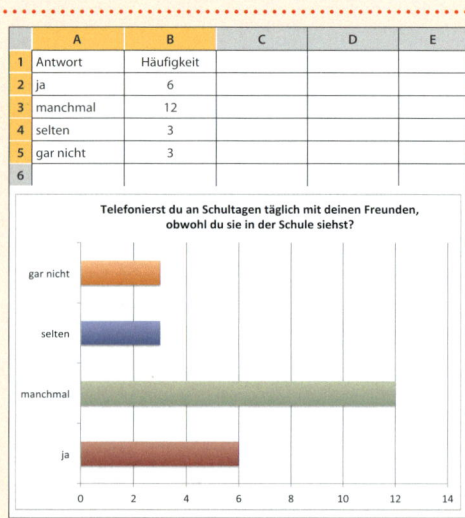

2. Natürliche Zahlen

Das Korallenriff im Roten Meer lockt zahlreiche Fische an, die sich diesen Lebensraum mit anderen Meeresbewohnern teilen.

Dein Fundament

2. Natürliche Zahlen

Lösungen
S. 237

Natürliche Zahlen auf einem Zahlenstrahl ablesen und markieren

1. Gib an, welche Zahlen jeweils durch die blauen Buchstaben gekennzeichnet sind.

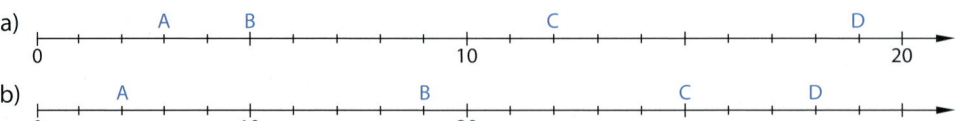

2. Zeichne einen Zahlenstrahl und trage auf ihm die folgenden natürlichen Zahlen ein:
   a) 12; 7; 21; 17
   b) 10; 30; 70; 100

3. Gib alle geraden Zahlen an, die auf einem Zahlenstrahl zwischen 17 und 29 liegen.

Natürliche Zahlen vergleichen und ordnen

4. Übertrage in dein Heft und ersetze ∗ richtig durch eines der Zeichen <, > oder =.
   a) 21 ∗ 38
   b) 790 ∗ 789
   c) 8949 ∗ 8959
   d) 5898 ∗ 5898

5. Ordne die Zahlen der Größe nach. Beginne mit der kleinsten Zahl.
   a) 19; 57; 101; 99
   b) 31; 5; 42; 24; 17; 87; 22
   c) 779; 768; 867; 3513
   d) 1200; 799; 25 139; 811; 2590

6. Ordne der Größe nach. Beginne mit der größten Zahl.
   a) 79; sechzig; 59; 66; 121
   b) 99; neunundachtzig; 321; dreihundert; 1999

7. Übertrage in dein Heft und vervollständige. Ersetze ■ durch eine Ziffer.
   a) 7■ > 78
   b) 61 > 6■
   c) 198 < 19■
   d) ■85 > 861
   e) 65■1 < 6509
   f) 8739 > 87■9

Natürliche Zahlen in einer Stellenwerttafel darstellen

8. Katja hat in der Stellenwerttafel eine Zahl dargestellt.
   a) Welche Zahl ist es? Lies sie laut.
   b) Katja schreibt bei der Tausenderstelle nun keine 8, sondern eine 7 und bei der Zehnerstelle für die 8 eine 0. Wie heißt die so dargestellte Zahl?

T	H	Z	E
8	8	8	8

9. Trage die Zahl in eine Stellenwerttafel ein.
   a) 9786
   b) einhundertundacht
   c) 4010
   d) 49
   e) zweitausendfünfhundert
   f) 2 T 4 H 1 E

10. Schreibe als Zahlwort.
    a) 33
    b) 333
    c) 3033
    d) 3 333 000

Dein Fundament

11. Ines hat in der folgenden Stellenwerttafel mit 11 Plättchen eine Zahl dargestellt:

T	H	Z	E
●●●●	●●●●●		●●

   a) Wie heißt diese Zahl? Schreibe sie sowohl als Zahlwort als auch in Ziffernschreibweise in dein Heft.
   b) Martin nimmt ein Plättchen weg. Gib alle möglichen Zahlen an, die so entstehen können.
   c) Tanja legt ein Plättchen dazu. Gib alle möglichen Zahlen an, die so entstehen können.

12. Welchen Stellenwert hat die Ziffer 3 in der gegebenen Zahldarstellung?
    a) 231   b) 9023   c) 2301   d) 3071

13. Übertrage in dein Heft. Ersetze ■ durch eine Ziffer (einen Buchstaben) so, dass eine wahre Aussage entsteht.
    Beispiel: 1 H = 10 Z
    a) 1 Z = ■ E   b) 1 T = ■ Z   c) 1000 E = ■ H   d) ■ E = 5 H   e) 2 H = 20 ■

Mit natürlichen Zahlen rechnen

14. Rechne im Kopf.
    a) 23 + 6   b) 19 + 15
    c) 55 − 11   d) 4 · 14

15. Rechne schriftlich.
    a) 111 + 1110 + 11100 + 1110 + 111   b) 10 000 − 1000 − 100 − 10 − 1
    c) 1023 · 12   d) 2175 : 15

16. Setze in deinem Heft folgerichtig mit drei weiteren Zahlen fort.
    a) 3 < 7 < 11 < 15 < 19 …   b) 97 > 94 > 91 > 88 > …

17. Übertrage die Tabelle in dein Heft und fülle sie aus.

a	b	a + b	a − b	a · b	a : b
24	4				
120	80				
40	8				
80		96			

18. Welche Angabe ist richtig, welche nicht? Begründe deine Entscheidung.
    a) 235 : 0 = 0   b) 235 : 0 = 235   c) 235 : 1 = 235   d) 235 : 235 = 1

19. Schreibe einfacher. Rechne aus.
    a) 3 + 3 + 3   b) 2 + 2 + 2 + 2   c) 10 + 10 + 10 + 10 + 10   d) 1 + 1 + 1 + 1 + 1 + 1

2.1 Natürliche Zahlen darstellen

■ Marias kleine Schwester Ina kommt aus dem Kindergarten und sagt zu Maria: „Hör mal, wie weit ich zählen kann: zehnacht, zehnneun, zwanzig, zwanzigeins, zwanzigzwei, zwanzigdrei."
Maria antwortet: „So zählt man aber nicht."
Mache einen Vorschlag, wie Ina deiner Meinung nach weiterzählen würde. ■

18, 19, 20 21, 22, 23 ...

Nicht alle Menschen auf der Erde zählen so wie wir. Die Pirahã in Brasilien kennen nur drei Zahlwörter: eins, zwei und viele. In England zählen die Menschen tatsächlich zwanzig, zwanzigeins, zwanzigzwei, ... und Franzosen sagen für 70 sechzigzehn, für 71 sechzigelf, für 72 sechzigzwölf, für 80 vierzwanzig, für 81 vierzwanzigeins, für 82 vierzwanzigzwei, ...

Hinweis
Alle natürlichen Zahlen zusammen bilden die Menge der natürlichen Zahlen (kurz: $\mathbb{N}$).

Zählen verfolgt z. B. das Ziel, eine Anzahl zu bestimmen.
Den Zahlen 0; 1; 2; 3; ...; 10; 11; 12; ...; 20; 21; 22; ...; 100; 101; 102 usw.
hat man einen besonderen Namen verliehen. Man nennt sie natürliche Zahlen. Du kannst, wenn du alle natürlichen Zahlen meinst, als Bezeichnung den Buchstaben $\mathbb{N}$ verwenden.

Beispiel 1: Natürliche Zahlen darstellen
Anja hat die Anzahl vorbeifahrender Autos in einer Strichliste erfasst: |||| |||| |||| |||| |||| |||| ||.
Stelle diese Zahl sowohl als Zahlwort als auch in Ziffernschreibweise dar, und kennzeichne sie am Zahlenstrahl.

Lösung:
Es sind insgesamt *zweiunddreißig* Striche.

Auf dem Zahlenstrahl hat jede natürliche Zahl ihren Platz. Zeichne eine gerade Linie mit 20 Kästchenlängen. Eine halbe Kästchenlänge entspricht einem Abstand von 1.
Durch Abzählen findest du die richtige Stelle für die Zahl.
Zahlwort: *zweiunddreißig*
Ziffernschreibweise: *32*

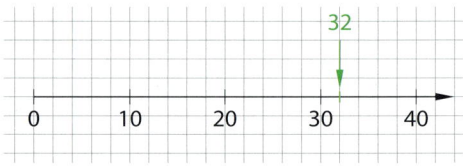

Tipp zu 1:
Überlege immer zuerst, welche Kästchenlänge den Abstand 1 angeben soll und wie viele Kästchen du für den Zahlenstrahl einplanen musst.

Aufgabe 1: Gib die zu |||| |||| |||| || gehörende Zahl sowohl als Zahlwort als auch in Ziffernschreibweise an. Kennzeichne die Zahl auch am Zahlenstrahl.

Wissen: Vorgänger, Zahl, Nachfolger
Jede natürliche Zahl, außer der Zahl 0, hat immer genau einen Vorgänger. Jede natürliche Zahl hat immer genau einen Nachfolger. Der Vorgänger einer natürlichen Zahl ist die am Zahlenstrahl nächste links liegende Zahl, der Nachfolger die nächste rechts liegende Zahl.
Je weiter rechts eine Zahl auf dem Zahlenstrahl ist, umso größer ist sie.

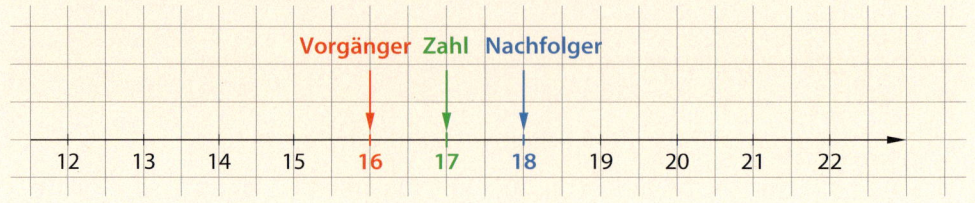

2.1 Natürliche Zahlen darstellen

Beispiel 2: Vorgänger und Nachfolger ermitteln
Gib zur gegebenen Zahl sowohl den Vorgänger als auch den Nachfolger an.
Stelle die Zahl auch auf einem zugehörigen Ausschnitt des Zahlenstrahls dar.
a) 7   b) 99   c) 2000

Lösung:
a) Der Vorgänger der Zahl 7 ist die Zahl 6, ihr Nachfolger die Zahl 8.

b) Der Vorgänger der Zahl 99 ist die Zahl 98, ihr Nachfolger die Zahl 100.

c) Der Vorgänger der Zahl 2000 ist die Zahl 1999, ihr Nachfolger die Zahl 2001.

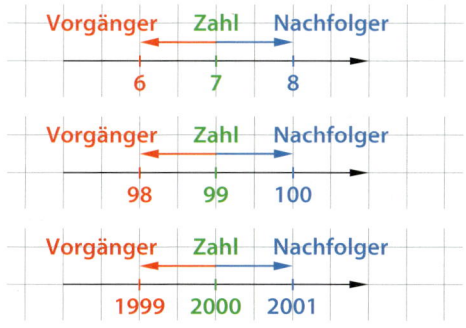

Aufgabe 2: Gib zu den Zahlen 14, 40, 9 999 jeweils den Vorgänger und den Nachfolger an. Stelle die Zahlen auch immer auf einem zugehörigen Ausschnitt des Zahlenstrahls dar.

Aufgaben

3. Gib sowohl den Vorgänger als auch den Nachfolger der Zahl an.
   a) 16   b) 27   c) 71   d) 89   e) 100
   f) 110   g) 187   h) 201   i) 0   j) 909

4. Für *5 ist größer als 3* kannst du auch kurz *5 > 3* schreiben.
   Für *3 ist kleiner als 5* kannst du auch kurz *3 < 5* schreiben.
   Ersetze ■ durch eines der Zeichen > oder < so, dass eine wahre Aussage entsteht.
   a) 7 ■ 14   b) 99 ■ 91   c) 192 ■ 99   d) 512 ■ 252

5. **Durchblick:** Mourine möchte die Zahlen von 0 bis 100 am Zahlenstrahl darstellen. Wie lang sollte sie deiner Meinung nach den Zahlenstrahl zeichnen, damit er gut in ein DIN-A4-Heft passt? Orientiere dich am Beispiel 1 auf Seite 20.

6. Prüfe und begründe, welche Aussage für die Zahlen 124 546; 2 000 000; 11 222 234 gilt.
   a) Sie sind alle gerade.   b) Sie haben alle einen Vorgänger.

7. **Stolperstelle:** Die Lehrerin diktiert die Zahlen *einhundertundzwölf* und *einhundertunddreizehn*. Mark schreibt *112* und *131*. Erkläre, welchen Fehler Mark gemacht hat. Wie könnte der Fehler entstanden sein? Was sollte man sich merken, um diesen Fehler zu vermeiden?

8. **Ausblick:** Zahlen, nach einer bestimmten Regel hintereinander geschrieben, bilden eine Zahlenfolge. Die Folge aller geraden natürlichen Zahlen beginnt beispielsweise mit der Zahl 0 und setzt sich dann in „Zweierschritten" fort: 0; 2; 4; 6; 8; 10; 12; …
   Nach welcher Regel könnte die Folge gebildet sein? Setze sie um weitere drei Zahlen fort.
   a) 1; 4; 7; 10; 13; 16; …   b) 1; 2; 4; 7; 11; …   c) 0; 1; 4; 9; 16; 25; 36; …

Hinweis zu 8: Für eine Zahlenfolge kann es mehrere Bildungsregeln geben.

2.2 Mit römischen Zahlen umgehen

■ Die hier abgebildete Buchstabenfolge beschreibt eine Zahl. Es ist die Schreibweise der alten Römer für die Zahl 1927. Erläutere, was das Besondere an römischen Zahlen ist. ■

Hinweis:
Die von uns heute verwendeten Zahlen des Zehnersystems wurden in Indien erfunden und fanden sehr früh in Arabien und ab dem Mittelalter in Europa Verbreitung. Man nennt sie auch arabische Zahlen.

In vielen alten Kulturen dienten Körperteile zum Zählen. Zum Aufschreiben der Zahlen wurden dann davon abgeleitete Zahlzeichen verwendet.
Die Griechen der Antike verwendeten Buchstaben zum Schreiben von Zahlen, und die Zahlzeichen der Römer begegnen uns heute noch, zum Beispiel bei Inschriften, auf Zifferblättern oder zur Nummerierung.
Die römischen Zahlzeichen entstanden aus konkreten Vorstellungen der Menschen und aus den Worten ihrer Sprache.

Hinweis:
Hier steht „Zahl" für „Zahlzeichen".

Wissen: Arabische und römische Zahlen

Arabische Zahl	Vorstellung	Römische Zahl
1	ausgestreckter Finger	I
5	die ausgestreckten Finger einer Hand bilden ein V	V
10	zwei Hände, die jeweils „5" zeigen	X
50	halbierter Anfangsbuchstabe des Wortes „centum" (lateinisch: „hundert")	L
100	Anfangsbuchstabe des Wortes „centum" (lateinisch: „hundert")	C
500	halbierter griechischer Buchstabe Φ (sprich: „fi"), der ursprünglich bis etwa zum Jahr 100 v. Chr. zur Bezeichnung der Zahl 1000 verwendet wurde	D
1000	Anfangsbuchstabe von „mille" (lateinisch: „tausend"), verwendet ab etwa 100 v. Chr.	M

Beispiel 1: Römische Zahlen schreiben
Schreibe die Zahlen 12; 9; 4 und 99 mit römischen Zahlzeichen.

Lösung:
Steht eine römische Zahl rechts neben einer Zahl von gleichem oder höherem Wert, so werden beide Zahlen addiert.

$12 = X + II = XII$

Steht eine der Zahlen I, X oder C links neben einer ihrer beiden nächst größeren Zahlen, so subtrahiert man sie von dieser größeren Zahl.

$9 = X - I = IX$

Die Zahlen I, X und C schreibt man höchstens dreimal hintereinander. Diese Regel wurde in der Antike allerdings nicht immer beachtet.

$4 = V - I = IV$ (nicht IIII)

$99 = 100 - 10 + 9 = XCIX$

Aufgabe 1: Schreibe die Zahlen 11; 19; 40 und 49 mit römischen Zahlzeichen.

2.2 Mit römischen Zahlen umgehen

Aufgaben

2. Bei den Römern waren Würfelspiele sehr beliebt. In einem Spiel würfelte man mit sechs Würfeln und bildete die Summe aller Augenzahlen.
   a) Stelle die Ergebnisse der einzelnen Spieler als römische Zahlen dar.
   b) Wer hat in dem abgebildeten Spiel gewonnen?

3. Schreibe zuerst als arabische Zahl. Gib dann sowohl den Vorgänger als auch den Nachfolger mit römischen Zahlzeichen an.
   a) MXX   b) DXX   c) MDLXL   d) MDXXVII

4. Schreibe als römische Zahl.
   a) 5000   b) 2014   c) 1995   d) 8888

5. Übertrage die Aufgaben auf Kästchenpapier und vervollständige die Rechnungen.

   a)
		C	X	I	I
+	C	C	X	X	I

   b)
		X	C
−		X	I	X

   d)
C	X	I	·	L	X	V	I	I	I

6. **Durchblick:** Schreibt eure vollständigen Geburtsdaten nicht wie gewohnt mit arabischen Ziffern, sondern mit römischen Zahlzeichen auf. Übersetzt dann diese Angaben untereinander wieder in die arabische Ziffernschreibweise. Vergleicht auch Beispiel 1 auf Seite 22.

7. Wann wollen sich der Verfasser und Empfänger dieses Briefes in Geheimschrift treffen?
   „ICH **V**ERRATE DIR NICHT, WANN WIR UNS TREFFEN."

8. **Stolperstelle:** Hier wurden mit Streichhölzern Gleichungen erzeugt, in denen römische Zahlen erkennbar sind. Lege ein Streichholz so um, dass die Gleichung stimmt.

   a)    b)

9. Römische Zahlen findet man an vielen Gebäuden. Erkunde solche Gebäude und fotografiere römische Zahlen oder suche Fotos mit römischen Zahlen. Stelle die Fotos in der Klasse vor. Lasse entscheiden, wo die Fotos entstanden sind und was diese Zahlen bedeuten.

10. **Ausblick:** Manche Menschen glauben, dass die 13 eine Unglückszahl ist.
    In Italien wird aber die Zahl 17 als Unglückszahl bezeichnet,
    weil das lateinische Wort „VIXI" *ich habe gelebt* (also: ich bin tot) bedeutet.
    a) Verändere „VIXI" so, dass die römische Zahl 17 entsteht. Erkläre dein Vorgehen.
    b) Welche Zahl wäre nach dem lateinischen Wort „vici" (also: ich habe gesiegt) eine Glückszahl?
    c) Gib ein deutsches Wort an, das (mit römischen Zahlzeichen geschrieben) eine Zahl beschreibt. Welche Zahl ist es? Finde mindestens drei Lösungen.

2.3 Große Zahlen lesen und schreiben

■ Lies den Zeitungsartikel laut vor. Gib die Zahlen richtig wieder. ■

Die Weltbevölkerung steigt rapide
Vor 75 000 Jahren gab es auf der Welt etwa 10 000 Menschen. Vor 10 000 Jahren soll es bereits bis zu 10 000 000 Menschen und vor 2000 Jahren etwa 300 000 000 Menschen gegeben haben. Trotz Krankheiten, wie bei der Pest im Mittelalter, stieg die Weltbevölkerung bis zum Jahr 1500 n. Chr. auf etwa 500 000 000. Für das Jahr 2050 rechnet man mit einer Weltbevölkerung von etwa 9 000 000 000 Menschen.

Hinweis:
Das Zehnersystem ist ein Stellenwertsystem.

In den meisten Ländern wird heute das Zehnersystem verwendet. Bei diesem Zahlensystem hängt die Bedeutung einer Ziffer davon ab, an welcher Stelle der Zahl sie steht. Der Wert einer Stelle ist dabei immer das Zehnfache der vorhergehenden Stelle. Im Zehnersystem bedeutet die Zahl 290 944 beispielsweise:
2 Hunderttausender, 9 Zehntausender, 0 Tausender, 9 Hunderter, 4 Zehner und 4 Einer

Hinweis:
H steht für Hunderter, Z für Zehner und E für Einer.

Wissen: Stellenwerttafel

… Billionen			Milliarden			Millionen			Tausender			Einer			Lies …
H	Z	E	H	Z	E	H	Z	E	H	Z	E	H	Z	E	
												1	2	0	ein Tausend 2 Hundert
									1	0	0	3	0	0	ein Hunderttausend 3 Hundert
							7	2	3	0	0	0	0	0	7 Millionen 230 Tausend
	4	0	3	2	0	0	0	0	0	0	0	0	0	0	4 Billionen 32 Milliarden

Die nächstgrößeren Zahlen sind:
eine Billiarde   = 1000 Billionen   = 1 000 000 000 000 000
eine Trillion   = 1000 Billiarden = 1 000 000 000 000 000 000
eine Trilliarde = 1000 Trillionen = 1 000 000 000 000 000 000 000
eine Quadrillion = 1000 Trilliarden = 1 000 000 000 000 000 000 000 000

Tipp:
Schreibe große Zahlen von rechts nach links in Dreiergruppen (wie 18 738 493 847) oder verwende die Stellenwerttafel.

Beispiel 1: Große Zahlen schreiben
a) Schreibe die Zahl als Zahlwort: 345 620 495
b) Schreibe die Zahl mit Ziffern: dreihundertvierzig Milliarden zweiundfünfzig Millionen dreihunderttausendunddrei

Lösung:
a) 345 620 495 in Worten: dreihundertfünfundvierzig Millionen sechshundertzwanzigtausendvierhundertfünfundneunzig.
b) dreihundertvierzig Milliarden zweiundfünfzig Millionen dreihunderttausendunddrei mit Ziffern: 340 052 300 003

2.3 Große Zahlen lesen und schreiben

Aufgabe 1: Übertrage die Tabelle in dein Heft und ergänze die jeweils fehlenden Angaben.

Zahl	Zahlwort
2 343 783 828 432	
	drei Milliarden hundertzwanzig Millionen sechshunderttausenddrei

Hinweis zu 1: Zahlen, die kleiner als eine Million sind, werden klein und zusammengeschrieben. Zahlen ab einer Million schreibt man getrennt.

Beispiel 2: Zahlen ordnen
Ordne die Zahlen 23 432 411; 236 911 und 567 345. Beginne mit der größten Zahl.

Lösung:
Die Zahl **23 432 411** hat **8** Stellen und ist deshalb größer als die beiden Zahlen **236 911** und **567 345** mit jeweils nur **6** Stellen. Vergleicht man diese beiden Zahlen stellenweise von links nach rechts, so erkennt man, dass die hunderttausender Ziffer bei der Zahl **567 345** größer ist als die hunderttausender Ziffer bei der Zahl **236 911**.
Ergebnis: 23 432 411 > 567 345 > 236 911

Erinnere dich: Das Kleinerzeichen „<" und das Größerzeichen „>" zeigen mit ihren Spitzen immer auf die kleinere Zahl wie bei 5 < 7 und 7 > 5.

Aufgabe 2: Ordne die Zahlen. Beginne mit der größten Zahl. Begründe deine Wahl.
    a) 1232, 4893 und 1893   b) 12 344 234 und 12 398 123
    c) 8 924 712, 47 282 489 012 und 87 234 692   d) 3 284 762 341 233 und 100 000 000 000 000

Aufgaben

3. Überlege, wie viele Ziffern die Zahl hat. Schreibe die Zahl mit Ziffern.
    a) 57 Millionen   b) 3 Billionen   c) 11 Milliarden
    d) 15 Milliarden 10 Millionen   e) 900 Billionen   f) 3 Millionen 714 Tausend
    g) eine Milliarde 3 Tausend   h) 45 Trillionen 100 Milliarden

Hinweis zu 3: Die Summe der Anzahl der Ziffern von a) bis e) ergibt 58, von f) bis h) 37.

4. **Durchblick:**
    a) Schreibe jeweils als Zahlwort. Lies zur Kontrolle laut vor. Vergleiche Beispiel 1, Seite 24.
        ① 312   ② 5334   ③ 31 000   ④ 4 000 000   ⑤ 2 000 132   ⑥ 3 125 000
        ⑦ 121 520 000   ⑧ 1 000 000 000   ⑨ 200 367 242 017
        ⑩ 10 000 000 000 000 000   ⑪ 91 287 647 237 632 727   ⑫ 27 000 300 000 060 000 001
    b) Notiere eine neunstellige Zahl, die schwer vorzulesen ist. Begründe deine Wahl.

5. Welche der beiden Zahlen ist größer? Schreibe mit dem Größerzeichen und begründe.
    a) 997; 1001   b) 13 581; 9871   c) 6 274 892; 12 386 125

6. Welche der beiden Zahlen ist kleiner? Schreibe mit dem Kleinerzeichen und begründe.
    a) 137; 287   b) 248 972; 2 346 237   c) 1 000 000 000; 999 999 999

7. Gib sowohl den Vorgänger als auch den Nachfolger der Zahl an.
    a) 2334   b) 298 329   c) 1 000 000   d) 13 423 921   e) 9 238 781 273

8. Welche Zahl ist gesucht? Begründe deine Wahl.
    a) die kleinste Zahl mit 4 Ziffern   b) die größte Zahl mit 7 Ziffern
    c) die kleinste dreistellige Zahl mit 3 gleichen Ziffern
    d) die kleinste zehnstellige Zahl aus den Ziffern 8 und 9, die diese gleich oft enthält
    e) die größte zwölfstellige Zahl, in der jede Ziffer mindestens einmal vorkommt

Hinweis zu 8: Die erste Ziffer einer natürlichen Zahl darf keine Null sein.

9. **Stolperstelle:** Paul hat 2 Aufgaben bearbeitet. Prüfe die Ergebnisse, korrigiere die Fehler.
   a) Schreibe die Zahl 187 356 als Zahlwort.
      Lösung: einhundertsiebenundachtzigtausenddreihundertfünfundsechzig
   b) Schreibe die Zahl 55 Millionen zweihunderttausendvierunddreißig in Ziffernschreibweise. Überlege zunächst, wie viele Ziffern die Zahl hat.
      *Lösung: Die Zahl hat 7 Ziffern, denn jede Million hat 7 Ziffern.
      Die Zahl wird in Ziffernschreibweise 5 520 034 geschrieben.*

Hinweis zu 10:
Um zu zeigen, dass eine Aussage über alle Zahlen (Allaussage) falsch ist, genügt die Angabe eines Gegenbeispiels.

10. Zeige durch ein Gegenbeispiel, dass die Aussage falsch ist.
    a) Alle Zahlen, die größer als eine Million sind, haben mehr als 7 Ziffern.
    b) Alle dreistelligen Zahlen sind größer als 111.
    c) Alle vierstelligen Zahlen sind kleiner als 9909.
    d) Alle natürlichen Zahlen haben einen Vorgänger.

11. Gegeben sind die Zahlen eine Million, 100 999, XXXIV, dreihunderttausendundfünf, 1 99 897. Prüfe, ob die Aussage für diese Zahlen wahr oder falsch ist.
    a) Höchstens zwei der gegebenen Zahlen sind gerade Zahlen.
    b) Mindestens eine der gegebenen Zahlen ist eine ungerade Zahl.
    c) Alle gegebenen Zahlen sind kleiner als 106.
    d) Genau eine der gegebenen Zahlen endet auf 5.

12. Welchen Wert hat die Ziffer 5, wenn sie an 3. oder 9. oder 11. Stelle einer Zahl steht?

13. In der Tabelle sind die mittleren Entfernungen der Umlaufbahnen unserer Planeten zur Sonne in Millionen Kilometer angegeben. Schreibe die Angaben vollständig in Ziffern.

Merkur	Venus	Erde	Mars	Jupiter	Saturn	Uranus	Neptun
60	108	150	228	778	1427	2896	4496

14. Im Englischen werden die Zahlen teilweise anders bezeichnet als im Deutschen:

Deutsch	1 Million	1 Milliarde	1 Billion
Englisch	1 million	1 billion	1 trillion

    Gib die Zahlen 12 000 000; 56 000 000 000 sowie 25 000 000 000 000 jeweils als Zahlworte auf Deutsch und Englisch wieder.

15. **Ausblick:** Gib eine Zahl an, die alle drei Bedingungen erfüllt.
    ① Sie hat 9 Ziffern. ② Sie ist kleiner als 200 Millionen.
    ③ Die Summe der einzelnen Ziffern ist 45.

2.4 Natürliche Zahlen runden

■ In Günzburg (Schwaben) wurde 2010 ein 30,765 m hoher Turm aus Legosteinen gebaut.
Tanja meint, dass er aus 599 999 Steinen, also aus rund 500 000 Steinen besteht.
Ihr Freundin Lisa entgegnet, dass es rund 600 000 Steine sind.
Wem stimmst du eher zu?
Begründe deine Entscheidung. ■

Interessiert nur ein ungefährer Wert, werden Zahlen oft gerundet. Häufig sind es große Zahlen, die auf- oder abgerundet werden, da sie dadurch übersichtlicher werden. Beim Runden ist die Ziffer rechts neben der zu rundenden Stelle entscheidend. In Sachzusammenhängen ist es nicht immer sinnvoll, die Rundungsregeln so anzuwenden.

> **Wissen: Vereinbarung zum Runden natürlicher Zahlen**
> Wähle zunächst die Rundungsstelle.
> **Abrunden:** Folgt nach der Rundungsstelle eine **0; 1; 2; 3 oder 4,** wird abgerundet. Die Rundungsstelle bleibt erhalten, alle folgenden Ziffern werden durch Nullen ersetzt.
> **Aufrunden:** Folgt nach der Rundungsstelle eine **5; 6; 7; 8 oder 9,** so wird aufgerundet. Die Rundungsstelle wird um 1 erhöht, alle folgenden Ziffern werden durch Nullen ersetzt.

Beispiel 1: Zahlen runden
Runde die Zahl 76 835 auf ① *Zehner,* auf ② *Hunderter* und auf ③ *Tausender.*

Lösung:
① Die Ziffer rechts neben der Rundungsstelle ist **5**, also wird auf den nächsten Zehner *aufgerundet,* auf **40**.   76 83**5** ≈ 76 8**40**
② Die Ziffer rechts neben der Rundungsstelle ist **3**, also wird auf den bestehenden Hunderter *abgerundet,* auf **800**.   76 8**3**5 ≈ 76 **800**
③ Die Ziffer rechts neben der Rundungsstelle ist **8**, also wird auf den nächsten Tausender *aufgerundet,* auf **7000**.   76 **8**35 ≈ 7**7 000**

Aufgabe 1:
a) Runde auf Zehner.
1345; 1044; 487; 48; 4
b) Runde auf Hunderter.
48 449; 4352; 751; 83; 8
c) Runde auf Tausender.
33 234; 65 554; 99 900

Tipp zu 1:
Achte auf die Ziffern 9, denn 999 ergibt auf Zehner gerundet 1000.

Aufgaben

2. Runde jede Zahl auf Zehner, auf Hunderter und auf Tausender.
a) 3737   b) 2321   c) 7378   d) 2222   e) 8888   f) 9191
g) 23 512   h) 78 675   i) 36 709   j) 84 491   k) 124 032   l) 999 011

3. **Durchblick:**
   a) Beim Runden einer Zahl auf Zehner, beträgt das Ergebnis 90 (150; 640). Gib jeweils drei verschiedene mögliche Ausgangszahlen an. Vergleiche auch Beispiel 1 auf Seite 27.
   b) Eine Zahl wurde auf Zehner (Hunderter, Tausender) mit dem Ergebnis null gerundet. Gib die größtmögliche Zahl an, die zu diesem Ergebnis führt.

4. Zeige durch ein Gegenbeispiel, dass die Aussage falsch ist.
   a) Ist die letzte Ziffer einer Zahl eine 2, so wird stets abgerundet.
   b) Beim Runden einer Zahl auf Hunderter verändert sich immer die Ziffer mit dem Stellenwert an der Hunderterstelle.

5. Gib die Anzahl der Ausgangszahlen an, die auf Zehner gerundet 70 (110; 300) ergeben.

6. Die Tabelle enthält gerundete Einwohnerzahlen verschiedener Städte. Wähle eine Stelle, auf die gerundet wurde. Nenne dann die kleinste (größte) mögliche Ausgangszahl.

Stadt	Berlin	Hamburg	Stuttgart	Bielefeld	Hamm	Minden
Einwohnerzahl	3 500 000	2 000 000	607 000	320 000	200 000	82 100

7. **Stolperstelle:**
   a) Micha rundet 1995 auf Zehner und 129 950 auf Hunderter: *1995 ≈ 1000*
      Was hat er jeweils falsch gemacht? Korrigiere die Fehler. *129 950 ≈ 120 000*
   b) Für eine große Schulfeier werden mindestens 1440 Flaschen Limonade und 625 Hotdogs benötigt. Frau Schmidt rundet und kauft 1400 Flaschen Limonade sowie 600 Hotdogs. Begründe, warum diese Rundung nicht sinnvoll ist. Überlege dir eine geeignete Methode, wie in diesem Fall zu runden ist.

8. Runde die Zahl auf die vorgegebene Rundungsstelle.
   a) 9 950   b) 99 500   c) 995 000   d) 9 950 000
   auf Hunderter   auf Tausender   auf Zehntausender auf Hunderttausender

9. Runde die Zahl, wenn es sinnvoll ist, angemessen. Begründe deine Entscheidung.
   a) Die Telefonnummer der Schule lautet 865 214.
   b) Ein ausgewachsenes Nashorn wiegt bis zu 2783 kg.
   c) Erika wohnt in der Schillerstraße 219.
   d) Das Konzert besuchten 13 589 Jugendliche.
   e) Für ein Plätzchenrezept werden 220 g Mehl, 70 g Zucker und 45 g Butter benötigt.
   Gib jeweils zwei weitere Beispiele an, bei denen das Runden einer Zahl sinnvoll (nicht sinnvoll) ist.

10. Mila und ihre Mutter gehen einkaufen. Mila hat 50 € dabei. Sie kauft sich eine neue Jeans für rund 40 € sowie ein T-Shirt für rund 20 €. Wie ist das möglich?

11. **Ausblick:** Regina geht einkaufen. Im Kopf rundet sie die Preise auf Euro und addiert die gerundeten Geldbeträge, um den Endpreis besser abschätzen zu können.
    a) An der Kasse muss sie genau 3 € weniger zahlen, als sie zuvor abgeschätzt hat. Berechne, wie viele Artikel sie gekauft hat.
    b) Auf dem Heimweg überlegt Regina, wie viele Artikel sie wohl mindestens hätte kaufen müssen, wenn sie an der Kasse 3 € mehr zu zahlen hätte als berechnet. Bestimme diese Anzahl.

2.5 Natürliche Zahlen addieren und subtrahieren

■ Maria hat aus ihrem Sparschwein 13 € genommen und von ihrer Großmutter 12 € geschenkt bekommen. Damit geht sie auf den Rummelplatz und fährt Achterbahn für 8 €, holt sich eine Pizza für 3 €, geht danach in die Geisterhöhle für 6 € und kauft ein Getränk für 2 €. Ermittle, wie viel Euro sie danach noch hat. ■

Wissen: Fachbegriffe der Addition und Subtraktion

a + b ist eine **Summe**   a − b ist eine **Differenz**

 8 + 7 = 15   15 − 7 = 8

Summand + Summand = Summe   Minuend − Subtrahend = Differenz

Es gilt stets: a + 0 = 0 + a = a   Es gilt stets: a − 0 = a und a − a = 0

Beachte:
Der Subtrahend darf nicht größer sein als der Minuend.

Beispiel 1: Addieren und Subtrahieren natürlicher Zahlen
Berechne die Summe (Differenz).
a) 25 + 32   b) 67 − 52   c) 55 + 8   d) 45 − 7   e) 27 + 29   f) 52 − 19

Lösung:

a) und b) Zerlege eine Zahl in **Zehner und Einer.** Addiere (subtrahiere) die drei Zahlen von links nach rechts.

25 + 32 = 25 + 30 + 2 = 55 + 2 = 57
67 − 52 = 67 − 50 − 2 = 17 − 2 = 15

c) Zerlege den Summanden **8 in 5 und 3.**
55 + 5 = 60 ist einfach zu rechnen.

55 + 8 = 55 + 5 + 3 = 60 + 3 = 63

d) Zerlege den Subtrahenden **7 in 5 und 2.**
45 − 5 = 40 ist einfach zu rechnen.

45 − 7 = 45 − 5 − 2 = 40 − 2 = 38

e) und f) Erzeuge einfachere Rechnungen.
Wenn du **30 statt 29** addierst, musst du anschließend **1 subtrahieren.**

27 + 29 = 27 + 30 − 1 = 57 − 1 = 56

f) Wenn du **20 statt 19** subtrahierst, musst du anschließend **1 addieren.**

52 − 19 = 52 − 20 + 1 = 32 + 1 = 33

Aufgabe 1: Berechne die Summe (Differenz).
a) 43 + 36   b) 88 − 37   c) 47 + 8   d) 63 − 9   e) 15 + 49   f) 61 − 29

Das Addieren ist die entgegengesetzte Rechenoperation zum Subtrahieren und das Subtrahieren ist die entgegengesetzte Rechenoperation zum Addieren. Beide Rechenarten sind Umkehroperationen zueinander.

Das Addieren einer Zahl kann durch das Subtrahieren der gleichen Zahl rückgängig gemacht werden und umgekehrt.

Die Umkehroperation kann zum Überprüfen (zur Kontrolle) einer Rechnung genutzt werden.

Beispiel 2: Überprüfen von Ergebnissen mithilfe von Umkehroperationen
a) Berechne 181 − 79 und kontrolliere deine Rechnung mithilfe der Umkehroperation.
b) Ersetze das Zeichen ■ in 63 − ■ = 13 so durch eine Zahl, dass die Rechnung stimmt.

Hinweis zur Kontrolle:
Aufgabe:
„minus 79"
Kontrolle:
„plus 79"

Lösung:
a) Subtrahiere die Zahl **79** von der **Ausgangszahl 181.** Bei der Probe addiere dann die Zahl **79** zum Ergebnis 102 der Subtraktion.
Du musst wieder die **Ausgangszahl 181** erhalten.

Aufgabe: 181 − 79 = 102
Umkehraufgabe: 102 + 79 = 181

b) Gesucht ist eine **Zahl,** die von 63 subtrahiert 13 ergibt. Umgekehrt ist eine Zahl gesucht, die zu 13 addiert 63 ergibt.
Die Zahl ist die **50**.

Aufgabe: 63 − ■ = 13
Umkehraufgabe: 13 + ■ = 63
                13 + 50 = 63
                     ■ = 50

Aufgabe 2:
a) Berechne und kontrolliere deine Rechnung.
① 337 − 29   ② 825 − 789   ③ 38 + 617   ④ 215 + 27
b) Ersetze das Zeichen ■ so durch eine Zahl, dass die Rechnung stimmt.
① 17 + ■ = 51   ② 73 + ■ = 162   ③ ■ + 87 = 203   ④ 73 + ■ = 28

Aufgaben

Hinweis zu 3:
Die Lösungen zu a) bis j) stehen in der Blüte, die zu k) bis p) in den Blättern.

3. Rechne im Kopf.
a) 54 + 42   b) 15 + 25   c) 19 + 77   d) 69 + 21
e) 37 + 49   f) 800 + 2300 g) 220 + 180 h) 1120 + 570 + 9
i) 92 − 86   j) 740 − 260   k) 2000 − 1110 l) 432 − 170 − 8
m) 974 000 + 0 n) 13 607 − 0 o) 0 + 17   p) 95 − 95 + 3

4. Löse die Aufgabe und nutze die Umkehroperation, um dein Ergebnis zu prüfen
a) 65 + 45   b) 33 + 28   c) 81 + 49   d) 109 + 69
e) 1275 + 625 f) 3125 + 1525 g) 2200 + 590 h) 5555 + 333
i) 275 − 125 j) 3100 − 1500 k) 2000 − 770 l) 550 − 196

5. **Durchblick:** Ermittle die fehlende Zahl. Vergleiche auch Beispiel 2 auf Seite 30.
a) 12 + ■ = 40   b) 120 + ■ = 230   c) ■ + 22 = 63   d) ■ + 120 = 2500
e) ■ − 8 = 18   f) ■ − 23 = 31   g) 25 − ■ = 18   h) 67 − ■ = 45
i) ■ − 110 = 390 j) 480 − ■ = 200   k) ■ − 99 = 143   l) 1000 − ■ = 333

6. a) Berechne die Differenz von 89 und 34.
b) Die Summe zweier Zahlen ist 77. Eine der Zahlen ist 22. Berechne die zweite Zahl.
c) Wie ändert sich die Summe 55 + 27, wenn beide Summanden um 6 vergrößert werden?
d) Wie ändert sich die Differenz 100 − 20, wenn der Subtrahend um 5 vergrößert wird?
e) Wie ändert sich die Differenz 45 − 12, wenn der Minuend um 8 verkleinert wird?

Hinweis zu 7:
Um zu zeigen, dass eine „Es-gibt-Aussage" wahr ist, genügt die Angabe eines Beispiels.

7. Zeige durch die Angabe eines Beispiels, dass die Aussage wahr ist.
a) Es gibt Zahlen, deren Summe 17 ist.   b) Es gibt Zahlen, deren Summe 1 ist.
c) Es gibt Zahlen, deren Summe mit einem der Summanden übereinstimmt.
d) Es gibt Zahlen, deren Summe größer ist als jeder der Summanden.

2.5 Natürliche Zahlen addieren und subtrahieren

8. Zeige durch ein Gegenbeispiel, dass die Aussage falsch ist.
   a) Die Summe zweier beliebiger Zahlen ist stets größer als jeder der Summanden.
   b) Die Summe aus einer geraden Zahl und einer ungeraden Zahl ist stets eine gerade Zahl.

9. Entwickle mit den Zahlen auf den Kärtchen Rechenaufgaben.
   a) Subtrahiere zwei der Zahlen, sodass ihre Differenz auf einem der Kärtchen steht.
   b) Addiere zwei der Zahlen, sodass die Summe auf einem der Kärtchen steht.
   c) Subtrahiere zwei verschiedene Zahlen, sodass ihre Differenz möglichst klein ist.
   d) Addiere drei verschiedene Zahlen, sodass ihre Summe möglichst groß ist.

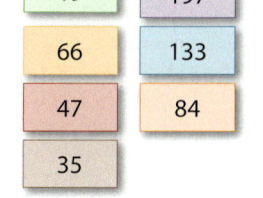

10. Überprüfe folgende Aussagen und begründe jede Entscheidung:
    a) Es gibt mindestens eine Zahl ■, für die 1 – ■ = 1 wahr ist.
    b) Es gibt genau eine Zahl ■, für die 6 – ■ = ■ wahr ist.

11. **Stolperstelle:**
    a) Entscheide und begründe, welcher der beiden folgenden Lösungswege
       für die Aufgabe 93 – 27 – 14 falsch ist:
       ①: 93 – 27 = 66 und 66 – 14 = 52   →   93 – 27 – 14 = 52
       ②: 27 – 14 = 13 und 93 – 13 = 80   →   93 – 27 – 14 = 80
    b) Löse die Aufgaben 86 – 59 – 19 und 92 – 47 – 27 – 8.

12. Marga findet für die Aufgabe 28 + ■ = 34 zwei Lösungen, die 6 und die 7. Sie erklärt:
    „Zuerst habe ich von 28 weitergezählt, also 28, 29, 30, 31, 32, 33 und 34, das sind sieben
    Zahlen, also ist 7 eine Lösung. Dann habe ich 34 – 28 gerechnet und 6 erhalten. Somit ist
    auch 6 eine Lösung." Wo steckt der Denkfehler? Erkläre ihn und gib die richtige Lösung an.

13. Manuelas Körpergröße wurde ab ihrem 4. Geburtstag immer am Türrahmen vermerkt.

2006	2007	2008	2009	2010	2011	2012	2013
100 cm	109 cm	115 cm	120 cm	127 cm	135 cm	143 cm	148 cm

   a) Gib an, in welchem Jahr Manuela am stärksten gewachsen ist.
   b) Um wie viel Zentimeter ist sie zwischen 2009 und 2013 insgesamt gewachsen?

14. Im letzten Schuljahr besuchten 842 Schülerinnen und Schüler die Carl-Friedrich-Gauß-
    Schule. Am Ende des Schuljahrs kamen 87 hinzu und 97 verließen die Schule.
    a) Berechne, wie viele Schülerinnen und Schüler jetzt an der Schule sind.
    b) Im vorletzten Schuljahr gab es 91 Zugänge und 99 Abgänge.
       Berechne, wie viele Schülerinnen und Schüler es davor waren.

15. Die Person in der Mitte ist 140 cm groß.
    Ermittle, wie groß die beiden anderen
    Personen sind.

16. **Ausblick:** Markus sagt: „Ich denke mir eine
    Zahl, subtrahiere davon 32, addiere dann 19
    und subtrahiere zum Schluss noch 41.
    Als Ergebnis erhalte ich die Zahl 47.
    Wie heißt meine Zahl?"
    Gib die Zahl an, die sich Markus gedacht hat. Beschreibe deinen Lösungsweg.
    Erfinde selbst Zahlenrätsel und lasse diese von anderen Personen lösen.

2.6 Natürliche Zahlen multiplizieren und dividieren

■ Anna zählt gerade die Eier, als Monika sie stört. „Hey, Anna." „13; 14; 15; … – Hey, Monika. – Mist, jetzt habe ich mich schon wieder verzählt."
Monika sagt: „Das sieht man doch sofort: Es sind 36 Eier." Anna entgegnet: „Wie hast du denn das so schnell herausbekommen?"
Lässt sich die Anzahl der Eier ermitteln, ohne jedes Ei einzeln zu zählen? ■

Beachte:
Die Division durch 0 ist nicht ausführbar.

Wissen: Fachbegriffe der Multiplikation und Division

a · b ist ein **Produkt**   a : b ist ein **Quotient**

   4 · 12 = 48   48 : 12 = 4
Faktor · Faktor = Produkt   Dividend : Divisor = Quotient

Es gilt stets: Es gilt stets:
a · 1 = 1 · a = a und a · 0 = 0 · a = 0   0 : a = 0 (a ≠ 0) und a : a = 1 (a ≠ 0)

Beispiel 1: Multiplizieren und Dividieren natürlicher Zahlen
Berechne das Produkt (den Quotienten).
a) 4 · 16   b) 42 : 3   c) 31 · 13   d) 29 · 13   e) 114 : 3

Lösung:
a) Zerlege **16** in **10 und 6** und multipliziere jeweils mit 4. Addiere zuletzt die Teilergebnisse.
   4 · 16 = **4 · 10 + 4 · 6** = 40 + 24 = 64

b) Zerlege **42** in **30 und 12** und dividiere jeweils durch 3. Addiere die Teilergebnisse.
   42 : 3 = **30 : 3 + 12 : 3** = 10 + 4 = 14

c) und d) Erzeuge einfachere Rechnungen.
   Wenn du mit **30 · 13 statt mit 31 · 13** rechnest, musst du anschließend **1 · 13 addieren.**
   31 · 13 = **30 · 13 + 1 · 13** = 390 + 13 = 403

   Wenn du mit **30 · 13 statt mit 29 · 13** rechnest, musst du anschließend **1 · 13 subtrahieren.**
   29 · 13 = **30 · 13 – 1 · 13** = 390 – 13 = 377

e) Rechne statt **114 : 3** mit **120 : 3** und subtrahiere zum Schluss **6 : 3**.
   114 : 3 = **120 : 3 – 6 : 3** = 40 – 2 = 38

Aufgabe 1: Berechne das Produkt (den Quotienten).
a) 3 · 24   b) 91 : 7   c) 12 · 51   d) 15 · 39   e) 174 : 6

Das Dividieren ist die entgegengesetzte Rechenoperation zum Multiplizieren und das Multiplizieren ist die entgegengesetzte Rechenoperation zum Dividieren. Beide Rechenarten sind Umkehroperationen zueinander.

Das Multiplizieren mit einer Zahl kann durch das Dividieren durch die gleiche Zahl rückgängig gemacht werden und umgekehrt.

2.6 Natürliche Zahlen multiplizieren und dividieren

Beispiel 2: Überprüfen von Ergebnissen mithilfe von Umkehroperationen
a) Berechne 104 : 8 und kontrolliere deine Rechnung.
b) Ersetze das Zeichen ■ in 63 : ■ = 7 so durch eine Zahl, dass die Rechnung stimmt.

Lösung:
a) Dividiere die **Ausgangszahl 104** durch die Zahl **8**. Bei der Kontrolle multipliziere dann die Zahl **8** mit dem Ergebnis 13 der Division. Wenn du richtig gerechnet hast, erhältst du wieder die **Ausgangszahl 104**.

Aufgabe: 104 : 8 = 13
Umkehraufgabe: 8 · 13 = 104

b) Gesucht ist eine **Zahl,** die beim Dividieren durch 63 die Zahl 7 ergibt. Umgekehrt ist eine **Zahl gesucht,** die mit 7 multipliziert 63 ergibt. Die Zahl ist die **9.**

Aufgabe: 63 : ■ = 7
Umkehraufgabe: ■ · 7 = 63
    9 · 7 = 63
    ■ = 9

Hinweis:
Möchtest du eine Zahl durch Null dividieren, zum Beispiel 5 : 0, dann erhältst du als Umkehraufgabe 0 · ■ = 5. Dafür gibt es keine Lösung, Die Division durch 0 ist nicht ausführbar.

Aufgabe 2:
a) Berechne und kontrolliere deine Rechnung.
    ① 84 : 4   ② 91 : 7   ③ 846 : 9   ④ 140 · 2
b) Ersetze das Zeichen ■ so durch eine Zahl, dass die Rechnung stimmt.
    ① 162 : ■ = 54   ② ■ : 8 = 43   ③ 17 · ■ = 51   ④ ■ · 7 = 133

Wissen: Das Potenzieren als Sonderfall des Multiplizierens

Ein Produkt aus gleichen Faktoren kann als **Potenz** geschrieben werden.

$10 \cdot 10 \cdot 10 \cdot 10 \cdot 10 = 10^5$

Exponent (Hochzahl)   **Potenzwert**
$10^5 = 100\,000$
Basis (Grundzahl)

Bei einer **Zehnerpotenz** gibt die Basis den Faktor und der Exponent die Anzahl der Faktoren an. Eine Zehnerpotenz hat als Basis immer 10.

Hinweis:
10^5 wird „10 hoch fünf" gesprochen.

Beispiel 3: Potenzen schreiben und Potenzwerte ermitteln
a) Schreibe 5 · 5 · 5 als Potenz und ermittle den Potenzwert.
b) Schreibe 32 als Potenz mit der Basis 2.

Lösung:
a) Schreibe als Exponent die Anzahl der (gleichen) Faktoren, als Basis einen Faktor. Multipliziere von links beginnend. Der Potenzwert beträgt 125.

$5 \cdot 5 \cdot 5 = 5^3 = 125$

b) Zerlege 32 in ein Produkt mit den Faktoren 2.

$32 = 2 \cdot 2 \cdot 2 \cdot 2 \cdot 2 = 2^5$

Hinweis:
Quadratzahlen:
$1^2 = 1$
$2^2 = 4$
$3^2 = 9$
...
Kubikzahlen:
$1^3 = 1$
$2^3 = 8$
$3^3 = 27$
...

Aufgabe 3:
a) Schreibe das Produkt als Potenz und ermittle den Potenzwert.
    ① 2 · 2 · 2   ② 3 · 3 · 3   ③ 50 · 50 · 50   ④ 1 · 1 · 1 · 1 · 1 · 1
b) Schreibe als Potenz.
    ① 4   ② 121   ③ 1000   ④ 10 000

Aufgaben

4. Schreibe als Produkt und berechne im Kopf.
a) 7 + 7 + 7 + 7 + 7   b) 19 + 19 + 19 + 19   c) 3 + 3 + 3 + 3 + 3 + 3 + 3

5. Schreibe als Potenz und ermittle den Potenzwert.
a) 3 · 3 · 3 · 3   b) 5 · 5 · 5 · 5   c) 10 · 10 · 10 · 10 · 10 · 10 · 10

6. Schreibe als Potenz.
a) 144   b) 100   c) 81   d) 1600   e) 400   f) 9000

7. Rechne im Kopf.
a) 5 · 17   b) 8 · 12   c) 16 · 6   d) 24 · 11   e) 9 · 32   f) 74 · 26
g) 25 · 5   h) 16 · 19   i) 100 · 13   j) 12 · 41   k) 6 · 210   l) 49 · 11

8. Rechne im Kopf.
a) 22 : 2   b) 95 : 5   c) 126 : 9   d) 100 : 4   e) 96 : 3   f) 126 : 6
g) 144 : 8   h) 147 : 3   i) 150 : 10   j) 420 : 20   k) 270 : 30   l) 168 : 14

9. Rechne im Kopf.
a) 12 · 5   b) 42 · 17   c) 24 · 5   d) 3 · 28   e) 312 · 6   f) 48 · 50
g) 33 · 28   h) 170 · 42   i) 14 · 33   j) 84 · 85   k) 13 · 4   l) 26 · 8

Beispiel zu 10:
23 · 1<u>7</u> (0; 4)
Wenn man die 7 durch die 0 ersetzt, entsteht 23 · 10 = 230.

10. Tausche bei jeder Rechnung eine der unterstrichenen Ziffern gegen eine Ziffer aus der Klammer aus. Die Rechnung soll dabei einfacher werden. Rechne anschließend aus.
a) <u>8</u> · 7   (1; 2; 9)   b) <u>8</u> · 22   (4; 5; 7)   c) 8 · 2<u>2</u>   (1; 5; 6)
d) 3<u>7</u> · 41   (0; 6; 8; 9)   e) 8 · 1<u>3</u>1   (1; 4; 7; 8)   f) 4<u>6</u> · <u>5</u>9   (3; 5; 7; 9)

Hinweis zu 11:
Die Summe der Ergebnisse von 3 a) bis d) und e) bis h) beträgt jeweils 39.

11. Berechne und kontrolliere deine Rechnung. Nutze dazu die Umkehroperation.
a) 81 : 9   b) 54 : 6   c) 48 : 6   d) 104 : 8
e) 64 : 16   f) 175 : 25   g) 275 : 25   h) 480 : 40

12. Setze eine Zahl so ein, dass die Rechnung stimmt.
a) 8 · ■ = 64   b) 7 · ■ = 84   c) ■ · 23 = 230   d) ■ · 1 = 2800
e) ■ : 10 = 7   f) ■ : 6 = 12   g) 60 : ■ = 5   h) 110 : ■ = 10
i) ■ : 7 = 17   j) 200 : ■ = 1   k) ■ : 20 = 30   l) 408 : ■ = 8

13. Durchblick: Berechne 13 · 19 und 204 : 12 wie in Beispiel 1 auf Seite 32. Erkläre jeweils deine Strategie. Prüfe dann, für welche der folgenden Aufgaben du die gleiche Strategie nutzen kannst.
a) 12 · 17   b) 170 : 17   c) 266 : 13   d) 204 : 17   e) 266 : 19
f) 133 : 13   g) 1 · 204   h) 130 · 9   i) 2040 : 120   j) 204 : 1

14. Stolperstelle: Suche den Fehler. Berechne korrekt.
a) 17 · 12 = 17 · 10 + 2 = 172   b) 60 : 12 = (60 : 10) + (60 : 2) = 6 + 30 = 36
c) 39 : ■ = 3 → ■ = 117, denn 3 · 39 = 117   d) 5 · 4 · 7 = 20 · 35 = 700

15. Vervollständige zu einer wahren Aussage.
a) Es gibt natürliche Zahlen, die mit 12 multipliziert größer als …
b) Wenn eine beliebige natürliche Zahl mit 0 multipliziert wird, …
c) Wenn eine beliebige natürliche Zahl mit 1 multipliziert wird, …

2.6 Natürliche Zahlen multiplizieren und dividieren

16. Gib alle Quadratzahlen (Kubikzahlen) zwischen 1 und 100 an.

17. Schreibe folgende Zahlen als Zehnerpotenzen:
   a) 100 b) eine Million c) M d) eine Billion

18. Schreibe als Zahlwort:
   a) 10^2 b) 10^3 c) 10^5 d) 10^6

19. Schreibe als Rechenaufgabe und berechne dann.
   a) Multipliziere das Produkt aus 5 und 22 mit 3.
   b) Dividiere das Produkt aus 5 und 22 durch 3.
   c) Multipliziere die Zahlen 6 und 9 und dividiere das Produkt durch 2.

Hinweis zu 16:
Produkt:
$a \cdot b$
Quotient:
$a : b; (b \neq 0)$

20. Formuliere eine wahre Aussage. Beginne entweder mit „Es gibt eine Zahl, …"
oder „Es gibt keine Zahl, …"
   a) … deren Doppeltes gleich ihrer Quadratzahl ist.
   b) … die größer als 1, deren Fünffaches aber kleiner als 1 ist.
   c) … deren Fünffaches gleich 1 ist.

21. Überprüfe, ob die Aussage wahr ist. Begründe deine Entscheidung.
   a) Es gibt mindestens zwei natürliche Zahlen, die einzeln nicht ohne Rest durch 5 teilbar sind, aber deren Summe ohne Rest durch 5 teilbar ist.
   b) Jede Zahl ist durch sich selbst teilbar.
   c) Es gibt mindestens eine Zahl, die nicht durch sich selbst teilbar ist.

22. Anja meint, dass sich die Zahl 60 durch alle natürlichen Zahlen von 1 bis 60 ohne Rest dividieren lässt. Was meinst du?

23. Erkläre und begründe die Vorgehensweise.
   ① $4 \cdot 12 = 48$
   ② $40 \cdot 12 = 480$ und $4 \cdot 120 = 480$, denn $4 \cdot 12 \cdot 10 = 480$
   ③ $40 \cdot 1200 = 4 \cdot 10 \cdot 12 \cdot 100 = (4 \cdot 12) \cdot (10 \cdot 100) = 48 \cdot 1000 = 48\,000$
   a) Berechne analog $6000 \cdot 130$ und $5000 \cdot 170\,000$.
   b) Formuliere eine Regel für Produkte, deren Faktoren auf Nullen enden.

24. Erkläre und begründe die Vorgehensweise.
   ① $33 : 3 = 11$
   ② $330 : 3 = 110$ und $330 : 30 = 11$
   ③ $330\,000 : 300 = (33 \cdot 10\,000) : (3 \cdot 100) = (33 : 3) \cdot (10\,000 : 100) = 11 \cdot 100 = 1100$
   a) $600\,000 : 50$ und $5\,000\,000 : 120\,000$.
   b) Formuliere eine Regel für Quotienten, deren Divisoren auf Nullen enden.

25. Verwende für deine Rechnung nur die Zahlen auf den Kärtchen.
   a) Einer der beiden Faktoren ist 4.
   b) Das Produkt ist 120.
   c) Der Quotient ist 4.
   d) Der Divisor ist 60.
   e) Der Dividend ist 16.
   f) Das Produkt dreier Zahlen ist 192.

Hinweis zu 22:
Du darfst in einer Rechnung dieselbe Zahl auch mehrfach verwenden.

26. Warum haben $6 + 6 + 6 + 6$ und $4 + 4 + 4 + 4 + 4 + 4$ gleiche Ergebnisse?

27. a) Maria meint, dass $0 + 0 + 0 + 0 = 4 \cdot 0 = 4$ eine wahre Aussage ist. Was meint du?
    b) Marco meint, dass $3 : 0$ nicht berechnet werden kann, weil es keine Zahl gibt, die mit 0 multipliziert 3 ergibt." Begründe, warum Marco recht hat.
    c) Löse, falls möglich, die Aufgaben $4 \cdot 0$; $0 \cdot 4$; $4 \cdot 1$; $1 \cdot 4$; $5 : 0$; $0 : 5$; $5 : 1$; $5 : 5$ und danach die zugehörigen Umkehraufgaben.

28. Löse die Sachaufgabe.
    a) Julians Vater kauft 5 Packungen Nudeln zu je 99 Cent. Berechne, wie viel Euro er insgesamt bezahlen muss.
    b) Herr Stapel stapelt mehrere Kästen mit jeweils 12 leeren Flaschen. Insgesamt sind es 11 Kästen nebeneinander und immer 5 Kästen darüber. Berechne die Anzahl der Flaschen in allen Kisten zusammen.
    c) Frau Walter ist mit ihrem Auto in 6 Stunden insgesamt 426 km gefahren. Berechne, wie viel Kilometer sie durchschnittlich in einer Stunde gefahren ist.
    d) Prüfe, ob 13 (gleiche) Bücher mehr als 5 kg wiegen, wenn ein Buch davon 400 g auf die Waage bringt.

29. Bei einem Staffellauf teilen sich die Läufer eine Strecke zu gleichen Teilen, ihre Zeiten werden addiert. Das Team mit der besten Zeit gewinnt. Eine Schulstaffel hat eine Gesamtstrecke von 28 km zurückzulegen.
    a) Die Staffel der Klasse 5 b besteht aus 14 Schülerinnen und Schülern. Berechne die Strecke, die jedes Teammitglied laufen muss.
    b) Die Streckenlänge für Achtklässler beträgt jeweils 4 km. Ermittle die Anzahl der Mitglieder dieses Teams.

30. Linda trainiert für die Stadtmeisterschaften im Schwimmen. Beim Ausdauertraining ist sie heute schon 17 Bahnen geschwommen.
    a) Eine Bahn ist 25 m lang. Gib an, wie viel Meter Linda zurückgelegt hat.
    b) Ihr Trainingsplan sieht 1000 m vor. Prüfe, ob sie bisher mehr oder weniger als die Hälfte ihres Trainingsplanes geschafft hat.
    c) Schafft Linda die 1000 m in 30 min, wenn sie für eine Bahn etwa 49 s braucht?

31. Mara und Kim schauen sich die Decke ihres Klassenraums an. Die Löcher in einer Deckenplatte sind versetzt angeordnet.
    In der ersten Reihe liegen 40 Löcher nebeneinander.
    In der zweiten Reihe liegen 39 Löcher nebeneinander.
    Die Anzahl der Löcher in den weiteren Reihen wechselt immer. Insgesamt sind es 41 Reihen.
    Berechne die Gesamtzahl der Löcher in solch einer Deckenplatte.

32. **Ausblick:** Erkläre, wie sich das Ergebnis ändert. Gib eine Beispielaufgabe an.
    a) Bei einem Produkt wird ein Faktor verdoppelt, der andere Faktor bleibt gleich.
    b) Bei einem Produkt werden beide Faktoren gleichzeitig verdoppelt.
    c) Bei einem Produkt wird ein Faktor halbiert und der andere Faktor verdoppelt.
    d) Bei einem Quotienten bleibt bei Verdopplung des Divisors der Dividend gleich.
    e) Bei einem Quotienten bleibt bei Verdopplung des Dividenden der Divisor gleich.
    f) Bei einem Quotienten werden Dividend und Divisor gleichzeitig verdoppelt.

2.7 Vorrangregeln sicher anwenden

■ Viele Rechenwege lassen sich durch vorteilhaftes Rechnen und durch Nutzen von Rechenregeln vereinfachen. Rechne immer möglichst vorteilhaft, dann geht es schneller.
Suche verschiedene Rechenwege. Erläutere, wie du möglichst schnell im Kopf rechnen kannst. ■

Durch sinnvolles Aneinanderreihen von Zahlen, Rechenzeichen und Klammern können Rechenaufgaben formuliert werden. Mit Rechenbäumen kann deren Struktur und die Reihenfolge beim Rechnen veranschaulicht werden.

| Aufgabe | $5 + 2 \cdot 3$ | $(5 + 3) \cdot 3$ | Aufgabe | $2 \cdot [3 + (5 - 1)]$ |

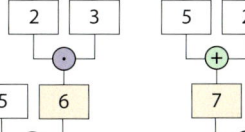
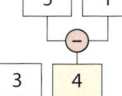
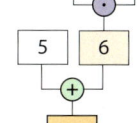
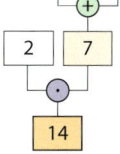

Vorrangregeln bestimmen die Reihenfolge der Rechenschritte.

Wissen: Vorrangregeln

1. Was in **Klammern** steht, wird **zuerst** gerechnet. **Beginne** bei mehreren Klammern **immer innen**. Gehe dann schrittweise nach außen.
2. Multipliziere bzw. dividiere zuerst, addiere bzw. subtrahiere danach.
   (**Punktrechnung** geht vor **Strichrechnung**.)
3. Potenziere zuerst, multipliziere (dividiere) und addiere (subtrahiere) danach.

Hinweis:
Merke dir als Eselsbrücke für die Reihenfolge von Rechnungen „**KLAPS**":
  Klammer
    Punktrechnung
      Strichrechnung

Beispiel 1: Aufgaben mit mehreren Rechenoperationen
Berechne. Achte dabei auf die Vorrangregeln.
a) $28 - (6 + 14)$ b) $12 + 8 \cdot 11$ c) $6 \cdot [(5 - 3) + 12]$ d) $17 - (7 \cdot 0)$

Lösung:
a) Rechne zuerst $6 + 14$. Es steht in Klammern.
$$28 - (6 + 14) = 28 - 20 = 8$$
b) Multipliziere zuerst $8 \cdot 11$. Punktrechnung geht vor.
$$12 + 8 \cdot 11 = 12 + 88 = 100$$
c) Rechne zuerst $5 - 3$. Es steht in der inneren Klammer.
Rechne dann $2 + 12$. Es steht in der äußeren Klammer.
$$6 \cdot [(5 - 3) + 12] = 6 \cdot [2 + 12] = 6 \cdot 14 = 84$$
d) Rechne zuerst 3^2 und 4^2.
$$3^2 + 2 \cdot 4^2 = 9 + 32 = 41$$

Aufgabe 1: Berechne. Achte dabei auf die Vorrangregeln.
a) $100 - (36 - 16)$ b) $69 - 3 \cdot 13$ c) $32 - (8 + 20) : 2 - 4$
d) $40 : (5 + 15)$ e) $2^6 - 3 \cdot 2^2$ f) $200 : [2 \cdot (10 : 5)]$

Aufgaben

2. Löse die Aufgabe. Achte dabei auf die Vorrangregeln.
a) $12 \cdot 5 - 13$
b) $61 - 9 - 7$
c) $10 + 150 : 10$
d) $3 \cdot 14 + 4 \cdot 13$
e) $50 : 5 \cdot 2$
f) $130 - 66 : 11$
g) $0 \cdot 44 + 6$
h) $100 - 8 \cdot 9 + 32$
i) $57 - 17 + 36 : 3$
j) $2 \cdot 6^2 - 2 \cdot 2^4$
k) $10 + [(3 \cdot 14) : 6] : 7$
l) $7 \cdot 21 - 9 - 8 : 4$

3. Löse die Aufgabe. Achte dabei auf die Vorrangregeln.
a) $10 \cdot (28 - 9)$
b) $23 - (15 - 5)$
c) $2 \cdot (3^2 + 4^2)$
d) $12 + (12 + 1) \cdot 8$
e) $([49 - 8] \cdot 0) \cdot 2$
f) $(29 - 11) \cdot (15 - 5)$
g) $22 - 4 \cdot (14 - 6 - 3)$
h) $([96 - 0] : 16) : (1 + 5)$
i) $40 + [5 \cdot (27 + 6) : 3]$

4. Setze Klammern so, dass das Ergebnis eine Zahl auf den Kärtchen ist.
a) $2 \cdot 8 + 10$
b) $140 - 12 : 2$
c) $3 \cdot 4 \cdot 2 + 4$
d) $2 + 6 \cdot 16 - 1$
e) $70 - 10 - 3 - 1$
f) $36 - 11 \cdot 2 + 2 \cdot 10$

Beispiel zu 5:
$(7 + 4) \cdot (7 - 4)$
Summme
Produkt
Differenz

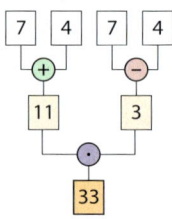

5. Übertrage den Rechenbaum in dein Heft und trage die fehlenden Zahlen ein. Schreibe die zugehörige Aufgabe dazu.

a)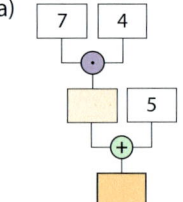
b)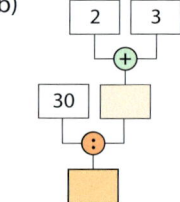
c)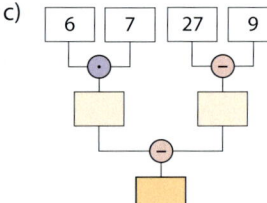

d)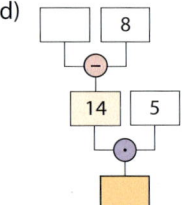
e)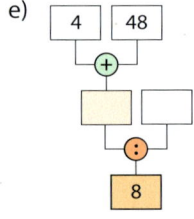
f)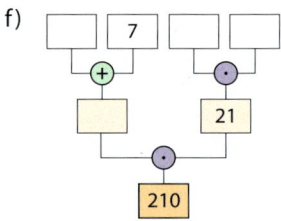

6. Zeichne einen Rechenbaum und berechne das Ergebnis.
a) $(3 \cdot 2) \cdot 6$
b) $12 \cdot (15 + 11)$
c) $(20 + 12) : (20 - 12)$
d) $19 \cdot 3 - (27 + 16)$
e) $11 \cdot 8 - 69 + 35$
f) $4 + (5 \cdot 9) - 1$

7. Durchblick: Löse die Aufgabe. Erläutere dein Vorgehen. Entscheide, welche Klammern du ohne Ergebnisänderung hättest weglassen können. Vergleiche auch Beispiel 1 auf Seite 37.
a) $(51 + 29) \cdot (10 - 3)$
b) $(45 : 3) - (6 \cdot 2)$
c) $(50 + 350) - (210 - 90)$
d) $130 + (12 \cdot 9 - 12)$
e) $130 - (12 \cdot 9 - 12)$
f) $(16 \cdot 8) : 2 + (142 - 98)$

8. Schreibe als mathematische Aufgabe mit Rechenzeichen. Berechne anschließend.
a) Multipliziere die Zahlen 6 und 9 und dividiere das Produkt durch 2.
b) Dividiere die Summe aus 5 und 22 durch 3.
c) Subtrahiere den Quotienten aus 78 und 13 von 20.
d) Addiere das Produkt von 5 und 60 zur Summe von 5 und 60.
e) Multipliziere die Differenz der Zahlen 18 und 14 mit ihrer Summe.
f) Dividiere das Produkt aus 9 und 11 durch 33.

2.7 Vorrangregeln sicher anwenden

9. Finde zu jeder Wortformulierung einen zugehörenden mathematischen Ausdruck. Schreibe zu den übrig bleibenden Ausdrücken passende Texte. Berechne auch die Ergebnisse.

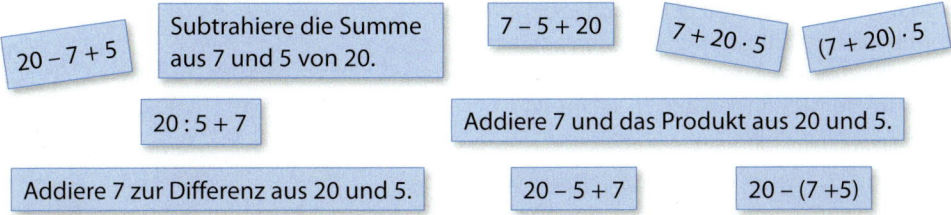

- 20 – 7 + 5
- Subtrahiere die Summe aus 7 und 5 von 20.
- 7 – 5 + 20
- 7 + 20 · 5
- (7 + 20) · 5
- 20 : 5 + 7
- Addiere 7 und das Produkt aus 20 und 5.
- Addiere 7 zur Differenz aus 20 und 5.
- 20 – 5 + 7
- 20 – (7 + 5)

10. Stolperstelle: Überprüfe Heikes Hausaufgaben, suche und beschreibe die Fehler. Rechne anschließend richtig.
- a) 83 – 28 – 18
  = 83 – 10
  = 73
- b) 16 + 104 : 8
  = 120 : 8
  = 15
- c) 12 · (2 + 7)
  = 24 + 7
  = 31

11. Vertausche in jedem Ausdruck zwei Zeichen so, dass eine sinnvolle Rechenaufgabe entsteht. Löse die Aufgabe dann und erläutere dein Vorgehen.
- a) 8 –) 3 + 4 (
- b) 9 · + 8 (7)
- c) 5 : (7 – 7)
- d) 9 + (8 – 6 ·) 3

12. Bilde aus den Zeichen +, –, ·, (und) sowie den Zahlen von 1 bis 9 Rechenaufgaben, die als Ergebnis eine Zahl von 21 bis 60 haben. Verwende bei jeder Aufgabe jedes Zeichen und jede Zahl höchstens einmal.
Beispiele: 3 · 7 = 21; (4 + 7) · 2 = 22
Finde für möglichst viele Zahlen von 21 bis 60 eine passende Rechenaufgabe.
Vergleiche deine Aufgaben mit denen deiner Nachbarn.

13. Frau Klaro kauft für ihre Tochter eine Hose für 49 €, ein Shirt für 19 € und eine Jacke für 9 €. Sie zahlt mit einem 100-€-Schein. Formuliere eine Rechenaufgabe, mit der du berechnen kannst, wie viel Euro sie als Wechselgeld zurück bekommt. Gib auch die Lösung an.

14. In der Pension Schönblick gibt es auf jeder Etage sechs Zweibettzimmer und vier Einbettzimmer. Die Pension hat drei Etagen. Berechne ausführlich, wie viele Betten es sind.

15. Frau Schöller möchte eine 5,60 m lange Wand mit Holzbrettern verkleiden. Ein Holzbrett ist 16 cm breit. Anschließend möchte sie im Nebenraum eine 2,40 m lange Wand mit den gleichen Brettern verkleiden. Ihre Tochter berechnet, wie viele Holzbretter insgesamt benötigt werden: 560 : 16 + 240 : 16 = 35 + 15 = 50.
Bruder Oskar sagt: „Das kannst du aber auch einfacher rechnen." Was meinst du dazu?

16. Die Klasse 5a besteht aus 30 Schülerinnen und Schülern. Jedes Kind bezahlt für die Klassenfahrt 40 €. Die Busfahrt kostet 150,50 €, die Übernachtung mit Verpflegung 800 €. Dazu kommen noch Eintrittsgelder von 222,50 €.
Wie viel Euro hat jedes Kind zu viel bezahlt?

17. Ausblick: Beim Multiplizieren einer Zahl mit der Zahl 5 kann schrittweise wie in folgendem Beispiel gerechnet werden.
Beispiel: 18 · 5 = 18 · (10 : 2) = (18 · 10) : 2 = 180 : 2 = 90
- a) Rechne wie im Beispiel: ① 33 · 5   ② 14 · 5   ③ 1234 · 5
- b) Beim Multiplizieren einer Zahl mit 25 (mit 125) gibt es ähnliche Regeln. Formuliere die Regel mit eigenen Worten und nutze sie beim Rechnen zweier Beispielaufgaben.

2.8 Rechengesetze (Addition und Multiplikation)

■ Markus, Manuela und Lukas sind sehr gute Kopfrechner der Klasse 5 c. Sie sollen in einem Schnellrechen-Wettbewerb alle Zahlen addieren, die im nebenstehenden Bild zu sehen sind.

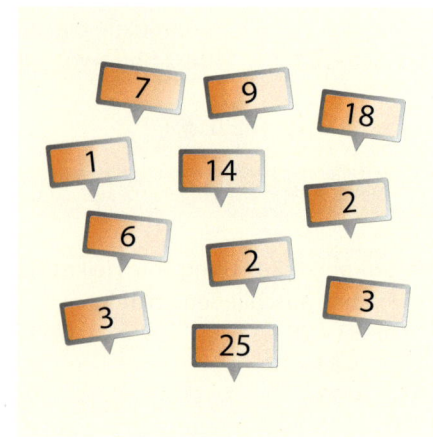

Markus rechnet:

1 + 2 + 2 + 3 + 3 + 6 + 7 + 9 + 14 + 18 + 25

Manuela rechnet:

7 + 1 + 3 + 9 + 14 + 25 + 6 + 2 + 18 + 2 + 3

Lukas rechnet:

(7 + 3) + (1 + 9) + (14 + 6) + (2 + 18) + (2 + 3 + 25)

Was meinst du, wer wohl am schnellsten ist? Begründe deine Vermutung. ■

Erinnere dich: Rechnungen in Klammern werden zuerst ausgeführt.

Zerteilt man einen 100 cm langen Stab in drei unterschiedlich lange Teile, so ergibt sich unabhängig von der Reihenfolge, in denen diese wieder zusammengesetzt werden, wieder die Gesamtlänge von 100 cm.

50 cm 30 cm 20 cm

Es gilt: (50 + 30) + 20 = 50 + (30 + 20) = 100

Wissen: Rechengesetze der Addition

Kommutativgesetz der Addition (Vertauschungsgesetz):
Beim Addieren dürfen Summanden beliebig vertauscht werden.
Es gilt immer: $a + b = b + a$
Ersetze a und b durch beliebige Zahlen. $12 + 35 = 35 + 12$

Assoziativgesetz der Addition (Verbindungsgesetz):
Beim Addieren dürfen Klammern beliebig gesetzt oder weggelassen werden.
Es gilt immer: $(a + b) + c = a + (b + c) = a + b + c$
Ersetze a, b und c durch beliebige Zahlen. $(6 + 12) + 8 = 6 + (12 + 8) = 6 + 12 + 8$

Hinweis: Diese Rechengesetze gelten **nur** für die Addition, **nicht** für die Subtraktion.

Beispiel 1: Aufgaben mit mehr als zwei Summanden
Berechne 39 + 28 + 11 + 12 geschickt unter Nutzung der Rechengesetze der Addition.

Lösung:
Vertausche Summanden so, dass sich Rechnungen 39 + 28 + 11 + 12
vereinfachen (Kommutativgesetz). = 39 + 11 + 28 + 12

Fasse Summanden zusammen. Setze Klammern = (39 + 11) + (28 + 12)
(Assoziativgesetz). Addiere zum Schluss. = 50 + 40 = 90

Aufgabe 1: Rechne geschickt unter Nutzung der Rechengesetze der Addition.
    a) 17 + 12 + 13 + 18   b) 38 + 49 + 22
    c) 55 + 29 + 5 + 11   d) 34 + 29 + 16 + 21

2.8 Rechengesetze (Addition und Multiplikation)

Du kannst die Anzahl der Würfel im folgenden Würfelbau unterschiedlich berechnen.

a)

b)

Hier sind **vier** Würfel-Schichten zu sehen, die hintereinander angeordnet sind.
In jeder Schicht sind 3 · 5 = 15 Würfel.
Deswegen sind es insgesamt:
4 · (3 · 5) = 4 · 15 = 60 Würfel.

Hier sind **fünf** Würfel-Schichten zu sehen, die nebeneinander angeordnet sind.
In jeder Schicht sind 3 · 4 = 12 Würfel.
Deswegen sind es insgesamt
5 · (3 · 4) = 5 · 12 = 60 Würfel.

Wissen: Rechengesetze der Multiplikation

Kommutativgesetz der Multiplikation (Vertauschungsgesetz):
Beim Multiplizieren dürfen Faktoren beliebig vertauscht werden.
Es gilt immer: a · b = b · a
Ersetze a und b durch
beliebige Zahlen.   3 · 12 = 12 · 3

Assoziativgesetz der Multiplikation (Verbindungsgesetz):
Beim Multiplizieren dürfen Klammern beliebig gesetzt oder weggelassen werden.
Es gilt immer: (a · b) · c = a · (b · c) = a · b · c
Ersetze a, b und c durch
beliebige Zahlen.   (7 · 4) · 5 = 7 · (4 · 5) = 7 · 4 · 5

*Hinweis: Diese Rechengesetze gelten **nur** für die Multiplikation, **nicht** für die Division.*

Beispiel 2: Aufgaben mit mehr als zwei Faktoren
Rechne 25 · 12 · 4 · 3 geschickt unter Nutzung der Rechengesetze der Multiplikation.

Lösung:
Vertausche Faktoren so, dass sich Rechnungen   25 · 12 · 4 · 3
vereinfachen (Kommutativgesetz).   = 12 · 3 · 25 · 4

Fasse Faktoren zusammen. Setze Klammern   = (12 · 3) · (25 · 4)
(Assoziativgesetz). Multipliziere zum Schluss.   = 36 · 100 = 3600

Erinnere dich: Rechnungen in Klammern werden zuerst ausgeführt.

Aufgabe 2: Rechne geschickt unter Nutzung der Rechengesetze der Multiplikation.
   a) 2 · 16 · 50   b) 20 · 9 · 5 · 3
   c) 37 · 25 · 4   d) 8 · 2 · 5 · 125

Aufgaben

3. Rechne vorteilhaft unter Verwendung von Rechengesetzen.
   a) 15 + 25 + 18   b) 73 + 21 + 29   c) 10 + 89 + 11 + 7
   d) 32 + 6 + 2 + 25   e) 15 + 24 + 16 + 33 + 17   f) 41 + 29 + 27 + 32 + 28

4. Rechne, nutze Rechenvorteile.
   a) 17 · 5 · 2
   b) 2 · 50 · 14
   c) 11 · 12 · 5
   d) 7 · 125 · 8
   e) 12 · 12 · 10
   f) 25 · 11 · 4 · 5
   g) 3 · 5 · 20 · 7
   h) 52 · 9 · 11

5. **Durchblick:** Addiere und multipliziere vorteilhaft wie im Beispiel 1 auf Seite 40 und wie im Beispiel 2 auf Seite 41. Erläutere dein Vorgehen.
   a) 15 + 28 + 25 + 12 + 4
   b) 9 + 24 + 13 + 11 + 16
   c) 37 + 21 + 14 + 29 + 16
   d) 8 + 96 + 21 + 31 + 44
   e) 27 + 52 + 37 + 38 + 13
   f) 120 + 330 + 170 + 180
   g) 25 · 7 · 4
   h) 40 · 9 · 25
   i) 8 · 125 · 18
   j) 200 · 89 · 5
   k) 2 · 20 · 5 · 50
   l) 75 · 11 · 20

6. a) Addiere das Produkt aus 3 und 12 zum Produkt aus 12 und 5.
   b) Subtrahiere das Produkt aus 9 und 11 vom Produkt aus 22 und 5.
   c) Addiere das Produkt aus 4 und 25 zur Differenz aus 100 und 50.
   d) Subtrahiere die Summe aus 47 und 53 vom Produkt aus 4 und 25.

7. **Stolperstelle:**
   Löse folgende Aufgaben:
   ① (24 + 8) + 12 und 24 + (8 + 12)
      (17 − 6) − 5 und 17 − (6 − 5)
   ② (16 · 4) · 2 und 16 · (4 · 2)
      (32 : 8) : 2 und 32 : (8 : 2)

   a) Vergleiche die Ergebnisse aus ① und die Ergebnisse aus ② miteinander. Formuliere gültige (allgemeine) Regeln.
   b) Finde weitere Beispiele für die Regeln. Präsentiere deine Ergebnisse.

Tipp zu 7:
Präsentiere deine Ergebnisse. Hilfe findest du dazu auf Seite 233 (Methodenkarte 5D).

8. Eva, Till und Marie sollen möglichst schnell alle Zahlen von 1 bis 20 addieren.
   a) Für welches Vorgehen würdest du dich entscheiden?
   b) Begründe deine Wahl. Ermittle die Lösung.
   c) Berechne auf die gleiche Weise die Summe der Zahlen von 1 bis 200.

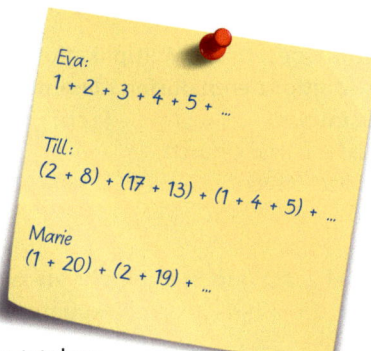

Eva:
1 + 2 + 3 + 4 + 5 + ...

Till:
(2 + 8) + (17 + 13) + (1 + 4 + 5) + ...

Marie:
(1 + 20) + (2 + 19) + ...

9. Gib für ■ solche Zahlen an, dass wahre Aussagen entstehen. Finde möglichst viele Lösungen.
   Beispiel: (14 + ■) + (11 + ■) = 50:
             (14 + 6) + (11 + 19) = 50 oder (14 + 16) + (11 + 9) = 50 sind mögliche Lösungen.

   a) (17 + ■) + (12 + ■) = 60
   b) (14 + ■) + (■ + 29) = 90
   c) (18 + ■ + 4) + (12 + ■) = 100
   d) (■ + 32) + (93 + ■ + 6) = 150
   e) (30 − ■) + (50 − ■) = 60
   f) (■ − 13) − (■ − 25) = 10

10. Zerlege einen Faktor geschickt in ein Produkt und berechne.
    Beispiel: 175 · 4 = (7 · 25) · 4 = 7 · (25 · 4) = 7 · 100 = 700
    a) 18 · 50
    b) 40 · 75
    g) 24 · 25
    h) 375 · 8

11. **Ausblick:** Ersetzt ■ durch Rechenzeichen (+, −, ·, :). Rechnet dann aus. Wann wird das Ergebnis am größten, wann am kleinsten? Vergleicht eure Vorschläge untereinander.
    a) 54 ■ 9
    b) 111 ■ 1
    c) 121 ■ 11
    d) 20 ■ 5 ■ 50
    e) 12 ■ 6 ■ 3
    f) 35 ■ 0 ■ 8

2.9 Das Distributivgesetz

■ Maria und Luise sollen nachschauen, ob für ein Konzert genügend Stühle da sind. Es sind rote und blaue Stühle vorhanden. Maria ermittelt zuerst, wie viele rote Stühle und dann wie viele blaue Stühle es sind:
rote Stühle:
6 Stapel mit je 10 Stühlen macht 60 Stühle.
blaue Stühle:
4 Stapel mit je 10 Stühlen macht 40 Stühle.
Luise addiert zuerst die Anzahl aller Stapel und multipliziert dann. Schreibe die beiden Rechenwege ausführlich auf. Setze dabei Klammern richtig. ■

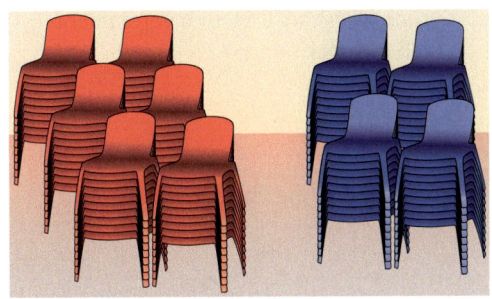

Du kannst die Anzahl der abgebildeten Würfel unterschiedlich berechnen.

Es sind:
① $4 \cdot 3 + 2 \cdot 3 = 12 + 6 = 18$
(4 mal 3 rote Würfel und 2 mal 3 blaue Würfel, also insgesamt 18 Würfel)
② $(4 + 2) \cdot 3 = 6 \cdot 3 = 18$
(4 rote und 2 blaue Würfel mal 3, also 18 Würfel.)

Wissen: Das Distributivgesetz

Distributivgesetz (Verteilungsgesetz) bei der Multiplikation:
Beim Multiplizieren einer Summe (einer Differenz) mit einer Zahl kann die Rechnung (Multiplikation) auch auf zwei Produkte verteilt werden.
Es gilt immer: $\qquad\qquad\qquad\qquad\qquad$ **a** · (b + c) = **a** · b + **a** · c
Ersetze a, b und c durch beliebige Zahlen. $\qquad$ **3** · (4 + 2) = **3** · 4 + **3** · 2

Distributivgesetz (Verteilungsgesetz) bei der Division:
Beim Dividieren einer Summe (einer Differenz) durch eine Zahl kann die Rechnung (Division) auch auf zwei Quotienten verteilt werden.
Es gilt immer: $\qquad\qquad\qquad\qquad\qquad$ (a + b) : **c** = a : **c** + b : **c**
Ersetze a, b und c durch beliebige Zahlen. $\qquad$ (12 + 6) : **3** = 12 : **3** + 6 : **3**

Beispiel 1: Vorteilhaft rechnen mit dem Distributivgesetz
a) $4 \cdot (250 - 12)$ $\qquad$ b) $72 : 3 - 63 : 3$ $\qquad$ c) $14 \cdot 98$

Lösung:
a) Rechne hier nicht zuerst in der Klammer (250 – 12), sondern löse die Klammer nach dem Distributivgesetz auf, dadurch vereinfacht sich die Rechnung: $(4 \cdot 250 = 1000)$

$4 \cdot (250 - 12) = 4 \cdot 250 - 4 \cdot 12$
$\qquad\qquad\qquad\;\; = 1\,000 - 48 = 952$

Ausmultiplizieren! Klammer auflösen!

b) Klammere den gemeinsamen Divisor 3 aus, d. h., wende das Distributivgesetz „rückwärts" an. Dadurch vereinfacht sich die Rechnung: 72 − 63 = 9

$$72 : 3 − 63 : 3 = (72 − 63) : 3$$
$$= 9 : 3 = 3$$

Ausklammern! Klammer setzen!

c) Zerlege 98 in 100 − 2 und multipliziere dann aus.

$$14 \cdot 98 = 14 \cdot (100 − 2)$$
$$= 14 \cdot 100 − 14 \cdot 2 = 1400 − 28 = 1372$$

Aufgabe 1: Rechne vorteilhaft.
a) 5 · (200 − 9)   b) 5 · 14 + 5 · 16   c) 25 · 99
d) 31 · 22 − 21 · 22   e) 216 : 36   f) 7 · (7 + 40)

Aufgaben

2. Multipliziere nach dem Distributivgesetz aus und berechne dann.
   a) 4 · (30 + 8)   b) (45 + 18) : 9   c) 12 · (100 − 1)   d) (80 − 25) : 5
   e) 3 · (900 + 21)   f) 15 · (30 + 6)   g) (300 − 12) : 12   h) 16 · (400 − 8)

3. Klammere nach dem Distributivgesetz aus (setze Klammern) und berechne dann.
   a) 6 · 13 + 6 · 7   b) 9 · 42 − 9 · 33   c) 24 : 4 + 23 : 4   d) 12 · 188 + 12 · 12
   e) 8 · 65 − 45 · 8   f) 25 · 25 + 25 · 25   g) 96 : 8 + 64 : 8   h) 95 · 85 − 85 · 95

4. Vergleiche die beiden Rechenwege. Entscheide, welcher Rechenweg vorteilhafter ist. Ermittle das Ergebnis auf dem vorteilhaften Rechenweg.
   a) 3 · (200 − 6) = 3 · 200 − 3 · 6 = …   3 · (200 − 6) = 3 · 194 = …
   b) 4 · (37 + 33) = 4 · 37 + 4 · 33 = …   4 · (37 + 33) = 4 · 70 = …
   c) 6 · 17 − 6 · 14 = 6 · (17 − 14) = …   6 · 17 − 6 · 14 = 102 − 84 = …
   d) 13 · 10 + 13 · 4 = 13 · (10 + 4) = …   13 · 10 + 13 · 4 = 130 + 52 = …

Hinweis zu 5: Die Buchstaben sortiert nach den Ergebnissen von Aufgabe 5 ergeben ein Lösungswort.

343	R
87	U
588	O
184	E
597	A
452	P

5. Berechne geschickt, indem du eine Summe oder Differenz bildest.
   Beispiele: 27 · 4 = (20 + 7) · 4 = 20 · 4 + 7 · 4 = 80 + 28 = 108;
   5 · 19 = 5 · (20 − 1) = 5 · 20 − 5 · 1 = 100 − 5 = 95
   a) 23 · 8   b) 29 · 3   c) 49 · 7   d) 98 · 6   e) 113 · 4   f) 199 · 3

6. **Durchblick:** Rechne geschickt. Vergleiche auch Beispiel 1 auf Seite 43.
   a) 4 · (62 − 22)   b) 23 · (3 + 10)   c) 15 · (50 − 1)   d) 7 · (63 + 38)
   e) 9 · 8 + 9 · 11   f) 5 · 28 + 5 · 12   g) 12 · 90 − 12 · 78   h) 99 · 18

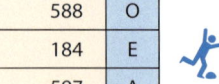

7. **Stolperstelle:**
   Löse die Aufgaben und vergleiche die Lösungen. Erläutere, unter welchen Bedingungen das Distributivgesetz auch für die Division gilt.
   a) 100 : (5 + 5)   b) 24 : (6 + 2)   c) (15 + 21) : 3   d) (90 + 40) : 10
       100 : 5 + 100 : 5   24 : 6 + 24 : 2   15 : 3 + 21 : 3   90 : 10 + 40 : 10

8. **Ausblick:** Aufgaben mit mehr als zwei Zahlen in Klammern
   a) Löse die Aufgabe 2 · (12 + 9 + 15) auf zwei unterschiedlichen Lösungswegen.
   b) Löse die Aufgabe (12 + 9 + 15) : 3 auf zwei unterschiedlichen Lösungswegen.
   c) Rechne aus. Bei welcher Aufgabe sollte zuerst in der Klammer gerechnet werden?
   ① 4 · (9 + 7 + 2)   ② (4 + 8 + 12 + 4) : 4   ③ 4 : (30 − 30 + 4)   ④ 4 · (12 − 3 − 5)

Kopfrechnen

Wissen: Rechenvorteile beim Addieren und Subtrahieren nutzen
Durch das Nutzen von Rechenvorteilen kann das Kopfrechnen vereinfacht werden. Beim Addieren und Subtrahieren natürlicher Zahlen wird stellenweise gearbeitet. Die Einerstellen können zur Kontrolle des Endergebnisses dienen.

Strategie 1	Strategie 2	Strategie 3
$25 + 32$	$55 + 8$	$27 + 29$
$= 20 + 30 + 5 + 2$	$= 55 + 5 + 3$	$= 27 + 30 - 1$
$= 50 + 7$	$= 60 + 3$	$= 57 - 1$
$= 57$	$= 63$	$= 56$
$67 - 52$	$45 - 7$	$52 - 19$
$= 60 - 50 + 7 - 2$	$= 45 - 5 - 2$	$= 50 - 20 + 1$
$= 10 + 5 = 15$	$= 40 - 2 = 38$	$= 30 + 1 = 31$

1. Rechne im Kopf. Verwende dabei eine der Strategien zum Addieren und Subtrahieren.
   a) $54 + 42$ b) $37 + 49$ c) $505 + 99$ d) $68 + 6$
   e) $78 - 52$ f) $140 - 29$ g) $53 - 8$ h) $350 - 99$

2. Rechne im Kopf. Welche der Aufgaben war besonders schwierig? Begründe dies.
   a) $2 \cdot 15$ b) $3 \cdot 13$ c) $16 \cdot 21$ d) $14 \cdot 19$ e) $4 \cdot 5 \cdot 11$ f) $5 \cdot 13 \cdot 2$

Wissen: Rechenvorteile beim Multiplizieren nutzen
So kannst du Rechenvorteile beim Multiplizieren nutzen.

Strategie 1	Strategie 2	Strategie 3
$4 \cdot 16$	$13 \cdot 31$	$13 \cdot 29$
$= 4 \cdot 10 + 4 \cdot 6$	$= 13 \cdot 30 + 13 \cdot 1$	$= 13 \cdot 30 - 13 \cdot 1$
$= 40 + 24 = 64$	$= 390 + 13 = 403$	$= 390 - 13 = 377$

3. Berechne im Kopf. Verwende dabei eine der Strategien zum Multiplizieren.
   a) $5 \cdot 17$ b) $8 \cdot 12$ c) $6 \cdot 16$ d) $16 \cdot 19$ e) $24 \cdot 11$ f) $12 \cdot 41$

4. Multipliziere die Zahl im Kopf jeweils mit den Zahlen im Apfel.
   Die Rechenstrategien für das Multiplizieren können dir dabei behilflich sein.
   a) 4 b) 5 c) 6 d) 8 e) 12 f) 20

5. Dividiere die Zahl im Kopf jeweils durch die Zahlen in der Birne:
   a) 300 b) 600 c) 900 d) 2400 e) 3600 f) 1200

6. **Forschungsauftrag:** Eine Quadratzahl ist eine Zahl, die durch Multiplizieren einer natürlichen Zahl mit sich selbst entsteht. So ist beispielsweise 169 eine Quadratzahl, da $13 \cdot 13 = 169$ ist. Überlege, wie du die Rechnung möglichst schnell rückwärts ausführen kannst – welche Zahl ist quadriert 169? Schreibe zuerst die ersten 30 Quadratzahlen auf und suche dann nach einem System für das schnelle Rückwärtsrechnen.

Tipp zu 6:
Recherchiere im Internet nach Rechentricks beim Berechnen von Quadratzahlen.

2.10 Natürliche Zahlen schriftlich addieren

■ Für einen Urlaub mit allen vier Kindern hat Familie Müller 5 000 € gespart. Diesen Geldbetrag möchten sie nicht überschreiten.

Welche Zusatzangebote könnte Familie Müller noch dazubuchen, damit der gesparte Geldbetrag nicht überschritten wird. Begründe deine Entscheidung. ■

Angebot: 5 Wochen Reise

Reise für 6 Personen:	4 198 €
Aufpreise:	
Einzelzimmer für 3 Kinder:	679 €
Leihwagen mit Kochgelegenheit:	361 €
4-Sterne-Hotel (statt 3-Sterne):	699 €
Eintritt für 3 Tage Freizeitpark:	197 €

Beispiel 1: Zahlen schriftlich addieren
Ermittle die Summe der beiden Zahlen. Führe vorher einen Überschlag durch.
a)   3167 + 512
b)   129 + 457 + 1788

Lösung:

Hinweis:
Beim Überschlag kannst du auch so addieren:
32 H + 5 H = 37 H

a) Runde beim Überschlag jede Zahl auf Hunderter und addiere dann.

Schreibe die Zahlen stellengerecht untereinander und addiere dann:
– Einer: 7 + 2 = 9
– Zehner: 6 + 1 = 7
– Hunderter: 1 + 5 = 6
– Tausender: 3 + 0 = 3

Überschlag:
3200 + 500 = 3700

T	H	Z	E
3	1	6	7
+	5	1	2
3	6	7	9

Das Ergebnis 3679 und der Überschlag haben gleiche Größenordnung.

Hinweis:
Beim Überschlag kannst du auch so addieren:
1 H + 5 H + 18 H = 24 H

b) Runde beim Überschlag jede Zahl auf Hunderter und addiere dann.

Schreibe die Zahlen stellengerecht untereinander und addiere dann:
– Einer: 9 + 7 + 8 = **24**
                (4 E, **2 Z im Übertrag**)
– Zehner: 2 + 5 + 8 + **2** = 17
                (7 Z, **1 H im Übertrag**)
– Hunderter: 1 + 4 + 7 + **1** = 13
                (3 H, **1 T im Übertrag**)
– Tausender: 1 + **1** = 2

Überschlag:
100 + 500 + 1800 = 2400

T	H	Z	E
	1	2	9
	4	5	7
+ 1	7	8	8
1	1	2	
2	3	7	4

Das Ergebnis 2374 und der Überschlag haben gleiche Größenordnung.

Aufgabe 1: Addiere die angegebenen Zahlen in deinem Heft. Führe zunächst einen Überschlag durch.

a) 215 + 7481
b) 5713 + 6044
c) 13 609 + 4828
d) 406 + 92 + 301
e) 1035 + 2001 + 922
f) 2422 + 8918 + 6735

2.10 Natürliche Zahlen schriftlich addieren

Aufgaben

2. Addiere die angegebenen Zahlen in deinem Heft. Führe vorher einen Überschlag durch.
   a) 812   b) 5183   c) 1598   d) 8057   e) 16 970   f) 796 607
      + 547   + 3016   + 281   + 9253   + 20 872   +   9063

3. Addiere schriftlich in deinem Heft. Führe vorher einen Überschlag durch.
   a) 516 + 52 + 301
   b) 1807 + 895 + 508
   c) 736 + 3970 + 6891
   d) 313 000 + 1200 + 699 + 74
   e) 23 855 + 16 792 + 80 672 + 21 508

4. **Durchblick:**
   a) Schreibe stellengerecht untereinander und addiere schriftlich. Orientiere dich an Beispiel 1 auf Seite 46.
      ① 237 + 324 + 78 + 123 + 7
      ② 2871 + 451 + 672 + 65 + 81 + 671
      ③ 23 895 + 13 209 + 34 895 + 4923 + 76 007 + 4562
      ④ 562 891 + 726 252 + 439 001 + 56 423 + 8793 + 761 454
   b) Welche Aufgaben sind deiner Meinung nach besonders schwierig? Begründe.

5. **Stolperstelle:** Finde die Fehler und führe die Rechnung dann richtig durch.

a)
	2	0	7	9	1
		5	9	4	
+	1	0	9	9	
		1	2	1	
	9	1	1	8	1

b)
		5	2	9	1
	9	6	5	3	2
+	8	2	0	5	8
				1	
1	7	3	7	7	1

6. Wo wurde falsch gerechnet? Manchmal braucht gar nicht schriftlich addiert werden.
   ① 674 + 3512 = 5187
   ② 16 582 + 4413 = 20 995
   ③ 76 023 + 18 662 = 94 587
   ④ 95 + 988 + 87 = 1170
   ⑤ 332 + 679 + 559 = 1407
   ⑥ 4013 + 5701 + 9614 = 19 3787

7. Ersetze ■ in deinem Heft so durch Ziffern, dass eine wahre Aussage entsteht.

   a)   212   b) 3726   c)   3■752   d)   5■■08
        16■   1■4   18■8■   ■12■3
      + 1■3   +188■   56■7   26 51■
      ─────   ─────   + 2372   + 82 641
        ■89   ■■92   ──────   ────────
                                     123 462   ■27 865

8. Acht Wagen eines Güterzuges wiegen 42 288 kg, 48 212 kg, 47 275 kg, 48 321 kg, 39 291 kg, 29 282 kg, 41 288 kg, 31 045 kg. Die Lokomotive wiegt 71 212 kg. Der Güterzug muss über eine Brücke fahren, die nur für eine Belastung von höchstens 360 000 kg geeignet ist.
   a) Berechne, wie schwer der Zug insgesamt ist.
   b) Es sollen möglichst viele Wagen mitgenommen werden. Wie viele sind das?

9. **Ausblick:** Jedes Zeichen steht für eine Ziffer. Finde möglichst alle Lösungen. Erfinde dann ähnliche Aufgaben.

Hinweis zu 9:
Es gibt mehrere Lösungen.

2.11 Natürliche Zahlen schriftlich subtrahieren

■ Mareikes Mutter möchte eine neue Kamera kaufen.
Mareike sagt: „Das sind ungefähr 940 € minus 180 €, aber ich rechne dir schnell genau aus, wie viel Euro die Kamera kostet, wenn du sie sofort bestellst."
Gib sowohl den ungefähren als auch den genauen Geldbetrag an, den Mareike ausgerechnet hat. ■

Preis: 939 € – Nachlass bei Bestellung innerhalb von vier Wochen: 183 €

24,3 Megapixel, 7,5 cm LCD Live View, opt. Bildstabilisator, Full HD Video, Schwenkpanorama

Abholpreis **939,–**
UVP* = 999,–

Hinweis:
Rechne mit der Umkehraufgabe.
Aufgabe:
6 – 4 = 2
Umkehraufgabe:
4 + 2 = 6

Beispiel 1: Zahlen schriftlich subtrahieren
Löse die Aufgabe. Führe vorher einen Überschlag durch.
a) 686 – 514
b) 5485 – 812 – 1234 – 492

Lösung:

a) Runde beim Überschlag jede Zahl auf Hunderter und subtrahiere dann.

Überschlag:
700 – 500 = 200

Schreibe die Zahlen stellengerecht untereinander und subtrahiere dann:

– Einer: 6 – 4 = 2
– Zehner: 8 – 1 = 7
– Hunderter: 6 – 5 = 1

T	H	Z	E
	6	8	6
–	5	1	4
	1	7	2

Von 4 bis 6 sind es 2.

Das Ergebnis 172 und der Überschlag haben gleiche Größenordnung.

b) Runde beim Überschlag jede Zahl auf Hunderter und subtrahiere dann.

Überschlag:
5500 – 800 – 1200 – 500 = 3000

Schreibe die Zahlen stellengerecht untereinander und subtrahiere dann:

– Einer: 7, denn 2 + 4 + 2 + 7 = 15
              (7 E, **1 Z im Übertrag**)
– Zehner: 4, denn **1** + 9 + 3 + 1 + 4 = 18
              (4 Z, **1 H im Übertrag**)
– Hunderter: 9, denn **1** + 4 + 2 + 8 + 9 = 24
              (9 H, **2 T im Übertrag**)
– Tausender: **2** + 1 + 2 = 5

T	H	Z	E
5	4	8	5
–	8	1	2
–	1	2	3	4
–		4	9	2
2	1	1	
2	9	4	7

Von 2 + 4 + 2 bis 15 sind es 7.

Das Ergebnis 2947 und der Überschlag haben gleiche Größenordnung.

Aufgabe 1: Führe einen Überschlag durch und subtrahiere dann schriftlich.
a) 789 – 375
b) 5244 – 1630
c) 40 191 – 3277
d) 478 – 242 – 16
e) 3035 – 781 – 622
f) 5023 – 311 – 80 – 705

2.11 Natürliche Zahlen schriftlich subtrahieren

Aufgaben

2. Übertrage die Aufgabe in dein Heft und subtrahiere. Überschlage vorher.
   a) 345 − 125
   b) 2489 − 1375
   c) 981 − 79
   d) 4035 − 2781
   e) 12971 − 8017
   f) 231089 − 121126

   Hinweis zu 2: Die Buchstaben sortiert nach den Lösungen von Aufgabe 2 ergeben ein Lösungswort.

109 963	G
1 254	U
220	L
902	S
4 954	N
1 114	Ö

3. **Durchblick:** Löse die Aufgabe schriftlich in deinem Heft. Gib zunächst einen Überschlag an. Orientiere dich an Beispiel 1 auf Seite 48.
   a) 438 − 278
   b) 971 − 87
   c) 879 − 699
   d) 2398 − 1689
   e) 43572 − 21312
   f) 67113 − 9787
   g) 232111 − 129887
   h) 476385 − 11989

4. **Stolperstelle:** Finde die Fehler und rechne dann korrekt.

   a)
3	7	2	6
−	1	8	5	9
	2	1	3	3

   b)
6	3	2	1
−	4	8	5	9
	2	5	7	2

5. Welche Ziffern gehören in die Lücken ■, damit die Rechnung stimmt.
   a) 378 − 1■3 = ■25
   b) 4■97 − 188■ = ■412
   c) 679 − 2■3 = ■95
   d) 6■38 − 27■■ = ■871
   e) 40108 − 1■3■■ = ■3■25
   f) 701005 − 14176■ = ■2■412

6. Subtrahiere schriftlich in deinem Heft. Führe vorher einen Überschlag durch.
   a) 987 − 112 − 212 − 321
   b) 6783 − 472 − 1458 − 95 − 2756
   c) 81097 − 2918 − 431 − 5913
   d) 47825 − 16938 − 6814 − 89 − 4499

7. Bestimme die fehlende Zahl ■ so, dass die Rechnung stimmt.
   a) ■ − 1573 = 895
   b) 4327 − ■ = 2851
   c) 12561 + ■ = 27863
   d) ■ + 23467 = 98712
   e) 333701 − ■ = 93172
   f) ■ − 256874 = 170568

8. Entscheide, ob Lisa von 750 € einen Computer für 499 €, einen Monitor für 139 € und einen Drucker für 85 € kaufen kann. Begründe deine Entscheidung.

9. Frieder hat mit seinem Vater eine Bergwanderung unternommen und dabei drei Gipfel bestiegen.
   a) Berechne, wie viele Höhenmeter sie dabei überwunden haben.
   b) Kannst du ohne Rechnung feststellen, ob mehr Höhenmeter bergauf oder mehr Höhenmeter bergab überwunden wurden? Beschreibe deine Überlegung.
   c) Bis zur Tiroler Hütte haben sie 1425 Höhenmeter überwunden. Gib an, in welcher Höhe die Tiroler Hütte liegt.

10. **Ausblick:** Markus subtrahiert ohne Übertrag. Erkläre das Verfahren von Markus.

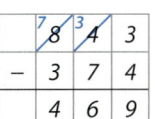

2.12 Natürliche Zahlen schriftlich multiplizieren

■ Gib die Anzahl der Fenster an,
die auf dem Bildausschnitt zu sehen sind.
Schätze zunächst, überschlage dann und
berechne zum Schluss ausführlich. ■

Hinweis:
Ändere beim Überschlag einer Multiplikation die Faktoren gegensinnig. Vergrößere einen und verkleinere den anderen Faktor.

Beispiel 1: Zahlen schriftlich multiplizieren
Löse die Aufgabe. Führe vorher einen Überschlag durch.
a) 165 · 8
b) 3597 · 19

Lösung:

a) Ändere die Faktoren so, dass du einfach multiplizieren kannst. Multipliziere dann.

Multipliziere die 8 mit jeder Stelle von 165.
– Einer: 8 · 5 = 40
             (0 E, 4 Z im Übertrag)
– Zehner: 8 · 6 + 4 = 52
             (2 Z, 5 H im Übertrag)
– Hunderter: 8 · 1 + 5 = 13
             (3 H, 1 T)

Das Ergebnis 1320 und der Überschlag haben gleiche Größenordnung.

Überschlag:
160 · 10 = 1600 oder 200 · 5 = 1000

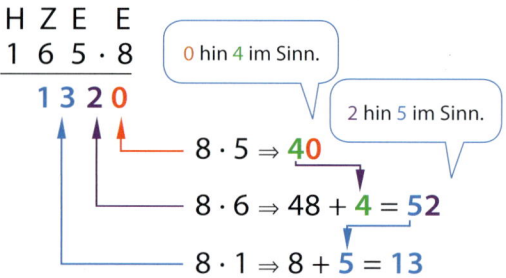

b) Rechne beim Überschlag mit gegensinnig geänderten Faktoren.

Multipliziere die 1 und die 9 nacheinander mit jeder Stelle von 3597. Addiere dann stellengerecht die Ergebnisse.

Überschlag:
3500 · 20 = 70 000 oder 4000 · 10 = 40 000

Tipp:
Du kannst auch schreiben:

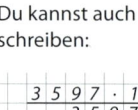

oder:

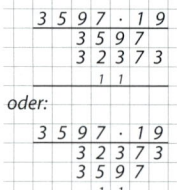

T	H	Z	E	·	Z	E
3	5	9	7	·	1	9
	3	5	9	7	0	
	3	2	3	7	3	
			1	1		
	6	8	3	4	3	

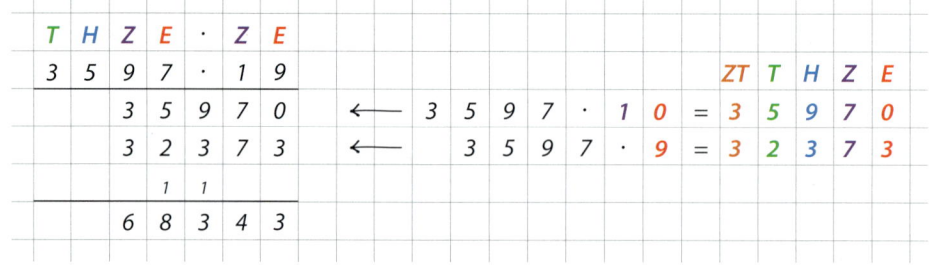

Das Ergebnis 68 343 und der Überschlag haben gleiche Größenordnung.

Aufgabe 1: Führe einen Überschlag durch und multipliziere dann schriftlich.
a) 312 · 3   b) 732 · 4   c) 3891 · 7
d) 87 · 17   e) 6093 · 58   f) 537 · 777

2.12 Natürliche Zahlen schriftlich multiplizieren

Aufgaben

2. Führe zuerst einen Überschlag durch. Berechne dann schriftlich.
   a) 122 · 4   b) 76 · 7   c) 301 · 8   d) 6 · 624
   e) 8132 · 9   f) 23 · 31   g) 19 · 72   h) 85 · 94
   i) 37 · 250   j) 421 · 17   k) 608 · 40   l) 530 · 220

3. **Durchblick:** Rechnungen vereinfachen (Orientiere dich an Beispiel 1 auf Seite 50.)
   a) Löse die Aufgaben und vergleiche die Lösungswege. Formuliere eine allgemeine Regel, die etwas darüber aussagt, welcher Faktor beim Multiplizieren „hinten" stehen sollte.
      ① 1612 · 8 und 8 · 1612   ② 89 · 3597 und 3597 · 89
      ③ 834 · 444 und 444 · 834   ④ 1009 · 695 und 695 · 1009
   b) Multipliziere schriftlich. Überlege vorher, ob ein Vertauschen der Faktoren sinnvoll ist.
      ① 7 · 3285   ② 555 · 374   ③ 216 · 3030   ④ 4911 · 41

4. Berechne das Produkt. Sortiere vorher die folgenden Aufgaben nach ihrem Schwierigkeitsgrad. Beginne mit der einfachsten Rechnung. Rechne, falls sinnvoll, schriftlich.
   a) 855 · 2   b) 74 · 59   c) 50 · 500   d) 9 · 77   e) 3333 · 3   f) 33 · 333

5. **Stolperstelle:** a) Überschlage zuerst und rechne dann schriftlich. Achte besonders auf die auftretenden Nullen und plane deinen Rechenweg sinnvoll.
   ① 67 · 7500   ② 402 · 903   ③ 1001 · 567   ④ 5600 · 7809

   b) Finde die Fehler und berichtige diese.

   ①
3	4	·	7	0
2	1	2	8	
0	0	0	0	
2	1	2	8	0

   ②
1	5	·	2	3
	2	0		
			3	5
	2	3	5	

   ③
5	1	·	2	7
	1	0	2	
	3	5	7	
	4	5	9	

   ④
6	·	3	5	0
	1	8		
	3	0		
	2	1	0	

6. Das Produkt der beiden unteren Steine ist der Wert für den darüber liegenden Stein.
   a) Übertrage die Multiplikationsmauern in dein Heft und ergänze die fehlenden Zahlen.
   b) Wie verändert sich das Ergebnis an der Spitze der Mauer, wenn alle Zahlen in der untersten Reihe verdoppelt (halbiert, verzehnfacht) werden?

   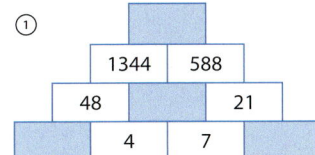
   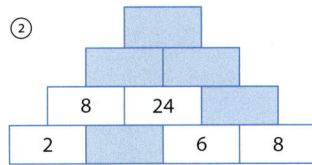

7. Weltweit werden in jeder Sekunde etwa vier Kinder geboren. Berechne, wie viele Kinder das in einer Minute, in einer Stunde, an einem Tag und in einem Jahr sind.

   Hinweis zu 7:
   1 Jahr = 365 Tage (außer Schaltjahre)
   1 Tag = 24 Stunden
   1 Stunde = 60 Minuten
   1 Minute = 60 Sekunden

8. **Ausblick:** Schreibe statt der Kästchen in deinem Heft Ziffern, sodass richtig gelöste Aufgaben entstehen. Wie bist du vorgegangen? Beschreibe deine Strategie.

   a) ■3 · 41
        132
      + 3■
        1■53

   b) ■3 · 2■
         4■
      + ■15
        57■

   c) ■27 · 3■
        381
      + ■35
        4445

   d) ■■ · 25■
        198
        ■■■
      + 297
        2■■■7

2.13 Natürliche Zahlen schriftlich dividieren

■ Mit einer Achterbahn sind an einem Tag insgesamt 6816 Personen gefahren. In jedem Achterbahnzug können dabei höchstens 32 Personen sitzen. Berechne, wie oft die Achterbahn an diesem Tag mindestens gefahren ist. Am nächsten Tag waren es insgesamt 7200 Personen. Berechne die Anzahl der Achterbahnfahrten bei vollständiger Auslastung jetzt. ■
Interessiert das Ergebnis nur ungefähr, reicht eine Überschlagsrechnung aus.

Beispiel 1: Zahlen schriftlich dividieren
Löse die Aufgabe. Führe vorher einen Überschlag durch.
a) 1584 : 6 b) 3774 : 12

Lösung:
a) Rechne beim Überschlag mit gleichsinnig geänderten Zahlen. Dividiere dann.

Überschlag:
1600 : 8 = 200 oder 1500 : 5 = 300

Dividiere die Stellen von 1584 nacheinander durch 6. Beginne bei der Tausenderstelle.
– Tausender: 1 : 6 (nicht möglich)
  Füge zum Tausender die Hunderterstelle hinzu, also 15 H.
– Hunderter: 15 : 6 = **2 Rest 3**
  Lasse den **Rest 3** stehen, ziehe die **8 Zehner** herunter.
– Zehner: 38 : 6 = **6 Rest 2**
  Lasse den **Rest 2** stehen, ziehe die **4 Einer** herunter.
– Einer: 24 : 6 = 4 **(Es bleibt kein Rest.)**
Das Ergebnis 264 und der Überschlag haben gleiche Größenordnung.

	T	H	Z	E					
	1	5	8	4	: 6 =	2	6	4
–		1	2		: 6			
		3	8					
–		3	6		: 6			
			2	4				
–			2	4	: 6			
				0				

b) Rechne beim Überschlag mit gleichsinnig geänderten Zahlen.

Dividiere die Stellen von 3774 nacheinander durch 12. Beginne mit der Tausenderstelle.

Es bleibt eine 6 stehen, denn 54 : 12 = 4 Rest 6

Das Ergebnis 314 Rest 6 und der Überschlag haben gleiche Größenordnung.

Überschlag:
3000 : 10 = 300 oder 4500 : 15 = 300

	T	H	Z	E				
	3	7	7	4	: 1 2 =	3 1 4
–	3	6			: 1 2	
		1	7			
–		1	2		: 1 2	
			5	4		
–			4	8	: 1 2	
R	e	s	t:	6		

Tipp:
Führe zur Kontrolle die Umkehrrechnung durch:

```
 2 6 4 · 6
 1 5 8 4
```

Kontrolle:

```
 3 1 4 · 1 2
   3 1 4
   6 2 8
 ─────────
   3 7 6 8

   3 7 6 8
 +       6
 ─────────
   3 7 7 4
```

Aufgabe 1: Führe einen Überschlag durch und dividiere dann schriftlich.
a) 693 : 3   b) 7861 : 7   c) 218 : 8   d) 7843 : 30

2.13 Natürliche Zahlen schriftlich dividieren

Aufgaben

2. Führe zuerst einen Überschlag durch und berechne dann schriftlich.
   a) 287 : 7
   b) 2109 : 3
   c) 374 : 11
   d) 896 : 16
   e) 6105 : 3
   f) 35 015 : 5
   g) 3978 : 13
   h) 10 557 : 17
   i) 14 778 : 9
   j) 672 032 : 8
   k) 70 112 : 14
   l) 127 242 : 18
   m) 200 720 : 5
   n) 350 203 : 7
   o) 2 531 910 : 15
   p) 1 331 064 : 19

   Hinweis zu 2: In der Blüte findest du die Lösungen der ersten beiden Spalten. Die Lösungen der rechten beiden Spalten verstecken sich in den Blättern.

3. **Durchblick:**
   a) In diesem Beispiel wurde schriftlich gerechnet: Erkläre, wie die rot gefärbten Ziffern ermittelt wurden. Orientiere dich dafür an Beispiel 1 auf Seite 52.
   b) Berechne 4554 : 23 schriftlich und markiere mit verschiedenen Farben wie in Beispiel 1 auf Seite 52.
   c) Erfinde Divisionsaufgaben, die als Ergebnis 16 haben und deren erste Zahl, also der Dividend, vierstellig ist. Überprüfe, indem du danach noch einmal schriftlich dividierst.

	2	0	8	:	1	3	=	1	6
−	1	3							
		7	8						
−		7	8						
			0						

4. **Stolperstelle:**
   a) Finde die Fehler und berichtige diese.

①	2	7	6	:	4	=	6	8	1		②	9	1	0	:	7	=	1	3
	2	4										7							
		3	6									2	1						
		3	2									2	1						
			4										0						
			4																
			0																

   b) Führe zuerst einen Überschlag durch und berechne dann schriftlich. Achte auf Nullen im Dividenden oder im Ergebnis. Kontrolliere mit der Umkehraufgabe.
   ① 1206 : 3   ② 1635 : 15   ③ 7800 : 12   ④ 32 020 : 4

5. Berechne die folgenden Quotienten, die man für Überschläge häufig benutzt.
   a) 125 : 25
   b) 100 : 4
   c) 100 : 5
   d) 100 : 25
   e) 1000 : 8
   f) 75 : 3
   g) 60 : 4
   h) 625 : 125

   Hinweis zu 5: Die Summe aller Ergebnisse der Aufgabe 5 ist 224.

6. Vereinfache zuerst, indem du gleich viele Endnullen bei Dividend und Divisor streichst. Dividiere dann schriftlich. Beispiel: 342 000 : 1800 = 3420 : 18 = 190
   a) 7050 : 50
   b) 8120 : 40
   c) 35 700 : 20
   d) 4800 : 600
   e) 27 800 : 700
   f) 4560 : 120
   g) 8400 : 150
   h) 944 000 : 2000

7. Entscheide, welche der folgenden Aufgaben im Kopf lösbar sind. Begründe jeweils und berechne dann den Quotienten.
   a) 42 : 6
   b) 260 : 130
   c) 144 : 12
   d) 92 112 : 202
   e) 510 : 17
   f) 306 : 17
   g) 136 000 : 125
   h) 39 000 : 3000

8. Schreibe als Rechenausdruck und berechne seinen Wert.
   a) Der Quotient aus 1836 und 9.
   b) Dividiere 9454 durch 29.

2. Natürliche Zahlen

9. Ermittelt die gesuchte Zahl.
   a) Das Zwölffache der gesuchten Zahl ist 156.
   b) 598 ist das 23-Fache der gesuchten Zahl.
   c) Wenn ihr von 1234 die Zahl 234 subtrahiert, erhaltet ihr das 8-Fache der gesuchten Zahl.
   d) Erfindet weitere Zahlenrätsel und schreibt sie auf. Kontrolliert euch gegenseitig.

10. Welche Zahl muss man für ■ schreiben, damit die Rechnung stimmt? Hier gibt es keinen Rest. Beispiel: 12 : ■ = 3; ■ = 4, da 12 : 4 = 3
    a) 824 : ■ = 8   b) ■ · 9 = 702   c) 847 : ■ = 77   d) 12 · ■ = 972
    e) 288 : ■ = 24   f) ■ : 37 = 22   g) ■ : 92 = 8   h) 101 · ■ = 1313

Hinweis:
Sortiere die Buchstaben nach den Resten der Aufgabe 11 und lies das Wort rückwärts.

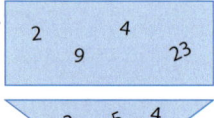

Hier findest du die Ergebnisse von Aufgabe 12.

11. Löse die Aufgabe und gib den Rest an. Erkläre, wie du vorgegangen bist.
    a) 223 : 2   b) 640 : 30   c) 857 : 50
    d) 1943 : 19   e) 392 : 3   f) 9453 : 47
    g) 10 000 : 99   h) 920 : 75   i) 1816 : 60
    j) 763 : 25   k) 1638 : 19   l) 2767 : 25

12. Ersetze ■ durch die größtmögliche Zahl. Bestimme auch den Rest ▼.
    a) 12 = ■ · 5 + ▼   b) 29 = 6 · ■ + ▼
    c) 112 = 12 · ■ + ▼   d) 256 : ■ = 11 Rest ▼

13. Berechne und bestätige dein Ergebnis durch die Umkehraufgabe.
    a) 87 105 : 3   b) 50 008 : 3   c) 81 275 : 3   d) 16 375 : 16
    e) 2 103 152 : 6   f) 82 206 : 6   g) 1 212 150 : 25 h) 11 325 : 125

14. Die größten Hunde der Welt sind Deutsche Doggen, die kleinsten sind Chihuahuas. Ein Chihuahua frisst am Tag etwa 75 g Futter. Eine Dogge frisst etwa 600 kg pro Jahr. Wie viele Tage könnte ein Chihuahua von der jährlichen Futtermenge einer Dogge leben?

15. Löse die Aufgabe. Entscheide vorher, ob sich eine schriftliche Rechnung lohnt.
    a) Ein Geldbetrag von 100 000 Euro soll unter 8 Personen zu gleichen Teilen verteilt werden. Welchen Betrag bekommt jeder?
    b) Am Abend hat ein Zirkus 6828 € für 4 Vorstellungen eingenommen. Jede Karte kostete 12 €. Wie viele Besucher waren an diesem Tag in dem Zirkus?
    c) Lina schiebt ihr Rad: Nach 1,5 m haben sich die Räder genau einmal gedreht. Berechne, wie oft sich die Räder nach einer 25 km langen Radtour gedreht haben.
    d) Ein Jahr hat 365 oder 366 Tage. Wie viele ganze Wochen sind das?

16. **Ausblick:** Beim abgebildeten 24-teiligen Puzzle liegen immer sechs Teile in einer Reihe.
    a) Ein anderes Puzzle hat 1000 Teile. Alle Puzzleteile sind ungefähr gleich groß. In jeder Reihe sind 40 Puzzleteile. Wie viele Reihen hat das Puzzle?
    b) Ein weiteres Puzzle hat 828 Teile. Hier liegen 36 Teile in einer Reihe. Wie viele Reihen hat dieses Puzzle?
    c) Bei einem Puzzle mit 6708 Teilen ist die Anzahl der Teile in jeder Reihe größer als 40 und kleiner als 50. Wie viele Teile liegen in einer Reihe? Erläutere dein Vorgehen.

Vermischte Aufgaben

1. Schreibe die Zahl in Ziffernschreibweise und lies sie laut vor.
   a) achthundertachttausendachtzig
   b) eine 5 mit 5 Nullen dahinter
   c) 2 Fünfen mit 4 Dreien dazwischen
   d) $3 \cdot 10^6 + 0 \cdot 10^4 + 5 \cdot 10^2$

2. Prüfe, ob die Aussage für die Zahlen 1000 Millionen, 70, 9 999, XIV, 3 000 001 gilt. Begründe deine Entscheidung.
   a) Alle Zahlen sind größer als 10^2.
   b) Keine der Zahlen ist fünfstellig.
   c) Unter den Zahlen gibt es mindestens zwei Zahlen, deren Produkt kleiner als 10^3 ist.
   d) Alle Zahlen sind kleiner als 10 Milliarden.
   e) Unter den Zahlen gibt es mindestens eine Zahl, die größer als 10^4 ist.

3. Die Tabelle enthält die Einwohnerzahlen der kreisfreien Städte in Sachsen-Anhalt von 2012.

Kreisfreie Städte in Sachsen-Anhalt	
Stadt	Einwohnerzahl
Dessau-Roßlau	85 329
Halle (Saale)	232 535
Magdeburg	232 660

   a) Ordne die Städte nach den Einwohnerzahlen.
   b) Runde die Einwohnerzahlen auf Vielfache von 10 000.
   c) Berechne, wie viele Einwohner Magdeburg mehr hat als Halle (Dessau-Roßlau).
   d) Berechne, wie viele Einwohner Dessau-Roßlau weniger hat als Halle (Magdeburg).

4. Überprüfe und begründe deine Entscheidung.
   a) Alle natürlichen Zahlen haben einen Vorgänger.
   b) Es gibt keine natürliche Zahl ■, für die gilt: 18 : ■ = 7
   c) Alle Quadratzahlen sind gerade Zahlen.
   d) Alle Kubikzahlen sind ungerade Zahlen.

5. a) Bilde aus den Ziffern 1, 2, 3, 4 und 5 die kleinste zweistellige, die größte dreistellige, die kleinste vierstellige und die größte fünfstellige Zahl.
   b) Bilde aus den Ziffern 6, 7, 8 und 9 die größte zweistellige, die kleinste dreistellige und die größte vierstellige Zahl.

6. Gib den Vorgänger und den Nachfolger der Zahl an und schreibe dann alle drei Zahlen mit römischen Zahlzeichen.
   a) 41   b) 81   c) 111   d) 555   e) 2015   f) 2222

7. Vervollständige zu einer wahren Aussage.
   a) Für alle natürlichen Zahlen a, b gilt …
   b) Für alle natürlichen Zahlen a gilt …
   c) Es gibt natürliche Zahlen, für die gilt …
   d) Nicht jede natürliche Zahl …
   e) Es gibt keine natürliche Zahl, für die gilt …

8. Benutze die Ziffern 1, 2, 3, 4, 5 und 6 jeweils genau einmal für folgende Multiplikationsaufgabe: ■■■ · ■■■
   a) Gib das größte Ergebnis an, das du so erreichen kannst. Begründe deine Wahl.
   b) Gib das kleinste Ergebnis an, das du so erreichen kannst. Begründe deine Wahl.

9. **Zaubertrick:** Wähle für ▲ und ♥ zwei aufeinanderfolgende Ziffern aus der Ziffernfolge 0, 1, 2, 3, 4, 5, 6, 7, 8, 9. Bilde dann zwei Zahlen nach dem Muster ▲♥♥▲ und ♥▲▲♥. Subtrahiere die kleinere von der größeren Zahl. Führe das geschilderte Verfahren dreimal mit unterschiedlichen Ziffernpaaren durch und versuche beim vierten Mal, das Ergebnis vorherzusagen. Begründe deine Vorhersage.

10. Schreibe zwischen die Zahlen **2 4 6 8** sinnvoll Rechenzeichen und Klammern, sodass Terme mit bestimmten Werten entstehen. Der Term **2 · (4 + 6 + 8)** hat z. B. den Wert 36. Setze Rechenzeichen und Klammern so, dass der Term den angegebenen Wert hat, ändere die Reihenfolge der vier Zahlen aber nicht.
    a) 20 b) 28 c) 10 d) 9 e) 160

11. Löse die Denksportaufgaben. Beschreibe deine Strategie.

    a) Wie viele Ziffern hat das Ergebnis, wenn du die Platzhalter ■ jeweils durch eine der Ziffern 1, 2, 3, 4, 5, 6, 7 oder 9 ersetzt. Begründe deine Wahl.

    ```
      9873
    + ■33
    +  ■1
    ```

    b) Ersetze die Platzhalter ♥ jeweils durch eine der Ziffern 1, 2, 3, 4, 5, 6, 7, oder 9. Finde mehrere Lösungen.

    ① ♥0125♥
    − ♥4♥♥7
    ——————
      ♥749

    ② 2♥478
    + 59♥3♥
    ——————
      ♥33♥2

    c) Die Buchstaben sind so durch Ziffern zu ersetzen, dass eine richtig gerechnete Aufgabe entsteht. Verschiedene Buchstaben bedeuten verschiedene Ziffern, gleiche Buchstaben bedeuten gleiche Ziffern.

    ①   ARIE
      + ARIE
      ——————
        OPERA

    ②   ZWEI
      + VIER
      ——————
       FUENF

12. Die Länge des Äquators beträgt 40 000 km.
    a) Gib an, wie viele Tage ein Fußgänger für eine solche Strecke benötigen würde, wenn er täglich 5 Stunden laufen und in jeder Stunde 5 km zurücklegen würde.
    b) Ermittle, wie viele Kilometer ein Auto in einer Stunde fahren müsste, wenn es täglich 8 Stunden unterwegs wäre und die gesamte Strecke in 80 Tagen zurücklegen würde.
    c) Berechne, wie viele Tage ein Vogel für diese Strecke benötigen würde, wenn er täglich 500 km zurücklegt.

13. Das Buch „Märchen aus aller Welt" hat 120 Druckseiten. Auf jeder dieser Seiten sind durchschnittlich 48 Zeilen mit 75 Schriftzeichen. Bei einer Neuauflage des Buches sind aufgrund eines anderen Formats und anderer Schriftgrößen auf jeder Seite durchschnittlich 32 Zeilen mit 51 Schriftzeichen. Berechne die Anzahl der Druckseiten für die Neuauflage.

14. In einer Schokoladenfabrik kann ein Verpackungsautomat Pralinen in großen Kartons abpacken. Ein Karton enthält 24 Geschenkpackungen mit jeweils vier kleinen Pralinenschachteln. In jeder der kleinen Pralinenschachteln sind 12 etwa gleich schwere Pralinen zu insgesamt 125 g.
    a) Ermittle, wie viele Pralinen 100 dieser großen Kartons enthalten.
    b) Berechne, wie viele kleine Pralinenschachteln der Verpackungsautomat mit 2566 Pralinen vollständig füllen kann.
    c) Gib die Masse von 1152 dieser Pralinen an.

Vermischte Aufgaben

15. Im kleinen Kino „Puschkin" sind 12 Reihen mit jeweils 14 Plätzen.
    a) Am Montag, dem Kinotag, kostet eine Kinokarte nur 6 €. Wie viel Euro könnten bei einer Vorstellung am Montag eingenommen werden, wenn alle Plätze besetzt wären?
    b) Berechne, wie viel Euro in der ausverkauften Abendvorstellung am Mittwoch eingenommen wurden, wenn 42 Karten zu 6 €, 70 Karten zu 7,50 € und die restlichen Karten zu 8,50 € verkauft worden sind.
    c) Gib die Anzahl der Vorstellungen an, die im Kino „Puschkin" ausverkauft gewesen wären, wenn alle Zuschauer des Films „König der Löwen" diesen Film im Kino „Puschkin" gesehen hätten. Runde auf ganze Tausender.

König der Löwen — 11,9 Mio. Zuschauer seit 1994
TITANIC — 18,3 Mio. Zuschauer seit 1998
Harry Potter — 12,6 Mio. Zuschauer seit 2001

16. Maya möchte sich drei Kugeln Eis bestellen. Zur Auswahl stehen Vanille, Schokolade, Erdbeere, Zitrone und Stracciatella.
    a) Wie viele verschiedene Eisbecher mit drei verschiedenen Kugeln kann sie sich zusammenstellen?
    b) Wie viel Euro müsste sie für den teuersten Eisbecher bezahlen, wenn sie sich noch zwei verschiedene Extras dazu bestellen würde.

Preisliste
Eine Kugel — 1,10 €
Portion Schlagsahne — 1,00 €
Portion bunte Streusel — 1,10 €
Portion Schokoladensauce — 0,90 €
Portion frische Erdbeeren — 1,30 €

17. In einem im Jahr 1860 eröffneten Zoo leben heute über 9200 Tiere, an denen sich jährlich etwa 1,49 Millionen Besucher erfreuen. Vom 1. März bis zum 30. Oktober ist der Zoo täglich von 9.00 Uhr bis 18.00 Uhr geöffnet.
Der Stolz des Zoos ist seine große Elefantenanlage mit einer Herde, die aus zwei Bullen, sieben Kühen und fünf Jungtieren besteht. Elefanten sind Pflanzenfresser. Elefanten können täglich bis zu 200 kg Nahrung zu sich nehmen. Sie trinken 70 ℓ bis 150 ℓ Wasser am Tag.

- In welchem Jahr feiert der Zoo sein 175-jähriges Bestehen?
- Wie viele Stunden hat der Zoo vom 1.3. bis zum 30.10. eines jeden Jahres (ohne Sonderöffnungszeiten) geöffnet?
- Wie hoch wären die jährlichen Besuchereinnahmen, wenn man davon ausgeht, dass pro Besuch durchschnittlich 9 € Eintritt eingenommen werden?
- Für die Fütterung der Elefanten wurden für den Monat November 378 Heuballen zu je 80 kg eingeplant. Wie viel Kilogramm Heu standen etwa für jeden Elefanten täglich zur Verfügung?
- Bilde aus den obigen Angaben zum Zoo selbst eine Aufgabe und löse diese.

Tipp zu
Arbeitet in Gruppen (Seite 233, Methodenkarte 5C) und tauscht dann eure Aufgaben untereinander aus.

Prüfe dein neues Fundament

Lösungen
↗ S. 237

1. Rechne im Kopf und schreibe nur das Ergebnis auf.
   a) $(13 + 19) \cdot 2$
   b) $24 - 6 \cdot 3$
   c) $(130 + 26) : 13$
   d) $12 + 4 : 4$
   e) $8 \cdot 12 + 2 \cdot 12$
   f) $531 + 9 : (12 - 9)$

2. Rechne schriftlich.
   a) $3456 + 11\,347$
   b) $7863 - 3673$
   c) $32 \cdot 5609$
   d) $9708 : 12$

3. Bei jeder Aufgabe ist nur eine der angegebenen Lösungen richtig.
   Finde diese richtige Lösung lediglich mithilfe eines Überschlags.
   a) $20\,910 : 17$ (123; 12 030; 1230)
   b) $2065 \cdot 138$ (28 487; 2 804 970; 284 970)

4. Ines hat beim Lösen Fehler gemacht. Finde die Fehler und gib die richtige Lösung an.
   a) 234 609
     + 376 011
     ‾‾‾‾‾‾‾‾
       510 620
   b)   45 609
     + 94 091
     ‾‾‾‾‾‾‾‾
       139 700
   c) 10 962
     − 7 753
     ‾‾‾‾‾‾‾
      23 209
   d) $746 \cdot 42$
        2984
        1492
      ‾‾‾‾‾‾
        4476

5. Überprüfe die Rechnung mithilfe der Umkehraufgabe.
   a) $2541 : 21 = 110$
   b) $4672 : 32 = 146$
   c) $377 : 29 = 13$

6. Führe einen Überschlag durch und vergleiche dann mit dem errechneten Wert.
   a) $10^2 + 1777 + 2^6$
   b) $1056 + 1056 \cdot 6$
   c) $1056 : 6 + 1056$
   d) $2^5 - 3^2 + 10^2$

7. Rechne vorteilhaft.
   a) $14 + 27 + 16$
   b) $4 \cdot 79 \cdot 25$
   c) $(123 + 89 + 47 + 61) \cdot (12 : 3 - 4)$
   d) $37 + 12 + 13 + 29 + 38 - 9$
   e) $7 \cdot 19 + 3 \cdot 19$
   f) $(67 : 67 - 1) : 67$

8. Schreibe die Aufgabe mit den richtigen Ziffern für die Leerstellen in dein Heft.
   a) ■■■■
     − 4 5 1 7
     ‾‾‾‾‾‾‾‾
       1 2 6 2
   b)   8 6 8 9
        + ■■■■
        ‾‾‾‾‾‾‾‾
          1 6 7 3 1
   c) $1{\blacksquare}16 : 31 = 3{\blacksquare}$
        9 3
        ‾‾
        ■■■
        1 8 6
        ‾‾‾
        0

9. Ermittle für $a = 3$, $b = 6$ und $c = 5$ das Ergebnis.
   a) $a + b + c$
   b) $(a + 7) : c$
   c) $c + a \cdot b$
   d) $3 \cdot a + b : a$
   e) $a + b - c$
   f) $(a + 7) \cdot c$
   g) $(c + a) \cdot b$
   h) $b : a + 2 \cdot c$

10. Gib für ■ passende Zahlen an.
    a) $13 \cdot \blacksquare = 195$
    b) $\blacksquare \cdot 25 = 100$
    c) $156 : \blacksquare = 4$
    d) $625 : \blacksquare = \blacksquare$
    e) $15 \cdot \blacksquare = 225$
    f) $\blacksquare \cdot 12 = 144$
    g) $800 : \blacksquare = 5$
    h) $256 : \blacksquare = \blacksquare$

11. Überschlage und rechne schriftlich.
    a) $504 : 12$
    b) $10\,010 : 2002$
    c) $13\,428 : 36$
    d) $522\,240 : 256$
    e) $156 : 13$
    f) $1650 : 150$
    g) $13\,200 : 11$
    h) $110\,000 : 5$

12. Schreibe die Aufgabe mit Klammern so, dass wahre Aussagen entstehen.
    a) $3 + 6 \cdot 5 = 45$
    b) $5 - 18 : 6 + 3 = 3$
    c) $19 - 3 : 3 + 5 = 2$

13. Gustav denkt sich eine Zahl. Wenn er die Zahl mit 3 multipliziert, dann 12 addiert und das Ergebnis durch 7 dividiert, erhält er die Zahl 3. Gib die Zahl an, die sich Gustav gedacht hat.

Prüfe dein neues Fundament

14. Die drei fünften Klassen des Schiller-Gymnasiums wollen die Vorstellung „Der Teufel mit den drei goldenen Haaren" im Theater besuchen. Eine Karte kostet 9 €. Von der Klasse 5 a kommen 23, von der Klasse 5 b kommen 25 und von der Klasse 5 c kommen 24 Schülerinnen und Schüler mit in die Vorstellung. Jede Klasse wird von ihrer Klassenlehrerin begleitet. Frau Specht kauft die Karten im Vorverkauf. Wie viel Euro muss sie insgesamt bezahlen?

15. Die 18-Uhr-Vorstellung im Kino „Capitol" war nahezu ausverkauft. Es wurden insgesamt 1592 € eingenommen. Eine Karte für eine der 60 verkauften Logenplätze kostete 14 €. Für alle übrigen Plätze mussten jeweils 8 € bezahlt werden. Gib an, wie viele Besucher in der Vorstellung waren.

16. In die Klasse 5 c gehen 15 Mädchen und 9 Jungen. Gemeinsam mit ihrer Klassenlehrerin und dem Vater von Tom machen sie mit dem Bus einen Ausflug in den Harz. Das Busunternehmen verlangt für die Hin- und Rückfahrt insgesamt 182 €. Jeder Fahrgast zahlt den gleichen Geldbetrag.
    a) Berechne, wie viel Euro jeder Teilnehmer zahlen muss.
    b) Berechne die Höhe der Kosten für jeden Teilnehmer, wenn (bei gleichem Gesamtpreis) zwei Personen zusätzlich an der Fahrt teilnehmen.

17. Ein Einzelfahrschein der Straßenbahn kostet 1,40 €. Eine Schülermonatskarte kostet 35 €. Entscheide, ab wie vielen Fahrten sich der Kauf einer Monatskarte lohnt. Begründe deine Entscheidung.

18. Bei Zwölfjährigen schlägt das Herz etwa 90-mal in einer Minute. Überschlage, wie oft das Herz eines Zwölfjährigen an einem Tag etwa schlägt.

Wiederholungsaufgaben

1. Zeichne drei Strecken der Länge 2,5 cm, 6 cm und 8,2 cm in dein Heft.

2. Wie viel Gramm sind es etwa?
    a) einfache Postkarte   b) Gummibärchen in der Schale   c) Pkw

3. Berechne, wann ein Spielfilm im Kino endet, der eine Stunde und vierzig Minuten dauert und um 19 : 30 Uhr beginnt.

4. Zwei Schulklassen planen einen gemeinsamen Ausflug. Insgesamt 68 Personen wollen mit Kleinbussen fahren. In jeden Bus passen acht Fahrgäste.
   Pia rechnet: 68 : 8 = 8 Rest 4   *Pia sagt: „Wir brauchen 8,4 Busse."*
   Was meinst du dazu?

5. Übertrage nur die Zeitangaben in dein Heft. Was könnten die anderen Angaben beschreiben?   3 m; 9 s; 2 h; 8 g; 5 cm; 20 min; 3 s; 99 g; 12 €; 5 h

Zusammenfassung

2. Natürliche Zahlen

| **Natürliche Zahlen vergleichen** | Von zwei natürlichen Zahlen ist diejenige die größere Zahl, die mehr Stellen hat. Bei gleicher Stellenanzahl ist die Zahl mit der höchsten größeren Stelle die größere Zahl. | 12 345 678 > 451 450 (achtstellig) (sechsstellig) 25 623 456 > 25 445 999, denn 600 000 > 400 000 |

Natürliche Zahlen runden

Wenn rechts von der zu rundenden Zahl eine 5, 6, 7, 8 oder 9 folgt, wird die Zahl aufgerundet. Ansonsten wird abgerundet.

Zahl	zu runden auf	Rundung	Zahl gerundet
6553	Hunderter	aufrunden	6600
972	Zehner	abrunden	970

Natürliche Zahlen addieren

$$a + b = c$$
Summand plus Summand Summe

```
  1367         Ü: 1400 + 700 = 2100
+  681
   1 1
  2048
```

Es gilt stets: $a + 0 = 0 + a = a$ $\quad 7 + 0 = 0 + 7 = 7$

Natürliche Zahlen subtrahieren

$$a - b = c$$
Minuend minus Subtrahend Differenz

```
  2345         Ü: 2000 − 500 = 1500
−  536                  Kontrolle:
   1 1                     1809
  1809                  +   536
                           2345
```

Subtraktion und Addition sind Umkehroperationen zueinander.

Es gilt stets: $a - 0 = a$ und $a - a = 0$ $\quad 3 - 0 = 3;\ 5 - 5 = 0$

Natürliche Zahlen multiplizieren

$$a \cdot b = c$$
Faktor mal Faktor Produkt

```
  867 · 43     Ü: 900 · 40 = 36 000
  3468
+ 2601
      1
  37281
```

Es gilt stets: $a \cdot 1 = 1 \cdot a = a$ und $a \cdot 0 = 0 \cdot a = 0$ $\quad 3 \cdot 1 = 1 \cdot 3 = 3;\ 7 \cdot 0 = 0 \cdot 7 = 0$

Natürliche Zahlen dividieren

$$a : b = c$$
Dividend durch Divisor Quotient

```
13 632 : 4 = 3408
12
 16           Ü: 12 000 : 4 = 3000
 16
  032         Kontrolle:
   32         3408 · 4 = 13 632
    0
```

Division und Multiplikation sind Umkehroperationen zueinander.

Beachte: Die Division durch 0 ist nicht ausführbar.

Es gilt stets: $0 : a = 0\ (a \neq 0)$ und $a : a = 1\ (a \neq 0)$ $\quad 0 : 7 = 0;\ 9 : 9 = 1$

Rechengesetze für natürliche Zahlen

Kommutativgesetz
der Addition: $\quad a + b = b + a \quad\quad 3 + 4 = 4 + 3 = 7$
der Multiplikation: $\quad a \cdot b = b \cdot a \quad\quad 2 \cdot 4 = 4 \cdot 2 = 8$

Assoziativgesetz
der Addition: $\quad (a + b) + c = a + (b + c) \quad\quad (4 + 7) + 3 = 4 + (7 + 3) = 14$
der Multiplikation: $\quad (a \cdot b) \cdot c = a \cdot (b \cdot c) \quad\quad (3 \cdot 5) \cdot 2 = 3 \cdot (5 \cdot 2) = 30$

Distributivgesetz: $\quad (a + b) \cdot c = a \cdot c + b \cdot c \quad\quad (12 + 7) \cdot 5 = 12 \cdot 5 + 7 \cdot 5 = 95$

Beachte beim Rechnen:
Potenzrechnung geht vor **Punkt**rechnung (·; :) und
Punktrechnung geht **vor Strich**rechnung (+; −).
In Klammern wird **zuerst** gerechnet.

$13 \cdot 3^2 + 2 \cdot 7 = 13 \cdot 9 + 2 \cdot 7$
$\quad\quad\quad\quad\quad = 117 + 14 = 131$
$28 : (14 - 10) = 28 : 4 = 7$

3. Gleichungen

Zugvögel fliegen im Herbst Kilometer weit über Meere, Wüsten und Gebirge und im Frühjahr wieder zurück. Vor dem Abflug sammeln sich Schwalben häufig auf Telegrafenleitungen. Es kommen immer mal einige dazu und andere fliegen weg.

Dein Fundament

3. Gleichungen

Lösungen ↗ S. 238

Sicher addieren und subtrahieren

1. Rechne im Kopf.
   a) 13 + 14
   b) 19 + 23
   c) 111 + 23
   d) 25 + 123 + 75
   e) 13 + 32 + 27
   f) 50 + 37 + 44
   g) 143 + 139 + 57
   h) 39 + 111 + 11
   i) 115 + 39 + 16
   j) 77 + 110 + 33
   k) 123 + 321 + 111
   l) 101 + 202 + 2

2. Rechne im Kopf.
   a) 14 − 7
   b) 39 − 17
   c) 123 − 25
   d) 138 + 50 − 49
   e) 89 − 25 − 19
   f) 54 − 28 + 14
   g) 321 − 75 − 5
   h) 432 + 17 − 50
   i) 234 − 29 − 5
   j) 357 − 29 − 11
   k) 321 − 123 − 111
   l) 202 − 101 − 2

3. Übertrage in dein Heft. Ersetze ■ durch eine Zahl so, dass alles richtig ist.
   a) 13 + ■ = 20
   b) 89 + ■ = 100
   c) 60 = ■ + 25
   d) 58 = ■ + 27
   e) 3 + ■ + 7 = 30
   f) 45 − ■ = 30
   g) 29 − ■ = 17
   h) 10 = ■ − 27
   i) 13 = ■ − 13
   j) 7 − ■ + 3 = 10

4. Übertrage das Zahlenquadrat in dein Heft und ergänze es zu einem „magischen Zahlenquadrat".
   Bei einem magischen Zahlenquadrat ist die Summe der Zahlen in jeder Zeile, in jeder Spalte und in jeder Diagonalen gleich groß.

   Magisches Zahlenquadrat:

2	11	5
9	6	3
7	1	10

   a)
2		
	5	3
	8	

   b)
	16	
25	4	19

   c)
30	65	16
58		

   d)
32		30
	35	
	34	

5. Gib alle natürlichen Zahlen an, die jeweils zu 7 addiert eine Summe ergeben, die kleiner 13 ist.

6. Drei von den fünf Summanden sind 11, 12 und 13. Gib zwei weitere Summanden an, sodass die Summe aller fünf Summanden 58 ist.

Sicher multiplizieren und dividieren

7. Rechne im Kopf.
   a) 6 · 8
   b) 3 · 13
   c) 12 · 4
   d) 122 · 3
   e) 11^2
   f) 2 · 19 · 5
   g) 4 · 29 · 25
   h) 5 · 39 · 20
   i) 5 · 7 · 12
   j) 13 · 4 · 5

8. Rechne im Kopf.
   a) 56 : 7
   b) 81 : 9
   c) 121 : 11
   d) 72 : 8
   e) 63 : 9
   f) 122 : 2
   g) 6633 : 3
   h) 2048 : 4
   i) 650 : 5
   j) 66 912 : 3

9. Ersetze ■ durch eine Zahl so, dass alles richtig ist.
   a) 4 · ■ = 28
   b) 9 · ■ = 72
   c) ■ · 8 = 48
   d) ■ · 9 = 36
   e) 2 · ■ · 3 = 30
   f) 12 : ■ = 2
   g) 56 : ■ = 8
   h) ■ : 13 = 13
   i) ■ : 8 = 11
   j) 125 : ■ = 5

10. Ben meint, dass er die Zahl 8 jeweils so mit genau fünf verschiedenen Zahlen multiplizieren kann, dass das Produkt nicht größer als 32 ist. Sollte die Behauptung von Ben wahr sein, gib je eine Multiplikationsaufgabe mit fünf solcher Faktoren an.

Dein Fundament

11. Gib von jeder der Zahlen 4; 8; 12; 16 und 24 das Fünffache an.

12. Übertrage die Tabelle in dein Heft und fülle sie aus.

a)

·	4	8		3	
7	28				
5			45		
				0	27

b)

:	6	2			12
60	10				
48			16	12	
		0			

Vermischtes

13. Übertrage die Rechenschlange in dein Heft und setze die fehlenden Zahlen ein.

a)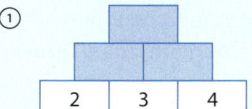

b)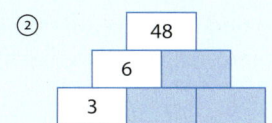

14. Übertrage die Rechenschlange in dein Heft und ersetze alle Fragezeichen sinnvoll.

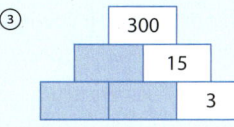

15. Ersetze ◆ durch eines der Rechenzeichen +; –; ·; : so, dass alles richtig ist.

a) 18 ◆ 7 = 25   b) 5 ◆ 18 = 90   c) 27 ◆ 3 = 9   d) 2 ◆ 2 = 4   e) 15 ◆ 1 = 15

16. Die Hälfte einer gedachten Zahl ist 8. Gib die gedachte Zahl an. Erläutere dein Vorgehen.

17. Die Summe zweier Zahlen ist 27. Ein Summand ist doppelt so groß wie der andere Summand. Gib beide Summanden an.

18. Hier sind drei unvollständige „Additionspyramiden" gegeben, bei denen jeweils die Summe der beiden unteren Steine den Wert des darüber liegenden Steins ergeben soll.

① 2 3 4

② 48 / 6 / 3

③ 300 / 15 / 3

a) Übertrage die Additionspyramiden in dein Heft und ergänze sie.
b) Wie verändert sich die Zahl an der Spitze der Pyramide ①, wenn die Zahl 2 in der unteren Reihe durch die Zahl 4 ersetzt wird?
c) Wie verändert sich die Zahl an der Spitze der Pyramide ①, wenn die Zahl 3 in der unteren Reihe durch 5 ersetzt wird?

19. Betrachte die Pyramiden der Aufgabe 18 als Multiplikationspyramiden.
a) Übertrage sie in dein Heft und vervollständige sie.
b) Wie verändert sich die Zahl an der Spitze der Pyramide ①, wenn die Zahl 2 in der unteren Reihe durch die Zahl 4 ersetzt wird?
c) Wie verändert sich die Zahl an der Spitze der Pyramide ①, wenn die Zahl 3 durch 6 ersetzt wird?

20. Entscheide, welche der folgenden Aussagen falsch sind. Begründe deine Entscheidung.
a) Die Summe zweier natürlicher Zahlen ist immer größer als jeder der Summanden.
b) Das Produkt zweier natürlicher Zahlen ist stets größer als jeder der Faktoren.
c) Der Quotient aus einer natürlichen Zahl und derselben natürlichen Zahl ist stets gleich 1.
d) Die Summe vier aufeinanderfolgender natürlichen Zahlen ist stets gerade.

3.1 Variablen und Terme verwenden

■ Daniel und Arzu rätseln. Sie wollen herausfinden, mit welchen Buchstaben die Zeichen ●, ■, ▼ und ❫ so zu ersetzen sind, dass sinnvolle deutsche Wörter entstehen. Finde verschiedene Möglichkeiten. ■

Zeichen wie ●, ■, ▼ und ❫ nennt man Platzhalter. In der Mathematik werden für Platzhalter oft Zahlen eingesetzt. Statt Zeichen, wie ■, verwendet man sehr häufig Buchstaben, wie zum Beispiel x.

Beispiel 1: Für Platzhalter Zahlen einsetzen
Ersetze die Platzhalter ■ und x durch die Zahl 5 und berechne den Rechenausdruck.
a) 3 + ■ – 1   b) 7 + x – 4

Lösung:
a) Der Platzhalter ■ wird durch die Zahl 5 ersetzt.   3 + ■ – 1 = 3 + 5 – 1
   Der Rechenausdruck 3 + 5 – 1 hat den Wert 7.   = 7

b) Der Platzhalter x wird durch die Zahl 5 ersetzt.   7 + x – 4 = 7 + 5 – 4
   Der Rechenausdruck 7 + 5 – 4 hat den Wert 8.   = 8

Aufgabe 1: Ersetze den Platzhalter durch die Zahl 7 und berechne den Rechenausdruck.
a) 9 – ■ + 2   b) 4 + x – 2   c) 7 · ■   d) x · 5   e) (12 + 2) : a   f) 4 + 3 · ■
g) (4 + 3) · c   h) z · z   i) ■ : 7   j) (35 – x) : 4   k) 56 : x + 1   l) 0 : x

---

Hinweis:
Das lateinische Wort **varius** bedeutet verschieden.

Wissen: Variable, Term, Termwert (Wert eines Terms)

In der Mathematik nennt man **Platzhalter**, für die man z. B. **Zahlen** oder **Größen** einsetzen kann, **Variablen.** Als Variablen verwendet man in der Regel Buchstaben.

Zahlen oder Größen sowie Variablen und sinnvolle Zusammensetzungen von ihnen mit Hilfe von Rechenzeichen und Klammern oder der Potenzschreibweise nennt man **Terme.**

Beispiele für Terme sind: 8 – x   7 + y   2 · (a + b)   4 · c   3 cm $a^2 + b^2$

Werden Variable durch Zahlen oder Größen ersetzt, kann der Wert des Terms berechnet werden.

Beispiel 2: Zusammenhänge beschreiben
Ein Hochhaus hat mehrere Etagen. In jeder Etage gibt es 6 Wohnungen. Gib einen Term an, mit dem man die Anzahl der Wohnungen solcher Hochhäuser ermitteln kann.

Lösung:
Entscheide dich für eine Variable und gib   *Variable:* n
deren Bedeutung an.   n – Anzahl der Etagen
Wenn du die Anzahl der Etagen n mit 6 multiplizierst,   *Term:* 6 · n
erhältst du einen Term für die Anzahl der Wohnungen   (Anzahl der Wohnungen in
solcher Hochhäuser.   n Etagen)

Aufgabe 2:
Tim feiert Geburtstag. Jeder Gast bekommt eine kleine Überraschung für je 2 Euro. Gib einen Term an, mit dem man die Kosten für die von Tim gekauften Überraschungen ermitteln kann.

Aufgaben

3. Welche der Ausdrücke sind Terme, welche nicht? Begründe deine Entscheidung.
   ① $3 + 4 + x$ ② $a : 7 + 3$ ③ $5 + : 1$ ④ $2^2) + 3$ ⑤ a^4
   ⑥ a^2 ⑦ $2\,cm \cdot 4\,cm$ ⑧ $3\,dm + 4\,dm$ ⑨ $3 \cdot 5\,kg +$ ⑩ $6 + 1\,cm$
   ⑪ $3\,cm - 2 +$ ⑫ $3 \cdot (a + 3)$ ⑬ $(x +) \cdot 3$ ⑭ $(4 : 2) - 2$ ⑮ $4 : (2 - 2$

4. Ersetze die Variable sowohl durch die Zahl 4 als auch durch die Zahl 9 und berechne den Termwert.
   a) $8 + x$ b) $10 - x + 1$ c) $5 \cdot (y + 1)$ d) $(1 + a) \cdot 2$ e) $(c - 1) \cdot (c + 1) \cdot c$ f) b^2

5. Ersetze die Variable durch die in Klammern stehende Zahl bzw. Größe.
   Berechne dann den Wert des Terms.
   a) $3 + x$ (9)   b) $7 \cdot x$ (3 €)   c) $3 + a - 2$ (3)   d) $4 \cdot b$ (5 cm)
   e) $x + 4$ (21)   f) $z \cdot 8$ (4 €)   g) $7 - 2 + x$ (0)   h) $x \cdot 7 + 3$ (4)
   i) $11 - x$ (10)   j) $27 : v$ (9)   k) x^3 (3)   l) $4 : 2 - x$ (1)

6. Schreibe als Term mit einer Variablen:
   a) das Doppelte einer Zahl
   b) das Fünffache einer Zahl
   c) die Summe aus einer Zahl und 7
   d) das Quadrat einer Zahl, vermindert um 1

7. Ordne jedem Text einen passenden Term zu. Gib die Bedeutung der Variablen und die Bedeutung des Terms an.
   a) Ben kauft mehrere Hefte zu 45 Cent.   b) Katrin ist doppelt so alt wie Max.
   c) Anzahl der Plätze in der Aula mit 16 Plätzen je Reihe.
   d) Jana hat 3 € mehr in ihrem Sparschwein als ihre Schwester Julia.
   ① $2 \cdot m$ ② $x \cdot 45$ ③ $x - 3\,€$ ④ $y + 3$ ⑤ $z + 3\,€$ ⑥ $16 \cdot n$

8. **Durchblick:** Gib einen Term an, mit dem man jeweils den Gesamtpreis des Einkaufs von Inka und von Max ermitteln kann. Orientiere dich am Beispiel 2 auf Seite 64.
   ① Inka kauft sich einige Pizzabrötchen zum Preis von 25 Cent.
   ② Max kauft sich einige Pizzabrötchen zu 25 Cent und ein Stück Kuchen zu 80 Cent.

9. Beschreibe den Term mit Worten. Die Variable steht für eine Zahl.
   a) $4 \cdot x$ b) $a + 2$ c) $3 \cdot c$ d) $x - 3$ e) $x \cdot 7$ f) $x : 2$

10. **Stolperstelle:** Gib an, welcher der Texte zu welchem Term gehört.
    a) das Vierfache einer Zahl
    b) das Produkt aus einer Zahl und 4
    c) das Produkt aus 4 und der Summe aus einer Zahl und 3
    d) das Vierfache einer Zahl, vermindert um das Doppelte der Zahl
    e) das Produkt aus einer Zahl und 4, vermehrt um 3
    ① $4 \cdot x - 2 \cdot x$ ② $4 \cdot x - 3$ ③ $4 \cdot x + 3$ ④ $4 \cdot (x - 3)$ ⑤ $4 \cdot (x + 3)$ ⑥ $4 + x$ ⑦ $x \cdot 4$

11. Schreibe mit Variablen als Term
    a) die Summe aus einer Zahl und dem Doppelten dieser Zahl
    b) das Fünffache einer um 3 verminderten Zahl
    c) die Summe aus dem Doppelten und dem Dreifachen einer Zahl

12. **Ausblick:** Gib jeweils den Wert der Variablen an, sodass der Wert des Terms 10 beträgt.
    a) $2 \cdot b$ b) $3 \cdot x + 4$ c) $4 + a$ d) $y : 4$ e) $x : 2 - 2$ f) $x^2 + 1$
    g) $2 \cdot x + 8$ h) $(17 - x) \cdot 5$ i) $(x + 4) : 2$ j) $2 + x - 2$ k) $x \cdot 5$ l) $x^2 - 6$

3.2 Gleichungen lösen

■ Anna behauptet, dass sie Zahlen erraten kann.
Sie fordert Henri auf, sich eine Zahl zu merken, diese Zahl zu verdoppeln und zum erhaltenen Ergebnis 4 zu addieren. Nun soll Henri sein Ergebnis mitteilen. Henri gibt 10 an. Darauf nennt Anna die Zahl, die sich Henri gemerkt hat. Prüfe, ob sich Henri eine der Zahlen 2, 3 oder 4 gemerkt hat. Mache einen Vorschlag, wie Anna die gesuchte Zahl ermittelt haben könnte. ■

Hinweis:
Gleichungen ohne Variablen sind entweder wahre oder falsche Aussagen.

Wissen: Gleichungen, Gleichungen lösen
Werden zwei **Terme** durch ein **Gleichheitszeichen** verbunden, so entsteht eine **Gleichung**. Beim **Lösen von Gleichungen** müssen alle Zahlen ermittelt werden, die die Gleichung **erfüllen**, d. h., die beim Ersetzen der Variablen die Gleichung in eine **wahre Aussage** überführen.

Beispiel 1: Gleichungen lösen
Löse folgende Gleichungen: a) $2 \cdot x = 54$ b) $3 \cdot x + 4 = 16$

Lösung:

a) Finde eine Zahl, die mit 2 multipliziert 54 ergibt.
Da $54 = 2 \cdot 27$, ist 27 Lösung der Gleichung.
Es gibt keine weitere Lösung.
Setze zur Probe das Ergebnis in die
Ausgangsgleichung ein.

$2 \cdot x = 54$
$x = 27$
Probe:
$2 \cdot 27 = 54$ (w. A.)

b) Eine Summe mit dem Summanden 4 soll 16 sein.
Also ist $3 \cdot x = 12$ und $x = 4$ Lösung der Gleichung.

Die Probe zeigt, dass die Terme auf beiden
Seiten der Gleichung den gleichen Wert haben.

$3 \cdot x + 4 = 16$, da $12 + 4 = 16$
$3 \cdot x = 12$, da $3 \cdot 4 = 12$
$x = 4$
Probe: $3 \cdot 4 + 4 = 16$
$12 + 4 = 16$ (w. A.)

Aufgabe 1: Löse die Gleichung und führe eine Probe durch.
a) $3 \cdot x = 36$ b) $4 \cdot x = 24$ c) $20 = 5 \cdot x$ d) $2 \cdot x = 0$ e) $7 = 7 \cdot x$
f) $2 \cdot x + 1 = 27$ g) $4 \cdot x + 3 = 27$ h) $6 \cdot x + 5 = 35$ i) $7 \cdot x + 7 = 14$ j) $2 \cdot x + 2 = 2$

Beispiel 2: Zusammenhänge mit Gleichungen beschreiben
Wenn eine gedachte Zahl verfünffacht wird und zu diesem Ergebnis 4 addiert wird, erhält man die Zahl 49. Ermittle die gedachte Zahl und überprüfe die Lösung.

Lösung:
Für die gedachte Zahl wird x verwendet und der
der Text schrittweise in Termform geschrieben.
Das Fünffache einer Zahl x bedeutet: $5 \cdot x$
Dazu 4 addiert bedeutet: $5 \cdot x + 4$
Man erhält 49 bedeutet: $5 \cdot x + 4 = 49$
Löse die Gleichung. Führe eine Probe durch.
Die gedachte Zahl ist 9.

Variable: x
x – gedachte Zahl
$5 \cdot x + 4 = 49$, da $45 + 4 = 49$
$5 \cdot x = 45$, da $5 \cdot 9 = 45$
$x = 9$
Probe: $5 \cdot 9 + 4 = 49$ (w.A.)

3.2 Gleichungen lösen

Aufgabe 2:
Ines multipliziert die dreistellige Geheimzahl ihres Fahrradschlosses mit 2, addiert dann 10 und erhält 250. Stelle dazu eine Gleichung auf und ermittle die Geheimzahl.

Aufgaben

3. Löse die Gleichung und überprüfe die Lösung.
   a) $7 \cdot x = 49$ b) $84 = 12 \cdot x$ c) $9 \cdot x = 72$ d) $3 \cdot y = 0$ e) $3 \cdot y + 2 = 41$
   f) $4 + 5 \cdot a = 29$ g) $b - 7 = 20$ h) $2 \cdot a - 2 = 16$ i) $5 \cdot b + 17 = 17$ j) $4 \cdot x - 2 = 2$

4. Löse die Zahlenrätsel. Stelle zunächst eine Gleichung auf.
   a) John denkt sich eine Zahl. Er addiert 27 und erhält 60.
   b) Olga denkt sich eine Zahl und vermindert sie um 12. Sie erhält 36.
   c) Das Doppelte einer gedachten Zahl vermehrt um 6 ergibt 42.
   d) Das Dreifache einer gedachten Zahl vermindert um 7 ergibt 17.

5. **Durchblick:** Erkläre deinen Mitschülern, wie du folgende Aufgaben löst:
   a) Löse die Gleichung $9 \cdot x + 19 = 100$. Orientiere dich am Beispiel 1 auf Seite 66.
   b) „Multipliziert man 7 mit einer unbekannten Zahl und addiert 49, so erhält man 112. Wie heißt die unbekannte Zahl?" Orientiere dich am Beispiel 2 auf Seite 66.

6. Formuliere ein Zahlenrätsel und löse es.
   a) $3 \cdot x = 75$ b) $x + 7 = 33$ c) $2 \cdot x + 12 = 26$ d) $3 \cdot x - 10 = 32$ e) $4 + 2 \cdot x = 42$

7. Schreibe zwei verschiedene Zahlenrätsel auf, die beide die Lösung 3 haben.

8. **Stolperstelle:** Ermittle, wie viele Hölzer in einer Schachtel liegen, wenn sich in jeder Schachtel gleich viele Hölzer befinden und auf beiden Seiten des Gleichheitszeichens die Anzahl der Hölzer gleich ist.
Beschreibe den Sachverhalt mit einer Gleichung.

9. Gib an, wie groß a in der Gleichung $a \cdot x = 122$ sein muss, damit die Gleichung die Zahl 2 als Lösung hat.

10. Eine Tintenpatrone wiegt etwa 2 g, wenn sie voll ist. Die leere Packung wiegt 4 g.
    a) Berechne, wie schwer eine Packung mit 5 Patronen ist.
    b) Ermittle, wie viele Patronen sich in einer Packung befinden, die 18 g wiegt.

11. In einer Schokoladenfabrik werden Pralinen in großen Kartons abgepackt. Ein Karton enthält 12 Geschenkpackungen mit jeweils 8 kleinen Schachteln. In jeder der kleinen Pralinenschachteln sind 10 etwa gleich schwere Pralinen zu insgesamt 150 g.
    a) Wie viele Pralinen enthalten 100 dieser großen Kartons?
    b) Wie viele kleine Schachteln können mit 3500 Pralinen vollständig gefüllt werden?
    c) Gib das Gewicht von 2304 dieser Pralinen an.

12. **Ausblick:** Löse folgende Gleichungen:
    a) $(x + 14) + 33 = 60$ b) $3 \cdot (y + 4) = 30$ c) $32 : n = 4$ d) $z : 12 = 2$
    e) $(x - 14) - 33 = 66$ f) $(y - 4) : 3 = 30$ g) $x : 4 - 1 = 7$ h) $3 \cdot (x - 8) = 12$

Vermischte Aufgaben

3. Gleichungen

1. Schreibe als Term.
   a) das Dreifache einer Zahl
   b) eine Zahl vermindert um 7
   c) das Fünffache einer Zahl, vermindert um 5
   d) eine Zahl, vermehrt um 13
   e) der Quotient aus einer Zahl und 5

2. Ordne die gegebenen Sachverhalte den Termen richtig zu. Gib in jedem Fall die Bedeutung der verwendeten Variablen an.

Ich bin doppelt so alt wie Lena.	$y - 3$	Meine Mutti ist drei Mal so alt wie ich.	$x + 3$
$3 \cdot x$	Ich bin 3 Jahre jünger als mein Bruder.	$2 \cdot z$	Meine Schwester ist 3 Jahre älter als ich.

3. Übertrage die Tabelle und fülle sie vollständig aus:

	x	y	$3 \cdot x$	$y + 3$	$5 \cdot x + y$	$x \cdot y$	$x : y$
a)	6	2					
b)	9			12			
c)			6			4	
d)		4			44		
e)			30	8			

4. Schreibe als Term und ermittle den Wert des Terms.
   a) Addiere zum Produkt der Zahlen 15 und 7 die Zahl 9.
   b) Multipliziere die Summe der Zahlen 29 und 17 mit der Zahl 5.
   c) Dividiere die Summe der Zahlen 6 und 2^3 durch die Zahl 2.
   d) Dividiere das Quadrat der Zahl 8 durch die Zahl 4.

5. Schreibe mithilfe von Variablen.
   a) das Vierfache einer Zahl
   b) das Quadrat einer Zahl
   c) die Summe aus zwei Zahlen
   d) den Nachfolger einer natürlichen Zahl
   e) das n-Fache einer Zahl
   f) die Hälfte vom Doppelten einer Zahl

6. Formuliere mit Worten.
   a) $6 - x$ b) $3 \cdot x + 4$ c) $(2 \cdot x) : 5$ d) $8 \cdot x - 3 \cdot x$ e) $5 \cdot (x + 16)$

7. Gib einen Term an, bei dem durch Ersetzen der Variablen x durch die Zahlen 0; 1; 2; 3; 4; ... folgende Termwerte entstehen:
   a) 0; 7; 14; 21; 28; ...   b) 0; 2; 4; 6; 8; ...   c) 2; 3; 4; 5; 6; ...   d) 1; 2; 5; 10; 17; ...

8. Die Muster veranschaulichen die Quadrate der Zahlen 1; 2 und 3.
   a) Zeichne die Muster für die Quadrate der Zahlen 4 und 5.
   b) Gib die Anzahl der Kästchen für die Quadrate der Zahlen von 1 bis 5 an, die sich jeweils in der untersten Reihe der Muster befinden.
   c) Wie viele Kästchen befinden sich in der untersten Reihe bei einem Muster für die Quadratzahl 100.

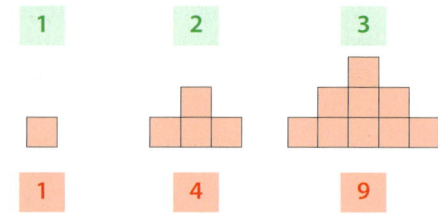

Vermischte Aufgaben

9. Die abgebildeten Figuren sind aus roten Hölzchen (x) und grünen Hölzchen (y) zusammengesetzt. Die folgenden Terme beschreiben, wie viele rote und grüne Hölzchen für das Legen der Figuren verwendet wurden.

   ① $4 \cdot y$ ② $4 \cdot x + 2 \cdot y$ ③ $x + x + x + x$
   ④ $6 \cdot x + 2 \cdot y$ ⑤ $4 \cdot x$ ⑥ $x + y + x$ ⑦ $2 \cdot (x + y)$

   a) Welcher Term gehört zu welcher Figur?
   b) Skizziere eine Figur zum Term $5 \cdot x + y$ und eine Figur zum Term $4 \cdot x + 4 \cdot y$.

10. Bei einer Fernsehsendung können Kandidaten Geld gewinnen. Im Falle eines Gewinns dürfen sie zwischen zwei Möglichkeiten wählen:
    ① das Fünfzigfache vom Alter abzüglich 500 €
    ② das Dreißigfache vom Alter und zusätzlich 500 €

    a) Stelle für die Möglichkeiten ① und ② jeweils einen Term auf, mit dem man den gewonnenen Geldbetrag berechnen kann.
    b) Untersuche, welche der beiden Gewinnmöglichkeiten für dich günstiger ist.
    c) Für welche Möglichkeit sollte sich ein 60 Jahre alter Gewinner entscheiden?
    d) Ermittle, bis zu welchem Alter die Möglichkeit ② am günstigsten ist.
    e) Ein Gewinner erhält 1250 €. Gib sein mögliches Alter an.

11. Welche der Zahlen 0; 1; 2; 3; 4; 5 bzw. 6 erfüllen die Gleichung?
    a) $2 \cdot x = 4$ b) $3 \cdot y + 4 = 22$ c) $2 \cdot x + 2 = 3 \cdot x$ d) $6 \cdot a + 3 = 3$
    e) $2 \cdot (b - 3) = 0$ f) $0 = (x - 3) \cdot (x - 4)$ g) $9 = x^2$ h) $2 + 3 = 2 \cdot (a - 6) + 5$

12. Löse die Gleichung und überprüfe die Lösung:
    a) $3 \cdot x + 3 = 33$ b) $5 \cdot y + 14 = 20 + 4$ c) $19 = 14 + 5 \cdot x$ d) $a + 23 = 23$
    e) $z : 7 = 11$ f) $23 = a - 17$ g) $9 : z + 5 = 8$ h) $x \cdot 8 + 12 = 36$

13. Entscheide, welche Gleichungen die gleiche Lösung haben. Begründe deine Entscheidung.
    ① $2 \cdot x = 14$ ② $x + 7 = 16$ ③ $38 = 5 \cdot x + 3$
    ④ $2 \cdot y = 18$ ⑤ $3 \cdot x = 9$ ⑥ $z + 9 = 16$

14. Welche Zahl habe ich mir gedacht?
    a) Ich addiere zu meiner Zahl 7, multipliziere das Ergebnis mit 5 und erhalte 45.
    b) Ich subtrahiere von meiner Zahl 9, dividiere das Ergebnis durch 2 und erhalte 2.

15. Schreibe zum Zahlenrätsel eine Gleichung auf und löse sie.
    a) Wenn man vom Doppelten einer Zahl 9 subtrahiert, erhält man 25.
    b) Wenn man zu einer Zahl 4 addiert und das Ergebnis verdreifacht, erhält man 36.
    c) Vermindert man das Doppelte einer Zahl um fünf, so erhält man die gesuchte Zahl.

16. Die Waage befindet sich im Gleichgewicht. Alle Kugeln auf der Waage sind gleich schwer. Ermittle, wie viele Kugeln genauso schwer sind, wie ein blauer Würfel x.

    a) 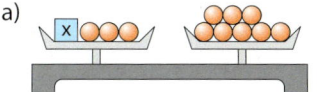   b) 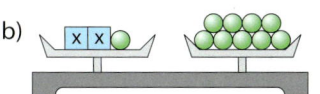   c)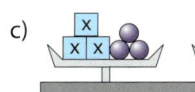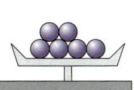

17. Auf die Frage nach dem Alter ihres Bruders Bernd antwortet Anna: „Mein Bruder ist drei Jahre jünger als ich. Zusammen sind wir 19 Jahre alt." Gib das Alter von Annas Bruder an.

Prüfe dein neues Fundament

3. Gleichungen

Lösungen
↗ S. 239

1. Entscheide, welcher Ausdruck kein Term ist.
   a) 3 + 4   b) 7 + : x   c) $a^2 + 2$ d) 5 € + y   e) 19 + (5 +   f) x + y − 4

2. Schreibe als Term mit einer Variablen:
   a) das Doppelte einer Zahl vermehrt um 14
   b) eine Zahl, vermindert um 11
   c) das Produkt aus 17 und der Summe einer Zahl und 12
   d) der Quotient aus einer Zahl und 7

3. Schreibe als Term und berechne den Wert des Terms.
   a) Subtrahiere vom Produkt der Zahlen 9 und 8 die Zahl 17.
   b) Addiere 24 zum Produkt der größten und der kleinsten zweistelligen Zahl.
   c) Dividiere die dritte Potenz von 5 durch die Quadratzahl von 5.

4. Formuliere mit Worten, was der Term bedeutet:
   a) 5 · p   (p gibt den Preis einer Einzelfahrkarte für die Straßenbahn an)
   b) 17 · n   (n gibt die Anzahl der Stuhlreihen in der Aula an;
                   17 ist die Anzahl der Stühle pro Reihe)
   c) 3 · a + 4 · b   (a gibt den Preis eines Rosinenbrötchens, b den eines Körnerbrötchens an)
   d) 5 · (x + 5)   (x steht für eine gedachte Zahl)
   e) x + 1   (x steht für eine gedachte Zahl)
   f) n · (n + 1)   (n steht für eine gedachte Zahl)
   g) g + 345 · p   (g gibt den Handy-Grundpreis, p den Preis für eine Minute Telefonieren an)

5. Stelle den beschriebenen Sachverhalt als Term mit einer Variablen dar und gib die Bedeutung der Variablen an.
   a) Anzahl der Schülerinnen und Schüler der Klasse 5a, wenn in der Klasse drei Mädchen mehr als Jungen sind
   b) Anzahl der Schülerinnen und Schüler der Klasse 5b, wenn in der Klasse doppelt so viele Mädchen wie Jungen sind
   c) Alter von Klaus, wenn Klaus 5 Jahre jünger als Timo ist
   d) Preis für eine Taxifahrt, wenn die Grundgebühr für eine Taxifahrt 2,50 € beträgt und man für jeden gefahrenen Kilometer 1,50 € bezahlen muss
   e) Preis einer Eisportion, wenn es n Kugeln Eis sind und eine Kugel Eis 80 Cent kostet
   f) Bens Alter, das man erhält, indem man Katrins Alter verdoppelt und 3 Jahre addiert

6. Berechne für x = 12 den Wert des Terms.
   a) 3 · x   b) x : 2   c) x^2 d) (30 − x) : (x − 6)   e) $(x − 8)^2$
   f) 2 · x + 12   g) 2 · (x + 12)   h) (x − 12) · 12   i) (27 − x) : 3   j) x : 6 + 4

7. Löse die Gleichung und führe eine Probe durch.
   a) 55 + x = 63   b) y − 17 = 12   c) 53 − z = 25   d) 6 · z = 42
   e) 7 · x + 4 = 25   f) 2 · (y − 13) = 30   g) z : 7 = 6   h) 6 · x − 4 = 20
   i) 8 : x + 3 = 7   j) x : 6 + 4 = 6   k) 50 · a − 44 = 156   l) 72 : x + 11 = 20
   m) 50 = a · 13 + 24   n) 70 = x · (10 − 3)   o) 70 = x · 10 − 10   p) (30 + x) : 12 = 3

8. Die Gleichung 7 · x + 3 = b hat als Lösung x = 8. Ermittle den Wert für die Variable b.

9. Vermindere eine unbekannte Zahl x um 7 und verdopple danach das Ergebnis, dann erhältst du die Zahl 18.
   a) Gib eine Gleichung an.   b) Ermittle die unbekannte Zahl x.

Prüfe dein neues Fundament

10. Ermittle, welche der Zahlen 0; 1; 2; 3; 4; 5; 6; 7; 8; 9 oder 10 die Gleichung erfüllen.
a) $17 + x = 26$ b) $x \cdot 3 + 7 = 10$ c) $25 \cdot x - 15 = 185$ d) $15 \cdot x + 100 = 145$
e) $x : 5 = 0$ f) $7 \cdot (3 - x) = 0$ g) $17 : x + 29 = 30$ h) $6 \cdot x + 4 = 10$

11. Julia hat an ihrem 10. Geburtstag ein Sparschwein mit 15 € geschenkt bekommen. Sie hat die nächsten Monate noch 13-mal immer einen gleichen Geldbetrag in das Sparschwein gesteckt. Zum Schluss befanden sich 54 € darin.
a) Ermittle den Geldbetrag, den Julia jeweils in ihr Sparschwein gesteckt hat.
b) Gib für den Sachverhalt auch eine Gleichung an.

12. Formuliere ein Zahlenrätsel (wie in Aufgabe 9) und löse es.
a) $3 \cdot x = 39$ b) $(9 + x) \cdot 7 = 77$
c) $6 \cdot x + 5 = 23$ d) $3 \cdot x - 4 = 2 \cdot x$

13. Die Oma von Mia hat Handpuppen aufgehoben, die sie gerecht ihren vier Enkelkindern Mia, Oskar, Sofie und Marie schenken möchte. Zusammen mit ihren eigenen vier Handpuppen hat Mia nun 11 Handpuppen. Wie viele Handpuppen hatte die Oma insgesamt?

14. Die Waagen befinden sich im Gleichgewicht. Alle Würfel auf einer Waage sind gleich schwer. Ermittle jeweils, wie schwer ein Würfel ist, wenn jede der Kugeln 10 g wiegt.

① 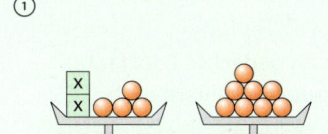   ② 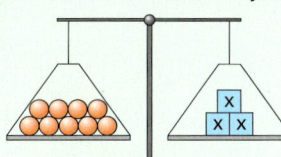   ③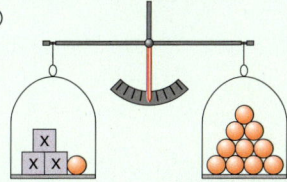

a) Gib jeweils eine Gleichung für den dargestellten Sachverhalt an.
b) Löse die Gleichung.

Wiederholungsaufgaben

1. Berechne.
a) $123 + 657$ b) $345 : 3$ c) $781 \cdot 3$ d) $672 - 453$ e) $4452 : 6$ f) $342 \cdot 7$

2. Runde sowohl auf Hunderter als auch auf Zehner.
a) 342   b) 5678   c) 5659   d) 7987   e) 9981   f) 89 001

3. Übertrage in dein Heft und ersetze ◆ durch eines der Rechenzeichen $+$; $-$; $\cdot$; $:$ so, dass eine wahre Aussage entsteht:
a) $17 ◆ 3 = 51$ b) $39 ◆ 87 = 126$ c) $36 ◆ 6 = 6$ d) $0 ◆ 6 = 0$ e) $6 ◆ 3 + 4 = 22$

4. Übertrage in dein Heft. Ersetze ■ durch eine Ziffer so, dass eine wahre Aussage entsteht.
a) $241 > 24■$ b) $■78 > 878$ c) $312 > 3■2$ d) $876 < 8■6$ e) $9939 > 99■9$

5. Gib an, welche Zahl jeweils durch den grünen Buchstaben gekennzeichnet ist.
a) 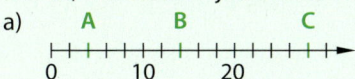   b)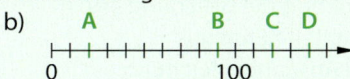

Zusammenfassung

3. Gleichungen

Variable und Terme verwenden

Variablen sind Zeichen (**Platzhalter**), für die man z. B. Zahlen oder Größen einsetzen kann.

Im Ausdruck 9 – ♣ + 2 ist ♣ der Platzhalter.

Häufig werden als Variablen Buchstaben verwendet.

Im Ausdruck 9 – n + 2 ist n die Variable.

Zahlen, Größen und Variablen sowie sinnvolle Zusammensetzungen von ihnen mit Hilfe von Rechenzeichen und Klammern oder der Potenzschreibweise heißen **Terme**.

Terme sind beispielsweise:

| a | 5^2 | 6 : 2 | 5^2 – a |

| n · 25 ct | 25 ct – 11 ct |

Keine Terme sind beispielsweise:

| 6 + : 3 | 2 : (2 + 4 | 7 – | $(9 +)^2$ |

Nach Ersetzen von Variablen durch Zahlen oder Größen kann der Wert eines Terms (**der Termwert**) berechnet werden.

x	Term	Termwert
18	x + 5	23
9	49 – 5 · x	4
7 €	19 € – x	12 €

Beim Darstellen von Sachverhalten muss die **Bedeutung einer Variablen** angegeben werden.

Sachverhalt:
„Das Doppelte einer gedachten Zahl, vermindert um 4"

Für x als gedachte Zahl lautet der zugehörige Term: 2 · x – 4

Gleichungen lösen

Eine **Gleichung** entsteht, wenn zwei Terme durch ein Gleichheitszeichen verbunden werden.

Gleichungen sind beispielsweise:
2 + x = 7; 3 + 5 = 2 · 4; 4 · x + 3 = 11

Auch 3 + 4 = 6 ist eine Gleichung, aber eine falsche Aussage.

3 < 5; 3 + : 4 = x oder 3 – x = sind keine Gleichungen.

Beim **Lösen einer Gleichung** müssen alle Zahlen gefunden werden, die die Gleichung erfüllen, d. h., sie in eine **wahre Aussage** überführen.

Gleichung: 3 · x = 36
Lösung: x = 12.
Die Aussage 3 · 12 = 36 ist wahr.

Gleichungen können durch Überlegungen **schrittweise** gelöst werden.

Löse die Gleichung 5 + 3 · x = 26.
Eine Summe mit dem Summanden 5 soll 26 sein, also ist der andere Summand 21.
5 + 3 · x = 26   (da 5 + 21 = 26)
    3 · x = 21   (da 3 · 7 = 21)
        x = 7

Mit einer **Probe** lässt sich prüfen, ob das ermittelte Ergebnis die Gleichung erfüllt. Setze das ermittelte Ergebnis **immer in die Ausgangsgleichung** ein. Erhältst du eine wahre Aussage, ist dein Ergebnis eine Lösung der Gleichung.

Probe:
5 + 3 · 7 = 5 + 21 = 26   (w. A.)

4. Brüche und Dezimalbrüche

Auf dem Bild vereinen sich Licht und Schatten in unterschiedlichen Anteilen und Größen zur Momentaufnahme einer Lichtung im herbstlichen Schlosspark.

Dein Fundament

4. Brüche und Dezimalbrüche

Lösungen
↗ S. 240

Sicher dividieren

1. Rechne schriftlich und kontrolliere dann mithilfe der Multiplikation.
   a) 642 : 2   b) 145 : 5   c) 1812 : 3   d) 2943 : 9   e) 2940 : 10

2. Führe einen Überschlag durch. Rechne dann schriftlich.
   a) 273 : 13   b) 2208 : 32   c) 5369 : 59   d) 33087 : 41   e) 4823 : 91

3. Wer hat die Aufgabe 39483 : 123 richtig gelöst?
   Anja: 3021   Tom: 3210   Eva: 321   Paul: 3201   Markus: 32100

4. Ermittle den Divisor, wenn bei einer Aufgabe der Dividend 72 und der Quotient 9 ist.

5. Welcher Rest bleibt bei der Division durch 2 (3, 5, 9, 10)?
   a) 34   b) 228   c) 425   d) 420   e) 481

Natürliche Zahlen am Zahlenstrahl darstellen

6. Gib die am Zahlenstrahl markierten natürlichen Zahlen an.
   a) b)

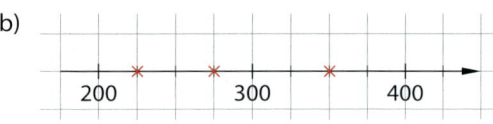

7. Markiere an einem geeigneten Ausschnitt eines Zahlenstrahls folgende Zahlen:
   a) 3; 5; 11; 7; 8   b) 150; 250; 175; 200; 225   c) 15; 35; 25; 40; 50

8. Entscheide, welche der Zahlen auf einem Zahlenstrahl am weitesten links liegt.
   a) 23; 76; 12; 99   b) 97 909; 97 890; 99 999   c) 9020; 9999; 9111

9. Welche Zahl liegt auf einem Zahlenstrahl genau in der Mitte zwischen beiden Zahlen?
   a) 0 und 12   b) 25 und 85   c) 78 und 106   d) 1137 und 2337

10. Erläutere, was der Abstand zweier Teilstriche bedeutet. Lies den angezeigten Wert ab.
    a) b) c)

 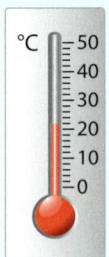 

11. Gib alle geraden Zahlen an, die auf einem Zahlenstrahl zwischen 128 und 138 liegen.

12. Ermittle jeweils die Zahl, die auf einem Zahlenstrahl am weitesten rechts liegt.
    a) elf; XII; 9; VIII   b) 309; dreihundertsiebzehn; CCC; neunundneunzig

Dein Fundament

Gerecht teilen

13. Tobias und Lea bekommen von ihrer Oma 9 Euro. Die 9 Euro sollen sie so teilen, dass jeder von ihnen den gleichen Geldbetrag erhält.
    Welchen Geldbetrag bekommt Lea?

14. Beantworte die Fragen. Begründe deine Antworten.
    a) Kann man 41 Murmeln gerecht auf 4 Kinder aufteilen?
    b) Kann man 5 Stück Pflaumenkuchen gerecht an 4 Kinder verteilen?
    c) Kann man 10 Einzelfahrscheine für die Straßenbahn gerecht an drei Kinder verteilen?
    d) Kann man fünfzehn Euro auf vier Personen gerecht aufteilen?

Vielfache und Teile von Größen

15. Gib das Doppelte, Dreifache, Vierfache und Fünffache an.
    a) von 3 kg   b) von 30 min   c) von 20 ct   d) von 25 cm   e) von 7 Tagen

16. Berechne die Hälfte.
    a) von 8 kg   b) von 13 €   c) von 1 m   d) von 30 min   e) von 4 Jahren

17. Ermittle.
    a) Wie viele halbe Liter sind 1 Liter?   b) Wie viele Minuten sind $\frac{1}{4}$ h?
    c) Wie viele Minuten sind $1\frac{1}{2}$ Stunden?   d) Wie viele halbe Meter sind 1,5 Meter?

Größenanteile ermitteln

18. Berechne den Anteil vom Ganzen.
    a) die Hälfte von 24 m   b) ein Viertel von 80 km   c) die Hälfte von 15 €

19. Zeichne ein Rechteck mit den Seitenlängen a und b. Färbe dann die Hälfte der Fläche blau.
    a) a = 5,0 cm; b = 2,0 cm   b) a = 2,5 cm; b = 4,0 cm   c) a = b = 4,0 cm

20. Überprüfe die Aussagen und korrigiere, falls erforderlich.
    a) 30 Minuten sind eine halbe Stunde.   b) 6 Monate sind ein viertel Jahr.
    c) 12 Stunden sind ein halber Tag.   d) 120 Minuten sind 1,5 Stunden.
    e) Vier Monate sind ein viertel Jahr.   f) Ein halber Tag hat 720 Minuten.

21. Ermittle den Größenanteil.
    a) Wie viel Zentimeter sind $\frac{1}{2}$ m?   b) Wie viel Milliliter sind $\frac{1}{2}$ ℓ?
    c) Wie viel Monate sind anderthalb Jahre?   d) Wie viel Kilogramm sind $\frac{1}{2}$ t?

22. Tim fährt mit dem Rad zu seinem Opa. Nach der Hälfte der Strecke legt er eine Pause ein. Die restlichen 5 km legt er in 20 Minuten zurück.
    Wie lang ist die gesamte Fahrstrecke?

4.1 Brüche als Anteile von Ganzen angeben

■ Alexander hat jede Woche eine dreiviertel Stunde Schwimmen, Dienstags eineinviertel Stunden Leichtathletiktraining und Donnerstags eindreiviertel Stunden Handballtraining. Gib an, wie viel Stunden Alexander pro Woche Sport treibt. ■

Zerlege ein Ganzes in 2, in 3, in 4, in 5, gleiche Teile, dann erhältst du Halbe, Drittel, Viertel, Fünftel.

Schreibe für einen Anteil davon:
$\frac{1}{2}, \frac{1}{3}, \frac{1}{4}, \frac{1}{5}$

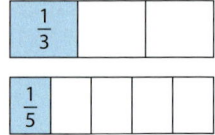

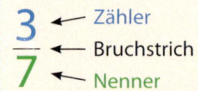

Wissen: Brüche

Ein Bruch besteht aus:

$\frac{3}{7}$ ← Zähler
← Bruchstrich
← Nenner

Bei **echten** Brüchen ist der Zähler kleiner als der Nenner: $\frac{3}{7}$

Bei **unechten** Brüchen ist der Zähler größer als der Nenner oder genauso groß wie der Nenner: $\frac{7}{5}, \frac{8}{8}$

Jeder unechte Bruch kann als **gemischte Zahl** geschrieben werden: $\frac{7}{5}$ sind ein Ganzes und $\frac{2}{5}$, also $1\frac{2}{5}$

Der **Bruchstrich** hat die gleiche Bedeutung wie das **Divisionszeichen**, denn 12 Viertel sind z. B. genau 3 Ganze: $\frac{12}{4} = 12 : 4 = 3$

Beispiel 1: Anteile ermitteln

Tim (drei Jahre) und Lina (fünf Jahre) bekommen von ihrer Oma jeweils eine Tafel Schokolade mit acht Stücken geschenkt.

Welchen Anteil einer Tafel hat Tim noch, wenn
a) er schon drei Stücke gegessen hat,
b) Lina ihm anschließend zwei Stücke ihrer Tafel schenkt,
c) Lina zwei weitere Stücke ihrer Tafel an Tim verschenkt?

Lösung:

a) Tim hat noch 5 Stücke übrig, also $\frac{5}{8}$ einer Tafel.

b) Tim hat jetzt wieder 7 Stücke, also $\frac{7}{8}$ einer Tafel.

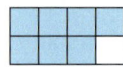

c) Tim hat 9 Stücke, also $\frac{9}{8}$ Tafeln. Acht Achtel bilden eine ganze Tafel (ein Ganzes) und ein Stück von acht Stücken ist ein Achtel der Tafel. Tim hat also 1 Ganzes und 1 Achtel, also $1\frac{1}{8}$ einer Tafel.

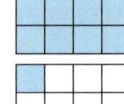

4.1 Brüche als Anteile von Ganzen angeben

Aufgabe 1:
a) Zeichne ein Rechteck mit 12 gleich großen Kästchen. Färbe vom Rechteck einen Anteil von $\frac{5}{12}$ gelb und einen Anteil von $\frac{4}{12}$ rot, wobei kein Kästchen zweifarbig sein darf. Welcher Anteil ist insgesamt farbig?

b) Zeichne ein Quadrat mit der Seitenlänge 4 cm. Färbe vom Quadrat einen Anteil von $\frac{1}{4}$ blau und einen Anteil von $\frac{3}{4}$ rot.

Beispiel 2: Anteile von Größen berechnen

a) Wie viel Gramm sind $\frac{2}{5}$ von 1 kg?

b) Berechne $\frac{2}{3}$ von 600 g.

Lösung:

a) Rechne 1 Kilogramm in Gramm um.
Ermittle $\frac{1}{5}$ von 1000 g, indem du 1000 g durch 5 dividierst.
Ermittle $\frac{2}{5}$ von 1000 g, indem du das erhaltene Ergebnis mit 2 multiplizierst.

$$1\text{ kg} = 1000\text{ g} \qquad (:5)$$
$$\frac{1}{5}\text{ kg} = \frac{1000}{5}\text{ g} = 200\text{ g} \qquad (\cdot 2)$$
$$\frac{2}{5}\text{ kg} = 200\text{ g} \cdot 2 = 400\text{ g}$$
$$\frac{2}{5}\text{ kg} = 400\text{ g}$$

b) Dividiere 600 g durch den Nenner 3 des Bruches $\frac{2}{3}$ und multipliziere das Ergebnis mit dem Zähler 2 des Bruches $\frac{2}{3}$.

$$600\text{ g} : 3 = 200\text{ g}$$
$$200\text{ g} \cdot 2 = 400\text{ g}$$
$$\frac{2}{3}\text{ von } 600\text{ g} = 400\text{ g}$$

Aufgabe 2:
a) Wie viel Gramm sind $\frac{1}{5}$ von 1 kg?
b) Wie viel Minuten sind $\frac{2}{3}$ von 1 h?

Beispiel 3: Anteile als Brüche ermitteln

Welcher Anteil ist 50 m von 90 m?

Lösung:
Überlege dir zunächst eine gleichmäßige Unterteilung für die 90 m.
Sinnvoll ist 10 m.

10 m sind $\frac{1}{9}$ von 90 m.

50 m sind 5 · 10 m.

Bestimme dann den Anteil.   50 m sind also $\frac{5}{9}$ von 90 m.

Aufgabe 3: Welcher Anteil ist
a) 80 € von 400 €,
b) 6 m von 240 m,
c) 18 g von 27 g,
d) 25 ct von 150 ct,
e) 8 cm von 240 cm,
f) 6 kg von 9 kg?

Aufgaben

4. Färbe den angegebenen Anteil an einem Rechteck (12 Kästchen breit, 8 hoch).
a) $\frac{1}{4}$ b) $\frac{2}{3}$ c) $\frac{3}{8}$ d) $\frac{5}{6}$ e) $\frac{5}{12}$ f) $\frac{9}{24}$

5. Gib den markierten Anteil als Bruch an.

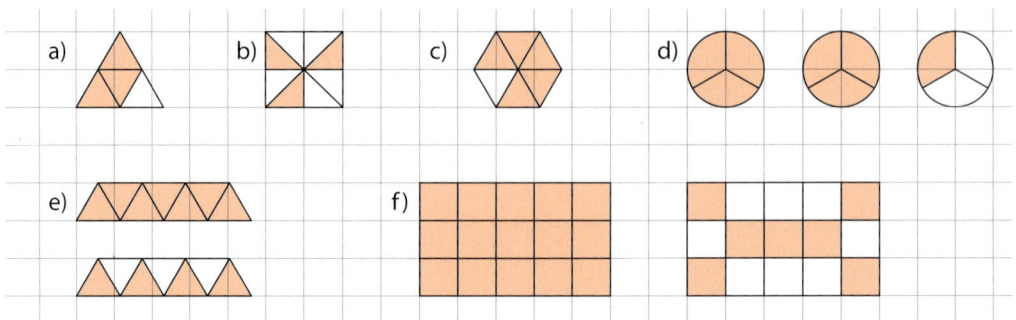

6. Zeichne zu a) ein 7 cm langes und 2 cm breites und zu b) ein 4 cm langes und 2 cm breites Rechteck. Färbe dann den Anteil der Fläche des Rechtecks, der sich ergibt, wenn du
   a) die Anteile $\frac{3}{14}$ und $\frac{8}{14}$ addierst,   b) vom Anteil $\frac{7}{8}$ den Anteil $\frac{2}{8}$ subtrahierst.

Hinweis zu 7:
Die Lösungszahlen zu a) und b) findest du im Rauch, zu c) in der Lok.

7. Berechne die Anteile der gegebenen Größen.
   a) $\frac{3}{4}$ von 200 kg; 16 ℓ; 1 h   b) $\frac{2}{5}$ von 60 kg; 3 min; 8 m   c) $\frac{7}{10}$ von 7 t; 2 ℓ; 40 min

8. **Durchblick:** Übertrage die Tabelle in dein Heft und fülle sie aus. Die Beispiele auf Seite 77 können dir bei der Bearbeitung helfen.

	sind	$\frac{1}{10}$	von	1 kg
60 min	sind		von	$1\frac{1}{2}$ h
300 g	sind	$\frac{3}{4}$	von	
	sind	$\frac{1}{2}$	von	1 ℓ
15 h	sind	$\frac{1}{4}$	von	

9. Ein Bauer bringt 400 kg Weizen, 560 kg Roggen und 1 t Gerste zur Mühle. Von der Mühle erhält er jeweils $\frac{5}{8}$ des Getreides als Mehl zurück. Wie viel Kilogramm Weizenmehl, Roggenmehl und Gerstenmehl erhält er?

 10. **Stolperstelle:**
   a) Paul stellt den Bruch $\frac{1}{3}$ und den Bruch $\frac{2}{4}$ dar. Was hat er falsch gemacht? Korrigiere seine Fehler.

   b) „Magdeburg hat heute gegen Halle beim Basketball 60 zu 90 verloren. Halle hat also zwei Drittel aller Körbe geworfen.", erklärt der Reporter im Radio. Beschreibe, welchen Fehler der Reporter gemacht hat und formuliere die Nachricht richtig.

11. **Ausblick:** Marek schaut nachdenklich auf eine fast leere Seite in seinem Heft, nur drei Kästchen hat er schwarz ausgemalt. „Was überlegst du?" fragt Lisa.
   „Ich will ein Rätsel lösen, hör zu: Male ein Rechteck und färbe es rot und gelb, sodass das Verhältnis von rot zu gelb 2 zu 1 ist. Male in $\frac{1}{7}$ der roten Kästchen Kreuze. $\frac{3}{4}$ der Kästchen mit Kreuzen malst du schwarz. Insgesamt sind dann drei Kästchen schwarz gefärbt. Wie viele Kästchen hat das Rechteck?"
   „Und warum hast du die drei Kästchen in dein Heft gemalt?"
   „Ich will so das Rätsel lösen …"
   Prüfe, ob Marek das Rätsel mit seinem Ansatz lösen kann. Zeichne ein mögliches Rechteck.

4.2 Brüche erweitern und kürzen

■ Meike sagt zu ihrer Mutter: „Schau mal, Mami, wenn jede von uns beiden noch ein Stück Pizza essen würde, wären noch genau vier Achtel (kurz: $\frac{4}{8}$) übrig." Die Mutter schaut Meike verblüfft an und antwortet: „Du meinst wohl ein halb, Schatz."
Erkläre, wie Meike auf vier Achtel kommt.
Beurteile die Aussagen von Meike und ihrer Mutter. ■

Ein Anteil kann durch verschiedene Brüche beschrieben werden. Durch Verfeinern oder Vergröbern der Einteilung lassen sich zu gleichen Anteilen verschiedene Brüche angeben.

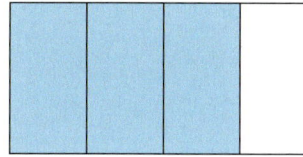
$\frac{3}{4} = \frac{6:2}{8:2}$ ←── Einteilung vergröbern ── 2 ──→ Einteilung verfeinern $\frac{3 \cdot 2}{4 \cdot 2} = \frac{6}{8}$
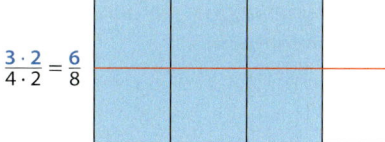

Hierbei bleibt der vom Bruch dargestellte Anteil unverändert. Er wird nur in **kleinere** oder **größere** Abschnitte unterteilt, das heißt die Einteilung wird **feiner** oder **gröber**.

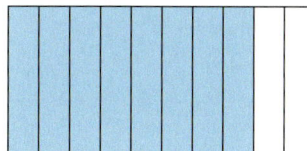
$\frac{8}{10} = \frac{24:3}{30:3}$ ←── Einteilung vergröbern ── 3 ──→ Einteilung verfeinern $\frac{8 \cdot 3}{10 \cdot 3} = \frac{24}{30}$
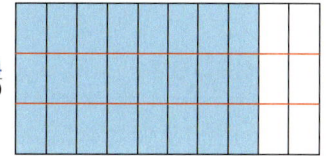

Wissen: Erweitern und Kürzen

Beim **Erweitern** wird sowohl der Zähler als auch der Nenner eines Bruches **mit derselben Zahl multipliziert**. Die Zahl, mit der erweitert wird, nennt man **Erweiterungszahl**. Sie kann beim Erweitern in der Rechnung über einem Pfeil notiert werden. $\frac{3}{4} \xrightarrow{\cdot 2} \frac{6}{8}$

Beim **Kürzen** wird sowohl der Zähler als auch der Nenner eines Bruches **durch dieselbe Zahl dividiert**. Die Zahl, durch die gekürzt wird, nennt man **Kürzungszahl**. Sie kann beim Kürzen in der Rechnung unter einem Pfeil notiert werden. $\frac{6}{24} \xrightarrow[:2]{} \frac{3}{12}$

Zu jedem Bruch lassen sich (durch Kürzen und Erweitern) weitere Brüche angeben, die den gleichen Wert haben.

Hinweis:
Die Erweiterungszahl darf nicht 0 sein.

Die Kürzungszahl darf nicht 0 sein.

Beispiel 1: Brüche erweitern

Erweitere $\frac{2}{7}$ mit **5**.

Lösung:
Multipliziere sowohl den Zähler als auch den Nenner mit **5**.
Stellt man den Bruch mit Kästchen dar, muss jedes Kästchen in **5** gleich große Flächen unterteilt werden – die Einteilung wird verfeinert.

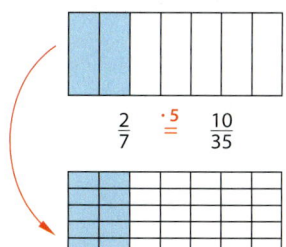
$\frac{2}{7} \xrightarrow{\cdot 5} \frac{10}{35}$

Hinweis:
Wenn du das Erweitern gut beherrschst, schreibst du statt eines Pfeils das Gleichheitszeichen.

$\frac{2}{7} = \frac{2 \cdot 5}{7 \cdot 5} = \frac{10}{35}$

Aufgabe 1: Erweitere den Bruch mit der Zahl, die in der Klammer steht.

a) $\frac{1}{2}$ (6)   b) $\frac{4}{5}$ (3)   c) $\frac{3}{7}$ (5)   d) $\frac{9}{14}$ (4)   e) $\frac{10}{21}$ (8)

Beispiel 2: Brüche kürzen

Kürze $\frac{24}{30}$ durch **6**.

Hinweis:
Wenn du das Kürzen gut beherrschst, schreibst du statt eines Pfeils das Gleichheitszeichen.

$\frac{24}{30} \underset{:6}{=} \frac{24:6}{30:6} = \frac{4}{5}$

Lösung:
Dividiere sowohl den Zähler als auch den Nenner durch **6**. Stellt man den Bruch mit Kästchen dar, müssen jeweils **6** gleich große Kästchen zu einer großen Fläche zusammengefasst werden – die Einteilung wird vergröbert.

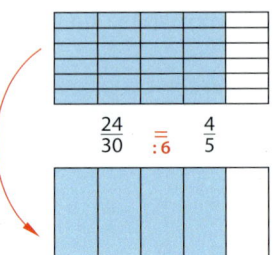

$\frac{24}{30} \underset{:6}{=} \frac{4}{5}$

Aufgabe 2: Kürze den Bruch durch die Zahl, die in der Klammer steht.

a) $\frac{4}{8}$ (2)   b) $\frac{24}{40}$ (4)   c) $\frac{18}{12}$ (3)   d) $\frac{16}{48}$ (8)   e) $\frac{144}{96}$ (12)

Aufgaben

3. Welcher Anteil der Figur ist gefärbt? Gib den Anteil als Bruch an.
   Gib mindestens zwei weitere Brüche an, die den gleichen Anteil beschreiben.

   a) 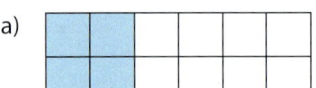   b) 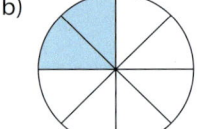   c)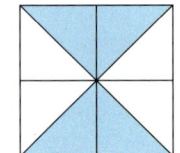

4. Bei den Figuren ist die Einteilung feiner oder gröber geworden. Übertrage die Bilder in dein Heft und schreibe die passenden gleichwertigen Brüche dazu.
   Finde noch weitere Brüche für die jeweiligen Anteile. (Beispiel: $\frac{1}{2} = \frac{2}{4} = \frac{3}{6} = \frac{13}{26}$ …)

   a) 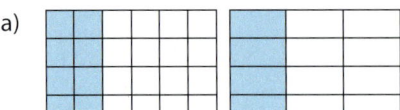   b)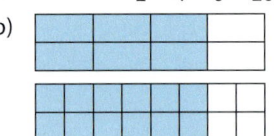

5. **Durchblick:** Übertrage die Tabelle in dein Heft und erweitere die gegebenen Brüche jeweils mit der oben angegebenen Erweiterungszahl. Erläutere dein Vorgehen mithilfe einer Skizze wie in Beispiel 1 auf Seite 79.

	2	3	5	10
$\frac{1}{2}$				
$\frac{3}{4}$				
$\frac{2}{5}$				
$\frac{7}{12}$				

4.2 Brüche erweitern und kürzen

6. Übertrage die Tabelle in dein Heft und kürze die gegebenen Brüche jeweils mit der oben angegebenen Kürzungszahl.

	2	3	4	5
$\frac{60}{84}$				
$\frac{40}{120}$				
$\frac{48}{88}$				
$\frac{120}{180}$				

7. Kürze die Brüche so weit wie möglich. Das bedeutet: Dividiere Zähler und Nenner solange durch dieselbe Zahl, bis es nicht mehr möglich ist.

Zum Beispiel: $\frac{140}{84} \underset{:2}{=} \frac{70}{42} \underset{:7}{=} \frac{10}{6} \underset{:2}{=} \frac{5}{3}$

a) $\frac{36}{24}$ b) $\frac{28}{6}$ c) $\frac{64}{48}$ d) $\frac{36}{144}$ e) $\frac{80}{120}$

f) $\frac{36}{54}$ g) $\frac{105}{63}$ h) $\frac{60}{75}$ i) $\frac{120}{96}$ j) $\frac{630}{180}$

Hinweis zu 7:
Einen Bruch, der sich nicht weiter kürzen lässt, nennt man vollständig gekürzt.
Die Buchstaben ergeben ein Lösungswort.

$\frac{2}{3}$	A	$\frac{2}{3}$	M
$\frac{1}{4}$	D	$\frac{4}{3}$	N
$\frac{5}{3}$	E	$\frac{4}{5}$	N
$\frac{7}{2}$	E	$\frac{5}{4}$	T
$\frac{3}{2}$	F	$\frac{14}{3}$	U

8. a) Erweitere die Brüche so, dass der Nenner 24 ist. Gib jeweils die Erweiterungszahl an.
$\frac{5}{3}, \frac{1}{4}, \frac{7}{6}, \frac{3}{8}, \frac{17}{12}$

b) Kürze die Brüche so, dass der Nenner 3 ist. Gib jeweils die Kürzungszahl an.
$\frac{6}{9}, \frac{18}{27}, \frac{27}{81}, \frac{96}{72}$

9. Stolperstelle: Timo hat in seiner Hausaufgabe gekürzt. Kontrolliere und korrigiere gegebenenfalls Timos Rechnung.

a) $\frac{72}{216} \underset{:2}{=} \frac{36}{108} \underset{:4}{=} \frac{9}{27} \underset{:9}{=} \frac{1}{3}$

b) $\frac{128}{144} \underset{:2}{=} \frac{64}{72} \underset{:4}{=} \frac{8}{9} \underset{:9}{=} \frac{4}{9} \underset{:3}{=} \frac{4}{3}$

c) $\frac{45}{135} \underset{:5}{=} \frac{9}{27} \underset{:3}{=} \frac{3}{1}$

d) $\frac{130}{234} \underset{:2}{=} \frac{65}{117} \underset{:5}{=} \frac{13}{117} \underset{:13}{=} \frac{1}{9}$

10. Übertrage in dein Heft. Schreibe die Kürzungs- oder Erweiterungszahl auf und trage den fehlenden Zähler bzw. Nenner des Bruches ein.

a) $\frac{3}{4} = \frac{\blacksquare}{12}$ b) $\frac{36}{\blacksquare} = \frac{9}{10}$ c) $\frac{\blacksquare}{28} = \frac{1}{4}$ d) $\frac{15}{25} = \frac{\blacksquare}{5}$

e) $\frac{\blacksquare}{56} = \frac{3}{8}$ f) $\frac{2}{3} = \frac{16}{\blacksquare}$ g) $\frac{5}{6} = \frac{15}{\blacksquare}$ h) $\frac{81}{45} = \frac{\blacksquare}{5}$

i) $\frac{12}{\blacksquare} = \frac{3}{7}$ j) $\frac{\blacksquare}{24} = \frac{2}{3}$ k) $\frac{5}{8} = \frac{35}{\blacksquare}$ l) $\frac{12}{13} = \frac{\blacksquare}{156}$

11. Ausblick:
a) Laura meint: „Erweitern kann man jeden Bruch, kürzen jedoch nicht."
Erkläre Lauras Behauptung anhand von Beispielen.

b) Leonard behauptet: „Die größte Zahl, durch die sowohl der Zähler als auch der Nenner eines Bruches dividiert werden kann, ist die Kürzungszahl, mit der ein vollständig gekürzter Bruch erhalten wird." Überprüfe Leonards Behauptung am Beispiel $\frac{168}{300}$.
Überprüfe weitere Beispiele und erläutere, ob Leonard recht hat.

c) Sebastian behauptet, dass es zwischen $\frac{1}{3}$ und $\frac{1}{2}$ unendlich viele weitere Brüche gibt.
Begründe diese Aussage.

d) Welcher Bruch liegt genau in der Mitte zwischen $\frac{1}{13}$ und $\frac{5}{13}$?
Begründe deine Antwort.

4.3 Brüche vergleichen und ordnen

■ Eine Dose Feingebäck „Exquisit" enthält sieben Gebäcksorten.
$\frac{2}{15}$ des Gebäcks sind Kaffeeherzen, $\frac{4}{30}$ sind Haselnussblätter, $\frac{1}{5}$ Kakaowaffeln.

Frank behauptet, dass die Gebäckmischung weniger Kaffeeherzen als Kakaowaffeln enthält.

Ines behauptet, dass die Gebäckmischung mehr Kaffeeherzen als Haselnussblätter enthält. Was meinst du? ■

Brüche lassen sich gut am Zahlenstrahl vergleichen.
Auf einem Zahlenstrahl liegt der kleinere von zwei Brüchen immer weiter links.

Beispiel 1: Brüche auf einem Zahlenstrahl darstellen

Stelle $\frac{5}{6}$ $\left(\frac{3}{6}; \frac{1}{6}; \frac{4}{6}; \frac{7}{6}\right)$ auf einem Zahlenstrahl dar.

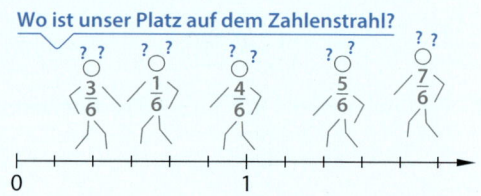

Lösung:
Der Nenner ist bei allen Brüchen 6:
Unterteile die Strecke zwischen 0 und 1 in 6 gleich große Teilstrecken.

Der Zähler des ersten Bruches ist 5:
Der Zähler des Bruches gibt den Teilstrich (Punkt) auf dem Zahlenstrahl an, den du dem Bruch $\frac{5}{6}$ zuordnest.
Nach dieser Methode trägst du auch $\frac{1}{6}$; $\frac{3}{6}$; $\frac{4}{6}$ und $\frac{7}{6}$ ein.

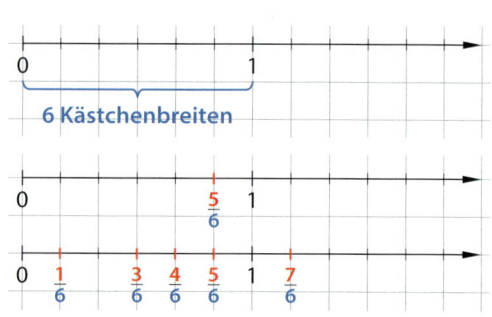

Aufgabe 1: Stelle die Brüche auf einem Zahlenstrahl dar.
 a) $\frac{1}{3}; \frac{2}{3}; \frac{5}{3}$ b) $\frac{1}{5}; \frac{3}{5}; \frac{7}{5}$ c) $\frac{1}{4}; \frac{3}{4}; \frac{1}{2}$

Besonders gut kannst du mehrere Brüche am Zahlenstrahl darstellen, wenn sie den gleichen Nenner haben.

Wissen: Brüche am Zahlenstrahl, gleichnamige und ungleichnamige Brüche
Jedem Bruch lässt sich genau ein Punkt auf einem Zahlenstrahl zuordnen.
Brüche mit gleichen Nennern heißen **gleichnamig**, Brüche mit verschiedenen Nennern heißen **ungleichnamig**. Brüche, die durch Kürzen oder Erweitern auseinander hervorgehen, gehören zum selben Punkt auf dem Zahlenstrahl. Sie bezeichnen dieselbe Zahl.

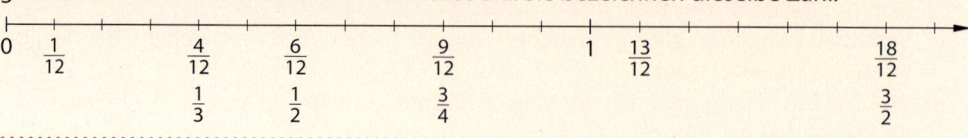

4.3 Brüche vergleichen und ordnen

Beispiel 2: Brüche vergleichen
Welcher Bruch ist kleiner?

a) $\frac{4}{15}$ oder $\frac{2}{15}$

b) $\frac{3}{4}$ oder $\frac{2}{3}$

Erinnere dich:
Von zwei natürlichen Zahlen ist diejenige die kleinere, die auf einem Zahlenstrahl weiter links liegt.

Lösung:
Brüche kannst du auf verschiedenen Wegen miteinander vergleichen. Hier zwei Möglichkeiten:

a) Die Brüche $\frac{4}{15}$ und $\frac{2}{15}$ sind gleichnamig.

① *Vergleich am Zahlenstrahl:*
Um Brüche mit dem gemeinsamen Nenner 15 auf einem Zahlenstrahl darzustellen, ist es sinnvoll, wenn du für die Strecke 0 bis 1 genau 15 Kästchenbreiten wählst.

$\frac{2}{15}$ liegt auf dem Zahlenstrahl weiter links als $\frac{4}{15}$.
Es gilt: $\frac{2}{15} < \frac{4}{15}$

② *Vergleich der Zähler:*
Wie du beim Vergleich von gleichnamigen Brüchen am Zahlenstrahl erkennst, ist der Bruch mit dem kleineren Zähler auch der kleinere Bruch. Es genügt also, wenn du die Zähler gleichnamiger Brüche miteinander vergleichst.

$\frac{2}{15} < \frac{4}{15}$, denn 2 < 4

b) Die Brüche $\frac{3}{4}$ und $\frac{2}{3}$ sind ungleichnamig. 12 ist gemeinsamer Nenner von $\frac{3}{4}$ und $\frac{2}{3}$.
Wandle die Brüche in gleichnamige Brüche um, damit du sie vergleichen kannst.

$\frac{3}{4} = \frac{3 \cdot 3}{3 \cdot 4} = \frac{9}{12}$ $\qquad$ $\frac{2}{3} = \frac{4 \cdot 2}{4 \cdot 3} = \frac{8}{12}$

① *Vergleich am Zahlenstrahl:*
Es ist zweckmäßig, wenn du für die Strecke von 0 bis 1 genau 12 Kästchenbreiten wählst.

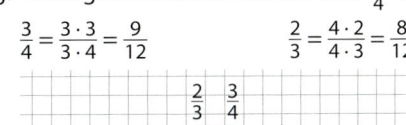

$\frac{2}{3}$ liegt auf dem Zahlenstrahl weiter links als $\frac{3}{4}$.
Es gilt: $\frac{2}{3} < \frac{3}{4}$.

② *Vergleich der Zähler:*
$\frac{8}{12} < \frac{9}{12}$, denn 8 < 9; also gilt: $\frac{2}{3} < \frac{3}{4}$.

Aufgabe 2: Vergleiche die Brüche.

a) $\frac{2}{5}$ und $\frac{3}{5}$ $\qquad$ b) $\frac{7}{9}$ und $\frac{4}{9}$ $\qquad$ c) $\frac{2}{15}$ und $\frac{1}{5}$ $\qquad$ d) $\frac{2}{3}$ und $\frac{3}{5}$ $\qquad$ e) $\frac{3}{4}$ und $\frac{5}{6}$

Wissen: Brüche vergleichen

Auf einem Zahlenstrahl liegt der **kleinere** von zwei Brüchen immer **weiter links**.

Von zwei **gleichnamigen Brüchen** ist der Bruch mit dem **kleineren Zähler** der **kleinere Bruch.**

Zwei **ungleichnamige Brüche**, lassen sich durch Kürzen oder Erweitern **gleichnamig machen** und dann miteinander vergleichen.

Aufgaben

3. Markiere die Brüche auf einem geeigneten Zahlenstrahl.

a) $\frac{2}{5}$; $\frac{4}{5}$; $\frac{6}{5}$ b) $\frac{1}{6}$; $\frac{5}{6}$; $\frac{7}{6}$; $\frac{11}{6}$ c) $\frac{1}{12}$; $\frac{2}{3}$; $\frac{1}{2}$; $\frac{5}{12}$ d) $\frac{2}{5}$; $\frac{1}{3}$; $\frac{4}{5}$

4. Die Pfeile zeigen auf eine Zahl.

a) Ordne den Punkten A, D und E jeweils einen vollständig gekürzten Bruch zu.
b) Ordne den Punkten B und C jeweils drei verschiedene Brüche zu.

5. Vergleiche die Brüche. Erläutere dein Vorgehen.

a) $\frac{5}{6}$; $\frac{3}{8}$ b) $\frac{7}{12}$; $\frac{3}{4}$ c) $\frac{2}{3}$; $\frac{5}{6}$ d) $\frac{3}{10}$; $\frac{2}{15}$ e) $\frac{13}{21}$; $\frac{9}{14}$

6. Betrachte folgenden mathematischen Sachverhalt:
„Von zwei gleichnamigen Brüchen ist der Bruch größer, dessen Zähler größer ist."
a) Überprüfe den Sachverhalt an Beispielen.
b) Stelle den Sachverhalt am Zahlenstrahl dar.
c) Formuliere einen analogen Text für den Fall, dass zwei Brüche den gleichen Zähler haben und stelle auch diesen Sachverhalt am Zahlenstrahl dar.

7. Ordne die Brüche der Größe nach. Beginne mit dem kleinsten Bruch.

a) $\frac{3}{5}$; $\frac{1}{5}$; $\frac{4}{5}$ b) $\frac{7}{7}$; $\frac{3}{7}$; $\frac{0}{7}$; $\frac{9}{7}$ c) $\frac{8}{4}$; $\frac{7}{10}$; $\frac{1}{4}$; $\frac{1}{2}$; $\frac{4}{5}$ d) $\frac{3}{4}$; $\frac{3}{2}$; $\frac{3}{3}$; $\frac{3}{5}$

8. a) Gib alle Brüche mit dem Nenner 5 an, die größer als $\frac{3}{5}$ und kleiner als 2 sind.
b) Gib alle Brüche mit dem Nenner 2 an, die größer als 2 und kleiner als $\frac{10}{2}$ sind.

Hinweis zu 9:
Zwei Rechtecke sind deckungsgleich, wenn beide gleich lang und beide gleich breit sind.

9. Durchblick: Maria soll die Brüche $\frac{3}{4}$ und $\frac{5}{6}$ miteinander vergleichen. Dazu zeichnet sie zwei deckungsgleiche Rechtecke, in denen sie die Flächenanteile der beiden Brüche gut darstellen und miteinander durch Kästchenzählen vergleichen kann.

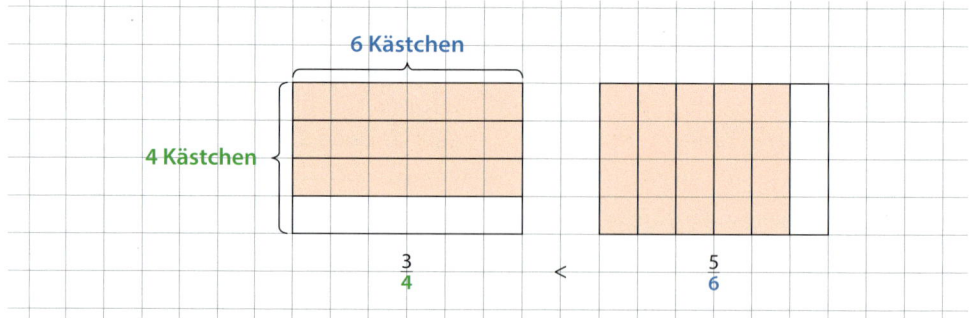

a) Vergleiche auf diesem Weg die Brüche $\frac{2}{3}$ und $\frac{3}{5}$ miteinander.
b) Vergleiche das Verfahren mit den Verfahren in Beispiel 2 auf Seite 83. Beschreibe Vor- und Nachteile gegenüber dem Vergleich von Brüchen durch Gleichnamigmachen oder durch Darstellen am Zahlenstrahl.
c) Gib ein Beispiel an, bei dem der Vergleich von zwei Brüchen durch Gleichnamigmachen viel schneller geht als bei dem oben beschriebenen Rechteckverfahren. Begründe.

4.3 Brüche vergleichen und ordnen

10. Hier sind drei Brüche als Teile von Ganzen veranschaulicht. Schreibe jeweils die zugehörigen Brüche auf. Entscheide, welcher Bruch am kleinsten und welcher am größten ist.

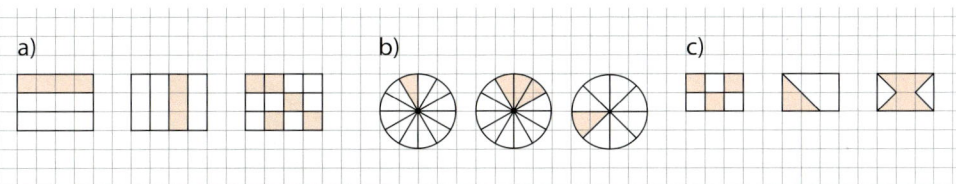

11. Rechnen ist nicht immer nötig, du kannst auch argumentieren.
   a) Liegt der Bruch im blauen, roten, grünen oder schwarzen Bereich des vorgegebenen Zahlenstrahls? $\frac{3}{5}; \frac{2}{7}; \frac{17}{10}; \frac{7}{8}; \frac{7}{12}; \frac{6}{17}; \frac{15}{13}; \frac{13}{11}$

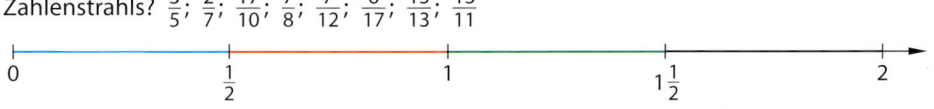

   b) Durch Vergleich mit 1 oder $\frac{1}{2}$ kannst du manchmal ganz leicht erkennen, welcher der Brüche der größere Bruch ist. Vergleiche die Brüche.
   ① $\frac{3}{5}$ und $\frac{2}{7}$ ② $\frac{13}{11}$ und $\frac{7}{8}$ ③ $\frac{6}{17}$ und $\frac{7}{12}$ ④ $\frac{15}{13}$ und $\frac{17}{10}$

12. Stolperstelle: Ist die Aussage wahr? Begründe.
   a) $\frac{1}{6} > \frac{1}{5}$, da $6 > 5$
   b) Auf einem Zahlenstrahl liegt $\frac{1}{4}$ genau in der Mitte zwischen $\frac{1}{3}$ und $\frac{1}{5}$.

13. Übertrage in dein Heft und setze für ■ eines der Zeichen =, <, > richtig ein. Begründe dein Vorgehen.
   a) $\frac{2}{7}$ ■ $\frac{5}{7}$ b) $\frac{3}{3}$ ■ 1   c) $2\frac{1}{3}$ ■ $\frac{6}{3}$ d) $\frac{4}{7}$ ■ $\frac{4}{3}$ e) $\frac{2}{5}$ ■ $\frac{2}{7}$

14. Welche der folgenden Brüche gehören auf dem Zahlenstrahl zum selben Punkt?
$\frac{1}{2}; \frac{2}{3}; \frac{4}{8}; \frac{6}{3}; \frac{4}{6}; \frac{3}{5}; \frac{3}{2}; \frac{6}{10}; \frac{6}{12}; \frac{8}{12}; \frac{12}{8}; \frac{24}{12}$

Tipp zu 14:
Es gehören fünf verschiedene Zahlen (Punkte des Zahlenstrahls) dazu.

15. Gib zwei verschiedene Zahlen an, die zwischen den gegebenen Zahlen liegen. Schreibe jeweils als Bruch.
   a) 1 und 2   b) $\frac{3}{3}$ und $\frac{4}{4}$ c) $\frac{2}{3}$ und $\frac{1}{3}$ d) $\frac{1}{100}$ und $\frac{2}{200}$

16. Setze für ▼ jeweils eine natürliche Zahl so ein, dass eine wahre Aussage entsteht.
   a) $\frac{▼}{8} = \frac{3}{4}$ b) $\frac{1}{5} < \frac{2}{▼}$ c) $\frac{4}{▼} > \frac{4}{7}$ d) $\frac{▼}{11} < \frac{6}{22}$

17. Schreibe jeweils als gemischte Zahl und vergleiche dann.
   a) $\frac{5}{3}$ und $\frac{7}{2}$ b) $\frac{23}{7}$ und $\frac{12}{5}$ c) $\frac{35}{3}$ und $\frac{71}{6}$ d) $\frac{21}{4}$ und $\frac{63}{12}$

Erinnere dich:
$2\frac{3}{4} = 2 + \frac{3}{4} = \frac{8}{4} + \frac{3}{4} = \frac{11}{4}$
$\frac{9}{4} = \frac{8+1}{4} = \frac{8}{4} + \frac{1}{4} = 2 + \frac{1}{4}$
$= 2\frac{1}{4}$

18. Ausblick: Martin glaubt, in einem Mathematikbuch gelesen zu haben, dass für zwei Brüche $\frac{a}{b}$ und $\frac{c}{d}$ der „Kreuztest" gilt:
Kreuztest: Wenn für die Zähler und Nenner der beiden Brüche $a \cdot d < c \cdot b$ und $a, b \neq 0$ gilt, dann gilt auch $\frac{a}{b} < \frac{c}{d}$.
   a) Führe den Kreuztest mit geeigneten Beispielen durch.
   b) Erläutere, warum dieses Verfahren immer zum Vergleichen zweier Brüche dienen kann.

4.4 Gleichnamige Brüche addieren und subtrahieren

■ Nele, Raphael und Phillip haben schon je einen Teil ihrer Schokoladentafel aufgegessen. Nele hat noch drei Zwölftel ihrer Tafel, Raphael vier Zwölftel seiner Tafel und Phillip fünf Zwölftel seiner Tafel übrig. Nele meint: „Jetzt bleibt uns gemeinsam noch eine ganze Tafel, die heben wir lieber bis morgen auf."
Was meinst du dazu? ■

$\frac{1}{4}$ und $\frac{2}{4}$ sollen addiert werden. Ein Viertel kann man sich vorstellen, indem man ein Rechteck in vier gleich große Teile zerlegt und davon einen Teil nimmt.

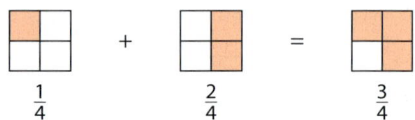

Bei zwei Vierteln nimmt man zwei Teile. Zählt man die beiden Anteile zusammen, erhält man 3 Viertel. 3 ist der Zähler und 4 der Nenner des Bruches. Die beiden Brüche hatten bereits vorher den gleichen Nenner. Solche Brüche nennt man gleichnamig.

Wissen: Addition und Subtraktion gleichnamiger Brüche
Gleichnamige Brüche werden addiert oder subtrahiert,
indem die Zähler addiert oder voneinander subtrahiert werden.
Der gemeinsame **Nenner** wird **beibehalten.**

$\frac{a}{n} + \frac{b}{n} = \frac{a+b}{n}$ $\qquad$ $\frac{a}{n} - \frac{b}{n} = \frac{a-b}{n}$ $\qquad$ (a, b und n sind natürliche Zahlen, n ≠ 0.)

Tipp:
Kürze das Ergebnis, wenn dies möglich ist.

Beispiel 1: Zwei gleichnamige Brüche addieren

Addiere die Brüche $\frac{7}{24}$ und $\frac{9}{24}$.

Lösung:
Da beide Nenner übereinstimmen, addierst du die beiden Zähler und behältst den Nenner bei.

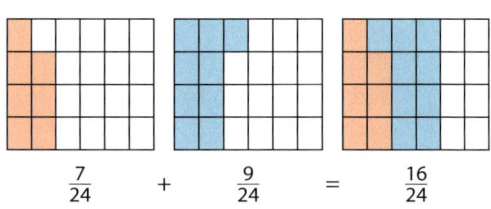

$\frac{7}{24} + \frac{9}{24} = \frac{16}{24}$

Kürze das Ergebnis. $\qquad$ $\frac{16}{24} = \frac{16:8}{24:8} = \frac{2}{3}$

Aufgabe 1: Löse folgende Aufgaben:

a) $\frac{3}{8} + \frac{4}{8}$ $\qquad$ b) $\frac{1}{6} + \frac{4}{6}$ $\qquad$ c) $\frac{7}{12} + \frac{1}{12}$ $\qquad$ d) $\frac{1}{4} + \frac{3}{4}$

e) $\frac{3}{10} - \frac{4}{10}$ $\qquad$ f) $\frac{2}{6} - \frac{3}{6}$ $\qquad$ g) $\frac{1}{12} - \frac{7}{12}$ $\qquad$ h) $\frac{1}{4} - \frac{3}{4}$

i) $\frac{3}{10} + \frac{7}{10}$ $\qquad$ j) $\frac{9}{5} - \frac{4}{5}$ $\qquad$ k) $\frac{1}{12} + \frac{7}{12}$ $\qquad$ l) $\frac{8}{9} - \frac{2}{9}$

4.4 Gleichnamige Brüche addieren und subtrahieren

Beispiel 2: Mehrere gleichnamige Brüche addieren und subtrahieren
a) Addiere die Brüche $\frac{3}{12}$; $\frac{5}{12}$; $\frac{4}{12}$.
b) Subtrahiere die Brüche $\frac{3}{16}$; $\frac{4}{16}$; $\frac{8}{16}$ von $\frac{16}{16}$.

Lösung:
a) Der Nenner stimmt bei allen Brüchen überein. Addiere die Zähler. Anschließend kannst du kürzen.

$$\frac{3}{12} + \frac{5}{12} + \frac{4}{12} = \frac{3+5+4}{12} = \frac{12}{12} = \frac{12:12}{12:12} = \frac{1}{1} = 1$$

b) Um mehrere Brüche von einem gegebenen Bruch zu subtrahieren, kannst du diese zuerst addieren und dann die Summe vom ersten Bruch subtrahieren.

$$\frac{16}{16} - \left(\frac{3}{16} + \frac{4}{16} + \frac{8}{16}\right) = \frac{16}{16} - \left(\frac{3+4+8}{16}\right)$$
$$= \frac{16}{16} - \frac{15}{16} = \frac{1}{16}$$

Tipp:
Kürze das Ergebnis, wenn dies möglich ist.

Erinnere dich:
Du kannst geschickt zusammenfassen oder die Reihenfolge einzelner Summanden vertauschen.

Aufgabe 2: Berechne und gib das Ergebnis mit einem vollständig gekürzten Bruch an. Rechne möglichst geschickt.
a) $\frac{3}{5} + \frac{3}{5}$
b) $\frac{4}{3} + \frac{8}{3}$
c) $\frac{14}{2} + \frac{8}{2}$
d) $\frac{11}{12} - \frac{3}{12}$
e) $\frac{18}{20} - \frac{6}{20} - \frac{8}{20}$
f) $\frac{3}{7} + \frac{19}{7} - \frac{3}{7}$
g) $\frac{11}{17} + \frac{3}{17} - \frac{9}{17}$
h) $\frac{117}{120} + \left(\frac{50}{120} - \frac{24}{120}\right) + \frac{30}{120}$
i) $\frac{13}{9} - \frac{15}{9} + \frac{8}{9}$

Aufgaben

3. Löse die Aufgabe rechnerisch. Veranschauliche die Addition an Kreisen oder Rechtecken.
   a) $\frac{3}{10} + \frac{4}{10}$
   b) $\frac{2}{6} + \frac{3}{6}$
   c) $\frac{5}{16} + \frac{7}{16}$
   c) $\frac{3}{10} + \frac{4}{10} + \frac{7}{20}$

4. Ersetze die fehlenden Zahlen so, dass die Rechnung korrekt ist.
   a) $\frac{13}{26} + \frac{x}{26} = \frac{20}{26}$
   b) $\frac{34}{x} + \frac{47}{x} = \frac{81}{100}$
   c) $\frac{9}{11} - \frac{7}{x} = \frac{2}{x}$
   d) $\frac{3}{10} - \frac{x}{y} = \frac{1}{5}$
   e) $3\frac{1}{5} + 5\frac{x}{5} = 8\frac{3}{5}$

Hinweis zu 4:
Die Summe aller einzusetzenden Zahlen beträgt 131.

5. **Durchblick:** Gib jeweils die Anteile der farbigen Flächen an der Gesamtfläche an und addiere dann diese Anteile wie in Beispiel 1 auf Seite 86. Schreibe jeweils die vollständige Rechnung auf und kürze so weit wie möglich.
   a)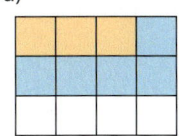
   b)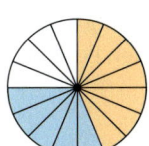
   c)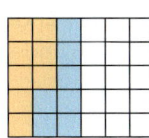
   d)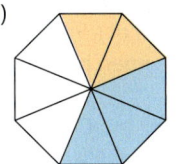

6. **Stolperstelle:** Was ist hier falsch oder missverständlich? Gib jeweils eine Begründung an.
   a) 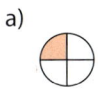 + 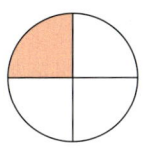 =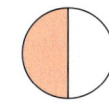

   $\frac{1}{4}$ + $\frac{1}{4}$ = $\frac{1}{2}$

   b) $\frac{1}{2} + \frac{1}{2} = \frac{2}{4}$
   c) $\frac{3}{10} + \frac{4}{10} = \frac{7}{20}$

7. **Ausblick:** Prüfe die Ergebnisse. Gib einen Lösungsweg an und korrigiere falsche Lösungen.
   a) $\frac{1}{6} + \frac{1}{6} = \frac{1}{3}$
   b) $\frac{3}{10} + \frac{1}{10} = \frac{1}{2}$
   c) $\frac{1}{6} + \frac{2}{6} = \frac{1}{2}$
   d) $\frac{a}{b} + \frac{2}{5} = 1$; a = 6, b = 10

Streifzug

4. Brüche und Dezimalbrüche

Spiel: Triff den Bruch

Tipp:
Unterteile das Quadrat vorher in 36 kleine Quadrate.

■ Dieses Bild findest du auch auf der Rückseite deines Buches. Übertrage es zuerst in dein Heft und trage dort den Anteil der einzelnen Flächen als Bruch ein.
Benachbarte Flächen in derselben Farbe gehören zusammen.
Beispiel: Die drei blauen Kästchen links oben bilden ein Rechteck.
Das sind $\frac{3}{36} = \frac{1}{12}$ der Gesamtfläche. ■

Wissen: Spielregeln

Es sollten möglichst 4 Personen spielen.
Ihr könnt auch zwei Teams mit jeweils zwei Spielern bilden.

Für das Spiel benötigt jeder von euch zwei 1-Cent-Münzen. Markiert die Münzen mit einem Bleistift so, dass ihr eure wiedererkennen könnt. Das Spiel wird in mehreren Runden gespielt. Gewonnen hat, wer die meisten Punkte erzielt.

Notiert Rechnungen ins Heft, damit ihr gut nachvollziehen könnt, warum ein Spieler gewonnen hat. Die Spielergebnisse sammelt ihr in einer Tabelle im Heft.

In jeder Runde legst du deine Münze auf dein Startfeld und schnippst sie auf das Spielfeld. Falls dabei allerdings eine Münze (deine eigene oder die eines Mitspielers) außerhalb des Spielfeldes liegt, erhalten alle deine Mitspieler einen Siegpunkt und die Runde ist beendet.

In jeder Runde erhält der Sieger einen Siegpunkt. Entscheidend ist, auf welchen Feldern eure Münzen liegen. Je nach Spielrunde gelten verschiedene Regeln. Bei Gleichstand können auch zwei oder mehr Spieler einen Punkt für die Runde bekommen. Nach jeder Runde wird das Spielfeld gedreht. Jede Runde wird so oft gespielt, bis jeder von euch einmal gewonnen hat. Sieger wird, wer am Ende die meisten Punkte hat.

Tipp:
Spielt jede Runde so oft, dass jeder Spieler einmal begonnen hat, und dreht das Spielfeld nach jeder Runde um 90°.

1. **Runde: Max**
   Gewonnen hast du, wenn deine Münze den größten Flächenanteil belegt. Liegt die Münze auf mehreren Flächen mit unterschiedlichen Farben, zählt nur der kleinere Flächenanteil.

2. **Runde: Min**
   Gewonnen hast du, wenn deine Münze den kleinsten Flächenanteil belegt. Liegt die Münze auf mehreren Flächen mit unterschiedlichen Farben, zählt nur der größere Flächenanteil.

3. **Runde: Add**
   Gewonnen hast du, wenn deine Münze den größten Flächenanteil belegt. Liegt die Münze auf mehreren Flächen mit unterschiedlichen Farben, so wird die Summe dieser Flächenanteile bestimmt.

Beispiel 1: Spielsituation Max/Min/Add
a) Welche Münze belegt nach den Spielregeln von Max den größten Flächenanteil?
b) Welche Münze belegt nach den Spielregeln von Min den kleinsten Flächenanteil?
c) Welche Münze belegt nach den Spielregeln von Add den größten Flächenanteil?

Lösung:
Die Münze von Spieler A liegt auf einem Feld, das $\frac{6}{36}$ entspricht. Die Münze von Spieler B belegt 2 Felder – der Flächenanteil dieser beiden Felder zusammen ist $\frac{8}{36}$. Eines der Dreiecke hat deswegen einen Flächenanteil von $\frac{4}{36}$.

a) Spieler A hat den größeren Anteil der Fläche, da bei Spieler B nur $\frac{4}{36}$ zählen. Die Münze von Spieler A belegt deswegen den größten Flächenanteil.

b) Auch hier zählt für Spieler B nur eine Fläche: Da beide Flächenanteile gleich groß sind, wird $\frac{4}{36}$ gewertet. Die Münze von Spieler B belegt deswegen den kleinsten Flächenanteil.

c) Hier zählen für Spieler B beide Dreiecke. $\frac{8}{36}$ ist mehr als $\frac{6}{36}$, deswegen belegt die Münze von Spieler B den größeren Flächenanteil.

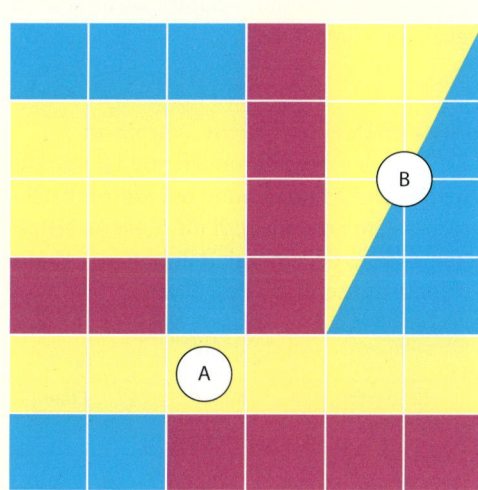

Aufgabe 1: Hier siehst du eine typische Spielsituation. Alle vier Spieler haben ihre Münze gespielt. Entscheide und begründe jeweils, welche Münze oder welche Münzen nach den Spielregeln von Max, Min oder Add gewonnen hätten.

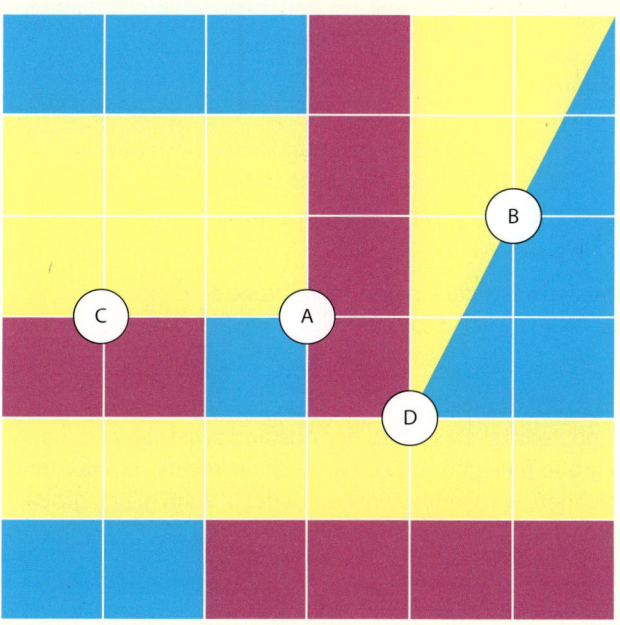

4.5 Dezimalbrüche schreiben und ordnen

■ Christins Eltern diskutieren über Spritpreise. Ihr Vater ist der Meinung, dass ein Liter Super 1,50 € kostet, während ihre Mutter meint, dass ein Liter Super 1,49 € kostet. Christin fragt: „Und was ist nun richtig? Was kostet ein Liter ganz genau?" ■

Bei Zahlen mit Komma kommt es – wie auch bei natürlichen Zahlen – darauf an, an welcher Stelle eine Ziffer steht.

Hinweis: Die Stellen nach dem Komma werden auch Dezimalstellen genannt.

Wissen: Dezimalbrüche schreiben

Zahlen mit einem Komma heißen **Dezimalbrüche**. **Endliche Dezimalbrüche** hören nach dem Komma irgendwann auf. Die Stellen links vom Komma sind die Ganzen. Für die Stellen rechts vom Komma wird die Stellenwerttafel erweitert. Die Stellenwerte nach dem Komma (rechts vom Komma) sind Zehntel (z), Hundertstel (h), Tausendstel (t), Zehntausendstel (zt), Hunderttausendstel (ht), usw.

Hunderter	Zehner	Einer	zehntel	hundertstel	tausendstel
	4	1	2	3	

(:10 zwischen jeder Spalte)

Beispiel 1: Dezimalbrüche in eine Stellenwerttafel eintragen

Schreibe in eine Stellenwerttafel und als Zahlwort. a) 124,467 b) 30,023

Lösung:

a) Schreibe immer von links nach rechts. Achte darauf, dass die Stellenwerte vor und die Stellenwerte nach dem Komma immer an den richtigen Stellen stehen.

b) Trage die Zahl von links nach rechts in die Stellenwerttafel ein.

H	Z	E	z	h	t
1	2	4	4	6	7
	3	0	0	2	3

124,467 → einhundertvierundzwanzig Komma vier sechs sieben

30,023 → dreißig Komma null zwei drei

Hinweis: Achte besonders auf die Ziffern, die direkt am Komma stehen, auf die Einer und auf die Zehntel.

Aufgabe 1: Trage die Zahlen in eine Stellenwerttafel ein und schreibe sie als Zahlwort.
a) 12,456   b) 1003,302   c) 50,05   d) 0,049

Wissen: Dezimalbrüche am Zahlenstrahl darstellen

Die erste Stelle rechts vom Komma sind Zehntel. Das heißt, der Abstand zwischen zwei natürlichen Zahlen wird in zehn gleich große Teile geteilt. Die zweite Stelle rechts vom Komma sind die Hundertstel. Um diese zu zeichnen, wird jedes Zehntel wieder in zehn gleich große Teile geteilt. Es genügt, Ausschnitte aus dem Zahlenstrahl zu zeichnen:

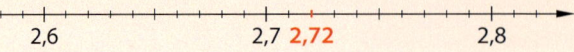

4.5 Dezimalbrüche schreiben und ordnen

Beispiel 2: Dezimalbrüche vergleichen
Stelle die beiden Zahlen dar und vergleiche sie.
a) auf einem Zahlenstrahl: 1,3 und 1,7   b) in einer Stellenwerttafel: 2,65 und 2,72

Lösung:
a) Zeichne einen geeigneten Ausschnitt des Zahlenstrahls und trage die Zahlen ein. Da 1,7 auf dem Zahlenstrahl weiter rechts als 1,3 liegt, gilt: 1,3 < 1,7

b) Vergleiche die Ziffern stellenweise von links nach rechts. Beide Zahlen haben zwei Einer, die Ziffer in der Zehntelstelle ist bei 2,65 kleiner als bei 2,72, da 6 < 7. Daher ist 2,65 < 2,72.

E	z	h
2	6	5
2	7	2

Hinweis:
Ein Zehntel ist gleich dem Bruch $\frac{1}{10}$ und bedeutet, dass ein Ganzes in zehn gleich große Teile geteilt wird und ein Teil davon genommen wird.

Aufgabe 2: Vergleiche die Dezimalbrüche. Verwende dazu entweder einen Zahlenstrahl oder eine Stellenwerttafel. Begründe deine Wahl.
a) 12,3 und 12,13   b) 3,4 und 3,41   c) 6,18 und 5,23

Beispiel 3: Dezimalbrüche in Brüche umwandeln
Schreibe 4,24 als Bruch.

Lösung:
Trage 4,24 in die Stellenwerttafel ein. 4,24 hat vier Einer, zwei Zehntel und vier Hundertstel. Vier Einer sind das Gleiche wie 400 Hundertstel und zwei Zehntel sind das Gleiche wie 20 Hundertstel. 4,24 ist also das Gleiche wie 424 Hundertstel. Das Ergebnis kann noch gekürzt werden.

Z	E	z	h
	4	2	4

$4,24 = 4 + 0,2 + 0,04$
$= \frac{400}{100} + \frac{20}{100} + \frac{4}{100}$
$= \frac{424}{100} \underset{:2}{=} \frac{212}{50} \underset{:2}{=} \frac{106}{25}$

Aufgabe 3: Trage in eine Stellenwerttafel ein und schreibe als Bruch.
a) 4,2   b) 5,26   c) 6,15   d) 0,12   e) 5,75

Aufgaben

4. Welche Dezimalbrüche sind in der Stellenwerttafel eingetragen? Schreibe jede Zahl sowohl mit Ziffern als auch als Zahlwort.

	T	H	Z	E	z	h	t	zt
a)			2	1	0	3	2	
b)	1	0	3	2	2	1	0	0
c)				4	6	0	0	1
d)				0	0	1	0	3
e)		8	6	9	9	9	1	4
f)	1	0	0	0	0	0	0	1

5. Trage die Dezimalbrüche in eine Stellenwerttafel ein und schreibe sie als Bruch. Kürze so weit wie möglich.
   a) 0,34; 0,76; 0,42
   b) 20,56; 21,89; 22,32
   c) 32,084; 31,121; 33,205
   d) 12,004; 14,024; 17,315
   e) 1,28; 2,821; 0,0215
   f) 16,5005; 20,005; 25,5002

6. Stelle die Zahlen an einem geeigneten Zahlenstrahlabschnitt dar. Beginne mit der kleinsten Zahl.
   a) 8,3; 8,1; 7,9; 8,7; 7,8
   b) 0,91; 0,19; 1,01; 0,37; 0,73

7. **Durchblick:** Ordne die Dezimalbrüche der Größe nach. Beginne mit der kleinsten Zahl. Wähle, wie in Beispiel 2 auf Seite 91, einen Zahlenstrahl oder eine Stellenwerttafel. Begründe deine Wahl.
   a) 7,04; 7,59; 7,02
   b) 3,05; 3,06; 3,19
   c) 72,34; 72,39; 73,4
   d) 45,3; 45,5; 45,1

8. **Stolperstelle:** Entscheide, ob die Aussage wahr oder falsch ist. Begründe deine Entscheidung.
   a) 3,138 ist größer als 3,14, weil 138 größer ist als 14.
   b) 0,400; 0,4 und 0,004 haben den gleichen Wert.
   c) Zum Ordnen von Dezimalbrüchen werden die Ziffern hinter dem Komma verglichen.

Hinweis zu 9:
Die Lösungen zu a) findest du im Dach, zu c) in den Etagen. Achtung: Jeweils eine Zahl ist falsch angegeben.

9. A, B, C, D und E markieren Dezimalbrüche am Zahlenstrahl. Lies diese vom Zahlenstrahl ab. Schreibe sie mit Ziffern.

a)

b)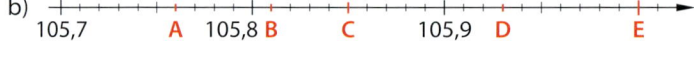

c)

10. Setze das Komma so, dass die Ziffer 2 den angegebenen Stellenwert hat.
    a) 3 549 021 (h)
    b) 453 092 351 (H)
    c) 2 671 511 (T)
    d) 04 003 002 (z)

11. Bei den folgenden Dezimalbrüchen können insgesamt acht Nullen weggelassen werden, ohne dass sich ihr Wert ändert. Welche sind es? Begründe deine Antwort.
    ① 0,2030   ② 0203,4300   ③ 00,002 01   ④ 0100,003 001 0   ⑤ 500,0050

12. **Ausblick:** Übertrage die Tabelle in dein Heft und fülle sie aus.

Dezimalbruch	Bruch mit dem Nenner 100	Vollständig gekürzter Bruch
0,25	$\frac{25}{100}$	$\frac{1}{4}$
0,75		
	$\frac{50}{100}$	
		$\frac{1}{5}$
	$\frac{12}{100}$	
1,50		

4.6 Dezimal- und Prozentschreibweise von Brüchen

■ Anfrage auf einer Internetseite:
„Hallo, kann mir bitte jemand sagen, wie viel Milliliter $^3/_8$ ℓ sind? Mein Messbecher zeigt nur $^1/_4$, $^1/_2$ und $^3/_4$ Liter. Das wäre echt super. Schon mal vielen Dank. LG Candy"
Antwort:„Ein Liter sind 1000 Milliliter (mℓ). Davon der achte Teil (also $^1/_8$) sind 125 mℓ. Drei Achtel sind dreimal so viel, also
3 · 125 = 375 mℓ = 0,375 ℓ.
Im Litermaß ist das in der Mitte zwischen $^1/_4$ Liter und $^1/_2$ Liter."
LG, D. Mähler.
Stimmt diese Antwort? ■

Brüche und Dezimalbrüche sind unterschiedliche Schreibweisen zum Darstellen von Anteilen. Je nach Sachverhalt ist einmal die Bruch- und einmal die Dezimalschreibweise günstiger.

> **Wissen: Umwandlung von Brüchen in Dezimalbrüche**
> Viele Brüche lassen sich in endliche Dezimalbrüche umwandeln.
> Sie werden dazu auf Zehnerbrüche (Brüche mit den Nennern 10, 100, 1000, usw.) erweitert.
> Im Nenner eines Zehnerbruches steht immer eine Zehnerpotenz.
> $\frac{3}{4} = \frac{75}{100} = 0{,}75$ (75 Hundertstel bzw. null Komma sieben fünf)
> Zehnerpotenzen: (10 = 10^1, 100 = 10^2, 1000 = 10^3, …)

Erinnere dich:
Ein endlicher Dezimalbruch hat nur endlich viele Nachkommastellen.

> **Beispiel 1: Brüche in Dezimalbrüche umwandeln**
> Schreibe – wenn möglich – als endlichen Dezimalbruch.
> a) $\frac{1}{5}$ b) $2\frac{1}{2}$ c) $\frac{1}{3}$

Lösung:
a) Erweitere den Bruch so, dass der Nenner 10 wird. Dann kannst du das Ergebnis hinschreiben.
$\frac{1}{5} \stackrel{\cdot 2}{=} \frac{2}{10} = 0{,}2$

b) Schreibe die gemischte Zahl als Summe. Erweitere den Bruch auf Zehntel. Addiere dann.
$2\frac{1}{2} = 2 + \frac{1}{2} = 2 + \frac{5}{10} = 2 + 0{,}5 = 2{,}5$

c) $\frac{1}{3}$ kann nicht auf 10, 100, 1000, … erweitert werden.
$\frac{1}{3}$ lässt sich so nicht in einen Dezimalbruch umwandeln.

$\frac{1}{3} \stackrel{\cdot 3}{=} \frac{3}{9}$ $\frac{1}{3} \stackrel{\cdot 4}{=} \frac{4}{12}$
$\frac{1}{3} \stackrel{\cdot 33}{=} \frac{33}{99}$ $\frac{1}{3} \stackrel{\cdot 34}{=} \frac{34}{102}$

Hinweis:
Setzt sich bei einem vollständig gekürzten Bruch der Nenner nur aus Faktoren 2 oder 5 zusammen, kann man ihn als endlichen Dezimalbruch schreiben.

Aufgabe 1: Wandle – wenn möglich – in einen endlichen Dezimalbruch um.
a) $\frac{57}{100}$ b) $\frac{30}{40}$ c) $\frac{1}{9}$ d) $\frac{5}{8}$ e) $\frac{3}{40}$ f) $\frac{1}{8}$ g) $\frac{4}{25}$ h) $\frac{2}{3}$

Brüche mit dem Nenner Hundert werden oft auch in Prozentschreibweise dargestellt.

Hinweis:
Das Wort „Prozent" kommt aus dem Lateinischen, pro centum heißt „für Hundert", also Hundertstel-Anteil.

Wissen: Prozente, Brüche und Dezimalbrüche
Brüche mit dem Nenner 100 können in **Prozent** angegeben werden.

1 % entspricht einem Hundertstel. $\qquad 1\% = \frac{1}{100}$

Für $\frac{4}{100}$ sagt man 4 Prozent und schreibt 4 %.

Prozentschreibweise	Bruchschreibweise	Dezimalzahlschreibweise
1 %	$\frac{1}{100}$	0,01
10 %	$\frac{10}{100} = \frac{1}{10}$	0,1
25 %	$\frac{25}{100} = \frac{1}{4}$	0,25
50 %	$\frac{50}{100} = \frac{1}{2}$	0,5
75 %	$\frac{75}{100} = \frac{3}{4}$	0,75
100 %	$\frac{100}{100} = 1$	1
150 %	$\frac{150}{100} = \frac{3}{2}$	1,5

Beispiel 2: Prozent als Brüche und Dezimalbrüche angeben
Gib für 20 % einen Bruch und einen Dezimalbruch an.

Lösung:
Schreibe die Prozentangabe als Bruch mit dem Nenner 100 und kürze, soweit es geht.

$20\% = \frac{20}{100} {}_{:20} = \frac{1}{5}$

20 % sind $\frac{1}{5}$ als Bruch und 0,20 als Dezimalbruch.

$\frac{20}{100} = 0{,}20$

Erinnere dich:
$0{,}04 = \frac{4}{100}$

Aufgabe 2: Gib die Prozentangabe als Bruch und als Dezimalbruch an.
a) 5 % b) 15 % c) 30 % d) 60 % e) 80 % f) 2 % g) 120 %

Beispiel 3: Brüche als Prozente angeben
Schreibe den Bruch $\frac{3}{15}$ in Prozentschreibweise.

Lösung:
$\frac{3}{15}$ lässt sich nicht direkt auf Hundertstel erweitern. Kürze daher $\frac{3}{15}$ zunächst auf Fünftel und erweitere anschließend auf Hundertstel.
Drücke die Hundertstel-Anteile in Prozent aus.

$\frac{3}{15} {}_{:3} = \frac{1}{5} {}_{\cdot 20} = \frac{20}{100}$

$\frac{20}{100} = 20\%$

Aufgabe 3: Schreibe den Bruch in Prozentschreibweise.
a) $\frac{1}{2}$ b) $\frac{2}{5}$ c) $\frac{3}{4}$ d) $\frac{11}{20}$ e) $\frac{21}{35}$

4.6 Dezimal- und Prozentschreibweise von Brüchen

Beispiel 4: Anteile von Größen ermitteln
Wie viel Euro sind 20 % von 45 €?

Lösung:

Schreibe die Prozentangabe als Bruch mit dem Nenner 100. $20\% = \frac{20}{100}$

Rechne 45 € in Cent um. $45\,€ = 4500\,ct$

Ermittle $\frac{1}{100}$ von 4500 ct, indem du 4500 ct durch 100 dividierst. Ermittle $\frac{20}{100}$ von 4500 ct, indem du das erhaltene Ergebnis mit 20 multiplizierst.

$4500\,ct \xrightarrow{:100} 45\,ct \xrightarrow{\cdot 20} 900\,ct = 9\,€$

20 % von 45 € sind 9 €.

Hinweis:
In deinem Lerntagebuch kannst du Beispiele aus dem Alltag hierzu dokumentieren (Methodenkarte 5 B, S. 232).

Aufgabe 4: Bestimme den Anteil der angegebenen Größe.
a) 40 % von 120 €   b) 15 % von 3 kg   c) 22 % von 120 g   d) 5 % von 30 m

Aufgaben

5. Wandle in einen endlichen Dezimalbruch um:
a) $\frac{4}{5}$ b) $\frac{9}{10}$ c) $\frac{7}{2}$ d) $1\frac{1}{2}$ e) $\frac{2}{4}$ f) $\frac{3}{8}$ g) $\frac{13}{40}$

6. Gib den farbigen Anteil an. Gib ihn sowohl in Bruch- als auch in Dezimalschreibweise an.
a)    b)    c)

7. **Durchblick:** Übertrage die Tabelle in dein Heft und fülle sie aus. Orientiere dich an Beispiel 1 auf Seite 93. Beschreibe dein Vorgehen bei zwei Beispielen mit eigenen Worten.

Gekürzter Bruch	$\frac{9}{50}$			
Zehnerbruch		$\frac{124}{1000}$		$\frac{24}{100000}$
Dezimalbruch			0,33		2,4

8. **Stolperstelle:** Erkläre, welcher Fehler hier gemacht worden ist:
a) $\frac{47}{10} = 0{,}47$ b) $\frac{7}{3} = 7{,}3$ c) $6{,}90 = \frac{690}{10}$ d) $3\frac{2}{5} = 3{,}25$

9. Gib jeweils möglichst zwei verschiedene Dezimalbrüche an, die zwischen x und y liegen.
a) $x = 0$; $y = \frac{1}{4}$ b) $x = 2\frac{1}{2}$; $y = \frac{14}{5}$ c) $x = \frac{2}{10}$; $y = \frac{3}{10}$ d) $x = \frac{2}{5}$; $y = \frac{6}{15}$

Hinweis zu 8:
Falls die Brüche nicht gleichnamig sind, erweitere sie so, dass Zehnerbrüche entstehen.

10. Schreibe als Dezimalbruch.
a) $\frac{3}{8}$ b) $\frac{28}{20}$ c) $5\frac{1}{2}$ d) $\frac{7}{25}$ e) $\frac{12}{10}$

11. Gib sowohl in Prozent- als auch in Dezimalbruchschreibweise an.
a) $\frac{4}{5}$ b) $\frac{3}{25}$ c) $\frac{12}{40}$ d) $\frac{8}{32}$ e) $\frac{15}{42}$

Hinweis zu 11:
Die Lösungen zu a) bis e) findest du in der Blüte, die Lösungen von f) bis j) in den Blättern.

12. Schreibe als Bruch und kürze ihn, soweit es geht.
    a) 15 %   b) 4 %   c) 24 %   d) 46 %   e) 85 %   f) 118 %   g) 222 %

13. Wie viel Prozent der Figur sind gefärbt? Schreibe auch als Dezimalbruch.

a) 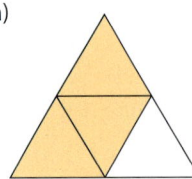   b)    c) 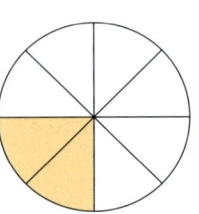   d)

14. Wie viele Tortenstücke müssen gefärbt werden, um den angegebenen Prozentanteil darzustellen? Beschreibe dein Vorgehen:

a) 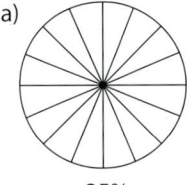   b) 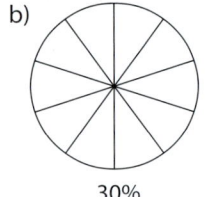   c) 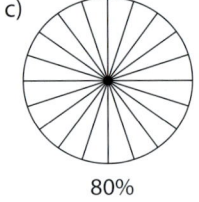   d)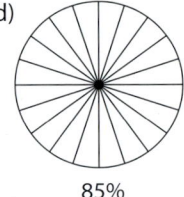
25%   30%   80%   85%

15. „Die Anzahl der gefährlichen Radunfälle hat an dieser Straße abgenommen. Nur bei jedem fünften Unfall gab es Verletzte. Aber auch 5 % sind noch zu viel." Bei dieser Meldung ist etwas falsch. Korrigiere die Aussage so, dass die Prozentangabe stimmt.

16. In 50 g Vollmilchschokolade sind 15 g Fett enthalten. Ist dieser Anteil größer als 20 %?

Hinweis zu 16:
Hier verstecken sich die Maßzahlen zu a) bis i).

17. Bestimme die Anteile der gegebenen Größen – wie in Beispiel 3 auf Seite 95.
    a) 50 % von 30 €   b) 10 % von 45 kg   c) 5 % von 4 km
    d) 30 % von 150 m   e) 14 % von 60 €   f) 85 % von 70 ℓ
    g) 75 % von 1200 Kindern h) 2 % von 12 kg   i) 12 % von 0,5 kg

18. **Ausblick:** Lisa und Tom möchten für ihre Kinokarte die Höhe des Aufpreises ermitteln und gehen dabei unterschiedlich vor. Erkläre mit eigenen Worten die Rechnungen.
Überprüfe und vergleiche die Lösungswege. Berechne dann auch den Preis für Erwachsene einschließlich des Aufpreises.

Lisas Rechnung:

$30\% = \frac{30}{100}$, 6 € = 600 Cent

600 Cent : 100 = 6 Cent

6 Cent · 30 = 180 Cent = 1,80 €

Der Aufpreis beträgt 1,80 €.

Toms Rechnung:

$30\% = \frac{30}{100}$, 6 € = 600 Cent

(600 Cent : 100) · 30 = 180 Cent = 1,80 €

Der Aufpreis beträgt 1,80 €.

Die Kinokarte kostet also 7,80 €.

4.7 Dezimalbrüche runden

■ Eva und Marie möchten am nächsten Judo-Wettkampf teilnehmen. Es gibt verschiedene Gewichtsklassen, in denen Judoka gegeneinander antreten. Die Teilnehmer sollen ihr Gewicht in Kilogramm (ohne Komma) angeben. Die Gewichtsklasse, in der sich Marie befindet, beginnt ab 40 kg. Eva stellt sich auf die Waage. Werden Eva und Marie in derselben Gewichtsklasse starten? ■

Hinweis:
Statt „*Masse*" wird umgangssprachlich manchmal auch von „*Gewicht*" gesprochen.

Im Alltag begegnen uns manchmal Dezimalbrüche mit vielen Nachkommastellen. In solchen Fällen werden häufig gerundete Werte verwendet. Für das Runden von Zahlen gibt es Rundungsregeln.

> **Wissen: Dezimalbrüche runden**
> Lege zuerst die Stelle fest, auf die gerundet werden soll.
> Betrachte dann die nächstfolgende Ziffer:
> Ist diese Ziffer eine **0, 1, 2, 3** oder **4**, so wird **abgerundet**.
> Die Ziffer der zu rundenden Stelle bleibt erhalten.
> Ist diese Ziffer eine **5, 6, 7, 8** oder **9**, so wird **aufgerundet**.
> Die Ziffer der zu rundenden Stelle wird um 1 vergrößert.
> Alle Stellen rechts von der zu rundenden Stelle erhalten eine 0, wenn sie vor dem Komma stehen und entfallen, wenn sie nach dem Komma stehen.

Hinweis:
4,9131 auf Hundertstel gerundet ergibt 4,91. Es wurde abgerundet.

4,9163 auf Hundertstel gerundet ergibt 4,92. Es wurde aufgerundet.

> **Beispiel 1: Dezimalbrüche runden**
> Runde die Dezimalbrüche wie angegeben.
> a) 1,269 auf die 2. Dezimalstelle (auf die 2. Stelle *nach* dem Komma).
> b) 1,703 auf Hundertstel (auf die 2. Stelle *nach* dem Komma).
> c) 41,51 auf Einer (auf die 1. Stelle *vor* dem Komma).
>
> **Lösung:**
> a) Da auf die zweite **2. Dezimalstelle** gerundet werden soll, fällt die **3. Dezimalstelle** weg.
> Es wird aufgerundet. (1,269 ≈ 1,27)

	E	z	h	t
Dezimalbruch	1	2	6	9
gerundet auf Hundertstel	1	2	7	

> b) Da auf **Hundertstel** gerundet werden soll, fällt die **3. Dezimalstelle** weg.
> Es wird abgerundet. (1,703 ≈ 1,70)
> Schreibe: 1,70 = 1,7

	E	z	h	t
Dezimalbruch	1	7	0	3
gerundet auf Hundertstel	1	7	0	

> c) Es soll auf **Einer** gerundet werden.
> Alle Dezimalstellen fallen weg.
> Es wird aufgerundet. (41,51 ≈ 42)

	Z	E	z	h
Dezimalbruch	4	1	5	1
gerundet auf Hundertstel	4	2		

Aufgabe 1: Runde auf die angegebene Stelle. Trage die Zahlen in eine Stellenwerttafel ein und markiere die zu benutzenden Stellen farbig wie in Beispiel 1 auf Seite 97.
  a) 7,312 auf die 2. Nachkommastelle
  b) 2,509 auf Zehntel
  c) 1,725 auf Hundertstel
  d) 0,9999 auf die 3. Nachkommastelle

Aufgaben

2. Runde sowohl auf Zehntel als auch auf Hundertstel.
   a) 15,315   b) 7,34   c) 11,257   d) 99,961   e) 0,0041

3. Gib zwei Dezimalbrüche an, bei denen auf Zehntel gerundet das Ergebnis richtig ist.
   a) 19,3   b) 20,8   c) 12,0   d) 99,9   e) 0,5

4. Runde auf Einer.
   a) 5,81   b) 41,129   c) 15,3   d) 2195,5   e) 132,09

5. Runde jeweils wie angegeben:
   a) 91,2152   auf Zehner, Zehntel und Hundertstel
   b) 1419,912 auf Hunderter, Einer und Zehntel
   c) 911,925   auf Zehntel, Hundertstel und Einer
   d) 191,9995 auf Zehntel, Hundertstel und Tausendstel

6. **Durchblick:** Runde auf Hundertstel und erkläre dein Vorgehen. Orientiere dich an Beispiel 1 auf Seite 97.
   a) 278,89   b) 789,998   c) 9,9851   d) 10,00399

 7. **Stolperstelle:** Kontrolliere und verbessere Daniels Mathematik-Hausaufgaben.

   a) 8,314 auf Zehntel gerundet: 8,3
   b) 41,452 auf Zehntel gerundet: 41,45
   c) 912,995 auf Hundertstel gerundet: 912,90
   d) 49,33 auf eine ganze Zahl gerundet: 50

8. Finde sechs Dezimalbrüche, die gerundet die Zahl 42,0 ergeben. Hiervon sollen drei Zahlen möglichst nah an der 42,0 liegen, drei Zahlen sollen möglichst weit von 42,0 entfernt sein. Wie könntest du vorgehen, um noch weitere derartige Dezimalbrüche zu finden?

9. **Ausblick:** Nimm Stellung zu den verwendeten Dezimalbrüchen im Nachrichtenartikel. Wäre es hier sinnvoll gewesen zu runden? Erläutere die Bedeutung der Stellen nach dem Komma.

Kinder pro Frau im europäischen Vergleich
Je nach Nation ist die Zahl der Kinder pro Frau in der Europäischen Union sehr unterschiedlich. Im Durchschnitt hatte eine Frau im Alter zwischen 20 und 49 Jahren im Jahr 2004 etwa 1,50 Kinder. Deutschland liegt mit 1,37 Kindern pro Frau weit unter dem Durchschnitt. Der Erhalt der Bevölkerung ist nach Meinung von Wissenschaftlern in den Industrieländern bei 2,1 Kindern pro Frau gesichert.

4.8 Dezimalbrüche addieren und subtrahieren

■ Irina, Grace und Pablo haben sich bei einem Kinobesuch jeder ein Snackmenü ausgesucht.
Prüfe, ob ihre 25 € für die drei Kinokarten und für die drei Menüs ausreichen. ■

Die drei Menüs kosten zusammen 12,60 € und die drei Kinokarten 8,40 €.
Du kannst die Angaben in Cent umwandeln, dann addieren und das Ergebnis in Euro angeben. Du kannst die Dezimalzahlen aber auch mit Kommas stellengerecht untereinander schreiben und dann direkt rechnen.

> **Wissen: Addieren und Subtrahieren von Dezimalzahlen**
> **Dezimalzahlen** werden (wie natürliche Zahlen) **stellengerecht addiert bzw. subtrahiert**.
> Steht Komma unter Komma, haben untereinander stehende Ziffern gleichen Stellenwert.

Wenn du so rechnest, benötigst du keine Umrechnung und kannst die Summe oder Differenz direkt ausrechnen.

Beispiel 1: Dezimalzahlen addieren und subtrahieren
Rechne schriftlich. Nutze eine Stellenwerttafel.
a) $34,9 + 0,34$
b) $54,972 - 43,208$

Tipp:
Ergänze so viele Nullen, bis beide Zahlen gleich viele Stellen nach dem Komma haben.

Lösung:
Schreibe beide Zahlen untereinander in eine Stellenwerttafel. Addiere bzw. subtrahiere dann stellengerecht von rechts beginnend.

a) Hundertstel: $0 + 4 = 4$.
Zehntel: $3 + 9 = 12$.
12 Zehntel sind **1** Einer und 2 Zehntel.
Schreibe 2 und übertrage **1**.
Verfahre so mit jeder Stelle.
Achte besonders auf die Überträge.
$34,9 + 0,34 = 35,24$

a)
H	Z	E	z	h
	3	4	9	0
+		0	3	4
		1		
	3	5	2	4

Erinnere dich:
Es gilt: $10 - 3 = 7$, da $0 - 3$ nicht möglich ist, tauschst du einen Zehner in 10 Einer und notierst den Übertrag **1**.

b) Tausendstel: $12 - 8 = 4$, übertrage **1**.
Hundertstel: $7 - 0 - 1 = 6$.
Zehntel: $9 - 2 = 7$.
Verfahre so mit jeder Stelle.
$54,972 - 43,208 = 11,764$

b)
Z	E	z	h	t
5	4	9	7	2
4	3	2	0	8
			1	
1	1	7	6	4

Aufgabe 1: Löse die Aufgaben.
a) $5,8 + 4,2$
b) $10,45 + 6,231$
c) $45,346 - 1,23$
d) $106,32 - 23,43$

Beispiel 2: Schriftliche Addition und Subtraktion mit Überschlagsrechnung

Mache zuerst einen Überschlag. Berechne anschließend schriftlich.

a) 123,99 + 56,02
b) 76 908 − 273,05

Lösung:

a) *Überschlag:* Die Zahlen werden zunächst gerundet, dann wird addiert.

Rechnung: Schreibe gleiche Stellenwerte und Kommas untereinander. Setze das Komma im Ergebnis an die richtige Stelle und rechne dann stellengerecht.

Ergebnis: 123,99 + 56,02 = 180,01

Überschlag: 120 + 60 = 180

	1	2	3	,	9	9
+		5	6	,	0	2
			1		1		1
	1	8	0	,	0	1

b) *Überschlag:* Die Zahlen werden zunächst gerundet, dann wird subtrahiert.

Rechnung: Schreibe gleiche Stellenwerte und Kommas untereinander. Setze das Komma im Ergebnis an die richtige Stelle und rechne dann stellengerecht.

Ergebnis: 76 908 − 273,05 = 76 634,95

Überschlag: 77 000 − 300 = 76 700

	7	6	9	0	8	,	0	0
−			2	7	3	,	0	5
				1		1		1
	7	6	6	3	4	,	9	5

Aufgabe 2: Führe zuerst einen Überschlag durch. Berechne anschließend schriftlich.

a) 34,7 + 123,5   b) 4,743 + 0,05685   c) 56,94 − 7,9   d) 7,34 − 0,00905

Aufgaben

Hinweis zu 3:
Die Lösungen zu a) bis e) findest du in der Blüte, zu f) bis j) in den Blättern.

3. Berechne schriftlich. Führe auch einen Überschlag durch.
   a) 3,4 + 2,3   b) 13,78 + 4,93   c) 21,37 + 35,09   d) 91,37 + 6,20
   e) 15,83 − 7,35   f) 83,58 − 8,45   g) 34,75 − 21,39   h) 25,91 − 3,03
   i) 121,93 + 32,87 + 82,931   j) 84,5731 + 7,342 + 9,9402

4. Rechne im Kopf. Beschreibe, wie du dabei vorgegangen bist.
   a) 2,75 + 3,25   b) 1,99 + 3,99   c) 5,72 + 3,9   d) 24,8 − 4,4
   e) 83,9743 + 2,1   f) 42,37 − 0,9   g) 98,531 − 0,03   h) 56,943 − 2,941

5. Die Klasse 5 b hat in ihrer Klassenkasse 149,46 € und möchte damit eine Weihnachtsfeier organisieren. Für Getränke geben sie 87,89 €, für Knabbereien 32,19 € und für Teller, Becher und Dekoration 21,39 € aus. Wie viel Euro hat die Party insgesamt gekostet und wie viel Euro haben sie übrig? Überschlage zunächst und berechne dann.

6. **Durchblick:**
   Rechne schriftlich, wie im Beispiel 1 auf Seite 99. Erläutere dein Vorgehen.
   a) 56,8 + 4,3   b) 75,97 − 45,731   c) 312,8 + 0,08940

7. **Stolperstelle:** Suche Fehler und berichtige sie.
   a) 12,45 + 4,7 = 16,52   b) 3,56
+ 21,9
57,5   c) 34,78 + 1,321 = 47,99

4.9 Dezimalbrüche multiplizieren

■ Familie Schmidt will sich einen neuen Computer kaufen und entscheidet sich für einen Ratenkauf. Berechne, wie viel Euro beim Ratenkauf jeweils zu zahlen sind. Wähle das günstigste Ratenkauf-Angebot und begründe deine Wahl.■

Sofortkauf 696,99 €
Angebot:
• 6 Raten zu je 119,50 €
• 10 Raten zu je 75,50 €

Beim *Multiplizieren* von 3,14 (3 E, 1z, 4h) *mit 10*, erhältst du 31,4 (30 E, 10 z, 40 h = 3 Z, 4 E, 4 z). Das Komma wird dabei *um eine Stelle nach rechts* verschoben, beim *Multiplizieren mit 100* um *zwei Stellen*, beim *Multiplizieren mit 1000* um *drei Stellen*. Beim Rechnen mit Dezimalbrüchen musst du also immer auf das Komma achten. Rechne zuerst ohne Komma und entscheide dann, wo das Komma im Ergebnis stehen muss.

> **Wissen: Dezimalbrüche mit Zehnerpotenzen multiplizieren**
>
> Beim **Multiplizieren eines Dezimalbruches** mit 10, 100, 1000, … wird das **Komma** um eine, um zwei, um drei, … Stellen **nach rechts verschoben.**

> **Beispiel 1: Dezimalbrüche mit Zehnerpotenzen multiplizieren**
> Berechne 10 · 75,50 €. Führe vorher einen Überschlag durch.
>
> **Lösung:**
> Zuerst aufrunden: 75,50 € ≈ 76 €   *Überschlag:* 10 · 76 € = 760 €
> Danach multiplizieren.
>
> Schreibe den Dezimalbruch als Zehnerbruch   *Nebenrechnung:* $10 \cdot \frac{7550}{100} = \frac{75500}{100} = 755$
> und vervielfache dann.
> Es sind insgesamt 755 €.

Aufgabe 1:
Führe zuerst einen Überschlag durch und berechne dann genau.
 a) 10 · 2,3   b) 100 · 1,2   c) 1000 · 0,75   d) 2,9 · 10   e) 14,8 · 100   f) 0,25 · 1000

Beim Multiplizieren mehrerer Dezimalbrüche, kannst du die Anzahl der Dezimalstellen aller Faktoren addieren. Das Ergebnis hat genau so viele Dezimalstellen.

> **Beispiel 2: Dezimalbrüche multiplizieren**
> Gib einen Überschlag an und berechne 3,75 · 2,3.
>
> **Lösung:**
> Runde beide Faktoren auf Einer und   *Überschlag:* 4 · 2 = 8
> multipliziere dann.
>   *Nebenrechnung:* 375 · 23
> Multipliziere wie mit natürlichen Zahlen,   750
> ohne Rücksicht auf das Komma.   1125
>   8625
> Vergleiche das Ergebnis mit dem
> Überschlag und setze das Komma nach   3,75 · 2,3 = 8,625
> der Ziffer 8.   2   1   3   **Dezimalstellen**

Aufgabe 2: Führe einen Überschlag durch und berechne dann genau.
  a) 2,35 · 2,7   b) 1,34 · 19,1   c) 5,2 · 2,4   d) 1,53 · 0,12

> **Wissen: Dezimalbrüche multiplizieren**
> Dezimalbrüche kannst du multiplizieren, indem du sie
> 1. wie natürliche Zahlen multiplizierst und dann
> 2. ein Komma so setzt, dass das Ergebnis genau so viele Dezimalstellen hat wie die Faktoren zusammen.

Aufgaben

Hinweis zu 3:
Damit man die notwendige Anzahl von Dezimalstellen im Ergebnis erhält, müssen manchmal Nullen eingefügt werden.

3. Überschlage und wähle das richtige Ergebnis aus.
  a) 0,23 · 301,7   ① 0,69391   ② 693,91   ③ 69,391   ④ 6,9391
  b) 2,5 · 56,4   ① 1,41   ② 14,10   ③ 0,141   ④ 141
  c) 0,062 · 1,25   ① 0,775   ② 0,0775   ③ 7,75   ④ 0,00775

4. Prüfe mit einem Überschlag, wo falsch gerechnet wurde. Korrigiere, falls erforderlich.
  a) 4,3 · 2,6 = 5,18   b) 43,2 · 2,5 = 18   c) 1,7 · 1,1 = 1,87   d) 39,1 · 1,7 = 6,647
  e) 1,3 · 3,4 = 44,2   f) 7,4 · 5,2 = 38,48   g) 8,02 · 6,08 = 55,76 h) 1,07 · 0,9 = 9,63

5. Setze im Ergebnis das Komma an die richtige Stelle. Füge – falls nötig – noch Nullen ein.
  a) 3,4 · 2,3 = 782   b) 0,1 · 0,343 = 343   c) 2,0 · 1,37 = 274   d) 5 · 13,5 = 675

Hinweis zu 6:
Hier findest du neun der zehn Lösungen nach der Größe geordnet:
0,039; 0,48; 0,49; 1,2; 1,232; 1,32; 1,8; 3,6; 6

6. Berechne im Kopf.
  a) 1,8 · 2   b) 1,2 · 0,4   c) 0,13 · 0,3   d) 1,2 · 1,1   e) 2 · 0,9
  f) 2,56 · 10   g) 2,4 · 0,5   h) 0,7 · 0,7   i) 12,32 · 0,1 j) 12 · 0,5

7. Rechne schriftlich. Prüfe mit einem Überschlag die Größenordnung.
  a) 3,73 · 4,2   b) 5,4 · 17,2   c) 2,43 · 6,04   d) 0,39 · 0,12   e) 2,75 · 0,072

8. **Durchblick:** Berechne. Begründe, warum du nur einmal schriftlich rechnen musst. Du kannst dich dabei an Beispiel 2 auf Seite 101 orientieren.
  a) 123 · 27   b) 12,3 · 2,7   c) 1,23 · 0,27   d) 123 · 2,7   e) 123 · 0,027

9. Prüfe mit einem Überschlag, ob das Komma richtig gesetzt ist. Korrigiere die Aufgabe, falls erforderlich.
  a) 17,3 · 2,3 = 39,79   b) 23,4 · 2,5 = 5,85   c) 1,2 · 0,03 = 3,6   d) 0,9 · 250 = 2,25

10. Übertrage in dein Heft und ersetze die Leerstellen ■ so durch eines der Zeichen <, > oder =, dass wahre Aussagen entstehen.
  a) 12 · 3 ■ 12   b) 24 · 0,5 ■ 24   c) 0 · 1,7 ■ 0   d) 0,9 · 0,9 ■ 0,9
  e) 1,2 · 12 ■ 1,2   f) 8,5 · 1,2 ■ 85 · 1,2   g) 3,4 · 2,1 ■ 34 · 0,21

11. Berechne. Runde das Ergebnis auf Zehntel.
  a) 0,6 · 1,4   b) 12,1 · 0,7   c) 2,03 · 4   d) 5,799 · 10   e) 2,3 · 0,1

12. Setze für ■ eine Zahl so ein, dass eine wahre Aussage entsteht.
  a) ■ · 2,1 = 4,2   b) 0,3 · ■ = 2,1   c) 4,2 · ■ = 0,21   d) 0,1 · ■ = 100

4.9 Dezimalbrüche multiplizieren

13. Übertrage in dein Heft. Ersetze die Leerstellen ■ durch Ziffern. Setze außerdem im zweiten Faktor ein Komma, damit die Rechnung stimmt.

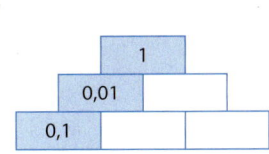
a) 2,34 · ■4
    1 1 7 0
      9 3 6
  ■ ■, ■ 3 6

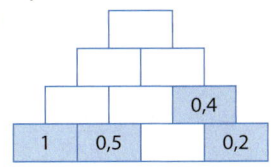
b) 68,9 · ■■7
       ■ ■ 9
    4 8 2 3
  1 1, 7 1 3

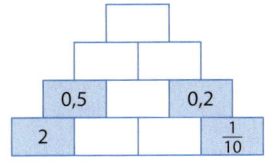
c) 1 7 6 · 0 ■ 2 ■
      3 5 ■
      5 ■ ■
  4, 0 4 8

14. Gib drei verschiedene Zahlen für ■ an, sodass 3,5 · ■ < 1 gilt.

15. Das Produkt der Zahlen in zwei unteren Steinen ergibt jeweils den Wert des darüber liegenden Steins. Übertrage die Multiplikationsmauern in dein Heft und fülle sie aus.

a) Stein mit 1, darunter 0,01 und leer, darunter 0,1 und zwei leere Felder.

b) leere Spitze, darunter leer/0,4/leer, darunter 1/0,5/leer/0,2.

c) leere Spitze, darunter 0,5/leer/0,2, darunter 2/leer/leer/$\frac{1}{10}$.

16. Stolperstelle: Wo liegt der Denkfehler in der Behauptung?
a) 0,3 · 0,3 = 0,9, da 3 · 3 = 9 und 0,3 eine Nachkommastelle hat.
b) 5,7 · 0,01 = 0,57, da 7 und 1 zwei Nachkommastellen sind, die Null zählt ja nicht.

17. Berechne das Produkt.
a) 2 · 7,8 · 0,5   b) 0,4 · 7,93 · 25   c) 0,2 · 1,98 · 0,5   d) 0,5 · 7,72 · 20   e) 8 · 23,87 · 1,25

Hinweis zu 17:
Hier findest du die Ergebnisse. Vorsicht: Ein Zahl stimmt nicht.

23,87 77,2
79,3 7,8
0,198

18. Übertrage die Tabelle in dein Heft und setze im ersten Faktor ein Komma so, dass das Ergebnis stimmt. Füge – falls nötig – noch Nullen ein.

	1. Faktor	2. Faktor	Produkt
a)	321	8,9	28,569
b)	789	56	44,184
c)	27	6,8	0,1836

19. Gib jeweils zwei verschiedene Multiplikationsaufgaben mit dem Ergebnis an.
a) 1,2   b) 0,04   c) 1,44

20. Ordne die Produkte der Größe nach. Beginne mit dem kleinsten Produkt.
a) 0,3 · 0,1;   3 · 0,1;   0,1 · 0,1;   0,3 · 0,3
b) 1,2 · 0,2;   1,2 · 2;   0,5 · 0,5;   4,2 · 0,5

21. Eine Ameise mit einer Länge von 0,5 cm wird durch eine Lupe mit 4,75-facher Vergrößerung betrachtet. Gib die Länge der Ameise in der Vergrößerung an.

22. Ausblick: Berechne die jeweilige Aufgabenserie.
① 1,2 · 9;   12 · 0,9;   120 · 0,09;   1 200 · 0,009
② 12 · 0,8;   1,2 · 8;   0,12 · 80;   0,012 · 800;   0,0012 · 8 000
a) Was stellst du fest?
b) Wie unterscheiden sich die einzelnen Aufgaben einer Serie voneinander?
c) Erstelle und löse eine eigene Aufgabenserie mit 4 Aufgaben wie in ① oder ②.
d) Stelle eine allgemeine Regel auf.

Vermischte Aufgaben
4. Brüche und Dezimalbrüche

1. Gib sowohl den farbigen als auch den weißen Anteil an der Gesamtfigur in Bruch-, in Dezimalbruch- und in Prozentschreibweise an.

   a)   b)   c)   d)

   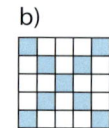

2. Schreibe als Dezimalbruch.

   a) $\frac{171}{300}$ b) $\frac{32}{5}$ c) $\frac{75}{250}$ d) $\frac{11}{125}$ e) $\frac{54}{60}$ f) $2\frac{5}{8}$ g) $7\frac{18}{25}$

3. Löse die Aufgabe. Beschreibe dein Vorgehen.
   a) Finde mindestens vier Dezimalbrüche, die zwischen 6,32 und 6,33 liegen.
   b) Finde mindestens vier Brüche, die zwischen $\frac{2}{5}$ und $\frac{1}{4}$ liegen.

4. a) Gib an, welche Dezimalbrüche jeweils zu den rot markierten Punkten gehören.

   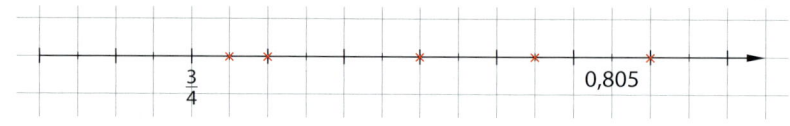

   Hinweis zu 4b: Achte darauf, dass du den Zahlenstrahl passend zeichnest.

   b) Markiere folgende Brüche und Dezimalbrüche an einem Zahlenstrahl in deinem Heft.
   $\frac{15}{100}$; $\frac{1}{4}$; 0,3; $\frac{2}{5}$; 0,525; 0,9; 1,45; $\frac{3}{2}$

5. Richtig oder falsch? Nimm Stellung und finde Beispiele.
   a) Ein Bruch, der durch 5 gekürzt werden kann, kann nicht durch 3 gekürzt werden.
   b) Zwischen zwei Brüchen gibt es immer genau einen weiteren Bruch.
   c) Jeder Bruch kann als endlicher Dezimalbruch geschrieben werden.

6. Ersetze das Zeichen ■ durch <, > oder =, sodass eine wahre Aussage entsteht.

   a) 0,7 ■ $\frac{4}{5}$ b) 1,55 ■ $\frac{3}{2}$ c) $\frac{1}{3}$ ■ 0,3   d) 2,25 ■ $2\frac{1}{4}$ e) $\frac{1}{5}$ ■ 0,5   f) $\frac{14}{7}$ ■ 2

Hinweis zu 7: Dokumentiere deine Ergebnisse z. B. in deinem Lerntagebuch (Methodenkarte 5B, S. 232).

7. Wir nutzen Wasser nicht nur als Trinkwasser, sondern auch zum Waschen, Putzen, Spülen oder Kochen. Eine Person benötigt in Deutschland etwa 125 ℓ täglich.

   - Wie viel Prozent des täglichen Wasserverbrauchs werden zum Trinken und Kochen verwendet?
   - Gib die Anteile des Wasserverbrauchs für die einzelnen Aktivitäten in Bruch-, in Prozent- und in Dezimalbruchschreibweise an.
   - Prüfe, ob die angegebenen Werte bestätigen, dass eine Person in Deutschland täglich etwa 125 ℓ Wasser benötigt.

   Trinken und Kochen täglich pro Person (5 Liter)
   Geschirrspülmaschine (20 Liter)
   Duschen pro Minute (15 Liter)
   Wannenbad (100 Liter)
   tägliche Körperpflege (8 Liter)
   WC 1x spülen (5 Liter)
   Waschmaschine (80 Liter)
   Sonstige (5 Liter)

Vermischte Aufgaben

8. Südafrika besteht zu $\frac{1}{10}$ aus Ackerland, zu 70% aus Weideland, zu 5% aus Wald und im Übrigen aus Ödland (Wüste).
   a) Welcher Anteil der Gesamtfläche ist Ödland?
   b) Zeichne ein geeignetes Rechteck und stelle die Anteile farbig dar.

9. Gib jeweils zwei vollständig gekürzte Brüche an, die zu der Rechnung passen.
   Beispiel: ■ + ▼ = $\frac{4}{8} + \frac{2}{8} = \frac{6}{8}$ ■ = $\frac{1}{2}$ ▼ = $\frac{1}{4}$
   a) ■ + ▼ = $\frac{16}{48} + \frac{30}{48} = \frac{46}{48}$
   b) ■ − ▼ = $\frac{36}{60} - \frac{15}{60} = \frac{21}{60}$
   c) ■ + ▼ = $\frac{12}{54} + \frac{18}{54} = \frac{30}{54}$
   d) ■ + ▼ = $1\frac{16}{20} + 4\frac{5}{20} = 5\frac{21}{20} = 6\frac{1}{20}$

10. Erfinde zu jedem Ergebnis eine Aufgabe. Du darfst hierbei Brüche oder Dezimalbrüche verwenden. Bereite die Präsentation deiner Aufgaben vor.
    a) $\frac{1}{4}$ b) $\frac{4}{10}$ c) 2,5   d) 0,01   e) $\frac{3}{5}$ f) $\frac{7}{8}$ g) 5

    Tipp zu 10:
    Du kannst mit einem Partner zusammenarbeiten: Tauscht eure Aufgaben gegenseitig und kontrolliert eure Rechnungen.
    Tipps zur Präsentation findet Ihr auf den Methodenkarte 5 D (S. 233).

11. Überschlage zuerst und berechne dann.
    a) $(1{,}5 \cdot 4{,}9) + 9{,}7 : 2$
    b) $4{,}9 \cdot 7{,}4 - 1{,}1 \cdot 2{,}1$
    c) $9{,}76 \cdot 3 + 13{,}7 \cdot 3{,}1$

12. Überschlage zuerst, berechne dann möglichst geschickt.
    a) $0{,}56 \cdot 2{,}37 + 0{,}56 \cdot 4{,}63$
    b) $0{,}72 \cdot 0{,}1 + 0{,}72 \cdot 0{,}1$
    c) $5 \cdot 2{,}22 \cdot 3{,}6$
    d) $9{,}87 + 9{,}87 \cdot 3 + 9{,}87 \cdot 5 + 9{,}87 - 4 \cdot 9{,}87$
    e) $73 - 7 \cdot (1{,}2 \cdot 2)$

13. Leon möchte einen Obstsalat für die ganze Familie zubereiten. Im Supermarkt sind alle Preise pro Kilogramm angegeben. Überschlage, wie viel Euro der Obstsalat insgesamt kostet. Berechne dann den Gesamtpreis und den Preis pro Portion.

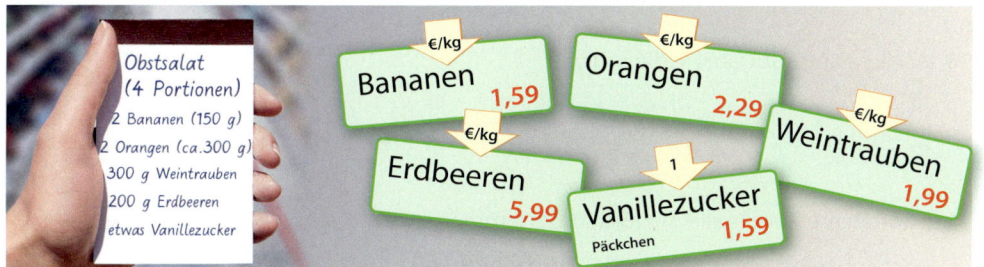

14. Schreibe zunächst mathematisch kurz und berechne anschließend.
    a) Multipliziere die Summe aus 1,7 und 2,4 mit der Differenz aus 4,7 und 2,1.
    b) Addiere zur Summe aus 10,25 und 2,5 das Produkt von 6,2 und 1,6.
    c) Subtrahiere die Summe aus 3,09 und 4,14 von 10,05.
    d) Dividiere die Summe aus 1,8 und 5,2 durch 2.

15. Überlege, ob die Angabe mit einem gerundeten Dezimalbruch sinnvoll ist. Begründe deine Entscheidung.
    a) Jan, Niklas, Nils und Tom teilen sich eine Pizza. Jeder isst also $\frac{1}{4}$ Pizza.
    b) Marie ist $\frac{1}{10}$ m größer als ihre jüngere Schwester Anna.
    c) Sebastian kann 1000 m in $\frac{29}{4}$ min laufen.
    d) Ein Liter Cola kostet $\frac{7}{10}$ €.

Prüfe dein neues Fundament

4. Brüche und Dezimalbrüche

Lösungen ↗ S. 241

1. Gib an, welcher Anteil der Fläche gefärbt ist. Schreibe als Bruch.

2. Zeichne ein 6 cm langes und 1,5 cm breites Rechteck mit insgesamt 36 gleich großen Kästchen in dein Heft und färbe einen Anteil von $\frac{12}{36}$ grün und einen Anteil von $\frac{14}{36}$ rot. Gib an, wie groß der gefärbte Anteil insgesamt ist.

3. Zeichne ein Quadrat mit einer Seitenlänge von 5 cm. Kennzeichne 75 % davon farbig.

4. a) Wie viel Gramm sind $\frac{1}{2}$ kg? b) Welcher Anteil sind 5 m von 20 m?

5. a) Erweitere $\frac{3}{5}$ mit 2, mit 5 und mit 8. b) Kürze $\frac{36}{48}$ durch 12, durch 4 und durch 2.

6. a) Stelle die Brüche $\frac{7}{9}$; $\frac{2}{3}$ und $\frac{6}{5}$ auf einem Zahlenstrahl dar.
   b) Welcher Bruch ist größer: $\frac{6}{16}$ oder $\frac{5}{16}$?
   c) Welcher Bruch ist kleiner: $\frac{4}{5}$ oder $\frac{3}{4}$?

7. a) Schreibe als gemischte Zahlen: $\frac{4}{3}$; $\frac{6}{5}$; $\frac{17}{4}$; $\frac{29}{6}$
   b) Schreibe als unechte Brüche: $1\frac{1}{2}$; $2\frac{2}{3}$; $4\frac{3}{4}$; $5\frac{3}{19}$.

8. a) Trage 34,563 und 123,239 in eine Stellenwerttafel ein und schreibe sie als Zahlwort.
   b) Vergleiche die Zahlen 2,3 und 2,1. Begründe deine Antwort.
   c) Schreibe den Dezimalbruch 1,25 sowohl in Bruch- als auch in Prozentschreibweise.

9. a) Schreibe 10 %; 25 % und 75 % als Dezimalbruch und als vollständig gekürzten Bruch.
   b) Gib $\frac{6}{15}$; $\frac{2}{20}$ und $\frac{7}{25}$ sowohl als Dezimalbruch als auch in Prozent an.
   c) Ermittle, wie viel Euro 20 % von 60 € sind.

10. Addiere und subtrahiere die Brüche.
    a) $\frac{3}{12} + \frac{5}{12}$ b) $\frac{6}{23} + \frac{12}{23}$ c) $\frac{1}{33} + \frac{10}{33}$ d) $\frac{5}{9} - \frac{4}{9}$
    e) $\frac{10}{99} + \frac{11}{99}$ f) $\frac{114}{19} - \frac{57}{19}$ g) $\frac{1}{8} + \frac{2}{8} + \frac{4}{8}$ h) $\frac{3}{14} + \frac{6}{14} - \frac{5}{14}$

11. Subtrahiere jeweils alle drei Brüche zusammen von $\frac{20}{20}$. Wende Rechenregeln an.
    a) $\frac{2}{20}, \frac{3}{20}$ und $\frac{5}{20}$ b) $\frac{9}{20}, \frac{8}{20}$ und $\frac{3}{20}$ c) $\frac{1}{20}, \frac{4}{20}$ und $\frac{5}{20}$

12. Berechne.
    a) $\frac{17}{21} + \frac{2}{21} - \frac{5}{21}$ b) $\frac{112}{120} + \frac{15}{120} - \frac{7}{120}$ c) $\frac{100}{130} - \left(\frac{40}{130} + \frac{20}{130}\right)$

13. Runde den Dezimalbruch auf die angegebene Nachkommastelle.
    a) 1,324 auf die 2. Nachkommastelle b) 2,378 auf Zehntel
    c) 1,3799 auf die 3. Nachkommastelle d) 1,125 auf Hundertstel

14. Überschlage zuerst und berechne dann.
    a) 1,12 + 2,78 b) 15,75 − 6,35 c) 123,211 + 23,432 d) 41,27 − 0,55
    e) 2,78 − 1,68 f) 15,48 + 5,92 g) 432,15 + 18,49 h) 72,41 − 12,81

Prüfe dein neues Fundament

15. Berechne im Kopf.
   a) 2,8 · 2
   b) 0,01 · 3,14
   c) 15,8 · 0,01

16. Übertrage die Tabelle in dein Heft und fülle sie aus.

Aufgabe	Überschlagsrechnung	Überschlagsergebnis	Genaues Ergebnis
2,12 + 3,89	2 +	6	6,01
7,89 – 5,01		3	
34,873 + 53,234			88,107
234,342 – 134,892			

17. Multipliziere die Zahl mit 3, mit 1,3, mit 12,5 und mit 0,56.
   a) 0,033   b) 1,562   c) 0,862   d) 13,9   e) 2371,9112

18. Beim Schießen auf eine Torwand trifft Peter bei 10 Schüssen genau einmal und Marie bei 5 Schüssen genau einmal. Entscheide, wer die höhere Trefferquote hat. Gib jeweils den Anteil der erfolgreichen Versuche als Bruch an.

19. Christian und Wiebke gehen ins Theater „Schauspielhäuschen". Dort kostet eine Eintrittskarte normalerweise 8,80 €. Schülern soll ein Nachlass von 25 % gewährt werden. Als Christian und Wiebke ihre Karten bezahlen wollen, sagt die Kassiererin: „Das macht 11 €." Entrüstet entgegnet Wiebke: „Das stimmt nicht!" Wer hat recht? Begründe.

20. Mona hat zum Geburtstag 100 € bekommen. Sie kauft Süßigkeiten am Kiosk für 5,15 €, Schuhe für 24,95 €, ein Poster für 8,95 € und Sammelkarten für zusammen 1,47 €. Den Rest möchte sie sparen. Wie viel Euro hat Mona ausgegeben und wie viel Euro hat sie noch übrig? Führe zunächst einen Überschlag durch und berechne anschließend.

Wiederholungsaufgaben

1. a) Schreibe 15 als Produkt aus zwei Zahlen.   b) Was ist die Summe von 12 und 19?

2. Am letzten Tag der Klassenfahrt kann jeder sowohl bei der Hauptspeise als auch beim Nachtisch zwischen zwei Möglichkeiten wählen. Hier die Strichliste der Essenswünsche:

	Nudeln mit Tomatensoße	Schnitzel und Pommes
Hauptspeise	⊬⊬⊬ ⊬⊬⊬ |||	⊬⊬⊬ ⊬⊬⊬ ⊬⊬⊬ ||||

	Eis	Pudding
Nachtisch	⊬⊬⊬ ⊬⊬⊬ ⊬⊬⊬ ⊬⊬⊬ |||	

   a) Wie häufig wurde bei der Hauptspeise Wunsch 1, wie oft Wunsch 2 angegeben?
   b) Beim Nachtisch wurde nur gefragt, wer Eis möchte. Jeder bekommt aber einen Nachtisch. Wie viele Portionen Pudding müssen bestellt werden?

3. Die Klasse 5 a besteht aus 17 Jungen und 11 Mädchen. Erstelle ein passendes Diagramm.

Zusammenfassung

4. Brüche und Dezimalbrüche

Echte Brüche, unechte Brüche, gemischte Zahlen	**Echte Brüche** sind immer kleiner als 1. Ihr Zähler ist immer kleiner als der Nenner. **Unechte Brüche** sind immer größer oder gleich 1. Ihr Zähler ist immer größer als der Nenner oder gleich dem Nenner. Unechte Brüche können als **gemischte Zahlen** geschrieben werden und umgekehrt.	$\frac{1}{2}, \frac{1}{3}, \frac{3}{4}, \frac{4}{5}, \frac{5}{6}$ $\frac{3}{2}, \frac{5}{3}, \frac{4}{4}, \frac{11}{5}, \frac{11}{6}$ $\frac{8}{3} = \frac{3}{3} + \frac{3}{3} + \frac{2}{3} = 2\frac{2}{3}$ $\frac{8}{3} = 1 + 1 + \frac{2}{3} = 2\frac{2}{3}$
Kürzen und Erweitern von Brüchen	Beim Erweitern werden Zähler und Nenner mit der gleichen Zahl ($\neq 0$) multipliziert. Beim Kürzen werden Zähler und Nenner durch die gleiche Zahl ($\neq 0$) dividiert.	$\frac{2}{3} \xrightarrow{\cdot 4} \frac{2 \cdot 4}{3 \cdot 4} = \frac{8}{12}$ $\frac{8}{12} \xrightarrow{:4} \frac{8:4}{12:4} = \frac{2}{3}$ 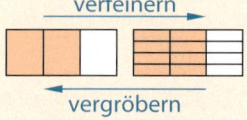
Vergleichen und Ordnen von Brüchen	Auf einem Zahlenstrahl liegt der kleinere von zwei Brüchen immer weiter links.	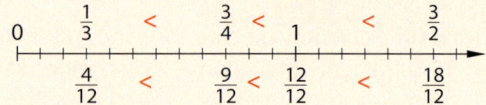
Prozentschreibweise	Brüche mit dem Nenner 100 können als Prozente angegeben werden. 1 % (sprich: 1 Prozent) ist eine andere Schreibweise für $\frac{1}{100}$ und für 0,01.	| Prozent | 1 % | 25 % | 50 % | |---|---|---|---| | Bruch | $\frac{1}{100}$ | $\frac{25}{100} = \frac{1}{4}$ | $\frac{50}{100} = \frac{1}{2}$ | | Dezimalbruch | 0,01 | 0,25 | 0,5 |
Dezimalbrüche runden	Folgt auf die zu rundende Ziffer: – eine 0, 1, 2, 3, oder 4, wird **abgerundet** – eine 5, 6, 7, 8, oder 9, wird **aufgerundet** Alle Stellen rechts von der zu rundenden Stelle erhalten eine 0, wenn sie vor dem Komma stehen und entfallen, wenn sie nach dem Komma stehen.	2,437 ≈ 2,4 (abgerundet: auf eine Dezimalstelle) 3,585 ≈ 3,59 (aufgerundet: auf zwei Dezimalstellen) 325,577 ≈ 330 (aufgerundet: auf Zehner)
Addieren und Subtrahieren von Brüchen	**Gleichnamige Brüche** kannst du **addieren** (**subtrahieren**), indem du 1. die Zähler addierst (subtrahierst) und 2. den gemeinsamen Nenner der Brüche beibehältst.	$\frac{1}{6} + \frac{4}{6} = \frac{1+4}{6} = \frac{5}{6}$ $\frac{5}{6} - \frac{4}{6} = \frac{5-4}{6} = \frac{1}{6}$
Addieren und Subtrahieren von Dezimalbrüchen	**Dezimalbrüche** kannst du **addieren** (**subtrahieren**), indem du sie 1. stellengerecht untereinander schreibst und addierst (subtrahierst), 2. im Ergebnis das Komma setzt.	Ü: 1 + 24 = 25 Ü: 12 − 10 = 2 1,34 11,70 + 23,71 − 9,67 25,05 2,03
Multiplizieren von Dezimalbrüchen	**Dezimalbrüche** kannst du **multiplizieren**, indem du sie 1. wie natürliche Zahlen multiplizierst und 2. ein Komma im Ergebnis so setzt, dass das Ergebnis genauso viele Dezimalstellen hat wie die Faktoren zusammen.	2,34 · 7,3 2,34 hat **2** Dezimalstellen. 1638 7,3 hat **1** Dezimalstelle. 702 17,082 Das **Ergebnis** hat **2** + **1** = **3** Dezimalstellen.

5. Aufgabenpraktikum Teil (1)

Zahlen treten in vielen Zusammenhängen auf. Sie sind im täglichen Leben überall zu finden. Bei den Aufgaben in diesem Aufgabenpraktikum stehen Sachverhalte zu Zahlen im Mittelpunkt.
Zum Lösen der Aufgaben ist Wissen und Können aus mehreren Themengebieten erforderlich.

Mathematische Aufgaben lösen

■ Beim Lesen einer Aufgabe müsst ihr Wichtiges erkennen. Geht schrittweise vor und überlegt vor dem Bearbeiten genau. Schreibt sauber und kontrolliert eure Ergebnisse. Beim Lösen von Aufgaben führen oft mehrere Wege zum Ziel. ■

Unterscheidet zwischen „Viertel nach drei" und „viertel drei".

Orientiert euch an folgenden Hinweisen:

1. **Lest genau, wenn nötig auch mehrmals.**
   Markiert wichtige Informationen. Nutzt das Register, das Inhaltsverzeichnis und die Zusammenfassungen in eurem Mathematikbuch. Auch die Beispiele helfen oft weiter.

2. **Findet Gesuchtes und Gegebenes heraus.**
   Schreibt gegebenenfalls Gesuchtes und Gegebenes noch einmal extra auf. Gesuchtes erkennt ihr an Fragen und Aufträgen, Gegebenes an Zahlenangaben und Beschreibungen.

3. **Wählt einen geeigneten Lösungsweg.**
   Sucht nach Zusammenhängen zwischen Gesuchtem und Gegebenem. Skizzen, Tabellen und Diagramme können euch helfen. Manchmal führt auch Probieren zum Ziel.

4. **Bearbeitet euren Lösungsweg vollständig.**
   Schätzt oder überschlagt eure Ergebnisse. Entscheidet, welche Reihenfolge beim Arbeiten günstig ist. Nutzt Nebenrechnungen, wenn sie euch helfen.

5. **Prüft eure Ergebnisse immer und beantwortet die Frage.**
   Kontrolliert genau (beispielsweise durch eine Probe oder durch einen anderen Lösungsweg). Schreibt gegebenenfalls (bei Textaufgaben) Antwortsätze.

Beispiel: Anzahl von Buchseiten ermitteln (wichtige Informationen sind markiert)
Ein Buch hat 160 Seiten. Auf jeder Seite befinden sich durchschnittlich 45 Zeilen mit 68 Schriftzeichen. Dieses Buch wird mit größerer Schrift neu aufgelegt. Jede Seite hat nun durchschnittlich 32 Zeilen mit je 51 Schriftzeichen. Wie viele Seiten hat das neue Buch?

Lösung:
Gesucht: Anzahl der Seiten des neuen Buches
Gegeben: Das Buch hat 160 Seiten, 45 Zeilen je Seite und 68 Schriftzeichen je Zeile.
Im neuen Buch hat jede Seite 32 Zeilen und jede Zeile hat 51 Schriftzeichen.

Lösungsüberlegungen:
Die Anzahl der Schriftzeichen in beiden Büchern ist gleich. Die Anzahl der Seiten eines Buches ergibt sich aus der Gesamtanzahl der Schriftzeichen dividiert durch die Anzahl der Schriftzeichen auf einer Seite.

Lösungsweg:
Anzahl der Schriftzeichen im Buch: Überschlag: $40 \cdot 70 \cdot 200 = 560\,000$
Rechnung: $45 \cdot 68 \cdot 160 = 489\,600$
Anzahl der Schriftzeichen je Seite im neuen Buch: Überschlag: $30 \cdot 50 = 1500$
Rechnung: $32 \cdot 51 = 1632$
Anzahl der Seiten des neuen Buches: Überschlag: $480\,000 : 1600 = 300$
Rechnung: $489\,600 : 1632 = 300$

Kontrolle: Da die Schrift im neuen Buch größer ist, werden mehr als 160 Seiten benötigt. Das Ergebnis kann stimmen.
Antwortsatz: Das neue Buch hat 300 Seiten.

Ergebnisse an der Tafel vorstellen

■ Beim Vortragen solltet ihr nur wichtige und interessante Informationen darlegen. Überlegt euch genau, was ihr nicht vergessen dürft. Achtet auf die Zeitvorgabe und macht euch gegebenenfalls Stichpunkte. ■

Schreibt sauber, damit es keine unnötigen Fragen und Zwischenrufe gibt:

1. **Überlegt eure Worte genau.**
   Beginnt immer noch einmal mit der Aufgabenstellung. Sprecht langsam, laut und deutlich, damit euch jeder versteht.
   Beendet begonnene Sätze.

2. **Nutzt den Platz auf der Tafel gut aus.**
   Beginnt oben links, nicht in der Mitte. Schreibt sauber, deutlich und so groß, dass alle Zuhörer gut lesen können. Wichtiges könnt ihr farbig hervorheben. Verwendet für Zusammengehörendes gleiche Farben. Nutzt auch bildhafte Darstellungen (beispielsweise Pfeile und Symbole). Personen können durch Strichmännchen dargestellt werden.

3. **Erläutert eure Überlegungen.**
   Haltet zu den Zuhörern Blickkontakt und achtet auf ausreichende Sprechpausen. Sprecht in kurzen Sätzen, möglichst ohne Füllwörter. Erklärt gegebenenfalls Fach- und Fremdwörter, euer Vorgehen und begründet einzelne Schritte. Hebt dabei besonders Wichtiges hervor, betont oder wiederholt es.
   Unterbrecht dazu gegebenenfalls das Schreiben an der Tafel. Hebt Zwischenergebnisse hervor, und fasst alles am Ende noch einmal kurz zusammen.

4. **Beantwortet Fragen.**
   Entscheidet, ob ihr Fragen während eures Vortrages oder nach eurem Vortrag beantworten wollt und teilt dies den Zuhörern mit. Es kann auch Fragen geben, die ihr nicht beantworten könnt. Sagt dies dann offen und ehrlich. Ihr könnt auch selbst Fragen an die Zuhörer stellen.

Beispiel: Römische Zahlen schreiben
Schreibe die Zahl 2014 mit römischen Zahlzeichen.

Lösung:
Römische Zahlen können aus 7 Zahlzeichen gebildet werden:

Zahlzeichen	M	D	C	L	X	V	I
Zahlenwert	1000	500	100	50	10	5	1

1. D, L und V treten nicht mehrfach hintereinander auf. Sie werden niemals vor, sondern immer hinter größerwertige Zeichen gesetzt.
2. Addiere, wenn gleiche Zeichen nebeneinander oder größerwertige Zeichen vor kleinerwertigen Zeichen stehen.
3. Subtrahiere, wenn größerwertige Zeichen nach kleinerwertigen Zeichen stehen.
   $2014 = 1000 + 1000 + 10 + 5 - 1 = \text{MMXIV}$

Hinweis:
Römische Zahlen werden aus Buchstaben (Zahlzeichen) gebildet.

M, C, X und I treten höchstens dreimal hintereinander auf.

Grundlegendes

Die folgenden Aufgaben erfordern **grundlegende Kenntnisse und Fähigkeiten**.
Löst möglichst viele Aufgaben jeder Aufgabengruppe selbstständig.
Vergleicht dann eure Lösungswege und Ergebnisse mit eurem Nachbarn.

Tipp:
Bilde die Summe aller Häufigkeiten in der Tabelle und vergleiche mit der Gesamtanzahl.

Aufgabenmix zu „Daten"

Jan und Jana würfeln abwechselnd jeder 10-mal. Jan beginnt das Spiel.
Beide erhalten folgende Augenzahlen:
3; 1; 6; 1; 2; 5; 4; 4; 3; 6; 5; 3; 3; 3; 2; 2; 6; 5; 5; 1

1. Fertige mit den Daten eine Strichliste an.

2. Erstelle eine Häufigkeitstabelle.

3. Stelle die Daten der beiden in einem Diagramm dar.

4. Jens hat folgendes Balkendiagramm angefertigt:
   Beurteile dieses Ergebnis.

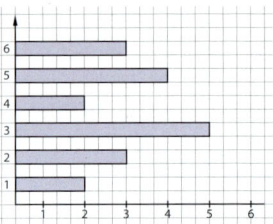

5. Würfele selbst 16-mal und fasse deine Ergebnisse mit denen von Jan und Lena in einer Häufigkeitstabelle zusammen.

Aufgabenmix zu „Natürliche Zahlen"

1. Addiere folgende Zahlen, runde jede Zahl dann auf Hunderter und addiere auch die gerundeten Zahlen. Vergleiche und erkläre deine Ergebnisse.
   1516; 484; 963; 2041

2. Subtrahiere von 1516 die Zahlen 484 und 963. Runde dann jede der Zahlen auf Zehner und führe die gleiche Rechnung mit den gerundeten Zahlen noch einmal durch.

3. Löst beide Aufgaben im Kopf und subtrahiert dann das kleinere Ergebnis vom größeren Ergebnis. Schreibt die Subtraktionsaufgabe und das Endergebnis auf. Ihr könnt auch die zum Rechnen benötigten Zeiten aufschreiben und dann gegenseitig vergleichen.

a) $7 + 5 - 3$ $\quad$ $8 \cdot 2 + 4$	b) $6 \cdot 4 - 8$ $\quad$ $1 + 5 + 7$	c) $2 + 5 - 3$ $\quad$ $8 - 7 \cdot 1$	d) $5 + 4 - 1$ $\quad$ $4 + 5 + 1$
e) $3 \cdot 0 + 8$ $\quad$ $8 \cdot (2 + 3)$	f) $7 - 3 \cdot 2$ $\quad$ $6 \cdot 2 - 4$	g) $7 + (5 - 3)$ $\quad$ $2 - 2 + 4$	h) $8 : 2 + 4$ $\quad$ $2 + 4 : 2$
i) $3 \cdot 2 \cdot 4$ $\quad$ $(8 + 4) : 2$	j) $7 - 3 + 5$ $\quad$ $8 \cdot 4 - 6$	k) $7 + 1 + 1$ $\quad$ $8 - 4 - 3$	l) $6 - 4 + 2$ $\quad$ $8 + 2 + 4$

4. Rechne ohne Hilfsmittel im Kopf und erkläre dein Vorgehen.
   a) $125 \cdot 10$ $\qquad$ b) $12{,}5 \cdot 10$ $\qquad$ c) $8 \cdot 102$ $\qquad$ d) $11 \cdot 88$

5. Führe zuerst einen Überschlag durch und berechne dann schriftlich.
   a) $488 : 8$ $\qquad$ b) $1683 : 17$ $\qquad$ c) $756 : 28$ $\qquad$ d) $2088 : 12$

6. Beschreibe folgenden Sachverhalt mit einem Term und berechne den Termwert möglichst vorteilhaft: „Das Produkt von 20 mit ihrem Vorgänger und ihrem Nachfolger."

Grundlegendes

Aufgabenmix zu „Gleichungen"

1. Welche der Zahlen 1,2; 9; 11 ist Lösung welcher der folgenden Gleichungen?
   a) $8 \cdot a = 72$ b) $c + 9,9 = 21$ c) $7,2 = 6 \cdot b$ d) $0,2 \cdot (d + 9) = 4$

2. Löse die Gleichungen und überprüfe deine Ergebnisse.
   a) $96 = 8 \cdot a$ b) $96 = b - 12$ c) $1,2 + c = 9,6$ d) $96 : d = 32$ e) $2 \cdot e + 5 = 9$

3. Löse die Zahlenrätsel. Stelle vorher eine Gleichung auf.
   a) Addiere zum Doppelten einer gedachten Zahl die Zahl 0,7. Du erhältst 7,7.
   b) Die Quadratzahl einer gedachten Zahl ist 64.
   c) Addiere zu einer gedachten Zahl die Zahl 0,1. Das Quadrat dieser Summe ist 0,09.

4. Prüfe, welche der Aussagen wahr, welche falsch sind. Begründe deine Entscheidungen.
   a) Es gibt eine Gleichung mit der Lösung 5.
   b) Es gibt keine Gleichung mit der Lösung 0,1.
   c) Für jede natürliche Zahl a, die kleiner als eine natürliche Zahl b ist, gilt: $\frac{a}{b} > 1$

Aufgabenmix zu „Brüche und Dezimalbrüche"

1. Markiere folgende Brüche und Dezimalbrüche auf einem gemeinsamen Zahlenstrahl.
   2,7 $\frac{3}{4}$ $\frac{3}{10}$ 3,5 $\frac{3}{3}$ 0,5   1

2. Ordne die Zahlen $\frac{3}{4}$; 1,2; 0,7; $\frac{2}{5}$ und $\frac{4}{4}$ der Größe nach. Beginne mit der kleinsten Zahl.

3. Übertrage in dein Heft und ersetze das Zeichen ♦ durch eines der Zeichen =, < oder > so, dass jeweils eine wahre Aussage entsteht. Begründe deine Entscheidung.
   a) $\frac{4}{4}$ ♦ 4   b) $2,5$ ♦ $\frac{25}{10}$ c) $\frac{4}{3}$ ♦ $\frac{3}{4}$ d) $0,1$ ♦ $\frac{0}{1}$

4. Löse die Aufgabe. Nutze gegebenenfalls Rechenvorteile. Gib dein Ergebnis als vollständig gekürzten Bruch oder als gemischte Zahl an.
   a) $\frac{5}{8} + \frac{11}{8}$ b) $\frac{11}{8} - \frac{5}{8}$ c) $\frac{9}{8} + \frac{8}{8} - \frac{1}{8}$ d) $\frac{8}{11} + \frac{7}{11} - \frac{8}{11}$
   e) $\frac{53}{60} + (\frac{13}{60} - \frac{1}{60}) + \frac{7}{60}$ f) $\frac{10}{7} + \frac{60}{7} - \frac{59}{7} + \frac{10}{7}$

5. Rechne möglichst geschickt. Runde das Ergebnis auf Zehntel.
   a) $3,02 + 4,3 - 0,3$ b) $2,07 + 0,43 - 2$ c) $9,1 + 0,09 - 0,1$ d) $2,7 \cdot 3,1$
   e) $0,27 \cdot 3,1$ f) $2,7 \cdot 4,0$ g) $2,7 \cdot 0,04$ h) $0,5 \cdot 8,12 \cdot 20$

„Rechenwettbewerb"

Die Aufgaben in der Tabelle könnt ihr auch mit einem Partner oder in Gruppen innerhalb einer Zeitvorgabe lösen, dann wird es interessanter.

Tipp: Überlegt zuerst, wie es geht. Rechnet richtig und möglichst schnell.

	x	y	z	x − z	y^2	x + y · z
a)	30	40	10			
b)	5,34	0,2	1,2			
c)	6		$\frac{13}{10}$		0,81	
d)	10,9			10,4	$\frac{121}{100}$	
e)		0,3	$\frac{7}{10}$	3,4		

Auswertungsmöglichkeit:

Ermittelt zuerst die Anzahl der richtigen Ergebnisse (Punkte) je Mannschaft. Die Lösungen ausgewählter Aufgaben werden von jeder Mannschaft vorgestellt. Wer das machen soll, kann durch Losentscheid entschieden werden. Die Qualität des Vorrechnens wird mit Punkten bewertet:
SEHR GUT (3 Punkte); GUT (2 Punkte); GENÜGEND (1 Punkt); UNGENÜGEND (0 Punkte)

Vielfältiges und Komplexes

Die folgenden Aufgaben erfordern **umfassende Kenntnisse und flexible Fähigkeiten.**
Sie enthalten auch ungewohnte Formulierungen und neue Zusammenhänge. Löst möglichst viele Aufgaben aus dem Aufgabenhaus. Vergleicht eure Lösungswege und Ergebnisse.

„Das Aufgabenhaus"
Löse alle Aufgaben aus dem Aufgabenhaus. Du kannst in jeder Etage beginnen.

Tipp:
Die Aufgaben werden vom Keller bis zum Dachgeschoss anspruchsvoller.

2997

DACHGESCHOSS
Kai lässt seinen Freund Jens drei beliebige dreistellige natürliche Zahlen untereinander schreiben. Er schreibt drei weitere hinzu. Sein Freund Jens addiert alle sechs Zahlen und erhält die Geisterzahl 2 997. Jens schreibt nun drei andere Zahlen auf. Aber auch jetzt, nachdem Kai wieder drei Zahlen ergänzt hat, erhält Jens als Summe die Geisterzahl 2 997.
Welchen „Trick" hat Kai jeweils beim Aufschreiben der drei restlichen Summanden angewendet? Begründe, dass dabei stets die „Geisterzahl" 2 997 als Summe heraus kommt.

OBERGESCHOSS
1. In der Lessingstraße werden auf beiden Seiten der Straße insgesamt 41 neue Straßenlampen aufgestellt. Der Abstand zwischen zwei Lampen beträgt jeweils 50 m. Die Lampen stehen auf Lücke. Wie lang ist die Lessingstraße, wenn auf der einen Straßenseite am Anfang und am Ende eine Lampe aufgestellt wird?
2. An einem Fußballturnier beteiligen sich acht Mannschaften. Es wird im K.-o.-System gespielt. Ein Spiel dauert zweimal 10 Minuten. Dazu kommt noch jeweils eine Pause von fünf Minuten zwischen den Halbzeiten und zwischen den Spielen. Ermittle die Zeit, die für das Turnier eingeplant werden muss.

ERDGESCHOSS
1. Löse jede Gleichung und führe immer eine Probe durch.
   a) $3 \cdot x = 2{,}4$ b) $7{,}8 = 2 \cdot y$ c) $3 = z + \frac{3}{2}$ d) $5 = 3 + 4 \cdot w$ e) $3 \cdot u + 0{,}5 = 0{,}5$
2. Erstelle für das Zahlenrätsel eine Gleichung und löse diese.
   Ich denke mir eine Zahl. Vom Dreifachen dieser Zahl subtrahiere ich 1 und erhalte 1,7.
3. Formuliere zur Gleichung $2 \cdot (z + 5{,}5) = 20$ ein Zahlenrätsel und löse es.
4. Mache die Brüche $\frac{2}{3}, \frac{3}{4}, \frac{5}{6}$ und $\frac{7}{8}$ gleichnamig.

KELLERGESCHOSS
1. Rechne im Kopf.
   a) $0{,}2 \cdot 0{,}3$ b) $\frac{1}{10} + 1$ c) $\frac{17}{8} + \frac{7}{8}$ d) $11 \cdot 12$ e) $1{,}1 \cdot 1{,}2 \cdot 10 - 10$
2. Gib jeweils ein Drittel der gegebenen Größe an.
   a) 6 kg b) 450 t c) 360 ct d) 4,80 € e) 0,6 m f) $\frac{9}{10}$ km g) 2 h
3. Stelle die Länge der Flüsse in einem Diagramm dar.
   Saale: 413 km   Bode: 169 km   Havel: 334 km
4. Ordne die Zahlen der Größe nach. Schreibe mit Ziffern. Beginne mit der kleinsten Zahl.
   eine Million dreihunderttausend;   900 199;   MDCCCXXXIV;   1 299 999

Vielfältiges und Komplexes

„Mathematik-Dolmetscher"

1. Übernimm die folgende Tabelle in dein Heft und fülle sie aus:

	Text	Term
(1)	das Dreifache einer Zahl	3 · x
(2)		x : 2
(3)	eine Zahl vermehrt um ihren dritten Teil	
(4)	das Produkt aus einer Zahl und 4, vermindert um 5	
(5)		5 · (x + 4)
(6)		5 · x + 4
(7)		x · (x + 1)

Tipp: Verwende Variablen.

2. Ergänze die Tabelle um 4 weitere Zeilen mit eigenen Texten und zugehörigen Termen.

„Rätsel um einen Rechenmeister"

1. Finde den Vor- und den Zunamen des in der Randspalte abgebildeten Rechenmeisters, der von 1492 bis 1559 gelebt hat. Der Name steht in der Spalte 0, wenn du das Rätsel vollständig gelöst hast. Übertrage die Kästchen in dein Heft und trage die richtigen Begriffe in die Zeilen 1 bis 8 ein.

   1 Platzhalter
   2 Stellenwert
   3 Teil einer Subtraktionsaufgabe
   4 Teil einer Additionsaufgabe
   5 Bruch mit einer Zehnerpotenz als Nenner
   6 Ergebnis bei einer Division
   7 Zwei Terme, die durch ein Gleichheitszeichen verbunden sind
   8 Sie ist entweder wahr oder falsch.

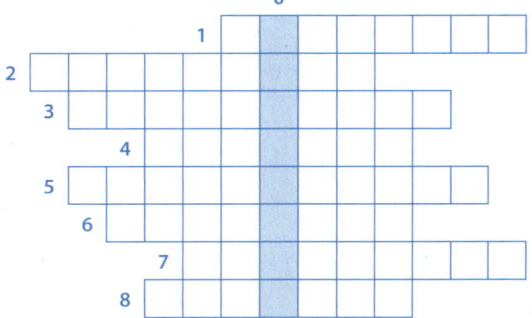

2. Informiere dich im Internet oder in Nachschlagewerken, wo dieser Rechenmeister gelebt und was er geleistet hat. Bereite einen Vortrag dazu vor.

„Bitte zahlen"

1. Lena spielt mit ihrem Bruder David Einkaufen.
   „1,39 € macht das bitte. Haben Sie es klein?", fragt Lena. David überlegt, wie viele Euro-Münzen und wie viele Cent-Münzen (also 1 ct, 2 ct, 5 ct, 10 ct, 20 ct, 50 ct, 1 €, 2 €) er mindestens benötigt, um den Betrag zu zahlen.
   Ermittle, wie viele und welche Münzen David mindestens haben muss.

2. Ermittle, wie viele und welche Münzen man mindestens benötigt, um alle Beträge zwischen 1 € und 2 € genau bezahlen zu können.

3. Enttäuscht stellen beide fest, dass sie nicht mehr genug Spielgeld haben. Sie erfinden ihre eigene Währung und nennen sie „LEDA". In dieser Währung gibt es folgende
   Scheine: 1 LEDA, 5 LEDA, 25 LEDA und 125 LEDA
   Sie schneiden jeweils 4 Scheine von jeder Sorte aus.
   – Welche LEDA-Beträge können Sie mit ihrem Spielgeld zahlen – welche nicht?
   – Wie viele LEDA-Scheine benötigt man mindestens, um alle Beträge zwischen 100 LEDA und 200 LEDA bezahlen zu können?

Seltsames und Unerwartetes

Die folgenden Aufgaben fordern zum **Knobeln** auf. Arbeitet beim Lösen jeder Aufgabengruppe selbstständig. Vergleicht eure Lösungswege und Ergebnisse.

1. „Daten ermitteln"
   Katrin, Michael, Claudia, Frank, Jens und Maria begrüßen sich jeder am ersten Schultag mit Handschlag. Ermittle, wie oft sie sich untereinander die Hand geben.

2. „Denken und Experimentieren"
   Von neun gleich aussehenden Würfeln ist einer leichter als die anderen acht Würfel. Die anderen acht Würfel sind alle gleich schwer. Ermittle mit möglichst wenig Wägungen den leichten Würfel. Dir steht nur eine Balkenwaage zur Verfügung.
   Wie viele Vergleichswägungen sind erforderlich?

3. „Probieren geht über studieren"
   a) Welche Zahlen werden hier addiert, wenn gleiche Buchstaben auch gleiche Ziffern bedeuten?
   b) Bilde eine Rechenaufgabe aus fünf Einsen (aus fünf Dreien, aus fünf Fünfen) und Rechenzeichen sowie Klammern mit dem Ergebnis 100.

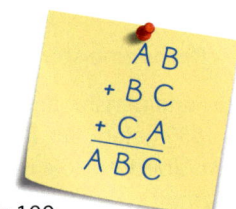

4. „Lesen und Überlegen"
   Frau Müller und Herr Schulze treffen sich im Zug von Magdeburg nach Halle. Frau Müller erzählt Herrn Schulze, dass sie diese Strecke in diesem Jahr bereits zum siebten Mal fahre. Die erste Fahrt traten beide in ihrem Heimatort an. Wer von den beiden wohnt in Magdeburg und wer in Halle?

5. „Abzählen und prüfen"
   An einem Kinderchorfestival in Halle nehmen 188 Kinder aus anderen Ländern teil. Alle Teilnehmer können Englisch. 112 Kinder können zusätzlich Deutsch sprechen. Weitere 105 Kinder beherrschen neben Englisch noch Russisch. Nur 14 Kinder können weder Deutsch noch Russisch. Wie viele der 188 Kinder beherrschen sowohl Deutsch als auch Russisch?

6. „Arbeitslohn errechnen"
   Fabius will in den Ferien an 10 Tagen dem Vater beim Bau eines Swimmingpools helfen. Der Vater freut sich und entscheidet, dass Fabius dafür auch eine kleine Entlohnung erhalten soll. Fabius schlägt dafür fogendes Verfahren vor:
   Der Vater möge ihm am 1. Tag nur 1 € geben, am 2. Tag bloß 2 €, am 3. Tag dann 4 € und so weiter. Das wäre immer das Doppelte vom Geldbetrag des Vortages.
   a) Gib den Geldbetrag an, den der Vater für den 5. Tag einplanen müsste.
   b) Berechne, wie viel Euro Fabius am Ende des 10 Tages insgesamt bekommen müsste.
   c) Beurteile den Vorschlag von Fabius.

7. „Besondere Zahlenquadrate erstellen"
   Die Summe aller Zeilen, Spalten und Diagonalen sollen gleich sein.
   a) Übertrage die nebenstehenden Quadrate in dein Heft und ergänze sie wie angegeben.
   b) Denke dir selbst zwei weitere solcher Quadrate aus.

4		2
	5	
		6

4			1
9		6	12
5		10	
16			

6. Größen und ihre Einheiten

Die weltgrößte original Schwarzwälder Kirschtorte konnten die Besucher des Europaparks Rust, der 35 km nördlich von Freiburg liegt, vor einigen Jahren bestaunen. Jeder Besucher bekam am Erlebnistag ein Stück der 3 t schweren Torte, die eine Grundfläche von 80 m² hatte.

Dein Fundament

6. Größen und ihre Einheiten

Lösungen ↗ S. 242

Mit Größenangaben umgehen

1. Nenne die richtige Größenangabe für:
   a) das Doppelte von 5 €
   b) die Hälfte von 5 cm
   c) das Doppelte einer halben Stunde
   d) die Hälfte von 50 cm
   e) das Dreifache einer viertel Stunde
   f) das Dreifache von 30 min

2. Beantworte folgende Fragen:
   a) Wie viel Gramm sind 0,5 kg?
   b) Wie viel Zentimeter sind 1,5 m?
   c) Wie viel Millimeter sind 5 m?
   d) Wie viel Kilogramm sind 0,5 t?

3. Welche Einheit ist sinnvoll?
   a) Entfernung deiner beiden Augen
   b) Länge von einem deiner Schritte
   c) Entfernung Berlin-London
   d) Höhe einer Sprungschanze

4. Nenne drei Längenangaben, die du vorzugsweise in der genannten Einheit angeben würdest. Begründe deine Entscheidung.
   a) in Millimeter
   b) in Meter
   c) in Kilometer

5. Gib drei Gegenstände oder Lebewesen an, deren Massen du vorzugsweise mit der genannten Einheit angeben würdest. Begründe deine Entscheidung.
   a) in Gramm
   b) in Kilogramm
   c) in Tonnen

6. Ermittle die Größenangabe.
   a) Dicke deines Daumens
   b) dein Gewicht
   c) Dauer von 10 (normalen) Atemzügen
   d) deine Körpergröße

7. Ermittle die Größenangabe in der genannten Einheit.
   a) Wie viel Zentimeter sind $\frac{1}{2}$ m?
   b) Wie viel Zentimeter sind 0,5 km?
   c) Wie viele Monate sind anderthalb Jahre?
   d) Wie viel Minuten sind $\frac{1}{2}$ h?

8. a) Wie viel Euro sind 50 % von 50 €?
   b) Wie viel Meter sind $\frac{1}{10}$ von 1 m?
   c) Wie viel Kilogramm sind 75 % von 120 kg?
   d) Wie viel Prozent sind 50 m² von 100 m²?

Mit Größenangaben rechnen

9. Rechne im Kopf.
   a) 13 cm + 17 cm
   b) 17 m − 9 m
   c) 12 mm + 19 mm
   d) 1 cm − 4 cm

10. Rechne im Kopf.
    a) 8 cm · 4
    b) 64 cm : 8
    c) 2 · 13 m
    d) 72 m : 9
    e) 6,1 cm · 4
    f) 11 cm : 2
    g) 2 · 1,5 cm
    h) 164 mm : 4

11. Rechne im Kopf.
    a) (2 m + 17 m) · 2
    b) 2 · 12 m + 2 · 6 m
    c) 9 m + 4 · 7 m
    d) 12 m : 4 + 7 m
    e) (3,4 m − 1,3 m) · 2
    f) 1,5 · 2 m + 0,5 · 6 m
    g) 4,5 m + 3 · 1,5 m
    h) 2,4 m : 1,2 + 1,5 m

Dein Fundament

12. Überprüfe. Korrigiere die fehlerhaften Lösungen.
  a) 2500 g − 15 g = 1000 g
  b) 1,5 m − 0,5 m = 0,5 m
  c) 2000 kg + 100 kg = 3000 kg
  d) 100 cm − 35 cm + 15 cm = 50 cm

13. Tim fährt mit seinem Rad zur Schule. Nach 1200 m wartet er auf Tina. Die restlichen 1500 m fahren sie zusammen. Gib an, wie lang die Schulwege von Tim und von Tina sind.

14. Beantworte folgende Fragen.
  a) 1 Heft kostet 29 ct. Wie viel Euro kosten 10 solcher Hefte?
  b) 10 Schreibblöcke kosten 9,90 €. Wie viel Euro kostet ein Schreibblock?

Größenangaben umrechnen

15. Rechne in die Einheit um, die in der Klammer angegeben ist.
  a) 2 h (in Minuten)
  b) 700 cm (in Meter)
  c) 3 € (in Cent)
  d) 3 kg (in Gramm)
  e) 500 ct (in Euro)
  f) 500 g (in Kilogramm)
  g) 0,5 m (in Zentimeter)
  h) 30 min (in Stunden)
  i) 2 Tage (in Stunden)

16. Rechne in die nächstkleinere Einheit um.
  a) 25 cm
  b) 5 dm
  c) 1,5 mm
  d) $\frac{1}{2}$ km
  e) 2 min
  f) 1,5 h

17. Rechne in die nächstgrößere Einheit um.
  a) 20 mm
  b) 300 cm
  c) 1234 m
  d) 120 min
  e) 24 h
  f) 500 g

18. Rechne in eine der gegeben Einheiten um und vergleiche die Größenangaben.
  a) 2,70 € und 2070 ct
  b) $3\frac{1}{4}$ m und 340 cm
  c) $\frac{3}{4}$ h und 45 min

Kurz und knapp

19. Rechne im Kopf.
  a) 250 g · 4
  b) 10 cm · 10
  c) 1 m : 2
  d) 3 h : 2

20. Gib je zwei Beispiele für Gegenstände oder Vorgänge an, die etwa:
  a) 10 cm breit sind
  b) 1 kg schwer sind
  c) 45 Minuten dauern

21. a) Wie viel Minuten sind drei Stunden?
  b) Wie viel Minuten sind 300 Sekunden?
  c) Wie viel viertel Liter sind ein Liter?
  d) Wie viel halbe Meter sind 2,5 Meter?

22. Zeichne ein Rechteck mit den Seitenlängen a und b. Färbe die Hälfte der Fläche blau.
  a) a = 2,0 cm und b = 4,0 cm
  b) a = 3,0 cm und b = 2,5 cm
  c) a = b = 10,0 cm
  d) a = b = 2,5 cm

23. Überprüfe und korrigiere, falls erforderlich.
  a) 6 Stunden sind ein halber Tag.
  b) 90 Minuten sind $1\frac{1}{2}$ h.
  c) Vier Monate sind ein viertel Jahr.
  d) Ein halber Tag hat 720 Minuten.
  e) Wenn sich sechs Kinder 15 € gerecht teilen, erhält jedes Kind 3 €.
  f) Das Dreifache von 2,50 € sind 7 €.

6. Größen und ihre Einheiten

6.1 Massen, Längen und Zeiten schätzen

■ Ordne jedem abgebildeten Gegenstand bzw. dargestellten Vorgang eine der vorgegebenen Größenangaben der Masse, Länge oder Zeit zu. ■

Genaue Angaben zu Massen, Längen und Zeiten erhält man durch **Messen** mit geeigneten Messinstrumenten (z. B. mit einer Waage, einem Lineal oder einer Uhr).

Um etwas zu messen, muss man zunächst ein Vergleichsmaß, eine Einheit, festlegen. Dann ermittelt man, wie oft diese Einheit in der zu messenden Größe enthalten ist.

Hinweis:
Statt *„Masse"* wird umgangssprachlich manchmal auch von *„Gewicht"* gesprochen.

Wissen: Ausgewählte Größen und ihre Einheiten

Gebräuchliche Maßeinheiten für Masse, Länge und Zeit sind:
Masse: **1 mg** (Milligramm), **1 g** (Gramm), **1 kg** (Kilogramm), **1 dt** (Dezitonne), **1 t** (Tonne)
Länge: **1 mm** (Millimeter), **1 cm** (Zentimeter), **1 dm** (Dezimeter),
               1 m (Meter), **1 km** (Kilometer)
Zeit: **1 s** (Sekunde), **1 min** (Minute), **1 h** (Stunde) und **1 d** (Tag)

Hinweis:
Milli(m) bedeutet tausendstel.
Zenti(c) bedeutet hundertstel.
Dezi(d) bedeutet zehntel.
Kilo (k) bedeutet Tausend.

Häufig genügt es, Größenangaben zu s**chätzen**, um ungefähre Vorstellungen zu erhalten. Schätzergebnisse können genauer werden, wenn man **Vergleichsgrößen** kennt.

Vergleichsgröße	Wert	Schätzung
Masse einer Tüte Mehl	1 kg	Ein Ei ist leichter, eine gepackte Schultasche schwerer als 1 kg
Länge des Tafellineals	1 m	Ein Bleistift ist kürzer, unser Klassenraum ist länger als 1 m.
eine Unterrichtsstunde	45 min	Eine kleine Pause ist kürzer, ein Ausflug ist viel länger als 45 min.

Prüfe, wie oft die Vergleichsgröße in der zu schätzenden Größe enthalten ist.

Beispiel 1: Massen von Gegenständen schätzen
Schätze jeweils die Masse des Gegenstandes.
Orientiere dich an Vergleichsgrößen.

Gegenstand	Schätzung
menschliches Haar	ungefähr 0,5 mg
neuer Bleistift	ca. 10 g
gepackte Schultasche	etwa 8 kg

Hinweis:
Vergleichsgrößen:
Ameise   (1 mg)
Tintenpatrone   (1 g)
1 Liter Saft   (1 kg)
Pkw   (1 t)

Aufgabe 1: Schätze die Massen der folgenden Gegenstände:
eine große Melone, die Schwanzfeder eines Huhns, ein DIN-A4-Blatt, eine Jeanshose

6.1 Massen, Längen und Zeiten schätzen

Beispiel 2: Länge von Strecken schätzen

Schätze die Höhe oder die Breite folgender Gegenstände:
Breite eines Fingernagels, Höhe einer Getränkedose, Breite einer Zimmertür

Lösung:
Ein Fingernagel ist ca. 1 cm breit, vergleichbar mit zwei Kästchenlängen auf Kästchenpapier.
Eine Getränkedose ist ca. 10 cm hoch, vergleichbar mit der Länge eines Kugelschreibers.
Eine Zimmertür ist zwischen 0,7 m und 1 m breit, vergleichbar mit der Länge des Tafellineals.

Aufgabe 2: Schätze folgende Größenangaben:
Durchmesser einer 2-Euro-Münze, Höhe deiner Schule, Länge deines Schulweges,
Rückenhöhe eines Shetlandponys

Beispiel 3: Zeitdauer schätzen
a) Wie viel Sekunden baucht man, um die Zahl 23 laut und verständlich auszusprechen?
b) Schätze, wie lange ein Weltklasse-Sprinter für einen 100-Meter-Sprint benötigt.
c) Schätze, wie viel Sekunden du die Luft anhalten kannst.
d) Schätze, wie lange das Abspielen einer Musik-CD dauert.

Lösung:
a) Um die Zahl 23 in normaler Geschwindigkeit laut auszusprechen, benötigt man (wie auch für 24, 25, ...) etwa 1 s.
b) Der Weltrekordler Usain Bolt lief die 100-m-Sprint-Strecke 2009 in 9,58 s. Das sind in etwa 10 s. Amateursportler benötigen in der Regel zwischen 11 s und 15 s.
c) Die meisten Menschen können die Luft etwa ein bis zwei Minuten lang anhalten.
d) Musik-CDs haben in der Regel eine Spieldauer, die eine Stunde nicht überschreitet.

Aufgabe 3: Schätze die Zeitdauer.
a) Wie viel Sekunden benötigt ein Weltklasse-Sprinter für eine Strecke von 400 m?
b) Wie lange dauert ein Augenblinzeln?
c) Wie viel Minuten dauert ein Kinofilm ohne Überlänge?
d) In welcher Backzeit wird eine Pizza im Ofen gar?

Aufgaben

4. a) Wie lang, wie breit und wie dick könnte dein Mathematikbuch etwa sein. Ist es schwerer als 500 g? Überprüfe deine Schätzergebnisse durch Messen.
   b) Wie lange würde es deiner Meinung nach ungefähr dauern, wenn du dein Mathematikbuch Seite für Seite laut vorlesen würdest? Begründe deine Entscheidung.

5. Schließe deine Augen für genau eine Minute und öffne sie dann wieder. Überprüfe dich dabei selbst mit einer Uhr. Teste dein Zeitgefühl auch für 2 min und für 10 s.

6. Schätze, wie groß und wie schwer die abgebildeten Gegenstände in Wirklichkeit sein könnten. Informiere dich auch im Internet und in Nachschlagewerken.

7. **Durchblick:** Schätze und erläutere, woran du dich beim Schätzen orientiert hast. Ermittle dann den genauen Wert und vergleiche diesen mit deinem Schätzwert. Orientiere dich dabei an den Beispielen auf Seite 120 und 121.
   a) die Breite der Tafel in deiner Klasse
   b) die Länge, die Höhe und die Breite deines Klassenraumes
   c) die Masse aller Schulbücher, die du heute dabei hast
   d) die Anzahl der Minuten, die du in einer Woche in der Schule verbringst

Tipp zu 8:
Besonders gut könnt ihr eure Ergebnisse vergleichen, wenn ihr sie auf Plakaten vorstellt (Seite 233, Methodenkarte 5C).

8. Arbeitet in Gruppen. Schätzt die Größenangabe und begründet eure Lösung.
   a) die Anzahl der Schülerinnen und Schüler in eurer Schule
   b) die Länge aller Treppengeländer in eurer Schule
   c) die Masse aller Schülertische in eurem Klassenzimmer
   d) die Summe der Schuhgrößen aller Schülerinnen und Schüler eurer Klasse

9. **Stolperstelle:** Julia hat geschätzt. Überprüfe und benenne mögliche Fehler.
   a) Ein Blauwal wiegt bis zu 30 m.
   b) Die Strecke von Hamburg nach München ist 10 000 km lang.
   c) Es dauert 2 min, bis 100 ℓ Wasser kochen.
   d) Ein sehr guter Sprinter braucht für 100 m etwa 1,5 s.

10. Johanna hat montags ihr Deutschbuch, ihr Mathematikbuch, ihr Englischbuch sowie die entsprechenden Übungshefte in ihrer Schultasche. Sie hat auch immer ihre Federtasche mit 20 Stiften, einem Radiergummi, einem Zirkel, einem Lineal und einem Geodreieck dabei. Außerdem nimmt sie täglich einen halben Liter Wasser in einer Plastikflasche sowie drei belegte Brötchen mit zur Schule. Wie viel Kilogramm bringt die Tasche von Johanna montags ungefähr auf die Waage? Vergleiche mit der Masse deiner Tasche montags.

11. **Ausblick:** Prüfe, ob die Aussage wahr oder falsch ist. Begründe deine Entscheidung.
    a) Dein Herz schlägt in einer Minute etwa 200-mal.
    b) Langsam von 1 bis 20 zu zählen dauert länger als 2 min.
    c) Die Jungen in deiner Klasse sind im Durchschnitt größer als die Mädchen.
    d) Die Entfernung Halle–Leipzig ist länger als eine Strecke, die du in fünf Stunden zu Fuß zurücklegen kannst.
    e) 1 kg Eisen ist schwerer als 1 kg Federn.

6.2 Größenangaben umwandeln

■ Die Klasse 5 a bekommt Besuch von der einjährigen Schäferhündin Holly.
Holly hat eine Schulterhöhe von 0,58 m und ist 30,5 kg schwer.
Vergleiche Hollys Werte mit den Durchschnittswerten für Schäferhunde. Entscheide, ob Holly schon ausgewachsen ist. Begründe deine Entscheidung. ■

Ausgewachsener Schäferhund	
Schulterhöhe	
Rüde:	60–66 cm
Hündin:	55–61 cm
Gewicht	
Rüde:	30–40 kg
Hündin:	25–35 kg

Stellenwerttafeln können beim Umwandeln von Größenangaben helfen.

Beim Umwandeln von Größenangaben mit einem Komma ändert sich die Stelle, an der das Komma steht. Manchmal fällt es auch ganz weg.

km			m		dm	cm	Schreibweise
T	H	Z	E		z	h	
3	4	8	2		0	0	3,482 km = 3482 m

> **Wissen: Größenangaben umwandeln**
> Beim Umwandeln in eine **kleinere Einheit** wird die **Maßzahl** mit der Umrechnungszahl **multipliziert**. Bei Größenangaben mit einem Komma, wird das Komma um so viele Stellen nach rechts verschoben, wie die Umrechnungszahl Nullen hat. Die **Maßzahl wird größer.**
>
> Beim Umwandeln in eine **größere Einheit** wird die **Maßzahl** durch die Umrechnungszahl **dividiert**. Bei Größenangaben mit einem Komma, wird das Komma um so viele Stellen nach links verschoben, wie die Umrechnungszahl Nullen hat. Die **Maßzahl wird kleiner.**

Hinweis: Beim Verschieben des Kommas auf diese Weise, muss die Umrechnungszahl eine Zehnerpotenz sein, also 10; 100; 1000 usw.

> **Beispiel 1: Umwandeln von Größen in eine kleinere Einheit**
> Schreibe 30,5 kg und 0,58 m ohne Komma.
>
> **Lösung:**
> Es wird immer in kleinere Einheiten umgewandelt. Die Maßzahlen müssen größer werden.
> Multipliziere immer mit der entsprechenden Umrechnungszahl.
> 3,541 kg = 3,541 · **1000 g** = 3541 g   (Komma um **3** Stellen nach rechts verschieben.)
> 0,58 m = 0,58 · **100 cm** = 58 cm   (Komma um **2** Stellen nach rechts verschieben.)

Aufgabe 1: Schreibe ohne Komma.
  a) 1,46 t   b) 5,436 kg   c) 43,56 m   d) 10,6 dm

> **Beispiel 2: Die „Kommaverschiebungsregel"**
> Rechne in die angegebene Einheit um.
> a) 18,56 g (in Milligramm)   b) 67 mm (in Meter)
>
> **Lösung:**
> a) Es wird in die **nächstkleinere** Einheit umgewandelt. Multipliziere die Maßzahl mit **1000.** Verschiebe das Komma um 3 Stellen **nach rechts, ergänze** eine fehlende **Null.**
> b) Es wird in eine **größere** Einheit umgewandelt. Die Maßzahl wird durch **1000** dividiert. Verschiebe das Komma um **3** Stellen **nach links, ergänze** zwei fehlende **Nullen.**

18,560 g = 18 560 mg

0067,0 mm = 0,067 m

Hinweis: Entstehen beim Verschieben des Kommas freie Stellen, werden diese mit Nullen aufgefüllt.

Aufgabe 2: Rechne in die angegebene Einheit um.
   a) 850 g (in Kilogramm)   b) 56 m (in Kilometer)   c) 5,6 m (in Zentimeter)

Geldbeträge können entweder innerhalb einer Währung umgewandelt oder in eine andere Währung umgerechnet werden.

Hinweis:
Euro (kurz: EUR)
Amerikanischer Dollar (kurz: USD)

> **Wissen: Ausgewählte Währungen und ihre Einheiten**
>
> **Europa:**   Umrechnungszahl   **Amerika:**   Umrechnungszahl
> 1 € = 100 Cent   ·100 €/ct :100   1 $ = 100 ¢   ·100 $/¢ :100

Beispiel 3: Geldbeträge in andere Einheiten der gleichen Währung umwandeln
Rechne in Euro bzw. in Cent um.   a) 14,25 € in Cent   b) 125 ct in Euro

Lösung:

a) Umrechnungszahl: **100**   14,25 € = 14,25 · (**1 €**)
   Umrechnung: **in kleinere Einheit**   = 14,25 · (**100 ct**)
   Rechnung: **Multiplizieren mit 100**   = 1425 ct

b) Umrechnungszahl: **100**   125 ct = (125 **: 1**) ct
   Umrechnung: **in größere Einheit**   = (125 **: 100**) €
   Rechnung: **dividieren durch 100**   = 1,25 €

Aufgabe 3: Rechne um.
   a) 150 € in ct   b) 65 ct in €   c) 0,82 € in ct   d) 2010 ct in €   e) 3,82 € in ct

Beispiel 4: Unterschiedliche Währungen ineinander umrechnen
Der Wechselkurs von Euro in Dollar schwankt ständig.
Der Umrechnungskurs am 9. Mai 2014 war: 1 $ ≙ 0,77 € bzw. 1 € ≙ 1,30 $.
Rechne mit diesem Umrechnungskurs um:
   a) 125 $ in €   b) 14,25 € in $

Hinweis:
Das Zeichen ≙ steht für „entspricht".

Lösung:
a) Multipliziere 125 mit 0,77.   125 $ · 0,77 ≙ 96,25 €
b) Multipliziere 14,25 mit 1,30.   14,25 € · 1,30 ≙ 18,525 $

Aufgabe 4: Rechne um. Verwende den Wechselkurs aus Beispiel 2.
   a) 150 € in $ b) 654 $ in €   c) 0,82 € in $ d) 2010 $ in €   e) 3,82 € in $

Aufgaben

5. Ordne der Größe nach, beginne mit der kleinsten Größenangabe.
   a) 45,8 kg; 0,003 t; 91,08 g; 79 908 mg; 0,0607 kg
   b) 40,5 m; 44,890 dm; 30 059 834 mm; 30,539 km; 349,023 m
   c) 225 g; 0,1 kg; 6 g; 2,5 kg; 425 g

6.2 Größenangaben umwandeln

6. Ordne die Geldbeträge. Beginne mit dem kleinsten Betrag.
   5,55 €; 550 ct; 55 ct; 0,55 €; 0,50 €; 3,50 €; 555 ct; 5 € 5 ct; 5,05 €

7. Gib den Geldbetrag mit möglichst wenigen Scheinen und Münzen an.
   a) 5,55 €   b) 22,08 €   c) 122,33 €   d) 87 ct   e) 5 € 33 ct   f) 555,55 €

8. Schreibe drei Möglichkeiten auf, einen Geldbetrag von 2 € mit Münzen zu bezahlen.
   In welchem Fall sind es genau 10 Münzen?

9. **Durchblick:**
   Schreibe ohne Komma. Orientiere dich dabei an den Beispielen auf Seite 123.
   ① 5,76 m   ② 10,81 g   ③ 0,960 kg   ④ 0,302 t   ⑤ 102,94 km

   Tipp zu 9:
   0,3 km
   = 0,300 km
   = 300 m

10. Rechne in die angegebene Einheit um.
    a) 3,657 kg (in Gramm)   b) 23,43 t (in Gramm)   c) 304,31 km (in Millimeter)
    d) 1234 mg (in Gramm)   e) 23 cm (in Meter)   f) 345 dm (in Millimeter)

    Hinweis zu 10:
    Sortiere die Buchstaben der Lösung zu Aufgabe 10.

T	34 500
L	304 310 000
G	3657
S	0,23
Ö	1,234
E	23 430 000

11. Vergleiche die Größenangaben miteinander.
    a) 52 cm und 0,5 m   b) 89 m und 89 000 cm   c) 33 cm und 0,33 m

12. Löse die Aufgabe. Rechne vorher in eine der beiden Einheiten um.
    a) 1,5 kg + 0,7 kg   b) 2,4 g – 1200 mg   c) 5,78 m + 220 mm   d) 2,0789 km – 78,9 m

13. **Stolperstelle:** Wo hat Maik Fehler gemacht? Kontrolliere und korrigiere.
    a) *0,8 km = 8 m*   b) *40 m = 0,40 km*

14. Für einen US-Dollar ($) kannst du 0,79 € bekommen. Gib in Euro an.
    a) 5 $ b) 15 $ c) 24 $ d) 105 $ e) 5 $ 22 ¢   f) 1000 $

15. Für einen Euro (€) kannst du 1,39 US-Dollar ($) bekommen. Gib in US-Dollar an.
    a) 20 €   b) 222 €   c) 111 €   d) 1000 €   e) 2 € 18 ct   f) 0,50 € 8 ct

16. Eisbär Knut wog bei seiner Geburt 820 g und nach dreieinhalb Monaten ca. 8,2 kg.
    a) Gib Knuts Geburtsgewicht in Kilogramm an.
    b) Wie viel mal schwerer ist Knut in den ersten dreieinhalb Monaten geworden?

17. Nina und ihre Mutter backen Brot. Im Rezept steht, dass der Teig
    aus 0,75 kg Weizenvollkornmehl, 250 g Roggenvollkornmehl,
    0,5 kg Buttermilch und 20 g Salz bestehen soll.
    Die Küchenmaschine kann Teige bis zu 1000 g kneten.
    Überprüfe, ob Nina den Teig mit der Maschine kneten kann.

18. **Ausblick:** Annas Schulweg ist 1250 m lang. Tims Schulweg ist doppelt so lang wie Annas,
    aber 300 m kürzer als Miriams. André muss sogar noch 500 m weiter fahren als Miriam.
    a) Gib die Länge des Schulwegs von jedem in Kilometer an.
    b) Anna schafft mit dem Fahrrad in einer Minute 0,25 km. Wie lange braucht sie für ihren
       Schulweg? Wie hoch ist ihre Geschwindigkeit in Kilometer pro Stunde?
    c) Jan sagt: „Wenn du die Länge von Tims Schulweg halbierst, dann 0,005 km addierst,
       anschließend 30 000 cm subtrahierst und zum Schluss das Ergebnis verdreifachst,
       erhältst du die Länge meines Schulwegs." Wie lang ist Jans Schulweg?

    Tipp zu 18 b:
    Wie viel Kilometer kann sie in einer Stunde fahren?

6.3 Mit Größenangaben rechnen

■ Sven prüft sein Kleingeld und muss entscheiden, ob er sich eine Flasche Apfelschorle für 1,00 € kaufen kann. Hat er noch genug Geld, um sie zu bezahlen? ■

Größenangaben können unterschiedliche Einheiten haben. Zum Vergleich von Größenangaben und beim Rechnen mit ihnen ist es häufig sinnvoll, diese in gleichen Einheiten anzugeben. Dazu benötigt man jeweils geeignete Umrechnungszahlen.

Zum Ermitteln von Umrechnungszahlen muss man wissen, wie oft sich eine (größere) Einheit in eine andere (kleinere) Einheit zerlegen lässt:
Beispiel:
1 dm kann in 10 gleich große Abschnitte mit jeweils einer Länge von 1 cm zerlegt werden.
1 dm = 10 · 1 cm = 10 cm

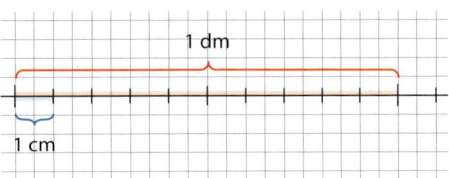

Die Umrechnungszahl von Dezimeter in Zentimeter und umgekehrt ist 10.

Hinweis:
Eine Größenangabe besteht immer aus der Maßzahl und einer zugehörigen Einheit.
Beispiel:

Wissen: Ausgewählte Größen mit Einheiten und Umrechnungszahlen

Länge: Umrechnungszahlen
1 km = 1000 m
1 m = 10 dm
1 dm = 10 cm
1 cm = 10 mm

km ·1000 / :1000 m
m ·10 / :10 dm
dm ·10 / :10 cm
cm ·10 / :10 mm

Masse: Umrechnungszahlen
1 t = 1000 kg
1 kg = 1000 g
1 g = 1000 mg

t ·1000 / :1000 kg
kg ·1000 / :1000 g
g ·1000 / :1000 mg

Zeit: Umrechnungszahlen
1 d = 24 h
1 h = 60 min
1 min = 60 s

d ·24 / :24 h
h ·60 / :60 min
min ·60 / :60 s

Für Zeitabschnitte gilt auch:
1 Woche = 7 Tage
1 Jahr = 12 Monate

Beim Umrechnen in eine **kleinere Einheit** wird die **Maßzahl mit der Umrechnungszahl multipliziert.** Dabei wird die **Maßzahl größer.**

Beim Umrechnen in eine **größere Einheit** wird die **Maßzahl durch die Umrechnungszahl dividiert.** Dabei wird die **Maßzahl kleiner.**

Ermittle beim Umrechnen von Größenangaben immer zuerst die richtige Umrechnungszahl. Dabei musst du wissen, ob beide Einheiten benachbarte Einheiten sind, oder ob zwischen ihnen noch weitere Einheiten liegen. Entscheide dann, ob in eine größere oder in eine kleinere Einheit umzuwandeln ist, ob somit mit der Umrechnungszahl multipliziert oder durch die Umrechnungszahl dividiert werden muss.

6.3 Mit Größenangaben rechnen

Beispiel 1: Größenangaben in andere Einheiten umrechnen
Rechne in die angegebene Einheit um.
a) 3 m in Dezimeter (dm) b) 5 h in Minuten (min) c) 4000 mg in Gramm (g)

Lösung:

a) Umrechnungszahl: **10** $\quad\quad\quad\quad\quad\quad\quad\quad\quad$ 3 m = 3 · (**1 m**)
   Umrechnung: in kleinere Einheit $\quad\quad\quad\quad\quad\quad$ = 3 · (**10 dm**)
   Rechnung: multiplizieren mit 10 $\quad\quad\quad\quad\quad$ = **30 dm**

b) Umrechnungszahl: **60**
   Umrechnung: in kleinere Einheit $\quad\quad\quad\quad\quad\quad$ 5 h = 5 · (**1 h**)
   Rechnung: Multiplizieren mit 60 $\quad\quad\quad\quad\quad$ = 5 · (**60 min**)
   $\quad\quad\quad\quad\quad\quad\quad\quad\quad\quad\quad\quad\quad\quad\quad\quad\quad\quad\quad$ = **300 min**

c) Umrechnungszahl: **1000**
   Umrechnung: in größere Einheit $\quad\quad\quad\quad\quad\quad$ 4000 mg = (4000 : **1000**) g
   Rechnung: dividieren durch 1000 $\quad\quad\quad\quad$ = **4 g**

Aufgabe 1: Rechne um.
a) Wie viel mm sind 30 cm? b) Wie viel kg sind 12 t? c) Wie viel s sind 3 min?
d) Wie viel min sind 180 s? e) Wie viel kg sind 2000 g? f) Wie viel h sind 2 d?

Beispiel 2: Mit Größenangaben rechnen
a) Berechne die Summe beider Massen: $\quad\quad$ 2 t + 100 kg
b) Berechne die Summe beider Zeiten: $\quad\quad$ 3 min + 40 s

Lösung:

a) Beide Angaben müssen gleiche Einheit haben. $\quad\quad$ 2 t + 100 kg = 2 · **1 t** + 100 kg
   Rechne die größere Einheit Tonne (t) in die $\quad\quad\quad\quad\quad$ = 2 · **1000 kg** + 100 kg
   kleinere Einheit Kilogramm (kg) um. $\quad\quad\quad\quad\quad\quad\quad$ = 2000 kg + 100 kg
   Addiere dann. $\quad\quad\quad\quad\quad\quad\quad\quad\quad\quad\quad\quad\quad\quad\quad$ = 2100 kg

b) Beide Angaben müssen gleiche Einheit haben. $\quad\quad$ 3 min + 40 s = 3 · **1 min** + 40 s
   Rechne die größere Einheit Minute (min) in die $\quad\quad\quad$ = 3 · **60 s** + 40 s
   kleinere Einheit Sekunde (s) um. $\quad\quad\quad\quad\quad\quad\quad\quad$ = 180 s + 40 s
   Addiere dann. $\quad\quad\quad\quad\quad\quad\quad\quad\quad\quad\quad\quad\quad\quad\quad$ = 220 s

Aufgabe 2: Addiere beide Größenangaben. Schreibe vorher in der gleichen Einheit.
a) 4 km + 120 m b) 20 g + 100 mg c) 1 h + 6 min
d) 3 dm + 201 cm e) 2 d + 7 h f) 12 min − 90 s

Aufgaben

3. Rechne in die nächstkleinere Einheit um.
   a) 6 cm b) 20 m c) 4 km d) 30 g e) 18 kg f) 5 t
   g) 9 min h) 7 h i) 3 d j) 132 dm k) 212 g l) 13 min

4. Rechne in die nächstgrößere Einheit um.
   a) 5000 m b) 40 dm c) 60 mm d) 6000 kg e) 9000 g f) 2000 mg
   g) 120 s h) 180 min i) 48 h j) 436 000 m k) 1 983 000 g l) 120 h

5. **Durchblick:**
   a) Rechne wie in Beispiel 1 auf Seite 127 in die Einheit um, die in der Klammer steht.
      ① 8 km (m)   ② 30 g (mg)   ③ 4 h (min)   ④ 210 dm (m)
      ⑤ 3000 kg (t)   ⑥ 600 s (min)   ⑦ 3 km (dm)   ⑧ 240 000 g (kg)
      ⑨ 240 h (d)   ⑩ 8 cm (mm)   ⑪ 3 000 000 g (t)   ⑫ 1260 min (h)
   b) Erkläre, wie die Umrechnungszahl für „Stunde – Sekunde" ermittelt werden kann.

6. Vergleiche die Größenangaben.
   a) Was ist länger: 3 km oder 2953 m, 94 dm oder 10 m, 57 000 mm oder 570 m?
   b) Was ist mehr: 8 kg oder 7389 g, 40 000 mg oder 400 g, 743 kg oder 7 420 000 000 mg?
   c) Was dauert länger: 122 s oder 2 min, 1440 min oder 2 d, 4 h oder 18 000 s?

7. Rechne so um, dass die Maßzahl bei der Größenangabe kleiner wird.
   Wobei könnte die Größenangabe aufgetreten sein? Gib ein Beispiel an.
   Beispiel: 3 m ist die Sprungweite von Max im Weitsprung.
   a) 20 000 mg   b) 4000 cm   c) 120 s   d) 8 000 000 g   e) 300 000 dm
   f) 21 600 s   g) 4 300 000 000 g   h) 901 000 mm   i) 259 200 s   j) 5 000 000 ct

8. **Stolperstelle:** Sabrina hat Fehler gemacht. Beschreibe die Fehler und berichtige sie.
   a) 24 km = 24 · 1 km = 24 · 100 m = 2400 m
   b) 3000 g = 3000 · 1 g = 3000 · 1000 kg = 3 000 000 kg
   c) 7 min = 7 · 1 min = 7 · 10 s = 70 s

9. Berechne.
   a) 200 m + 3 m   b) 30 cm + 2 mm   c) 2 km + 300 m   d) 230 g + 20 kg
   e) 3 g – 700 mg   f) 4 t – 800 kg   g) 3 h + 50 min   h) 1 min – 37 s
   i) 8 d + 11 h   j) 320 dm + 3 km   k) 33 t – 667 000 g   l) 1 h – 360 s

10. Wandle in die größere der beiden Einheiten um und rechne dann.
    a) 60 m + 20 dm   b) 90 g + 4000 mg   c) 3 km + 300 m
    d) 2 min + 120 s   e) 89 000 kg – 80 t   f) 2 d – 30 h

11. Anja hat zum Geburtstag 13 Freunde eingeladen. Ihre Mutter hat Spaghetti mit Tomatensoße gekocht. „Schau mal, Anja, die Soße reicht sicherlich, nur bei den Spaghetti bin ich mir nicht sicher. Wir haben eine große Schüssel mit 2 kg Nudeln. Meinst du, es reicht für deine Freunde und dich?" Anja hat gelesen, dass man für eine Portion etwa 150 g Nudeln nehmen sollte.
    Was würdest du an Anjas Stelle der Mutter antworten?

12. **Ausblick:** Die Strecke bei einem Marathonlauf ist etwa 42 km lang. 2014 hat Dennis Kimetto aus Kenia in Berlin einen neuen Weltrekord aufgestellt. Gib an, wie lange Patrick Makau für jeden Kilometer gebraucht hat, wenn er immer im gleichen Tempo gelaufen ist?

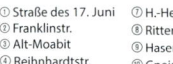

6.4 Größenanteile ermitteln

■ Robin, Anna, Marie und Merle haben Spielzeug auf dem Flohmarkt verkauft. Am Ende des Tages stellt Robin fest: „Zusammen haben wir 63,00 € eingenommen. Allein zwei Drittel davon hat Merles altes Dreirad eingebracht." Wie viel Euro haben die vier für das Dreirad bekommen? ■

Beim Ermitteln von Größenanteilen können zwei Fälle auftreten.

> **Wissen: Größenanteile ermitteln**
> (1) Die Maßzahl ist teilbar. Die Einheit bleibt erhalten.
> (2) Die Maßzahl ist nicht teilbar. Die Einheit muss umgewandelt werden.

Die Anteile einer Größe kannst du in zwei Schritten ermitteln.

Beispiel 1: Größenanteile direkt berechnen
Berechne $\frac{3}{4}$ von 8 kg.

Lösung:
Drei viertel bedeutet:
Zerlege das Gesamte (hier 8 kg) in **4** gleich große Teile und nimm **3** davon.
Das heißt:
Dividiere **8 kg durch 4** und **multipliziere** anschließend das Ergebnis **mit 3**.

Also: 8 kg → 2 kg → 6 kg
  :4   ·3

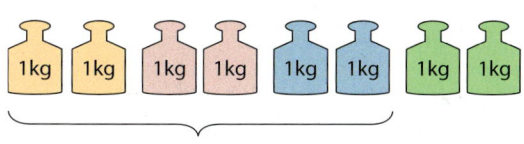

$\frac{3}{4}$ von 8 kg sind 6 kg.

Aufgabe 1: Berechne die Anteile.
a) $\frac{1}{3}$ von 24 h   b) $\frac{2}{5}$ von 20 cm   c) $\frac{3}{8}$ von 56 €   d) $\frac{7}{10}$ von 500 g

Beispiel 2: Größenanteile durch Umwandeln in eine andere Einheit berechnen
Berechne $\frac{3}{8}$ von 1 kg.

Lösung:
1 kg ist nur in acht gleich große Teile zerlegbar, wenn die Angabe vorher in die nächstkleinere Einheit umgewandelt wird: 1 kg = 1000 g
Dividiere **1000 g durch 8** und **multipliziere** anschließend **mit 3**.

Hinweis:
Hier ist es sinnvoll, die Größenangabe in die nächstkleinere Einheit umzuwandeln.

Also: 1000 g → 125 g → 375 g $\frac{3}{8}$ von 1 kg sind 375 g.
  :8   ·3

Aufgabe 2: Berechne den Anteil.
a) $\frac{6}{10}$ von 3 m   b) $\frac{2}{5}$ von 3 €   c) $\frac{2}{3}$ von 5 h   d) $\frac{1}{4}$ von 6 kg

Beispiel 3: Größenanteile als Bruch angeben
Welcher Anteil ist 3 m von 10 m? Gib als Bruch an.

Lösung:
1 m ist $\frac{1}{10}$ von 10 m.
3 m sind 3 · 1 m, also das Dreifache von $\frac{1}{10}$.
3 m sind $\frac{3}{10}$ von 10 m.

Aufgabe 3: Berechne den Anteil und gib ihn als Bruch an.
  a) 20 g von 100 g   b) 350 g von 1000 g   c) 6 h von 24 h   d) 50 ct von 4 €

Aufgaben

4. Berechne die Anteile.
   a) $\frac{1}{4}$ von 12 h   b) $\frac{1}{2}$ von 8 t   c) $\frac{2}{3}$ von 63 cm   d) $\frac{5}{8}$ von 16 kg

5. Berechne die Anteile.
   a) $\frac{3}{4}$ von 3 h   b) $\frac{2}{3}$ von 3 g   c) $\frac{1}{2}$ von 3 kg   d) $\frac{1}{5}$ von 5 min

6. Gib den Anteil als Bruch an.
   a) 25 € von 100 €   b) 2 kg von 8 kg   c) 20 cm von 1 m   d) 15 min von 2 h

7. **Durchblick:** Übertrage die Tabelle in dein Heft und fülle sie aus. Orientiere dich an den Beispielen auf Seite 129.

	sind		von	
	sind	$\frac{2}{5}$	von	60 min
	sind	$\frac{5}{24}$	von	1 d
2 m	sind		von	10 m
4 kg	sind	$\frac{4}{15}$	von	
6 cm	sind		von	2 dm
1500 g	sind		von	2 kg

8. Berechne im Kopf.
   a) 0,5 m · 4   b) 96 cm : 4
   c) 5 · 0,5 h   d) 180 min : 4
   e) 5 · 450 mg   f) 117 kg : 9

9. **Stolperstelle:** Max soll 100 g Butter für ein Rezept verwenden. Er überlegt, wie er die 250 g Butter ohne Waage einteilen soll: „Ich schneide den Block in sieben gleich große Teile und nehme davon zwei, denn 100 g von 250 g ist das Gleiche wie 2 zu 5 oder $\frac{2}{5}$, also zwei Teile von sieben Teilen." Wo steckt der Fehler?

10. Auf ihrer Geburtstagsfeier möchte Lara selbst gemachtes Eis servieren.
    Sie hat ein Rezept für vier Personen gefunden. Insgesamt hat sie neun Freunde eingeladen. Berechne die Menge an Zutaten, die Lara für ihr selbst gemachtes Eis benötigt.

11. **Ausblick:** Herr Winter überlegt nach dem Essen mit seiner Frau: „Zwei Essen á 12,48 €, einen Korb Brot für 2,49 €, zwei Eisbecher á 3,95 € und ein Glas Mineralwasser für 2,39 €."
    a) Ermittle einen Überschlag für den Rechnungsbetrag.
    b) Welchen Betrag wird Herr Winter dem Kellner nennen, wenn er ca. ein Zehntel des Rechnungsbetrages als Trinkgeld geben möchte.

6.5 Mit Maßstäben umgehen

■ Frank war mit seinen Eltern am Wochenende in Berlin. Sie wollten vom Brandenburger Tor zum Fernsehturm laufen. Auf ihrer Karte im Maßstab 1 : 15 000 ist die Strecke 18 cm lang.
Wie weit ist es vom Brandenburger Tor bis zum Fernsehturm dann wirklich? ■

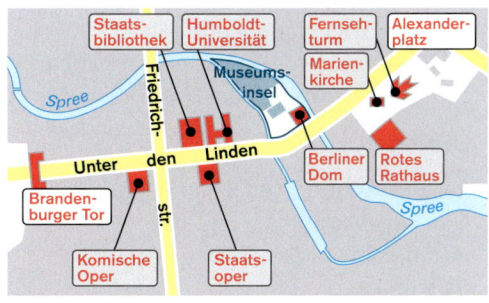

Verkleinerungen und Vergrößerungen erfolgen immer maßstäblich.

Landkarten sind maßstäbliche Verkleinerungen der Wirklichkeit. Strecken in der Karte bezeichnet man als Bildstrecken. Strecken in der Wirklichkeit bezeichnet man als Originalstrecken.

> **Wissen: Maßstab als Verhältnis zweier Streckenlängen**
> Ein **Maßstab** ist das Verhältnis der Länge einer Bildstrecke zur Länge der entsprechenden Originalstrecke. *kurz:* Länge der **Bildstrecke** : Länge der **Originalstrecke**
>
> Der Maßstab hat keine Einheit.

Maßstäbliche Verkleinerung: z. B. beim Maßstab 1 : 100 *(gelesen: 1 zu 100)*
1 cm in der Verkleinerung entspricht 100 cm in der Wirklichkeit.
Bei maßstäblichen Verkleinerungen ist die erste Zahl des Maßstabs kleiner als die zweite Zahl.

Maßstäbliche Vergrößerung: z. B. beim Maßstab 10 : 1 *(gelesen: 10 zu 1)*
10 cm in der Vergrößerung entsprechen 1 cm in der Wirklichkeit.
Bei maßstäblichen Vergrößerungen ist die erste Zahl des Maßstabs größer als die zweite Zahl.

> **Beispiel 1: Originallängen bei gegebenen Maßstäben und Bildlängen ermitteln**
> a) In einer Karte mit einem Maßstab von 1 : 3 sind zwei Punkte 6 cm voneinander entfernt.
> Berechne den Abstand beider Punkte in der Wirklichkeit.
>
> b) In einer Zeichnung mit einem Maßstab von 4 : 1 sind zwei Punkte 8 cm voneinander entfernt.
> Berechne den Abstand beider Punkte in der Wirklichkeit.
>
> **Lösung zu a):**
>
> Beim Maßstab **1 : 3** liegt eine **Verkleinerung der Originalstrecke** vor.
> Bild : Original
> 1 : 3
> 6 cm : x cm
>
> Die Originalstrecke ist gleich dem **Dreifachen** der Bildstrecke.
> Originalstrecke:
> 6 cm · 3 = 18 cm
>
> Die Originalstrecke ist 18 cm lang.
>
> **Lösung zu b):**
>
> Beim Maßstab **4 : 1** liegt eine **Vergrößerung der Originalstrecke** vor.
> Bild : Original
> 4 : 1
> 8 cm : x cm
>
> Die Originalstrecke ist gleich einem **Viertel** der Bildstrecke.
> Originalstrecke:
> 8 cm : 4 = 2 cm
>
> Die Originalstrecke ist 2 cm lang.

Aufgabe 1: Berechne, wie lang die Strecke in Wirklichkeit ist.
  a) Die im Maßstab 1 : 4 gezeichnete Strecke ist auf dem Zeichenblatt 5 cm lang.
  b) Die im Maßstab 5 : 1 gezeichnete Strecke ist auf dem Zeichenblatt 10 cm lang.
  c) Die im Maßstab 1 : 100 gezeichnete Strecke ist auf dem Zeichenblatt 8 cm lang.

Beispiel 2: Bildlängen bei gegebenen Maßstäben und Originallängen ermitteln

a) Zwei Punkte sind in Wirklichkeit 40 cm voneinander entfernt. Berechne den Abstand beider Punkte in einer Karte mit einem Maßstab von 1 : 10.

b) Zwei Punkte sind in Wirklichkeit 0,5 cm voneinander entfernt. Berechne den Abstand beider Punkte in einer Zeichnung mit einem Maßstab von 4 : 1.

Lösung zu a):

Beim Maßstab 1 : 10 liegt eine **Verkleinerung der Originalstrecke** vor.

Bild : Original
1 : 10
x cm : 40 cm

Die Bildstrecke ist gleich **einem Zehntel** der Originalstrecke.

Bildstrecke:
40 cm : 10 = 4 cm
Die Bildstrecke ist 4 cm lang.

Lösung zu b):

Beim Maßstab 4 : 1 liegt eine **Vergrößerung der Originalstrecke** vor.

Bild : Original
4 : 1
x cm : 0,5 cm

Die Bildstrecke ist gleich dem **Vierfachen** der Originalstrecke.

Bildstrecke:
0,5 cm · 4 = 2 cm
Die Bildstrecke ist 2 cm lang.

Aufgabe 2: Berechne, wie lang die Strecke in der Zeichnung ist.
a) Eine 280 cm lange Strecke der Wirklichkeit wird im Maßstab von 1 : 20 gezeichnet.
b) Eine 4 cm lange Strecke der Wirklichkeit wird im Maßstab von 3 : 1 gezeichnet.
c) Eine 2 cm lange Strecke der Wirklichkeit wird im Maßstab von 10 : 1 gezeichnet.
d) Eine 80 km lange Strecke der Wirklichkeit wird im Maßstab von 1 : 10 000 gezeichnet.

Aufgaben

Hinweis zu 3:
Die Lösungen zu a) stehen im Dach, zu b) in den Etagen:

3. Übertrage die Tabellen in dein Heft und fülle sie aus.

a)

Maßstab	Bild	Original
1 : 50	1 cm	
1 : 100		1000 m
1 : 100 000	2 cm	
1 : 1 000		10 m

b)

Maßstab	Bild	Original
1 : 25	1 cm	
20 : 1		6 cm
10 : 1	2 cm	
1 : 10		5 m

4. **Durchblick:** In einer Zeichnung mit einem Maßstab von 1 : 10 ist eine Strecke (Bildstrecke) 6 cm lang. Orientiere dich an den Beispielen auf den Seiten 131 und 132.
   a) Berechne die Länge der Originalstrecke.
   b) Erläutere den Unterschied zwischen der Original- und der Bildstrecke.
   c) Warum liegt hier eine Verkleinerung einer Originalstrecke vor?
   d) Erläutere, was die Angabe 1 : 10 000 auf einer geografischen Karte bedeutet.

5. Zeichne die Originalfigur sowohl im Maßstab 2 : 1 als auch im Maßstab 3 : 1 in dein Heft.

a)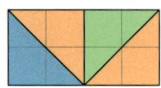
b)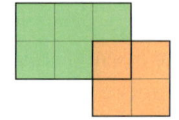
c)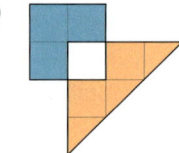

6.5 Mit Maßstäben umgehen

6. Tom möchte die Grundfläche seines 3 m langen und 3 m breiten Zimmers möglichst groß auf ein DIN-A4-Blatt zeichnen. Empfiehl ihm einen der Maßstäbe und begründe dies.
   - Ⓐ 1 : 10
   - Ⓑ 1 : 12
   - Ⓒ 1 : 15
   - Ⓓ 1 : 16
   - Ⓔ 1 : 20

7. **Stolperstelle:**
   a) Ein Quadrat mit einer Seitenlänge von 1 cm soll auf Kästchenpapier im Maßstab 2 : 1 vergrößert werden. Katja meint, dass sich dabei die Anzahl der vom Quadrat eingeschlossenen kleinen Kästchen verdoppelt, denn 2 : 1 = 2. Überprüfe Katjas Vermutung.
   b) Jana zeichnet zwei Dreiecke. Enrico meint, dass Jana die beiden Dreiecke im Maßstab 1 : 2 gezeichnet hat. Konrad ist der Ansicht, dass die beiden Dreiecke im Maßstab 2 : 1 gezeichnet wurden. Wer hat recht? Begründe deine Entscheidung.

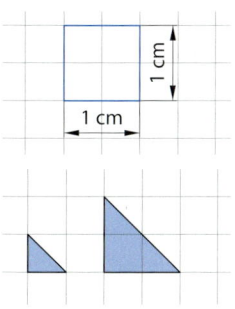

8. Übertrage die Tabelle in dein Heft und fülle sie aus.

		Landkarte	Touristenkarte	Wanderkarte	Stadtplan
Maßstab		1 : 100 000	1 : 50 000	1 : 25 000	1 : 15 000
Entfernung auf den Karten/ auf den Plänen		2 cm		5 cm	40 cm
Entfernung in der Wirklichkeit	in cm				
	in m				
	in km		3 km		6 km

9. Welcher Maßstab wird dargestellt? Miss nach.
   a) 0 250 500 750 1000 1250 m
   b) 0 1 2 3 4 m

10. **Ausblick:** Erde und Mond haben einen Abstand von ca. 380 000 km. Die Durchmesser der Erde bzw. des Mondes betragen ca. 13 000 km bzw. ca. 3500 km.
    a) Zeichne auf einem DIN-A4-Blatt die Erde und den Mond mit ihrem Abstand maßstabsgetreu (schematisch als Kreise). Gib den gewählten Maßstab und die Längen der Bildstrecken an.
    b) Die Internationale Raumstation ISS kreist in einem Abstand von ca. 400 km um die Erde. Katja behauptet, dass in ihrer maßstäblichen Zeichnung der Abstand zwischen Erde und der Raumstation ISS kleiner als 1 mm ist. Prüfe, ob das stimmen kann.

Hinweis: Maßstabsgetreu heißt: Jede Strecke im Bild steht zur entsprechenden Originalstrecke im gleichen Verhältnis.

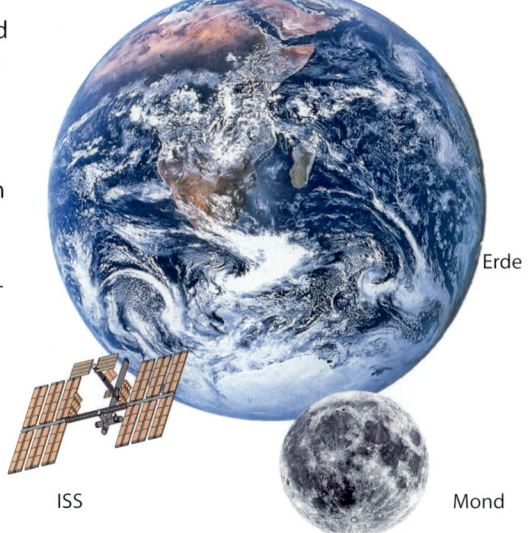

6.6 Mit Flächeneinheiten rechnen

■ Ein Quadrat mit einem Flächeninhalt von 1 dm² soll in gleich große Quadrate mit den Seitenlängen 5 cm oder 2 cm oder 1 cm zerschnitten werden.
Zerschneide solch ein Quadrat gedanklich und entscheide, wie viele kleine Quadrate du jeweils erhalten würdest. ■

Hinweis:
Bei Flächen gilt:

24 m²

Maßzahl   Einheit

Hinweis:
Quadrate mit solchen Seitenlängen werden oft auch Einheitsquadrate genannt.

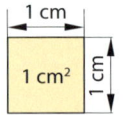

Rechtecke können meistens durch Quadrate ausgelegt werden. Für Quadrate mit den Seitenlängen a gilt:

Für a = 1 mm beträgt der Flächeninhalt 1 mm² (*sprich:* ein Quadratmillimeter).
Für a = 1 cm beträgt der Flächeninhalt 1 cm² (*sprich:* ein Quadratzentimeter).
Für a = 1 dm beträgt der Flächeninhalt 1 dm² (*sprich:* ein Quadratdezimeter).
Für a = 1 m beträgt der Flächeninhalt 1 m² (*sprich:* ein Quadratmeter).

Für die Umrechnung zwischen zwei Flächeneinheiten kann man sich vorstellen, dass ein Quadrat in viele kleine Quadrate zerlegt oder aus vielen kleinen Quadrate zusammengesetzt wird.

Beispiel 1: Flächeneinheiten umrechnen
Wie viele Quadrate mit einem Flächeninhalt von 1 cm² passen in ein Quadrat mit einem Flächeninhalt von 1 dm²?

Lösung:
Ein 1 dm²-Quadrat hat eine Seitenlänge von 1 dm. Unterteilt man dieses Quadrat in kleine Quadrate mit 1 cm Seitenlänge, so erhält man in einer Reihe 10 Quadrate zu 1 cm², also insgesamt 10 cm². Zusammen sind es 10 Reihen. Alle 10 Reihen zusammen ergeben dann 100 cm².
Daher gilt:
1 dm² = 10 · 10 · 1 cm² = 100 cm²

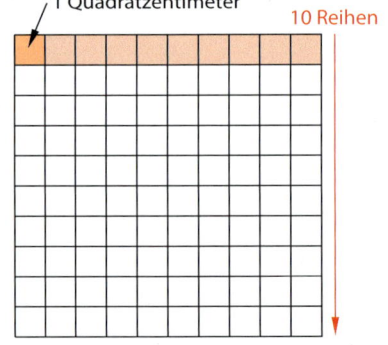

Aufgabe 1:
a) Wie viele Quadrate mit dem Flächeninhalt 1 mm² passen in ein 1 cm²-Quadrat?
b) Wie viele Quadrate mit dem Flächeninhalt 1 cm² passen in ein 1 m²-Quadrat?

Weitere Flächeneinheiten sind: Ar (a), Hektar (ha) und Quadratkilometer (km²)

Hinweis:
Die Einheiten **Ar** und **Hektar** werden insbesondere zur Angabe von Flächeninhalten bei Feld- und Waldflächen verwendet.

Ermittle beim Umrechnen von Flächengaben immer zuerst die richtige Umrechnungszahl. Dabei musst du wieder wissen, ob beide Einheiten benachbarte Einheiten sind, oder ob zwischen ihnen noch weitere Einheiten liegen. Für **benachbarte Flächeneinheiten** (wie beispielsweise mm² und cm²) ist die Umrechnungszahl immer 100.

Beim Umwandeln in die **nächstkleinere Flächeneinheit** wird die Maßzahl mit 100 **multipliziert**. Dabei wird die **Maßzahl größer**. Beim Umwandeln in die **nächstgrößere Flächeneinheit** wird die Maßzahl durch 100 **dividiert**. Dabei wird die **Maßzahl kleiner**.

6.6 Mit Flächeneinheiten rechnen

Wissen: Flächeneinheiten, Umrechnungszahlen, Vergleichsgrößen

Flächeneinheiten (Umrechnungszahlen)	$1\,mm^2$ $\overset{\cdot 100}{\underset{:100}{\rightleftarrows}}$ $1\,cm^2$ $\overset{\cdot 100}{\underset{:100}{\rightleftarrows}}$ $1\,dm^2$ $\overset{\cdot 100}{\underset{:100}{\rightleftarrows}}$ $1\,m^2$ $\overset{\cdot 100}{\underset{:100}{\rightleftarrows}}$ $1\,a$ $\overset{\cdot 100}{\underset{:100}{\rightleftarrows}}$ $1\,ha$ $\overset{\cdot 100}{\underset{:100}{\rightleftarrows}}$ $1\,km^2$						
Bezeichnung	Quadrat-millimeter	Quadrat-zentimeter	Quadrat-dezimeter	Quadrat-meter	Ar	Hektar	Quadrat-kilometer
Seitenlänge des Quadrates	1 mm	1 cm	1 dm	1 m	10 m	100 m	1 km
Vergleichs-größe	Punkt eines Marienkäfers	Taste auf Tastatur	2 Spiel-karten	Fenster	4-Zimmer-Wohnung	Sport-platz	Barleber See

Es gilt: $1\,ha = 10\,000\,m^2$

Beispiel 2: Flächeninhalte in andere Einheiten umrechnen

Rechne um:
a) $45\,cm^2$ in die nächstkleinere Einheit
b) $28\,600\,cm^2$ in die nächstgrößere Einheit

Lösung:

a) Die nächstkleinere Einheit von cm^2 ist mm^2. **Multipliziere** mit der Umrechnungszahl **100**.

$$45\,cm^2 = 45 \cdot (1\,cm^2)$$
$$= 45 \cdot (100\,mm^2)$$
$$= \mathbf{4500\,mm^2}$$

b) Die nächstgrößere Einheit von cm^2 ist dm^2. **Dividiere** durch die Umrechnungszahl **100**.

$$28\,600\,cm^2 = (28\,600 : 100)\,dm^2$$
$$= \mathbf{286\,dm^2}$$

Aufgabe 2: Rechne in die angegebene Flächeneinheit um.
a) $10\,m^2$ in dm^2 b) $5000\,ha$ in km^2 c) $6\,ha$ in a d) $10\,000\,000\,mm^2$ in cm^2

Aufgaben

3. Rechne in die nächstgrößere Flächeneinheit um.
   a) $4200\,dm^2$ b) $12\,000\,cm^2$ c) $10\,000\,ha$ d) $5400\,m^2$

4. Rechne in die nächstkleinere Flächeneinheit um.
   a) $72\,km^2$ b) $20\,dm^2$ c) $45\,a$ d) $170\,dm^2$

5. Rechne in die angegebene Flächeneinheit um.
   a) $72\,km^2$ in a b) $20\,dm^2$ in mm^2 c) $45\,a$ in dm^2 d) $170\,dm^2$ in mm^2

6. **Durchblick:** Orientiere dich an Beispiel 1 auf Seite 134 und beantworte die Frage.
   a) Wie viel Quadratmillimeter sind $5\,cm^2$? b) Wie viel Quadratdezimeter sind $10\,a$?
   c) Wie viel Quadratzentimeter sind $2\,ha$? d) Wie viel Quadratmeter sind $1\,a$?

7. Gib die Umrechnungszahl und die Rechenoperation für das Umrechnen der Einheiten an.
   a) km^2 in m^2 b) m^2 in a c) m^2 in cm^2

Hinweis zu 3 und 4:
Die Summe der Maßzahlen in Aufgabe 3 ist 316. Die Summe der Maßzahlen in Aufgabe 4 ist 30 700.

8. Ordne den möglichen Flächeninhalt (1 ha; 25 mm²; 357 000 km²; 5 mm²; 2 m²) zu:
   a) Flächeninhalt eines Fußballfeldes
   b) Flächeninhalt eines Nagelkopfes in der Abbildung
   c) Flächeninhalt eines Kästchens im Mathematikheft
   d) Flächeninhalt eines Fensters in der Schule
   e) Flächeninhalt der Bundesrepublik Deutschland

9. Vergleiche die Flächeninhalte miteinander.
   a) 20 m² und 200 dm²   b) 25 dm² und 2,5 m²   c) 400 mm² und 40 cm²
   d) 1 m² und 1000 mm²   e) 100 cm² und 10 dm²   f) $\frac{1}{2}$ m² und 50 dm²
   g) 5 ha und 50 000 m²   h) 0,5 a und 51 m²   i) 0,5 ha und 500 a

Hinweis zu 10: Du kannst Fehler vermeiden, wenn du wichtige Merksätze in deinem Heft (Seite 223, Methodenkarte 5A) oder Lerntagebuch (Seite 223, Methodenkarte 5B) hervorhebst, um sie gut zu finden.

10. **Stolperstelle:** John ist sich bei den folgenden Aufgaben nicht sicher, hilf ihm.
    a) Rechne 1 km² in m² um.
       Johns Lösung: *Da 1 km = 1000 m sind, gilt 1 km² = 1000 m².*
    b) 1 Hektar soll in m² umgerechnet werden.
       Johns Antwort: *Die Umrechnungszahl ist 100, also gilt 1 ha = 100 m².*
    c) John hat die Umrechnungszahlen zwischen m² und cm² vergessen.
       Hilf ihm beim Lösen: *1 m² = 100 cm · 100 cm = ...*
    d) Überprüfe Johns Umrechnungen:
       ① 34 m² = 34 000 dm²   ② 560 000 cm² = 56 m²   ③ 120 000 dm² = 120 m²

11. Nenne sinnvolle Einheiten für die Flächeninhalte:
    a) Vorderfläche einer CD-Hülle   b) Vorderfläche einer Briefmarke
    c) Gesamtfläche eines Kleingartens   d) Grundfläche eurer Wohnung

12. Mit welcher Einheit (mm², cm², dm², m², a, ha, km²) würdest du den Inhalt angeben? Grundfläche eures Wohnzimmers, Fläche von Europa, Tischfläche, Fläche eines DIN-A5-Blattes, Fläche eines Stausees

13. Ordne 5 a; 50 m²; 5000 dm² und 500 000 cm² der Größe nach, mit der kleinsten beginnend.

Tipp zu 14: 2 ha 20 a bedeutet: 200 a + 20 a

14. Gib den Flächeninhalt der Fläche in der kleineren Einheit an.
    a) 7 ha 50 a   b) 50 dm² 4 cm²   c) 3 km² 2 ha 27 a

15. Wandle die Summanden in die gleiche Einheit um und berechne.
    Beispiel: 200 m² + 2 a = 200 m² + 200 m² = 400 m²
    a) 10 m² + 2 a = ... m²   b) 20 cm² + 4 m² = ... cm²   c) 5 km² + 45 a + 270 m² = ... m²

16. Berechne den Gesamtflächeninhalt.
    a) 20 cm² + 2000 mm² + 0,5 dm²   b) 3 m² + 5000 dm² + 2 a
    c) 80 ha − 20 000 m² + 0,1 km²   d) 5 ha − 300 a + 2000 m²

17. Schreibe ohne Komma, indem du die Größenangabe in einer kleineren Einheit angibst.
    Beispiel: 2,3 m² = 2,3 m · 1 m = 23 dm · 10 dm = 230 dm²
    a) 4,7 m² = ... dm²   b) 4,1 a = ... m²   c) 75,2 km² = ... a   d) 6,75 a = ... dm²

18. **Ausblick:** Wie viele Fußballfelder kann man auf 100 Hektar unterbringen? Nutze dazu einmal das kleinstmögliche Feld (45 m · 90 m), ein Feld mittlerer Größe (60 m · 100 m) und einmal das größtmögliche Feld (90 m · 120 m).

6.7 Mit Volumeneinheiten rechnen

■ Ein Würfel mit einer Kantenlänge von 1 dm soll in kleine (gleich große) Würfel mit den Kantenlängen 5 cm oder 2 cm oder 1 cm zerlegt werden.
Zerlege den Würfel gedanklich und entscheide, wie viele kleine Würfel du jeweils erhalten würdest. ■

Quader können meistens durch Würfel ausgelegt werden. Für Würfel mit den Kantenlängen a gilt:

Für a = 1 mm beträgt das Volumen 1 mm³ (*sprich:* ein Kubikmillimeter).
Für a = 1 cm beträgt das Volumen 1 cm³ (*sprich:* ein Kubikzentimeter).
Für a = 1 dm beträgt das Volumen 1 dm³ (*sprich:* ein Kubikdezimeter).
Für a = 1 m beträgt das Volumen 1 m³ (*sprich:* ein Kubikmeter).

Das **Volumen** eines Körpers kann bestimmt werden, indem man ihn in **Einheitswürfel** zerlegt und deren Anzahl ermittelt. Hierzu können Würfel mit Kantenlängen von 1 mm, 1 cm, 1 dm oder 1 m verwendet werden.
Auch für die Umrechnung zwischen zwei Volumeneinheiten kann man sich vorstellen, dass ein Würfel in viele kleine Würfel zerlegt oder aus vielen kleinen Würfeln zusammengesetzt wird.

Hinweis:
Würfel mit solchen Kantenlängen werden oft auch Einheitswürfel genannt.

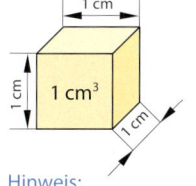

> **Beispiel 1: Volumenangaben mithilfe von Einheitswürfeln ermitteln**
> Wie viele Einheitswürfel mit dem Volumen von 1 cm³ passen in einen Würfel mit einem Volumen von 1 dm³?
>
> **Lösung:**
> Auf den Boden, der untersten Schicht, des 1 dm³-Würfels passen 10 · 10 Würfel mit jeweils 1 cm³.
> Das ist ein Volumen von 100 cm³.
> Es passen 10 solcher Schichten übereinander. Damit gilt insgesamt:
>
> 1 dm³ = 10 · 10 · 10 · 1 cm³ = 1000 cm³
>
> 1000 Würfel mit einem Volumen von 1 cm³ passen in einen 1 dm³-Würfel.

Hinweis:
Für Volumen gilt:

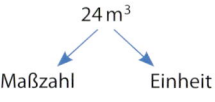

Aufgabe 1:
 a) Wie viele Einheitswürfel mit dem Volumen 1 mm³ passen in einen 1 cm³-Würfel?
 b) Wie viele Einheitswürfel mit dem Volumen 1 cm³ passen in einen 1 m³-Würfel?

Ermittle beim Umrechnen von Größenangaben immer zuerst die richtige Umrechnungszahl. Dabei musst du wieder wissen, ob beide Einheiten benachbarte Einheiten sind, oder ob zwischen ihnen noch weitere Einheiten liegen. Für **benachbarte Volumeneinheiten** (wie beispielsweise mm³ und cm³) ist die Umrechnungszahl immer 1000.

Beim Umwandeln in die **nächstkleinere Volumeneinheit** wird die Maßzahl mit 1000 **multipliziert.** Dabei wird die **Maßzahl größer.**
Beim Umwandeln in die **nächstgrößere Volumeneinheit** wird die Maßzahl durch 1000 **dividiert.** Dabei wird die **Maßzahl kleiner.**

Wissen: Volumeneinheiten, Umrechungszahlen, Vergleichsgrößen

Volumeneinheiten und Umrechnungszahlen	$1\,mm^3$ ·1000→ $1\,cm^3$ ·1000→ $1\,dm^3$ ·1000→ $1\,m^3$ (:1000 rückwärts)
Bezeichnung	Kubikmillimeter · Kubikzentimeter · Kubikdezimeter · Kubikmeter
Kantenlänge des Würfels	1 mm · 1 cm · 1 dm · 1 m
Vergleichsgröße	Zuckerkorn · Kleiner Spielwürfel · Milchkarton · Papiercontainer
Volumeneinheiten und Umrechnungszahlen für Flüssigkeiten und Gase	$1\,m\ell$ ·10→ $1\,c\ell$ ·10→ $1\,d\ell$ ·10→ $1\,\ell$ ·100→ $1\,hl$
Bezeichnung	Milliliter · Zentiliter · Deziliter · Liter · Hektoliter

Hinweis:
$1\,mm^3 = 1\,c\ell$
$1\,dm^3 = 1\,\ell$
$1\,m^3 = 1000\,\ell$

Hinweis:
Hekto (h) bedeutet Hundert.

Beispiel 2: Volumenangaben umrechnen
Rechne in die in Klammern angegebene Volumeneinheit um.
a) $5\,cm^3$ (mm^3) b) $2000\,dm^3$ (m^3) c) $3\,\ell$ (cm^3) d) $5000\,m\ell$ (dm^3)

Lösung:
a) Die nächstkleinere Einheit zu cm^3 ist mm^3. $5\,cm^3 = 5 \cdot (\mathbf{1\,cm^3})$
   Multipliziere mit der Umrechnungszahl $= 5 \cdot (\mathbf{1000\,mm^3})$
   1000. $= \mathbf{5000\,mm^3}$

b) Die nächstgrößere Einheit zu dm^3 ist m^3. $2000\,dm^3 = (2000 : \mathbf{1000})\,m^3$
   Dividiere durch Umrechnungszahl **1000**. $= \mathbf{2\,m^3}$

c) Rechne zuerst Liter in dm^3 um. $3\,\ell = 3 \cdot (\mathbf{1\,\ell})$
   Die nächstkleinere Einheit zu dm^3 ist cm^3. $= 3 \cdot (\mathbf{1\,dm^3})$
   Multipliziere mit der Umrechnungszahl $= 3 \cdot (\mathbf{1000\,cm^3})$
   1000. $= \mathbf{3000\,cm^3}$

d) Rechne zuerst $m\ell$ in cm^3 um. Die nächst- $5000\,m\ell = 5000\,cm^3$
   größere Einheit zu cm^3 ist dm^3. $= (5000 : \mathbf{1000})\,dm^3$
   Dividiere durch Umrechnungszahl **1000.** $= \mathbf{5\,dm^3}$

Aufgabe 2: Rechne in die in Klammern stehende Volumeneinheit um.
a) $3\,m^3$ (dm^3) b) $12\,dm^3$ (cm^3) c) $4000\,cm^3$ (dm^3) d) $11\,\ell$ (cm^3)

Aufgaben

3. Ordne jeweils ein passendes Volumen zu.
   Mineralwasserflasche   Kinderzimmer   Holzbleistift
   Schultasche   Wassereimer   Wohnung

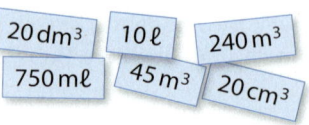

6.7 Mit Volumeneinheiten rechnen

4. Vergleiche die Rauminhalte miteinander.
   a) 4 mℓ und 4 mm³   b) 2 ℓ und 2 dm³   c) 0,5 ℓ und 700 mℓ

5. Ordne der Größe nach, beginne mit der kleinsten Größenangabe.
   a) 9 dm³; 1 m³; 8000 cm³; 700 mℓ; 8000 mm³; 950 ℓ
   b) 1000 ℓ; 2 dm³; 4 m³; 5000 dm³; 30 000 cm³; 500 mℓ
   c) 20 dm³; 2000 mm³; 520 ℓ; 0,2 m³; $\frac{1}{10}$ ℓ; $\frac{1}{8}$ ℓ

6. Ordne die aus gleich großen Würfeln zusammengesetzten Körper Ⓐ, Ⓑ, Ⓒ und Ⓓ nach ihrem Volumen.

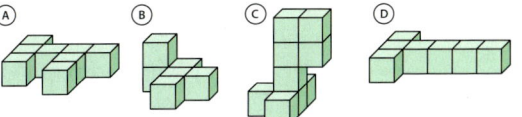

7. **Durchblick:** Rechne wie in Beispiel 2 auf Seite 138 in die angegebene Volumeneinheit um.
   a) in cm³: b) in mm³: c) in m³: d) in mℓ:
      4 dm³   345 cm³   389 000 dm³   209 ℓ
      32 000 mm³   94 dm³   21 000 000 cm³   69 000 mm³

8. Rechne in die nächstkleinere Maßeinheit um.
   a) 23 m³ = 23 · ▢ = ▢ dm³   b) 11 m³ = ▢ = ▢ dm³

   Tipp zu 8: Der Exponent gibt jeweils die Anzahl der Nullen an, die der Umrechnungsfaktor zwischen benachbarten Einheiten besitzt.

9. **Stolperstelle:** Finde alle Fehler, beschreibe sie und berichtige dann.
   a) *25 cm³ = 25 · 100 mm³ = 2500 mm³*   b) *74 000 m³ = 74 000 : 100 dm³ = 740 dm³*
   c) *31 dm³ = 31 · 1000 cm³ = 31 · 1000 mm³ = 31 000 000 mm³*
   d) *6 m³ = 6 ℓ = 6 · 1000 mℓ = 6000 mℓ*   e) *936 cm³ = 936 · 1000 dm³ = 936 000 dm³*

10. Berechne das Gesamtvolumen. Beachte dabei die Einheiten.
    a) 30 m³ + 3 m³   b) 40 cm³ + 10 cm³   c) 39 dm³ + 200 dm³
    d) 90 cm³ + 80 mm³   e) 24 dm³ + 1 m³   f) 620 000 mm³ − 2 cm³
    g) 2 m³ + 300 cm³   h) 11 dm³ − 4300 mm³   i) 5 930 000 cm³ − 4 m³

    Hinweis zu 10: Die Lösungen stehen im Ballon.

11. Welche Volumeneinheiten müssen die Maßzahlen haben, damit die Rechnung stimmt? Achtung, es gibt nicht nur eine richtige Lösung.
    a) 382 ▢ + 98 ▢ = 382 098 ▢   b) 71 ▢ − 71 ▢ = 70 999 929 ▢

12. Ein Kind atmet bei einem Atemzug etwa 300 mℓ Luft ein und atmet etwa 30mal pro Minute.
    a) Wie viel m³ Luft atmest du an einem Tag ein?
    b) In einen Luftballon passen ca. 2500 cm³ Luft. Wie viele davon könntest du mit deiner Atemluft von einem Tag (von einer Woche) theoretisch, wie viel tatsächlich aufblasen?

13. Peter lädt zu seinem Geburtstag 10 Freunde ein. Seine Mutter meint, dass jeder Gast 3 Gläser Limonade (á 200 mℓ) trinkt. Wie viele 1-Liter-Flaschen muss Peter für die Feier besorgen, wenn am Ende keine Limonade übrig bleiben soll?

14. **Ausblick:** Svenja hat alles versucht, doch der Wasserhahn im Badezimmer hört nicht auf zu tropfen. Sie liegt im Bett und kann wegen des Geräusches aus dem Badezimmer nicht einschlafen. Daher zählt sie die Wassertropfen. Es sind 100 Tropfen in einer Minute.
    a) Svenja möchte herausfinden, welches Volumen ein Wassertropfen hat. Sie stellt daher um 22:00 Uhr einen Eimer unter den Hahn. Am nächsten Morgen sind um 8:00 Uhr etwa 9 ℓ Wasser darin. Berechne das Volumen eines Tropfens aus dem Wasserhahn?
    b) Wie viel cm³ Wasser wird der tropfende Wasserhahn an einem ganzen Tag verlieren? Wie viel Liter wären es etwa in einer Woche?

Vermischte Aufgaben

6. Größen und ihre Einheiten

1. Nenne sinnvolle Einheiten für folgende Angaben:
   a) Oberflächeninhalt eines Fußballs
   b) Länge eines Inlandfluges in Deutschland
   c) Masse (Gewicht) eines Motorrades
   d) Volumen (Rauminhalt) einer Waschmaschine
   e) Preis einer Kugel Eis
   f) Höhe des Brockens (über dem Meeresspiegel)

2. In einem Haushalt werden wöchentlich etwa 2 m³ Wasser genutzt.
   a) Berechne, wie viel Kubikmeter es in den 4 Wochen wirklich waren.
   b) Schätze, wie viel Kubikmeter es in einem Jahr etwa sind.

Woche	Volumen
1.	1,932 m³
2.	1,802 m³
3.	1,753 m³
4.	1,781 m³

3. Ein Transporter mit einer Nutzlast von 900 kg soll Baumaterial transportieren. Es sind 25 Rasenkantensteine (28 kg pro Stein), 35 Terrassenfliesen (6,0 kg pro Fliese) und 3 Säcke Zement (20 kg pro Sack). Untersuche, ob eine Fahrt mit diesem Fahrzeug beim Transport der Materialien ausreicht? Begründe deine Antwort.

4. Die Entfernung von Magdeburg nach Halle (Luftlinie) beträgt etwa 90 km.
   a) Fertige eine grobe Skizze von Sachsen-Anhalt im Maßstab 1 : 2 000 000 an und markiere in dieser Skizze die ungefähre Lage der Städte Magdeburg und Halle.
   b) Markiere in dieser Skizze auch die Städte Dessau-Rosslau und Salzwedel.
   c) Wie weit sind Magdeburg von Dessau-Rosslau und Halle von Salzwedel sowohl in der Skizze als auch in der Wirklichkeit voneinander entfernt? Vergleiche deine gemessenen und errechneten Werte mit den wirklichen Entfernungen.

5. Im Foto ist ein Modellauto abgebildet. Der Maßstab des Modellautos beträgt 1 : 75.
   a) Ermittle mithilfe eines Lineals und der Maßstabsangabe die Länge und die Höhe des Autos in Wirklichkeit.
   b) Wie lang ist ein Modell eines solchen Autos, das im Maßstab 1 : 25 gebaut wurde?

Tipp zu 6: Präsentiert eure Lösung auf einem Plakat, damit man sie gut nachvollziehen kann. Hilfe findet ihr dazu auf Methodenkarte 5D (Seite 233).

6. Das Foto zeigt zwei Riesenschuhe. Überlegt gemeinsam.
   a) Wie lang ist solch ein Schuh und welche Schuhgröße hat er wohl?
   b) Wie weit würde jemand mit so großen Füßen in der Minute gehen, wenn er genauso viele Schritte in der Minute machen würde wie ihr?

7. Bei einem Banküberfall im vergangenen Jahr erbeuteten die Täter Goldbarren im Wert von etwa 1 Million Euro.
   a) Berechne, wie viel Kilogramm Gold die Beute beim nebenstehenden Goldkurs betrug?
   b) Wie viel Kilogramm Gold könnte man beim gleichen Kurs für 1000 € kaufen?
   c) Wie viele Tüten Gummibärchen könnte man beim gleichen Kurs von 1 kg Gold kaufen?

> Gold zählt zu den begehrtesten Metallen, die von Menschen verarbeitet werden. Heute werden etwa 85 % der gesamten Goldproduktion zu Schmuck verarbeitet. Der Goldpreis schwankt täglich. Nicht selten ist 1 g Gold 40 € wert.

Vermischte Aufgaben

8. In Halberstadt findet zurzeit ein außergewöhnliches Konzert mit einer speziell konstruierten Orgel statt. Der amerikanische Komponist John Cage hat es Organ 2/ASLSP genannt. Begonnen wurde es am 05. 09. 2001, enden soll es erst am 04. 09. 2640. Ganze 639 Jahre soll die Spielzeit mit dieser Orgel dauern, denn sie kann einen Ton nahezu beliebig lange spielen.
   a) Der erste Akkord war vom 05. 02. 2003 bis zum 05. 07. 2004 zu hören. Wie viele Tage dauerte dieser erste Klangimpuls?
   b) Spielt man das ganze Stück auf einem Klavier, dauert es gerade einmal 75 min. Wievielmal länger ist das Stück auf der dafür konstruierten Orgel?

Hinweis zu 8:
Alle vier Jahre gibt es ein Schaltjahr (zum Beispiel 2012). Das bedeutet, dass der Monat Februar nicht 28, sondern 29 Tage hat. Berücksichtige diese Information bei deinen Berechnungen.

9. Felix möchte mit der Bahn von Magdeburg über Schönebeck nach Halle fahren.
   a) Wie lange fährt der Zug von Magdeburg nach Schönebeck bei den zwei angezeigten Verbindungen?
   b) Wie lange würde Felix jeweils von Schönebeck nach Halle brauchen?
   c) Felix muss spätestens um 11:30 Uhr in Halle sein. Welche Verbindungen kann er nehmen? Wie lange dauert die gesamte Reise?

Bahnhof/Haltestelle	Datum	Zeit	
		↑	früher
> Magdeburg Hbf Schönebeck (Elbe)	Do, 12.06.2014 Do, 12.06.2014	ab an	09:56 10:14
> Magdeburg Hbf Schönebeck (Elbe)	Do, 12.06.2014 Do, 12.06.2014	ab an	10:04 10:18
> Schönebeck (Elbe) Halle (Saale) Hbf	Do, 12.06.2014 Do, 12.06.2014	ab an	10:01 10:50
> Schönebeck (Elbe) Halle (Saale) Hbf	Do, 12.06.2014 Do, 12.06.2014	ab an	10:25 11:24
> Schönebeck (Elbe) Halle (Saale) Hbf	Do, 12.06.2014 Do, 12.06.2014	ab an	10:44 11:37

10. Auf einem Bauernhof leben 5 Pferde, 1 Esel, 2 Hunde, 20 Kühe, 10 Schafe, 10 Schweine, 8 Hasen, 3 Enten, 12 Hühner und 1 Ziege. Die Tabelle zeigt durchschnittliche Massen.

Tier	Pferd	Esel	Hund	Kuh	Schaf	Schwein	Hase	Ente	Huhn	Ziege
Masse	600 kg	300 kg	35 kg	650 kg	80 kg	200 kg	4 kg	4 kg	3 kg	50 kg

Die durchschnittliche Futtermenge für ein Pferd beträgt pro Tag 3 kg Kraftfutter, 6 kg Heu und 1 kg Stroh. Die Kosten für das Futter betragen: Kraftfutter: 15 € pro 30 kg, Heu: 20 € pro 400 kg und Stroh: 15 € pro 500 kg.

- Stelle die Anzahl der auf dem Bauernhof lebenden Tiere in einer Häufigkeitstabelle dar. Erstelle danach ein Säulendiagramm.
- Wie schwer sind alle Tiere zusammen? Gib das Ergebnis in Gramm, in Kilogramm, in Tonnen an.
- Im Lager sind noch vier 25-kg-Säcke Kraftfutter für die Pferde. Wie viele Tage kommt man damit aus?
- Wie viel Kilogramm Futter verbrauchen die Pferde in einer Woche? Wie viel Euro kostet das Futter für ein Pferd in einer Woche?

Prüfe dein neues Fundament

6. Größen und ihre Einheiten

Lösungen
↗ S. 243

1. Nenne sinnvolle Einheiten für folgende Angaben:
   a) Flächeninhalt eines Handballfeldes
   b) Länge einer Wandertour
   c) (Masse) Gewicht eines Pkw
   d) Volumen (Rauminhalt) einer Badewanne
   e) Preis einer Briefmarke
   f) Höhe des Eiffelturms

2. Entscheide, ob die Angabe stimmen kann. Begründe deine Entscheidung.
   a) Ein Blauwal wiegt höchstens 100 000 000 mg.
   b) Die Bahnstrecke von Halle nach Berlin ist etwa 162 km lang.
   c) Eine Unterrichtsstunde dauert etwa 600 s.

3. Rechne in die nächstkleinere Einheit um.
   a) 7,5 m
   b) 1,4 kg
   c) 9,25 km
   d) 22,5 cm^2
   e) 1,5 ℓ
   f) $2\frac{1}{2}$ min
   g) 0,01 kg
   h) 0,5 cm^3

4. Rechne in die nächstgrößere Einheit um:
   a) 250 m
   b) 28 g
   c) 3 m
   d) 5,5 cm
   e) 15 mℓ
   f) 150 mm^3
   g) 150 min
   h) 15 kg

5. Rechne in die angegebene Einheit um.
   a) 70 cm in mm
   b) 23 t in kg
   c) 7 min in s
   d) 47 cm in dm
   e) 2430 g in kg
   f) 420 min in h
   g) 4,5 t in mg
   h) 3,251 m in mm
   i) 2 m^2 in cm^2
   j) 300 cm^2 in dm^2
   k) 1 ha in m^2
   l) 200 m^2 in a

6. Rechne in die in Klammern stehende Volumeneinheit um.
   a) 20 cm^3 (mm^3)
   b) 6 ℓ (cm^3)
   c) 15 000 dm^3 (m^3)
   d) 3000 mℓ (mm^3)
   e) 30 dm^3 (mm^3)
   f) 6 m^3 (cm^3)
   g) 15 000 dm^3 (mm^3)
   h) 3 000 000 mm^3 (ℓ)

7. Vergleiche die Größenangaben miteinander.
   a) 12 a und 0,12 ha
   b) 0,25 kg und 250 g
   c) 300 min und 6 h
   d) 2000 m^2 und 2 ha
   e) 3,5 ℓ und 350 ml
   f) 399 mm^2 und 0,399 cm^2

8. Berechne im Kopf.
   a) 11,1 kg · 4
   b) 188 cm^2 : 4
   c) 5 · 0,8 m^3
   d) 360 min : 12
   e) 0,5 kg + 150 g
   f) 2 l + 50 mℓ
   g) 0,5 h + 15 min
   h) 1,50 € + 75 Cent

9. Berechne die Anteile.
   a) $\frac{1}{4}$ von 400 g
   b) $\frac{1}{3}$ von 12 m^2
   c) $\frac{1}{2}$ von 1 h
   d) $\frac{3}{4}$ von 8 kg
   e) $\frac{3}{5}$ von 3 kg
   f) $\frac{3}{4}$ von 6 m^2
   g) $\frac{2}{3}$ von 2 h
   h) $\frac{2}{3}$ von 5 kg

10. Gib den Anteil als Bruch an.
    a) 10 m von 100 m
    b) 250 mg von 1 g
    c) 12 min von 1 h
    d) 20 ct von 5 €

11. Mia bezahlt beim Einkaufen mit einem 20-Euro-Schein.
    Welchen Geldbetrag bekommt sie bei folgendem Gesamtpreis zurück?
    a) 15,55 €
    b) 8,07 €
    c) 13,33 €
    d) 10,13 €
    e) 4,09 €
    f) 2,07 €

12. Berechne, für wie viele volle 200-mℓ-Gläser der Inhalt eines 50-ℓ-Cola-Fasses reicht.

13. Berechne.
    a) 500 g + 0,250 kg
    b) 3 h − 90 min
    c) 125 cm + 1,5 m + 15 dm

Prüfe dein neues Fundament

14. Eine Schulturnhalle ist 50 m lang und 25 m breit. Ihre Grundfläche soll in einem Maßstab von 1 : 40 gezeichnet werden. Gib Länge und Breite der Grundfläche in der Zeichnung an.

15. Entscheide, welche der folgenden Größenangaben für einen Kleiderbügel aus Holz sinnvoll sind und begründe deine Entscheidung.
    Breite am Steg: 29,5 cm;   170 mm;   7 cm;   0,43 m;
    0,04 km;   0,00043 km;   0,00295 km
    Masse: 3,104 kg;   17 g;   0,001 t;   512 g;
    263 g;   1087 mg;   0,00025 kg

16. Es ist die wirkliche Länge einer im Modell dargestellten Diesellokomotive gesucht. Das abgebildete Modell wurde im Maßstab 1 : 87 hergestellt.
    Anja nennt 1853,1 cm, Thomas 1859 cm, Tuna 21,3 m, Marie 10 831 dm und Ruben 18,531 m. Welche der Antworten sind wohl nicht richtig?
    Begründe deine Entscheidung.

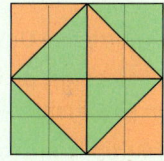

21,3 cm

17. a) Wie hoch muss ein 6 m hoher Baum im Maßstab 1 : 200 gezeichnet werden?
    b) In welchem Maßstab ist eine 5,50 m lange Strecke gezeichnet, wenn sie auf dem Papier 11 cm lang ist.
    c) In einer Karte mit einem Maßstab von 1 : 50 000 beträgt die Entfernung (Luftlinie) zwischen Bernburg und Könnern etwa 2,7 cm. Berechne den Abstand der beiden Städte (Luftlinie) in der Wirklichkeit.

18. Zeichne die nebenstehende Originalfigur sowohl im Maßstab 1 : 2 als auch im Maßstab 2 : 1 in dein Heft.

Wiederholungsaufgaben

1. Rechne im Kopf.
   a) $8 \cdot 13 + 10 \cdot 11$ b) $76 - 2 \cdot 5$ c) $5 \cdot (16 + 14) - 25$ d) $22 - (8 + 12) - 2$

2. Übertrage in dein Heft und setzte für ■ das passende Rechenzeichen ein:
   a) 4 ■ 14 = 18   b) 5 ■ 4 = 20   c) 48 ■ 19 = 29

3. Die drei Karten werden hintereinander gelegt, um damit dreistellige Zahlen zu bilden. Entscheide, wie viele solcher Zahlen gebildet werden können. Gib die größte und die kleinste dieser Zahlen an.

4. Schreibe Zweihundertfünfzigtausendundsechs in Ziffernschreibweise.

5. Ermittle durch Messen die Länge der nebenstehenden Strecke.

Zusammenfassung

6. Größen und ihre Einheiten

Größen und ihre Einheiten

Einheiten der Länge:
Kilometer (km); Meter (m); Dezimeter (dm); Zentimeter (cm); Millimeter (mm)

1 km = 1000 m; 1 m = 1000 mm; 1 m = 10 dm;
1 dm = 10 cm; 1 cm = 10 mm; 1 m = 100 cm

Einheiten der Masse:
Tonne (t); Kilogramm (kg); Gramm (g); Milligramm (mg)

1 t = 1000 kg; 1 kg = 1000 g;
1 g = 1000 mg

Einheiten der Zeit:
Tage (d); Stunden (h); Minuten (min); Sekunden (s)
Aber auch: Wochen, Monate, Jahre

1 d = 24 h; 1 h = 60 min;
1 min = 60 s

1 Woche = 7 Tage; 1 Jahr = 12 Monate

Einheiten des Flächeninhalts:
Quadratkilometer (km^2); Hektar (ha); Ar (a); Quadratmeter (m^2); Quadratdezimeter (dm^2); Quadratzentimeter (cm^2); Quadratmillimeter (mm^2)

$1\ km^2 = 100\ ha$; $1\ km^2 = 1\,000\,000\ m^2$
$1\ ha = 100\ a$; $1\ a = 100\ m^2$;
$1\ m^2 = 100\ dm^2$;
$1\ dm^2 = 100\ cm^2$;
$1\ cm^2 = 100\ mm^2$

Einheiten des Volumens:
Kubikmeter (m^3); Kubikdezimeter (dm^3); Kubikzentimeter (cm^3); Kubikmillimeter (mm^3)

$1\ m^3 = 1000\ dm^3$
$1\ dm^3 = 1000\ cm^3$
$1\ cm^3 = 1000\ mm^3$

Aber auch: Liter (ℓ), Milliliter (mℓ), Hektoliter (hℓ)

$1\ ℓ = 1000\ mℓ = 1\ dm^3$
$1\ hℓ = 100\ ℓ$; $1\ mℓ = 1\ cm^3$

Einheiten des Geldes:
Euro (€); Cent (ct)

1 € = 100 ct

Größenangaben umrechnen

Ermittle die **Umrechnungszahl**.

Entscheide, ob in eine größere oder in eine kleinere Einheit umzurechnen ist.

Multipliziere mit der Umrechnungszahl beim Umrechnen in eine kleinere Einheit und **dividiere** durch die Umrechnungszahl beim Umrechnen in eine größere Einheit.

In eine kleinere Einheit umrechnen:
1,5 min = 1,5 · 1 min = 1,5 · 60 s = 90 s

In eine größere Einheit umrechnen:
180 min = (180 : 60) h = 3 h

Maßstab

Der **Maßstab** ist das Verhältnis der Längen der Bildstrecke zur Originalstrecke.

Der Maßstab hat **keine Einheit**.

Maßstäbliche Verkleinerung:
Bild kleiner als Original

Maßstäbliche Vergrößerung:
Bild größer als Original

1 : 100 000 (sprich: 1 zu 100 000)
bedeutet:
1 cm der Karte (Bildstrecke)
entspricht
100 000 cm = 1 km
der Wirklichkeit (Originalstrecke).

Vorsätze und ihre Bedeutung

Kilo (k) bedeutet **Tausend**
Hekto (h) bedeutet **Hundert**
Dezi (d) bedeutet **Zehntel**
Zenti (c) bedeutet **Hundertstel**
Milli (m) bedeutet **Tausendstel**

1 km = 1000 m	1 kg = 1000 g
1 hℓ = 100 ℓ	1 ha = 100 a
1 dm = 0,1 m	1 dt = 0,1 t
1 cm = 0,01 m	$1\ cm^2 = 0,01\ dm^2$
1 mm = 0,001 m	1 mℓ = 0,001 ℓ

7. Geometrische Grundbegriffe

In einem klaren See im Berner Oberland in der Schweiz spiegelt sich die Berglandschaft.

Dein Fundament

7. Geometrische Grundbegriffe

Lösungen
S. 244

Gerade Linien erkennen, messen und zeichnen

1. Gib die Länge der geraden Linie an. Sie geht von:
   a) 0 bis A   b) 0 bis C   c) A bis D   d) B bis C

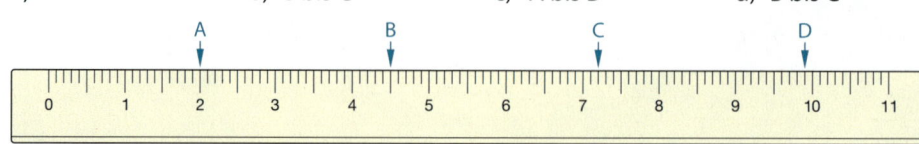

2. Entscheide, welche der folgenden Linien gerade sind. Ermittle deren Längen.

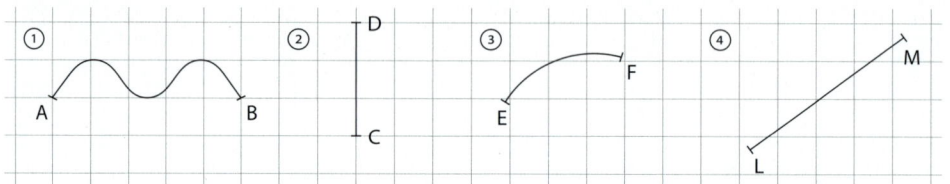

3. Zeichne eine gerade Linie mit den Endpunkten A und B und einer Länge von:
   a) 3 cm   b) 25 mm   c) 5,7 cm

4. Zeichne zwei gerade Linien mit einer Länge von jeweils 3 cm.
   a) Sie sollen sich in genau einem Punkt schneiden.
   b) Sie sollen keinen gemeinsamen Punkt haben.

5. Entscheide, welche der beiden Linien augenscheinlich die längere ist. Miss dann nach.

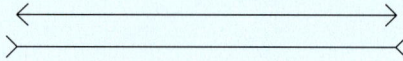

6. Übertrage die Punkte in dein Heft und zeichne dann alle möglichen geraden Verbindungslinien zwischen den Punkten ein.

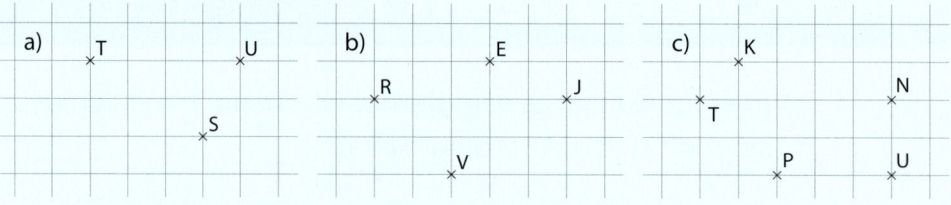

Figuren erkennen und skizzieren

7. Übertrage die Figur mit doppelten Seitenlängen in dein Heft.

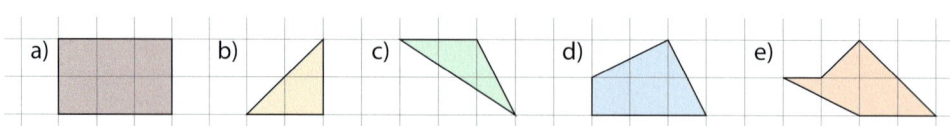

8. Skizziere (freihand) ein Dreieck und ein Viereck in dein Heft.

Dein Fundament

9. Wie viele Dreiecke und Vierecke enthält die Figur?
   a) 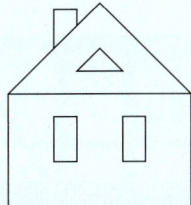   b) 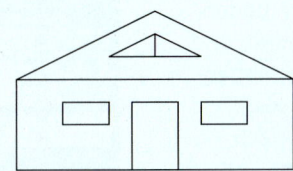   c)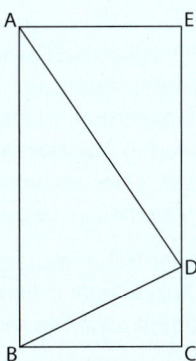

10. Skizziere sowohl ein Dreieck als auch ein Viereck in dein Heft.
    a) Beide Figuren sollen genau zwei Punkte gemeinsam haben.
    b) Beide Figuren sollen genau drei Punkte gemeinsam haben.
    c) Beide Figuren sollen genau vier Punkte gemeinsam haben.

Muster erkennen und fortsetzen

11. Übertrage das Muster in dein Heft und setze es jeweils um 10 Kästchen nach rechts fort.

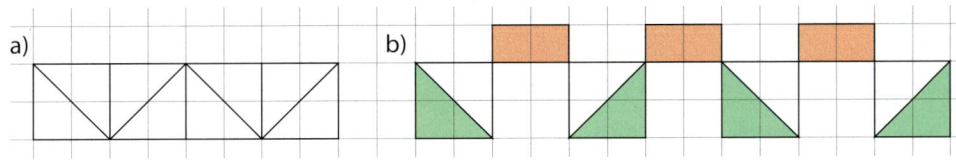

12. Übertrage das Muster in dein Heft und setzte es um fünf gerade Linien fort. Erläutere dein Vorgehen.

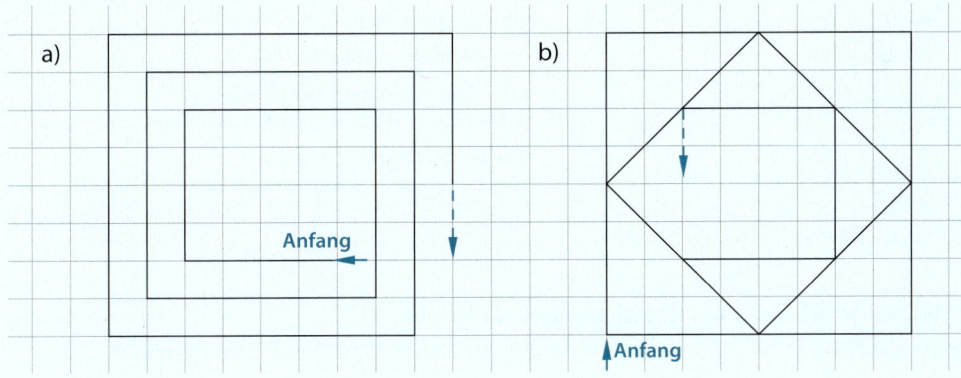

Kurz und knapp

13. Trage auf einem Zahlenstrahl die gegebenen natürlichen Zahlen ein.
    a) 1, 3, 7, 9, 10
    b) 2, 4, 8, 14, 16
    c) 15, 30, 55, 75, 90
    d) 500, 1000, 1500, 1750

14. Gib die Zahlen an, die die Buchstaben A, B und C beim nebenstehenden Zahlenstrahl kennzeichnen.

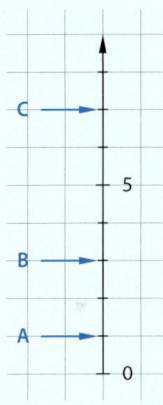

7.1 Geometrische Figuren beschreiben

■ Die Balken bei Fachwerkhäusern bilden geometrische Figuren. Welche Figuren und wie viele davon erkennst du an der nebenstehenden Außenwand eines Hauses? Erläutere, warum deiner Meinung nach Fachwerkhäuser so gebaut sind. ■

Geometrische Figuren unterscheiden sich in der Anzahl ihrer Ecken. Die Anzahl der Ecken bestimmt auch, wie viele Seiten die Figur hat.

Diese Eigenschaft wird zur Bezeichnung der Objekte verwendet.

Wissen: Dreieck, Viereck, n-Eck (Vieleck)

Figur	Anzahl der Ecken	Anzahl der Seiten
Dreieck	3	3
Viereck	4	4
Fünfeck	5	5
n-Eck (Vieleck), n ist eine natürliche Zahl	n	n

Besondere geometrische Formen haben auch besondere Eigenschaften.

Wissen: Trapeze, Parallelogramme, Rechtecke und Quadrate sind besondere Vierecke

Hinweis: Zueinander parallele Seiten sind überall gleich weit voneinander entfernt.

Figur	Anzahl der Ecken	Eigenschaften
Trapez	4	– ein Paar zueinander parallele Seiten
Parallelogramm	4	– zwei Paare zueinander parallele Seiten
Rechteck	4	– zwei Paare zueinander parallele Seiten – je zwei Seiten sind zueinander senkrecht
Quadrat	4	– vier gleich lange Seiten und – zwei benachbarte Seiten sind zueinander senkrecht

Hinweis: Beim regelmäßigen Sechseck sind alle sechs Seiten gleich lang.

Ein Kreis hat als geschlossene Linie keine Ecken.

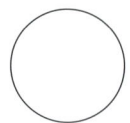

Beispiel 1: Vierecke auf Kästchenpapier zeichnen
Zeichne ein Quadrat und ein Trapez auf Kästchenpapier. Nenne Besonderheiten.

Lösung:
Wenn die Eckpunkte auf dem Kästchenraster liegen, lassen sich gleich lange und zueinander parallele Seiten durch Abzählen der Kästchen einfach zeichnen.
Beim **Quadrat** sind alle Seiten gleich lang und benachbarte Seiten zueinander senkrecht.

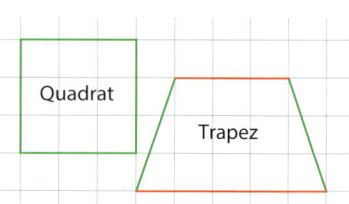

Beim **Trapez** sind mindestens zwei gegenüberliegende Seiten zueinander parallel.

Aufgabe 1: Zeichne ein Rechteck und ein Parallelogramm auf Kästchenpapier. Nenne Besonderheiten dieser Figuren.

7.1 Geometrische Figuren beschreiben

Aufgaben

2. Beschreibe einen Gegenstand im Klassenzimmer als geometrische Figur so, dass deine Mitschüler erraten können, welchen Gegenstand du beschrieben hast. Bei welchen Gegenständen ist das besonders einfach? Begründe deine Entscheidung.

3. **Durchblick:** Zeichne ein Quadrat mit einer Seitenlänge von 5 cm und ein Rechteck mit Seitenlängen von 6 cm und 4 cm.

4. Markiere auf Kästchenpapier drei Punkte wie in nebenstehender Darstellung.
   Vervollständige die Darstellung (wenn möglich):
   a) zu einem Rechteck, das kein Quadrat ist
   b) zu einem Trapez, das kein Parallelogramm ist
   c) zu einem Quadrat

 5. **Stolperstelle:** Betrachte die nebenstehenden blauen und grünen Kreise. Schätze zuerst durch bloßes Hinsehen, welche der beiden grünen Kreisflächen größer ist. Prüfe dann deine Vermutung durch Messen. Gib eine Erklärung für solche Erscheinungen ab.

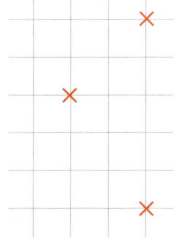

6. Suche mithilfe einer Karte drei Orte, die weniger als 30 km von Magdeburg entfernt sind.

7. Zeichne auf Kästchenpapier einen Punkt. Bewege dich dann wie beschrieben weiter und setze am Ende des jeweiligen Schrittes einen weiteren Punkt. Verbinde aufeinanderfolgende Punkte in ihrer Reihenfolge. Gib jeweils an, welche Figur entstanden ist.
   a) 4 Kästchen nach oben, dann 4 Kästchen nach rechts, danach 4 Kästchen nach unten und zum Schluss 4 Kästchen nach links
   b) 6 Kästchen nach rechts, dann 2 Kästchen nach oben, danach 6 Kästchen nach links und zum Schluss 2 Kästchen nach unten

8. Finde heraus, ob du mit allen sieben Figuren eines Tangramspiels alle dir bekannten Viereckarten legen kannst.

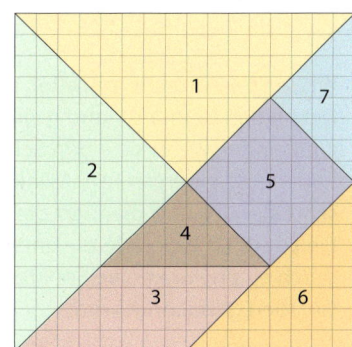

9. Zeichne ein Rechteck und markiere die Mittelpunkte der Seiten dieses Rechtecks. Verbinde dann die Mittelpunkte zu einem neuen Viereck und beschreibe dieses neue Viereck.
   Prüfe, für welche anderen Viereckarten du gleiche Ergebnisse erhältst.

10. **Ausblick:** Beurteile folgende Aussagen:
    a) Ein Quadrat hat auch die Eigenschaften eines Rechtecks.
    b) Ein Viereck mit vier gleich langen Seiten ist ein Quadrat.
    c) Ein Parallelogramm ist auch immer ein Rechteck.
    d) Die Verbindungslinien zweier Eckpunkte bei Vierecken liegen immer im Inneren des Vierecks.

7.2 Lagebeziehungen von Geraden untersuchen

■ Ein Geodreieck ist in zwei Bereiche unterteilt. Außerhalb des gelben Halbkreises stehen Zahlen, die zum Messen von Winkeln dienen. Im Inneren des gelben Halbkreises sind in gleichen Abständen Hilfslinien angeordnet, die zum Zeichnen verwendet werden können. Zeichne mit deinem Geodreieck die nebenstehende Figur in dein Heft. ■

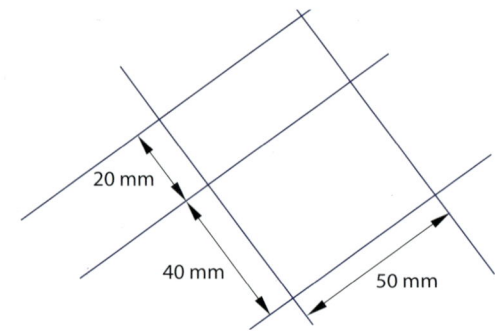

Hinweis:
Stelle Punkte im Heft immer als Schnittpunkte zweier Linien dar.

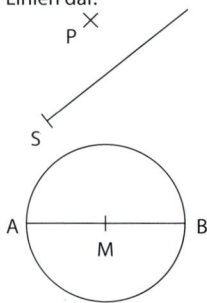

Wissen: Strecke, Gerade, Strahl
Eine **Strecke** ist die kürzeste Verbindung zwischen zwei Punkten. Eine Strecke hat einen Anfangspunkt und einen Endpunkt. Bezeichne Strecken mit **Kleinbuchstaben** oder mit beiden **Großbuchstaben und einem Strich darüber**

Eine **Gerade** entsteht, wenn eine Strecke geradlinig über beide Endpunkte einer Strecke hinaus verlängert wird.
Eine Gerade hat keinen Anfangspunkt und keinen Endpunkt. Bezeichne Geraden mit **Kleinbuchstaben** oder **mit Großbuchstaben ohne Strich darüber.**

Ein **Strahl** entsteht, wenn eine Strecke über einen Endpunkt hinaus verlängert wird. Ein Strahl hat einen Anfangspunkt, aber keinen Endpunkt. Bezeichne Strahlen mit **Kleinbuchstaben.**

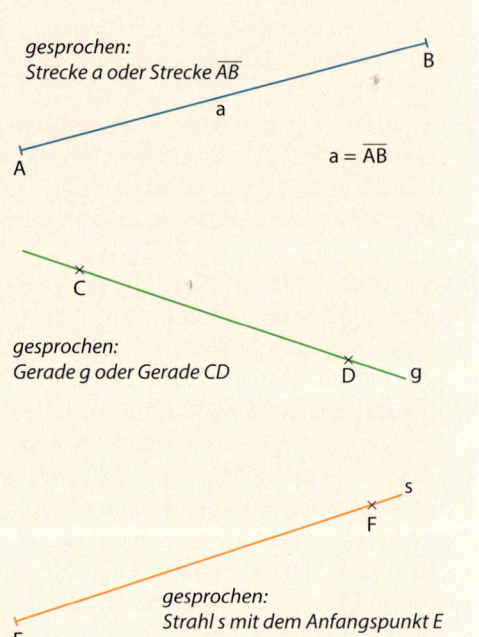

Wissen: senkrecht, parallel, Lot
Die beiden Geraden **f** und **g** sind **senkrecht** zueinander, wenn sie einen Schnittpunkt haben und einen rechten Winkel bilden. Man schreibt **f ⊥ g** und markiert dies durch ⌐.
Ein **Lot** ist eine Gerade die entsteht, wenn durch einen Punkt eine Senkrechte zu einer Geraden gezeichnet wird.

Die Geraden **h** und **i** sind **parallel** zueinander, wenn sie überall den gleichen **Abstand** voneinander (keinen Schnittpunkt) haben.
Man schreibt **h ∥ i**
Der Abstand ist immer die Länge der kürzesten Strecke. Die kürzeste Strecke ist senkrecht zu **h** und **i**.

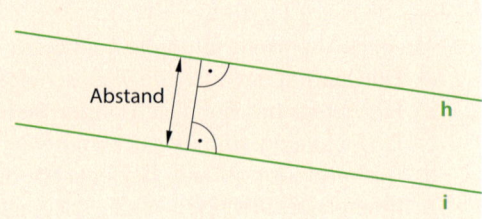

7.2 Lagebeziehungen von Geraden untersuchen

Beispiel 1: Zueinander senkrechte Geraden zeichnen
Zeichne mit dem Geodreieck zwei zueinander senkrechte Geraden.

Lösung:
Zeichne die Gerade g und lege die mittlere (durch 0 gehende) Hilfslinie des Geodreiecks genau darüber.
Zeichne dann (an der Grundseite des Geodreiecks) die Gerade f.
Die Geraden f und g bilden einen rechten Winkel. Sie sind senkrecht zueinander.

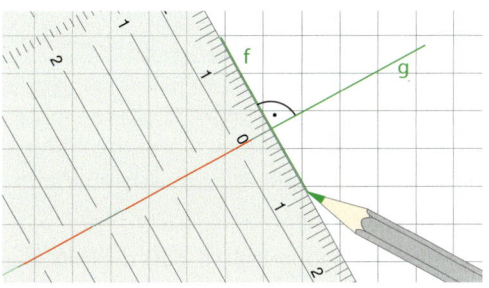

Hinweis:
Aufgaben können oft mehrere Lösungen haben. Darum sollten Lösungswege erklärt werden. Dazu eignet sich ein Lerntagebuch (Seite 232, Methodenkarte 5B).

Aufgabe 1: Zeichne mit dem Geodreieck zwei zueinander senkrechte Geraden h und k.

Beispiel 2: Zueinander parallele Geraden zeichnen
Zeichne mit dem Geodreieck in 3 cm Abstand zwei zueinander parallele Geraden.

Lösung:
Zeichne eine Gerade g und markiere darauf einen (beliebigen) Punkt A.
Lege die mittlere Hilfslinie mit 0 an A darüber und zeichne eine 3 cm lange Strecke $\overline{AB}$ (an der Grundseite des Geodreiecks). Der Punkt B hat nun den Abstand 3 cm von der Geraden.

Lege die mittlere Hilfslinie des Geodreiecks über die Strecke $\overline{AB}$ mit 0 in Punkt B an und zeichne an der Grundseite des Geodreiecks die zweite Gerade f. Die Geraden f und g haben einen Abstand von 3 cm.
Dies ist nur eine Lösung. Zu einer Geraden gibt es aber immer zwei parallele Geraden mit dem Abstand 3 cm. Für die zweite Lösung müsste der Punkt B auf der anderen Seite von g gezeichnet werden.

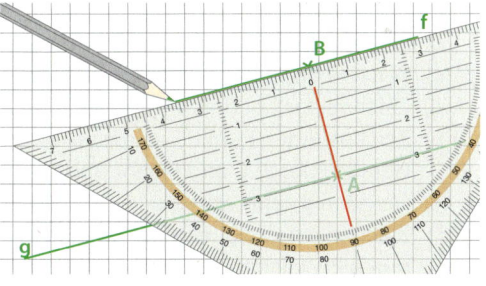

Abstände bis zu 3,5 cm lassen sich in Schritten von 0,5 cm auch mit den zueinander parallelen Hilfslinien zeichnen. Die Zahlen an den Hilfslinien des Geodreiecks geben immer Abstände an. Mit diesen Hilfslinien kannst du auch prüfen, ob zwei Geraden zueinander parallel sind oder du kannst zueinander parallele Geraden zeichnen.

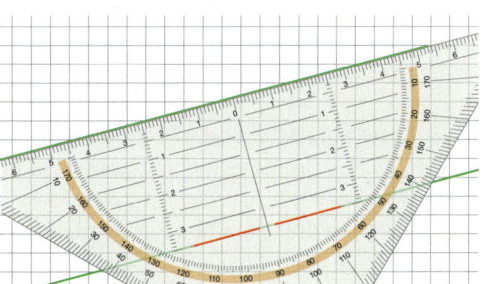

Aufgabe 2: Zeichne mit dem Geodreieck zwei zueinander parallele Geraden.
  a) in einem Abstand von 2 cm
  b) in einem Abstand von 7 cm

Beispiel 3: Senkrechte und parallele Geraden erkennen
Prüfe, welche der Geraden zueinander senkrecht, welche parallel zueinander sind.

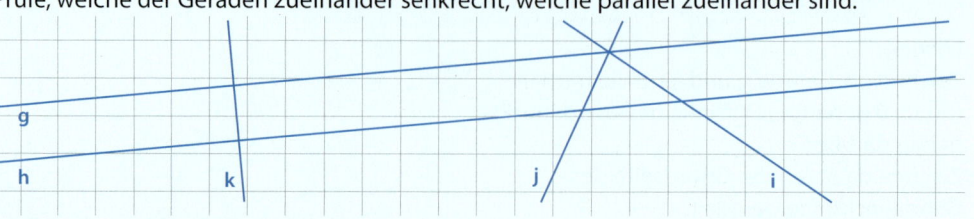

Lösung:
Drehe dein Geodreieck so, dass die Hilfslinien über den zu prüfenden Geraden liegen.
Die Geraden k und g sind senkrecht zueinander, ebenso die Geraden k und h:
also gilt k ⊥ g und k ⊥ h. Die Geraden g und h sind parallel zueinander, also gilt g ∥ h.

Aufgabe 3: Ermittle mithilfe des Geodreiecks alle Paare von Geraden, die parallel zueinander sind. Ermittle auch alle Paare von Geraden, die senkrecht zueinander sind.

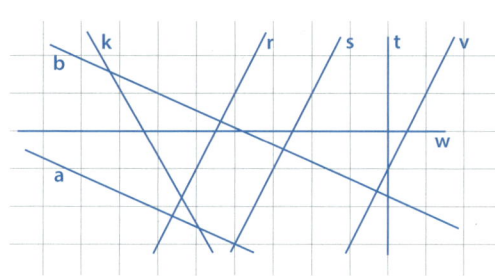

Aufgaben

4. **Durchblick:** Zeichne auf Kästchenpapier fünf Punkte A, B, C, D und E wie unten angegeben. Orientiere dich beim Bearbeiten der Aufgabe an den Beispielen 1 und 2 auf Seite 151.
   a) Zeichne die Strecke $\overline{CD}$.
   b) Zeichne die Gerade g durch A und B.
   c) Zeichne den Strahl h von C durch A.
   d) Zeichne das Lot durch C zur Geraden AB.
   e) Zeichne einen Punkt F so, dass die Gerade j durch C und F geht und zur Geraden g senkrecht ist.
   f) Zeichne eine zu g parallele Gerade k durch E. Welchen Abstand haben die beiden Geraden ungefähr?
   g) Zeichne alle Geraden, die zur Geraden g einen Abstand von 4 cm haben. Wie viele solcher Geraden gibt es?

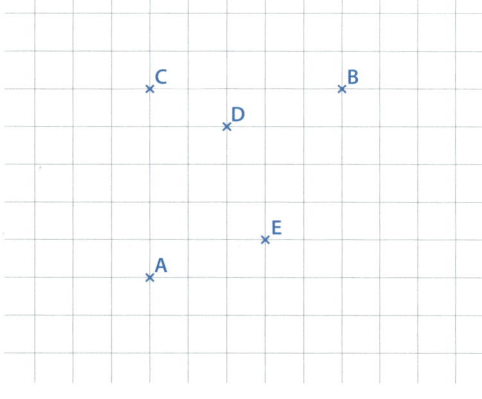

Tipp zu 5:
Wer Fehler findet, notiert eine kurze Begründung.

5. Zeichne auf Kästchenpapier und lass dein Ergebnis von jemandem kontrollieren.
   a) Zeichne drei Strecken mit gemeinsamen Schnittpunkten:
      ① drei   ② zwei   ③ einen   ④ keinen
   b) Zeichne drei Geraden, mit gemeinsamen Schnittpunkten:
      ① drei   ② zwei   ③ einen   ④ keinen
   c) Zeichne zwei Geraden mit folgenden Eigenschaften:
      ① Sie sind zueinander parallel und ihr Abstand voneinander beträgt 1,5 cm.
      ② Sie sind zueinander parallel mit einem Abstand von 6 cm.
      ③ Sie sind senkrecht zueinander.

7.2 Lagebeziehungen von Geraden untersuchen

6. **Stolperstelle:** Beim Bau eines Hauses werden die Böden und Zwischendecken parallel zueinander (üblicherweise waagerecht bzw. horizontal) ausgerichtet. Als Hilfsmittel dazu dienen Wasserwaagen. Die Wände sind dann senkrecht zu den Böden und den Zwischendecken (üblicherweise lotrecht bzw. vertikal). Prüfe am Bild des Berliner Hauses.
    a) Welche Linien sind lotrecht, welche waagerecht?
    b) Welche Paare von Linien sind zwar senkrecht zueinander, sind aber weder waagerecht noch lotrecht?
    c) Entscheide, wie die Böden und Zwischendecken, wie die Wände der Zimmer im Haus ausgerichtet sein werden. Begründe, warum dies so ist.

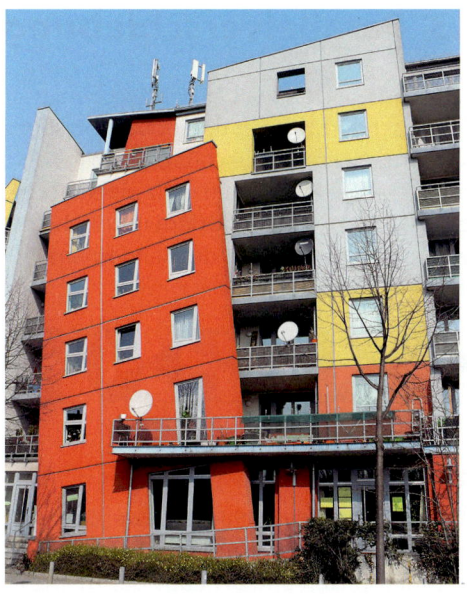

Hinweis zu 6:
Der Begriff „horizontal" bedeutet „parallel zum Horizont", wenn man zum Beispiel aufs Meer hinaus schaut. Lotrecht bedeutet parallel zum Lot, also senkrecht zum Horizont.

7. Erkunde das bei Strecke a beginnende Muster.
    a) Notiere alle Paare zueinander paralleler Strecken. Notiere alle zueinander senkrechten Strecken.
    b) Zeichne auf Kästchenpapier ein solches Muster, das mit a = 5 mm (eine Kästchenbreite) beginnt. Färbe alle zu a parallelen Strecken orange und alle zu a senkrechten Strecken grün. Setze die Figur bis zur Strecke m fort.

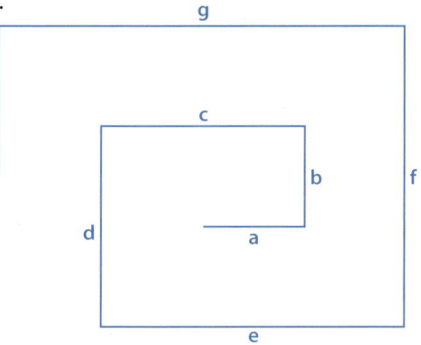

Hinweis zu 7:
In der Lokomotive verstecken sich die zueinander parallelen, in der Rauchwolke die zueinander senkrechten Strecken. Aber Vorsicht: Einige Fehler haben sich eingeschlichen, suche diese.

8. Auch in unserer Umgebung ist einiges zueinander parallel oder zueinander senkrecht. Notiere jeweils Beispiele für Teile an Gegenständen und für Situationen in deinem Heft.
    a) Strecken, die einander schneiden und gleichzeitig zueinander senkrecht sind
    b) Strecken, die zueinander parallel sind
    c) Strecken, die einander nicht schneiden, aber zueinander senkrecht sind

9. **Ausblick:**
    a) Entscheide, ohne zu messen, welche der Linien zueinander parallel, welche zueinander senkrecht sind.
    b) Prüfe nun mit dem Geodreieck, welche Linien tatsächlich zueinander parallel oder zueinander senkrecht sind. Achte besonders auf die Lage der kurzen Linien.
    c) Zeichne zwei zueinander parallele Geraden, die beim Beobachten aber nicht als parallel zueinander erscheinen. Es soll also eine optische Täuschung vorliegen.
    d) Suche in Büchern oder im Internet weitere optische Täuschungen und stelle diese deinen Mitschülern vor.

7.3 Parallelverschiebungen durchführen

■ Pyrgí ist ein Dorf auf der griechischen Insel Chios. Die Häuser dort werden traditionell mit sogenannten „Bandornamenten" (Griechisch: xistá) verziert. Dadurch erhält Pyrgí einen ganz eigenen Charakter, der es von den Nachbardörfern unterscheidet. Beschreibe, wie du folgendes Bandornament herstellen würdest: ■

> **Wissen: Die Parallelverschiebung**
> Bei einer Parallelverschiebung werden alle Punkte einer Figur in die gleiche Richtung um Strecken mit gleicher Länge parallel verschoben.
> Die **Pfeilspitzen und die Lage** der zueinander parallelen Verschiebungspfeile geben die **Verschiebungsrichtung**, die **Länge der Pfeile** die **Verschiebungslänge** an.

Es genügt, einen einzigen Verschiebungspfeil für eine Parallelverschiebung einzuzeichnen, um eine Parallelverschiebung eindeutig zu kennzeichnen.

Hinweis:
Bei einer Parallelverschiebung bleiben Streckenlängen, Winkelgrößen und die Form der Figur, also ihr Aussehen, erhalten.

> **Beispiel 1: Parallelverschiebung auf Kästchenpapier durchführen**
> Führe mit dem Dreieck in der Abbildung eine Parallelverschiebung um 2 cm nach rechts und 1 cm nach oben durch. Markiere einen Verschiebungspfeil farbig. Gib seine Länge an.

Lösung:
Zähle von jedem Eckpunkt des Dreiecks ausgehend 4 Kästchen (2 cm) nach rechts und 2 Kästchen (1 cm) nach oben. Dadurch wird jeder Eckpunkt einzeln verschoben. Verbinde danach die dabei erhaltenen Punkte wieder zu einem Dreieck. Kennzeichne die Verbindungsstrecke zwischen zwei zusammengehörenden Punkten als Verschiebungspfeil. Ermittle die Länge des Verschiebungspfeiles durch Messen mit dem Lineal (hier 22 mm = 2,2 cm).

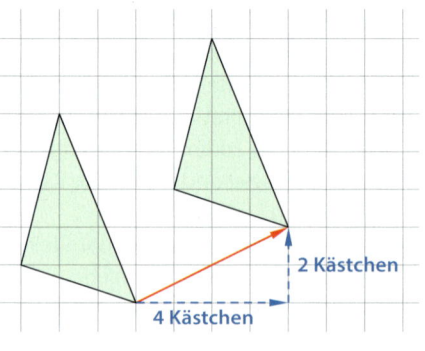

7.3 Parallelverschiebungen durchführen

Aufgabe 1: Zeichne die Figur auf Kästchenpapier und verschiebe sie um 4 cm nach rechts und 3 cm nach unten. Trage einen Verschiebungspfeil ein und gib seine Länge an.

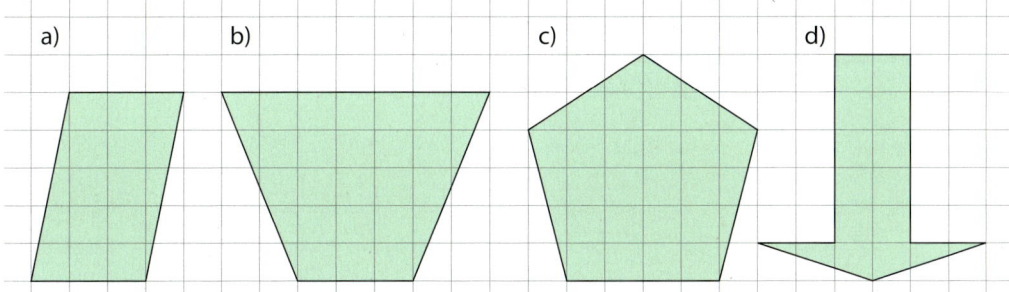

Beispiel 2: Parallelverschiebung mit Geodreieck und Lineal durchführen
Verschiebe eine Gerade g parallel so, dass ein Punkt P auf dem Bild g' liegt. Markiere einen Verschiebungspfeil und gib seine Länge an.

Lösung:

① Lege das Geodreieck mit der Grundseite auf die Gerade g und das Lineal (entsprechend der Abbildung) an eine andere Seite des Geodreiecks.

② Verschiebe das Geodreieck entlang des (festgehaltenen) Lineals so lange, bis der Punkt P genau unter der Grundseite des Geodreiecks liegt.
Zeichne nun die neue (zu g parallele) Gerade g' entlang der Grundseite des Geodreiecks.

③ Entferne das Geodreieck und halte das Lineal weiter fest. Markiere mit einem Farbstift den Verschiebungspfeil entlang des Lineals und miss seine Länge.

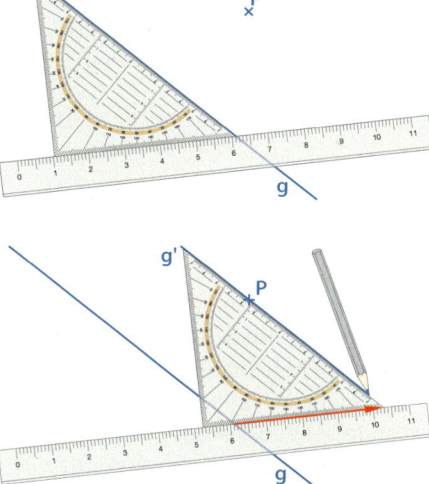

Aufgabe 2: Zeichne (entsprechend der Abbildung) das Quadrat ABCD und den Punkt D' auf Kästchenpapier. Verschiebe dann das Quadrat mit Geodreieck und Lineal so, dass der Punkt D' der obere linke Eckpunkt des neuen Quadrates wird.

Hinweis zu 2:
Ein bei einer Verschiebung entstandener Punkt wird mit einem Strich am Buchstaben (zum Beispiel D') gekennzeichnet.

Aufgaben

3. Verschiebe die Figuren.
   a) Zeichne auf Kästchenpapier und verschiebe jede Figur durch Abzählen der Kästchen um 3 cm nach links und 4 cm nach unten.

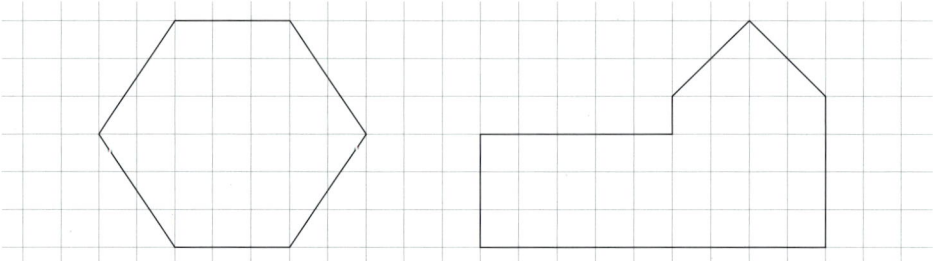

4. **Durchblick:** Zeichne auf Kästchenpapier, wie in Beispiel 1 auf Seite 154. Verschiebe die Figur PQRS nur mit Geodreieck und Lineal so, dass der Punkt P' der unterste Punkt der neuen Figur wird.

5. Mehrere direkt aneinandergesetzte und durch Parallelverschiebungen entstandene Grundfiguren bilden „Bandornamente".
   a) Gib beim nebenstehenden Bandornament die Grundfigur und die Länge der Verschiebung an.
   b) Denke dir Grundfiguren aus und erzeuge damit Bandornamente.

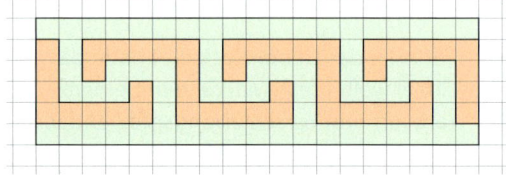

 6. **Stolperstelle:** Prüfe, ob folgende Aussagen wahr sind.
   a) Zwei Quadrate mit gleichen Seitenlängen können immer durch eine Parallelverschiebung aufeinander abgebildet werden, d. h. eines der beiden Quadrate kann durch eine Parallelverschiebung aus dem anderen Quadrat erzeugt werden.
   b) Zwei Kreise mit gleichen Durchmessern können immer durch eine Parallelverschiebung aufeinander abgebildet werden.

7. a) Zeichne zwei zueinander parallele Geraden a und b in einem Abstand von 4,5 cm.
   b) Zeichne zu einer Geraden s zwei weitere Geraden t und u im gleichen Abstand zu s.
   c) Zeichne einen Punkt P, der von einer Geraden x einen Abstand von 3 cm hat. Zeichne dann durch den Punkt P eine zur Geraden x parallele Gerade y.

8. **Ausblick:** Erkunde in deiner Umgebung oder auf Fotos Bandornamente. Stelle mit „Kartoffeldruck" eigene Bandornamente her. Du kannst damit z. B. Briefpapier verschönern.

7.4 Koordinatensysteme zum Zeichnen nutzen

■ Frau Matel hat für ihre 5. Klasse einen Bastelbogen für kleine Häuser aus Papier vorbereitet, mit denen jedes Kind ein Häuschen gleicher Form und Größe für einen Geburtstagskalender ausschneiden soll.
Der Kopierer ist kaputt.
Wie würdest du die Häuser ohne Verwendung eines Kopierers anfertigen? ■

In einem Koordinatensystem kann die Lage von Punkten genau beschrieben werden.

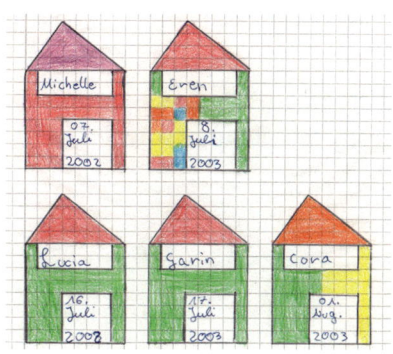
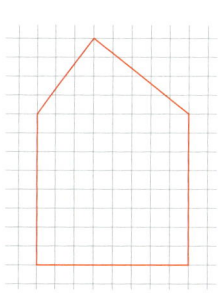

Wissen: Das rechtwinklige Koordinatensystem

Ein **rechtwinkliges Koordinatensystem** besteht aus zwei zueinander senkrechten Zahlenstrahlen mit einem gemeinsamen Anfangspunkt.

Der waagerechte Strahl heißt **x-Achse**.
Der dazu senkrechte Strahl heißt **y-Achse**.

Der Anfangspunkt der Strahlen ist der **Koordinatenursprung O(0|0)**.

Jeder Punkt P wird durch zwei **Koordinaten**, der x-Koordinate und der y-Koordinate, festgelegt.
Man schreibt: P(x|y)
Das bedeutet:
x Einheiten bei O beginnend nach rechts und dann **y Einheiten nach oben**
Der Punkt A hat die **x-Koordinate 3** und die **y-Koordinate 2**.
Man schreibt: A(3|2)

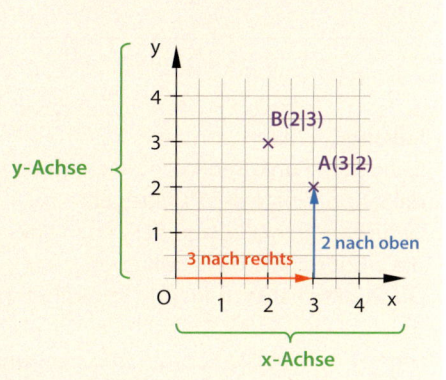

Beispiel 1: Punkte in ein Koordinatensystem eintragen

Trage die Punkte A(2|2), B(4|1), C(5|3) und D(3|4) in ein Koordinatensystem ein und verbinde sie in alphabetischer Reihenfolge (A–B–C–D–A).

Lösung:

Gehe vom Koordinatenursprung so viele Einheiten nach rechts, wie die x-Koordinate, also die erste der beiden Zahlen, angibt.

Gehe dann von dort aus so viele Einheiten nach oben, wie die y-Koordinate, also die zweite der beiden Zahlen angibt.

Zeichne dort den entsprechenden Punkt.

Verbinde zum Schluss die vier Punkte.

Es entsteht ein Quadrat.

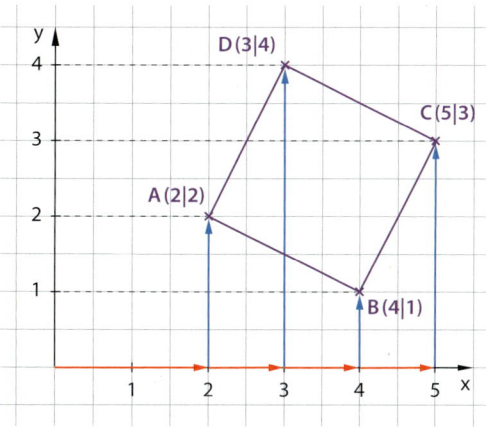

Erinnere dich:
Ein Zahlenstrahl beginnt meist bei 0. Die Pfeilspitze zeigt in Richtung der größer werdenden Zahlen. Die Einteilung auf einem Zahlenstrahl muss immer gleichmäßig sein.

Aufgabe 1: Trage die Punkte A(0|2), B(6|0), C(5|2) und D(2|3) in ein Koordinatensystem ein und verbinde sie in alphabetischer Reihenfolge.

Beispiel 2: Koordinaten von Punkten in einem Koordinatensystem ablesen
Lies die Koordinaten der Punkte A, B, C und D ab.

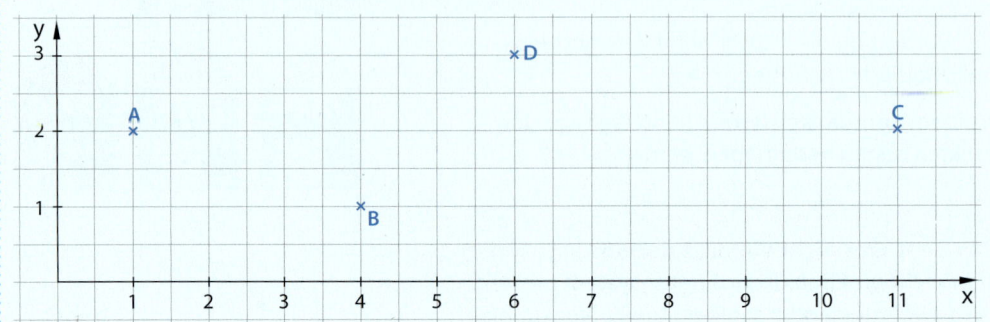

Lösung:
Gehe vom Punkt senkrecht nach unten und lies an der x-Achse
die x-Koordinate des Punktes ab.
Gehe vom Punkt waagerecht nach links und lies an der y-Achse
die y-Koordinate des Punktes ab.
Die Punkte haben folgende Koordinaten: A(1|2), B(4|1), C(11|2) und D(6|3)

Aufgabe 2: Lies die Koordinaten der Punkte A, B, C und D ab.

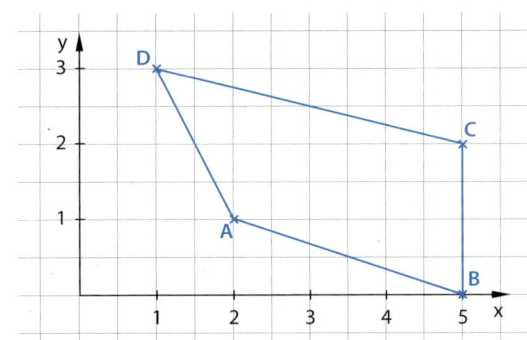

Aufgaben

3. Trage die folgenden Punkte in ein Koordinatensystem ein und verbinde sie in alphabetischer Reihenfolge:
   A(1|1), B(3|1), C(3|0), D(6|0), E(6|1), F(9|4), G(10|8), H(9|11), I(13|6),
   J(2|12), K(1|8), L(3|8), M(2|7), N(1|7), O(0|4), P(3|4), Q(0|3), R(1|1) = A(1|1)

4. a) Zeichne das Viereck ABCD mit A(0|0), B(4|2), C(6|6), D(2|4) in ein Koordinatensystem.
   b) Zeichne die Diagonalen des Vierecks ABCD ein und gib die Koordinaten ihres Schnittpunkts E an.

5. Zeichne drei Punkte in ein Koordinatensystem ein. Gib die Koordinaten der Punkte an.
   a) Die Punkte A, B und C sollen alle drei auf der x-Achse liegen.
   b) Die Punkte D, E und F sollen alle drei auf der y-Achse liegen.

7.4 Koordinatensysteme zum Zeichnen nutzen

6. **Durchblick:** Zeichne eine Figur, wie in Beispiel 1 auf Seite 157, mit folgenden Angaben in ein geeignetes Koordinatensystem:
A(0|0), B(18|0), C(18|13), D(19|14), E(19|16), F(18|16), G(18|18), H(17|21), I(16|18), J(16|16), K(15|16), L(15|14), M(16|13), N(16|6), O(8|10), P(0|6), Q = A

Du erhältst das Bild eines Gebäudes mit Turm. Ermittle die Höhe des Turms und die Höhe des anderen Gebäudeteils, wenn eine Längeneinheit im Koordinatensystem 1 m beträgt.

7. **Stolperstelle:** Hier sind einige Fehler passiert.

   a) Peter soll die Punkte A(8|4), B(10|3), C(9|13) und D(7|14) in ein Koordinatensystem einzeichnen. Er beginnt zu zeichnen und stellt fest, dass er die Aufgabe nicht lösen kann. Gib Peter einen Tipp, was er beachten sollte, um ein geeignetes Koordinatensystem zu zeichnen.

   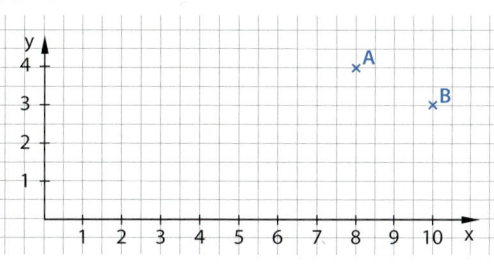

   Hinweis zu 7: Auch eigene Fehler können dir beim Lernen helfen. Notiere in deinem Heft (Seite 232, Methodenkarte 5A) oder Lerntagebuch (Seite 232, Methodenkarte 5B) auch Erklärungen, warum etwas falsch ist.

   b) Konrad soll die folgenden Punkte in ein Koordinatensystem eintragen und sie in alphabetischer Reihenfolge verbinden:
   A(2|0), B(10|0), C(10|4), D(9|9), E(8|4), F(7|6), G(3|6), H(2|4), I = A

   Prüfe, ob Konrad richtig gezeichnet hat und erkläre gegebenenfalls, welche Fehler er gemacht hat. Zeichne selbst korrekt.

   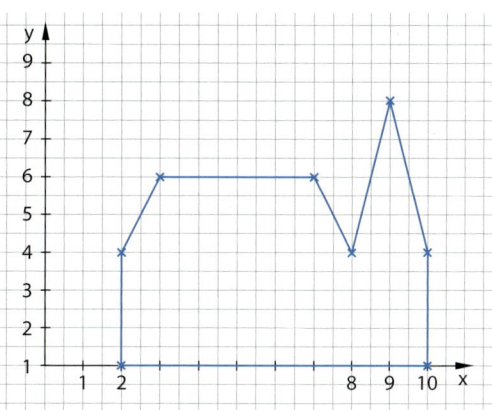

   c) Alina zeichnet das Viereck ABCD mit A(0|2), B(3|0), C(7|1), D(3|3). Was ist hier falsch? Korrigiere die Zeichnung von Alina in deinem Heft.

   d) Jessika soll die folgenden Punkte in ein Koordinatensystem einzeichnen und sie in alphabetischer Reihenfolge verbinden:
   A(0|0), B(1|5), C(2|2), D(3|5), E(4|0)
   Was ist hier falsch? Zeichne selbst korrekt.

   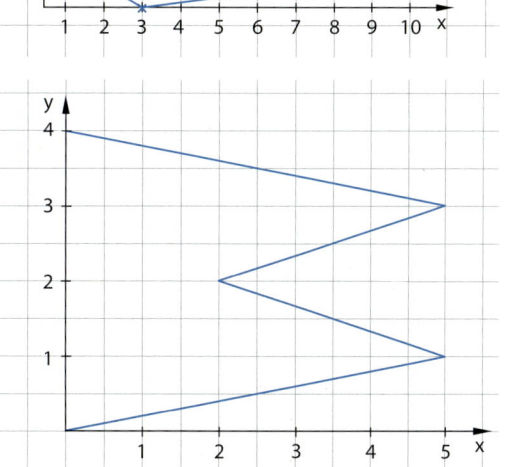

8. a) Sucht euch eines der beiden Vierecke aus und bestimmt die Koordinaten der Eckpunkte.
   b) Nun schließt das Buch und diktiert euch nacheinander die Koordinaten eures Vierecks.
   c) Um welche speziellen Vierecke handelt es sich?
   d) Findet jeweils die Koordinaten für eine andere Viereckart und lasst es von eurem Partner zeichnen.

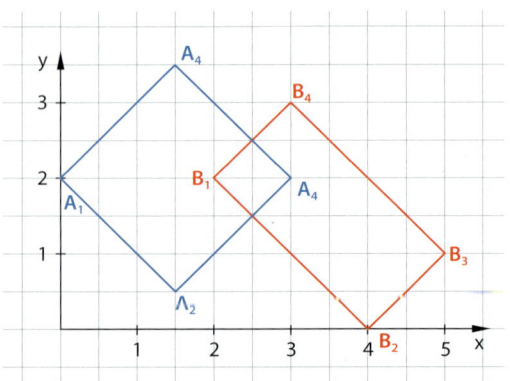

9. Koordinaten werden auch in Gitternetzen verwendet.
   a) Was bedeutet zum Beispiel C2 in der Stadtkarte von Halle oder beim Spiel „Schiffe versenken"? Was bedeutet E2–E4 beim Schach?

 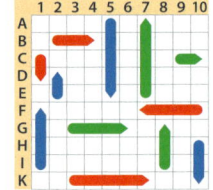 

   b) Vergleiche die Beispiele in Aufgabe a) und nenne Vor- und Nachteile für die Verwendung von Buchstaben.

10. **Ausblick:** Daniel möchte im Urlaub ins Naturkundemuseum gehen, das sich in der Kreuzstraße 20 befindet. Im Stadtplan findet er für die Kreuzstraße E41, F41 als Angabe zu den Planquadraten, die sich aus der Beschriftung an den Rändern ergeben.
   a) Beschreibe mithilfe der Planquadrate, wo sich Spielplätze (⚓) und wo sich Schulen (▲) befinden. Kannst du auch beschreiben, wo sich die Post befindet?
   b) Daniel wohnt an der Ecke Grünstraße (D40, E40) – Wertherstraße (C39, C40, D40). Ermittle die Entfernung zum Naturkundemuseum als Luftlinie, für Fußgänger und für eine Fahrt mit dem Auto (eine Kästchenlänge entspricht 500 m).

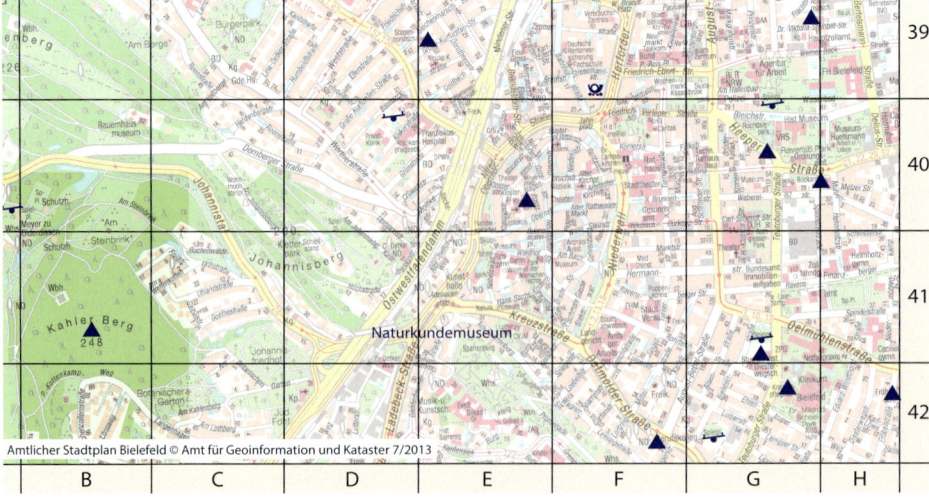

7.5 Achsensymmetrische Figuren zeichnen

■ Maria hat einen Notizzettel einmal in der Mitte gefaltet und eine Figur ausgeschnitten. Nach dem Auseinanderklappen erhält sie den Buchstaben O. Prüfe, ob sich auf diese Weise auch die Buchstaben A, C, J, L, T, U und Y erstellen lassen. ■

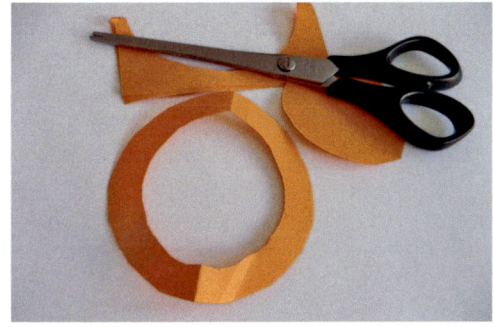

Wissen: Achsensymmetrie
Symmetrische Figuren lassen sich immer in zwei Teile zerlegen, deren Form und Größe jeweils übereinstimmen. Beide Teile sind dann zueinander **deckungsgleich.**

Lässt sich eine Figur entlang einer Gerade so falten, dass die beiden Teile deckungsgleich sind, so heißt diese Figur **achsensymmetrisch**. Die Gerade heißt **Symmetrieachse**.

Beispiel 1: Achsensymmetrische Figuren zeichnen
Vervollständige die vorgegebene Figur so, dass sie achsensymmetrisch wird.
Die rote Gerade soll Symmetrieachse sein.

Lösung:
Lege das Geodreieck mit der mittleren Hilfslinie auf die rote Gerade.
Zwei zusammengehörende Punkte müssen von der roten Geraden (links und rechts) gleich weit entfernt sein. Markiere den Punkt auf der rechten Seite der Geraden mit einem Stift.

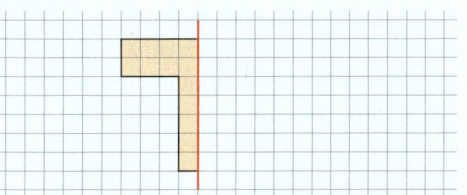

Du kannst hier auch Kästchen abzählen, weil die rote Gerade genau mit einer Kästchenlinie übereinstimmt.
Verbinde alle markierten Punkte.
Es entsteht die symmetrische Figur.

Als fertige symmetrische Figur ist der Buchstabe T entstanden.

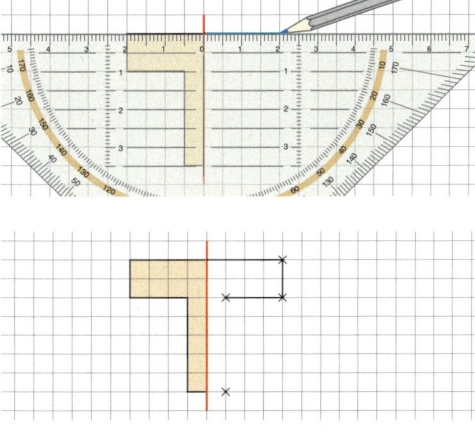

Hinweis:
Würdest du den Buchstaben ausschneiden und entlang der roten Geraden falten, ergäbe sich wieder die ursprüngliche Figur.

Aufgabe 1: Übertrage die Figur auf Kästchenpapier und vervollständige sie so, dass eine achsensymmetrische Figur entsteht. Die rote Linie soll die Symmetrieachse der Figur sein. Entscheide und begründe, ob bzw. warum du mit oder ohne Geodreieck arbeiten möchtest.

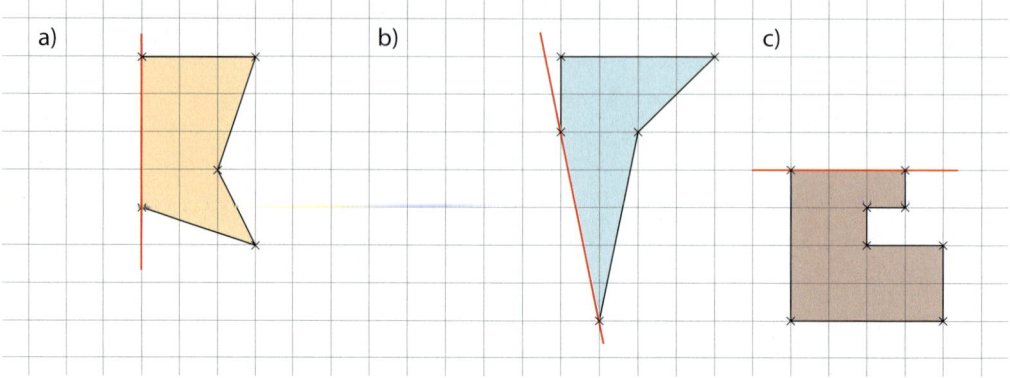

Beispiel 2: Symmetrieachsen in achsensymmetrische Figuren einzeichnen
Zeichne in ein Quadrat mit der Seitenlänge von 3 cm alle Symmetrieachsen ein.

Lösung:
Ich zeichne ein Quadrat mit einer Seitenlänge von 3 cm (6 Kästchen).
Dann zeichne ich Geraden durch die gegenüberliegenden Eckpunkte und durch die gegenüberliegenden Seitenmittelpunkte.

Es entstehen insgesamt vier Symmetrieachsen (Faltgeraden), die das Quadrat immer in zwei deckungsgleiche Teile zerlegen.

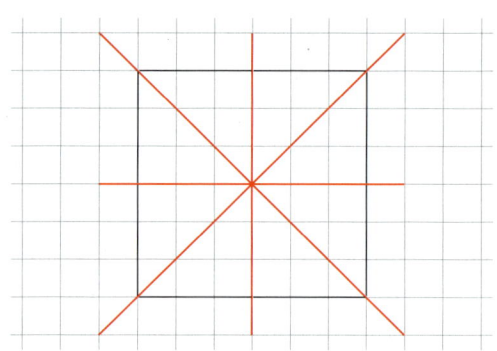

Aufgabe 2: Zeichne in ein Rechteck mit Seitenlängen von 3 cm und von 4 cm alle Symmetrieachsen ein.

Aufgaben

Tipp zu 3:
Diese und weitere Flaggen kannst du im Internet recherchieren.

3. Entscheide, ob die Flagge achsensymmetrisch ist. Begründe deine Entscheidung. Ermittle, wie viele Symmetrieachsen die Flagge hat. Zu welchem Land gehört die Flagge?

a)

b)

c)

d)

7.5 Achsensymmetrische Figuren zeichnen

4. **Durchblick:** Übertrage die Figur auf Kästchenpapier und vervollständige sie dann, wie in Beispiel 1 auf Seite 161, zu einer achsensymmetrischen Figur. Überlege und entscheide vorher, ob du auf den Einsatz des Geodreiecks verzichten kannst. Begründe dies.

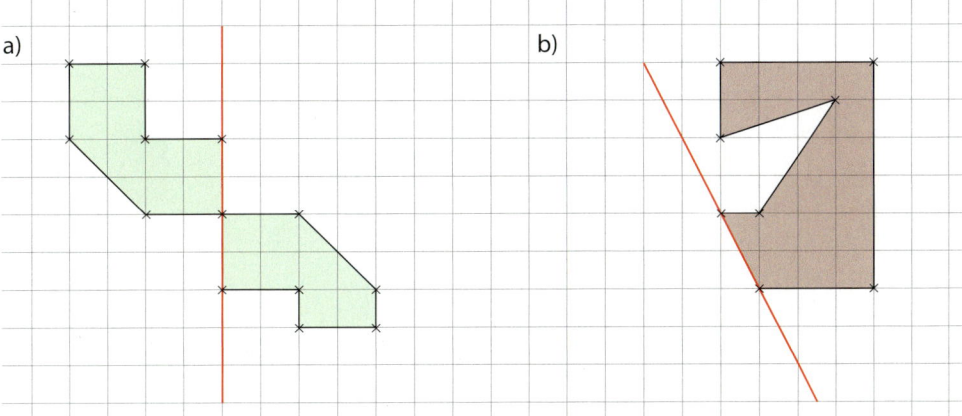

5. Übertrage die Figur auf Kästchenpapier und zeichne alle Symmetrieachsen ein.

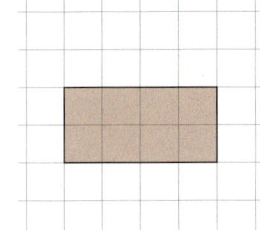
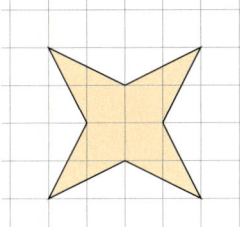
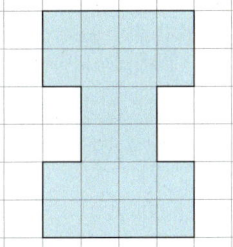

6. **Stolperstelle:**
   a) Marta meint, dass ein Kreis überhaupt keine Symmetrieachsen hat. Stimmt das?
   b) Marek hat entdeckt, dass es Parallelogramme gibt, bei denen die Diagonalen auch Symmetrieachsen sind. Begründe, warum dies nicht für alle Parallelogramme gilt.

7. Die Natur ist in Fragen der Symmetrie nicht perfekt – aber fast. Prüfe, inwiefern folgenden Tiere und Pflanzen symmetrisch sind. Beschreibe die Abweichungen.

Hinweis zu 7: Körper können achsensymmetrisch zu einer Symmetrieebene sein.

8. **Ausblick:** Es gibt Figuren mit mehreren Symmetrieachsen. Ein Quadrat hat zum Beispiel genau 4 Symmetrieachsen.
   a) Skizziere eine Figur mit genau 3 Symmetrieachsen.
   b) Skizziere eine Figur mit genau 5 Symmetrieachsen.
   c) Skizziere eine Figur mit genau 6 Symmetrieachsen.
   d) Wie würdest du beim Zeichnen einer Figur mit genau 12 Symmetrieachsen vorgehen?

7.6 Geometrische Figuren spiegeln

■ Spiegelbilder entstehen in wenigen Schritten bei Klecksbildern oder beim Durchpausen und Durchstechen von Figuren auf einem gefalteten Blatt Papier.
Fertige ein Klecksbild an und erläutere, wie du vorgegangen bist. ■

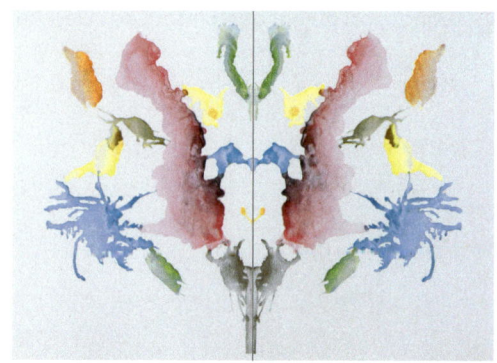

Spiegelbilder lassen sich auch mithilfe einer Achsenspiegelung konstruieren. Dabei haben die Figur (kurz: Original) und das Spiegelbild (kurz: Bild) die gleiche Form und die gleiche Größe.

Genau zwischen Original und Bild befindet sich die Spiegelachse (Symmetrieachse).

Hinweis:
Bildpunkte werden zusätzlich zum Buchstaben rechts oben mit einem Strich (zum Beispiel P') gekennzeichnet.

Wissen: Achsenspiegelung
Bei einer Achsenspiegelung wird jedem **Originalpunkt P** ein **Bildpunkt P'** zugeordnet.

Verbindungsstrecken zwischen den Original- und Bildpunkten sind **zur Spiegelachse senkrecht**.

Original- und Bildpunkte haben jeweils den **gleichen Abstand zur Spiegelachse**.

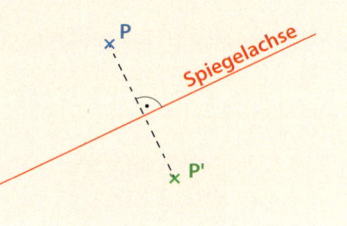

Beispiel 1: Spiegelbilder konstruieren
Spiegele das Dreieck ABC an der Spiegelachse.

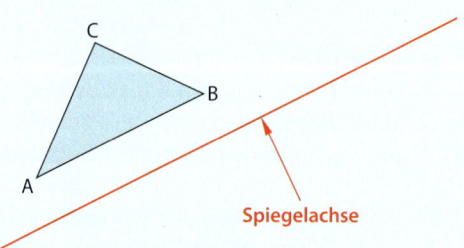

Lösung:

1. Lege die mittlere Hilfslinie des Geodreiecks genau auf die Spiegelachse.

2. Miss den Abstand von Punkt B zur Spiegelachse und markiere den Bildpunkt B' im selben Abstand zur Spiegelachse. Verfahre mit A und A' sowie mit C und C' genauso.

3. Verbinde die Bildpunkte A', B' und C' miteinander zu einem Dreieck. Das Dreieck A'B'C' ist Spiegelbild des Dreiecks ABC.

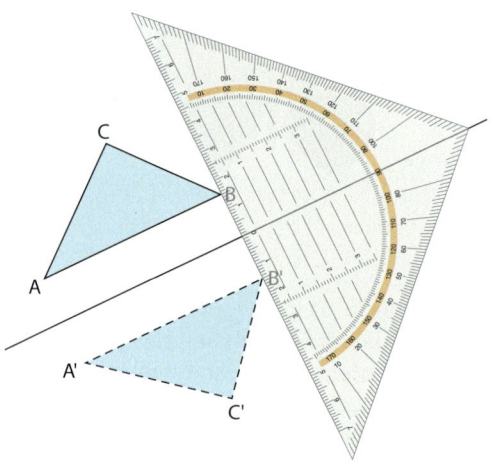

7.6 Geometrische Figuren spiegeln

Aufgabe 1: Übertrage die Figur auf Kästchenpapier und spiegele sie an der (roten) Spiegelachse. In manchen Fällen kannst du auf den Einsatz des Geodreiecks verzichten.

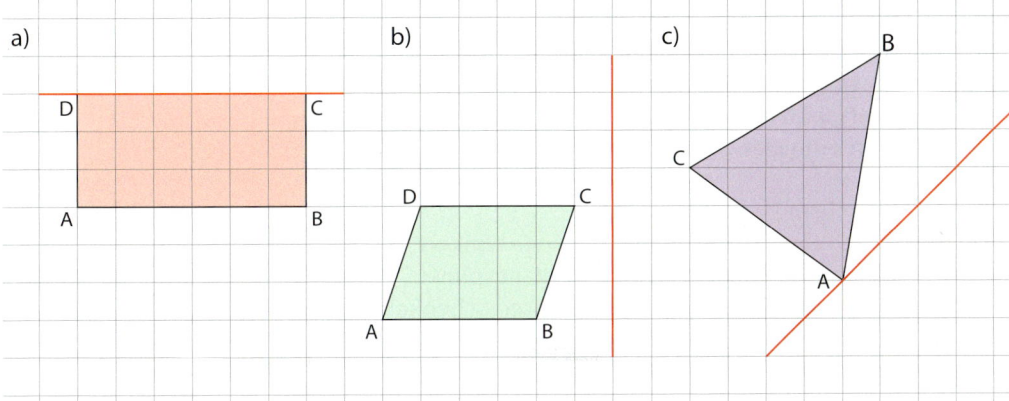

Aufgaben

2. Zeichne ein Rechteck ABCD mit $\overline{AB}$ = 5 cm und $\overline{BC}$ = 2,5 cm.
   a) Spiegele das Rechteck an $\overline{AB}$.
   b) Spiegele das Rechteck an $\overline{BC}$.
   c) Spiegele das Rechteck an $\overline{AC}$.
   d) Spiegele das Rechteck an $\overline{BD}$.

3. **Durchblick:** Zeichne ein Quadrat ABCD mit $\overline{AB}$ = 5 cm und verbinde die Punkte A und C.
   a) Erläutere, welche Eigenschaften das Dreieck ACD hat.
   b) Spiegele das Dreieck ACD an der Spiegelachse $\overline{CD}$.
   c) Welche Besonderheit kannst du beim Dreieck ACA' erkennen?

4. Schreibe deinen Vornamen mit Großdruckbuchstaben in Spiegelschrift.

5. Schreibe einen kurzen Satz, zeichne dann eine Spiegelachse (wie im Beispiel) und spiegele den Satz anschließend an dieser Spiegelachse. Geübte können auch komplette Briefe in Spiegelschrift schreiben und ihn anschließend einem Partner zum Entziffern geben.

   MATHE MACHT SPASS! | !SSAPS THCAM EHTAM

6. Zeichne das Dreieck ABC mit A(0|0), B(3|0) und C(0|3) in ein Koordinatensystem und spiegele es an der Spiegelachse $\overline{BC}$. Entscheide, ob das Viereck ABA'C ein Quadrat ist. Begründe deine Entscheidung.

7. **Stolperstelle:** Lars meint, dass dann ein Rechteck ABA'C entsteht, wenn das Dreieck ABC mit A(0|0), B(3|0) und C(0|5) an der Spiegelachse $\overline{BC}$ gespiegelt wird. Hat Lars recht?

8. **Ausblick:** Betrachte das nebenstehende Bild. Erläutere, warum die Aufschrift vorn gespiegelt ist. Versuche selbst Spiegelbilder mit einem Fotoapparat und einem Spiegel herzustellen.

7.7 Winkelarten unterscheiden

■ Maria behauptet, dass in einem gleichseitigen Dreieck alle drei Winkel gleich groß sind. Zeichne ein gleichseitiges Dreieck auf ein Blatt. Schneide das Dreieck aus. Prüfe, ob alle drei Winkel gleich groß sind.
Tipp: Die Ecken kann man auch abreißen. ■

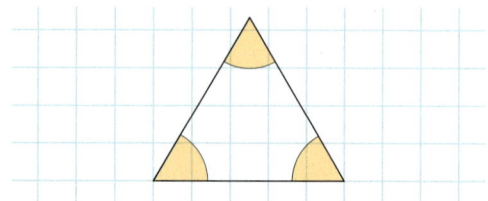

Wissen: Scheitelpunkt und Schenkel eines Winkels
Zwei Strahlen mit einem gemeinsamen Anfangspunkt S bilden immer zwei **Winkel**. Die Strahlen heißen **Schenkel** des Winkels und der **Punkt S** heißt **Scheitelpunkt** des Winkels. Mit einem Kreisbogen kann ein Winkel gekennzeichnet werden.

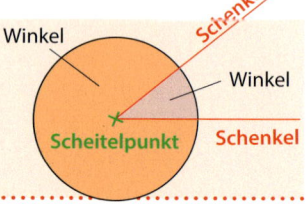

Hinweis:
Du kannst Beispiele für rechte und für gestreckte Winkel auch an diesem Buch finden. Es gilt:
$\alpha < \beta < \gamma < \delta < \varepsilon$.

Hinweis:
Du kannst einen Winkel auch durch zwei Strahlen oder durch drei Punkte angeben.

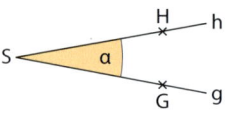

Du schreibst:
$\alpha = \sphericalangle (g, h)$
oder
$\alpha = \sphericalangle GSH$

Wissen: Winkelarten
Winkel können durch griechische Kleinbuchstaben bezeichnet werden.
Oft auftretende Bezeichnungen sind:
α (Alpha) β (Beta) γ (Gamma)
δ (Delta) ε (Epsilon) φ (Phi)

Neben rechten Winkeln und gestreckten Winkeln gibt es weitere Winkel, die nach ihrer Größe eingeteilt werden:

Winkel α ist ein **spitzer Winkel**.
Winkel β ist ein **rechter Winkel**.
Winkel γ ist ein **stumpfer Winkel**.
Winkel δ ist ein **gestreckter Winkel**.
Winkel ε ist ein **überstumpfer Winkel**.
Winkel φ ist ein **Vollwinkel**.

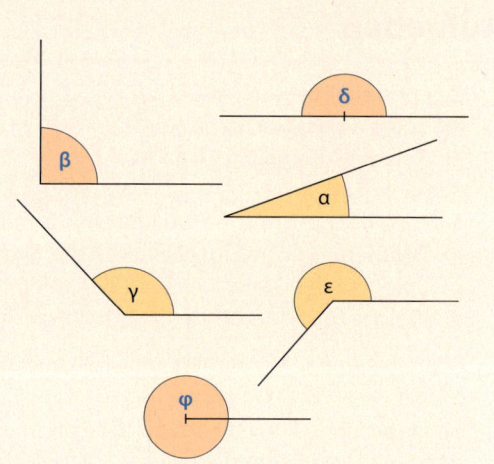

Hinweis:
Durch zwei Strahlen mit einem gemeinsamen Anfangspunkt entstehen immer **zwei** Winkel.

Beispiel 1: Winkelarten erkennen
Die großen und kleinen Zeiger der Uhren schließen die beiden Winkel α und β ein.
Gib zu jeder Uhrzeit an, um welche Winkelart es sich bei α und bei β handelt.

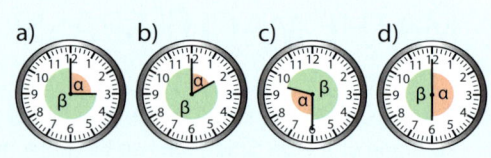

Lösung:
a) α ist ein rechter Winkel,
   β ein überstumpfer Winkel.
b) α ist ein spitzer Winkel,
   β ein überstumpfer Winkel.
c) α ist ein stumpfer Winkel,
   β ein überstumpfer Winkel.
d) α und β sind gestreckte Winkel.

a) 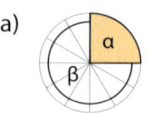   b)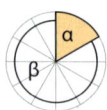

c) 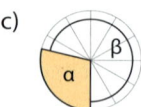   d)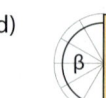

7.7 Winkelarten unterscheiden

Aufgabe 1:
Gib zu jeder Uhrzeit in der Abbildung an, um welche Winkelart es sich bei α und bei β handelt.

 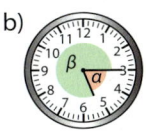 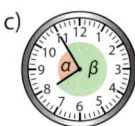

Beispiel 2: Anteile mit Winkeln darstellen
24 Schülerinnen und Schüler der Klasse 6c beteiligen sich an je einer Arbeitsgemeinschaft: **Sport**, **Mathematik** bzw. **Musik**. Wie viele Schülerinnen und Schüler der Klasse 6c nehmen an den Arbeitsgemeinschaften Sport, Mathematik bzw. Musik teil?

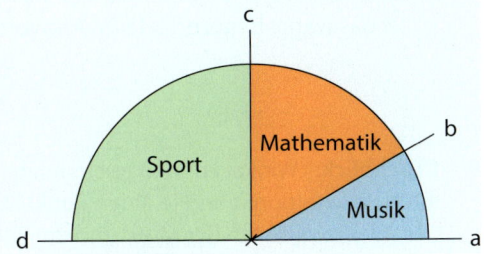

Lösung:
Der blaue Winkel passt zweimal in den orange gefärbten Winkel und dreimal in den grünen Winkel hinein.
In der Sport-AG sind deswegen dreimal so viele Teilnehmer wie in der Musik-AG.
Die Teilnehmerzahl der Mathe-AG ist doppelt so groß wie die der Musik-AG.

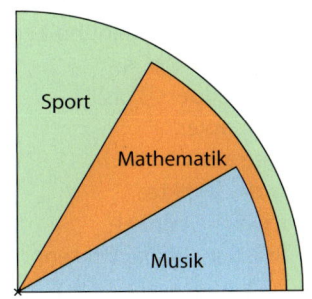

Aus dem Vergleich ist erkennbar, dass die Hälfte der 24 Schülerinnen und Schüler an der Sport-AG teilnehmen.
Das sind 12 Personen. Der sechste Teil aller 24 Schülerinnen und Schüler sind in der Musik-AG, das sind 4 Personen. Doppelt so viele, das sind 8 Personen, sind in der Mathe-AG.

Aufgabe 2:
In der Klasse 6b sind 32 Kinder.
Wie viele Schülerinnen und Schüler nehmen dort an den drei Arbeitsgemeinschaften (**Sport**, **Mathematik**, **Musik**) teil?

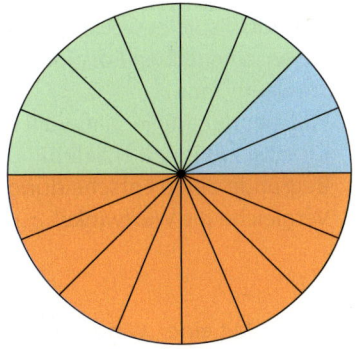

Aufgaben

3. Fertige eine Skizze an.
   a) Teile einen rechten Winkel in zwei gleich große spitze Winkel.
   b) Teile einen gestreckten Winkel in zwei rechte Winkel.
   c) Teile einen gestreckten Winkel in vier gleich große spitze Winkel.
   d) Teile einen stumpfen Winkel in einen rechten Winkel und in einen spitzen Winkel.
   e) Teile einen überstumpfen Winkel in einen gestreckten Winkel und einen spitzen Winkel.

4. Bei den Giebeln der abgebildeten Häuser schließen die Dachflächen unterschiedliche Winkel ein.
   a) Entscheide, um welche Winkelarten es sich bei α, β, γ und δ handelt.
   b) Sarah behauptet, dass hier α < β < γ < δ gilt. Ist das wahr? Begründe deine Antwort.

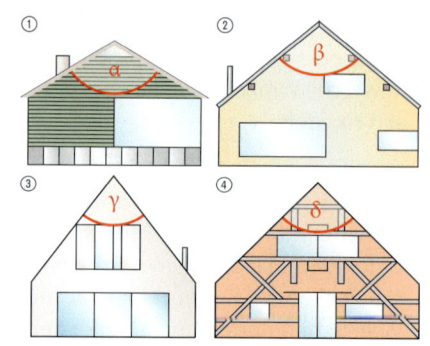

Hinweis zu 5a:
Im Haus stehen die Lösungen zu den Bildern 2 bis 5. Vorsicht: Eine Lösung ist fehlerhaft.

5. **Durchblick:** Winkel können auch durch ihren Scheitelpunkt und je einen Punkt auf den Schenkeln bezeichnet werden. Dabei steht der Scheitelpunkt in der Mitte und die Punkte auf den Schenkeln werden entgegengesetzt zum Lauf des Uhrzeigers gewählt. Schau dir dazu die Winkelarten auf Seite 166 nochmals an. In der Abbildung 1) gilt: α = ∢ACB und β = ∢BCA.
Übertrage die Bilder ① bis ⑤ auf Kästchenpapier.
   a) Bezeichne alle Winkel mithilfe der Punkte.
   b) Gib an, welche Winkelarten in jedem Bild auftreten.

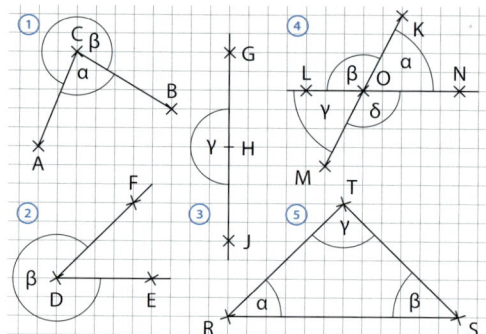

 6. **Stolperstelle:** Kai meint, dass ein rechter Winkel auch spitz aussieht. Begründe, warum ein rechter Winkel trotzdem kein spitzer Winkel ist. Lea meint, dass es auch linke Winkel gibt. Was meinst du?

7. Drei Handballspieler werfen nacheinander aus unterschiedlichen Positionen den Ball auf das leere Tor.
   a) Welcher der Spieler hat wohl die größte Chance, ein Tor zu erzielen? Begründe deine Entscheidung.
   b) Vergleiche die Wurfwinkel.

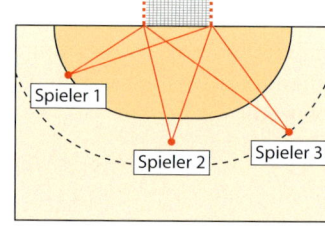

Tipp zu 8:
Du kannst auch den geteilten Kreis aus Aufgabe 2 auf Seite 167 nutzen.

8. **Ausblick:** Mit einer „Windrose" lassen sich bestimmte Winkelarten durch Himmelsrichtungen beschreiben.
   Für den Winkel α in der Abbildung gilt: α = ∢(O; NO)
   Skizziere folgende Winkel und entscheide, welche Winkelart vorliegt:
   a) β = ∢(O; N)
   b) γ = ∢(O; WNW)
   c) δ = ∢(O; W)
   d) ε = ∢(O; SW)

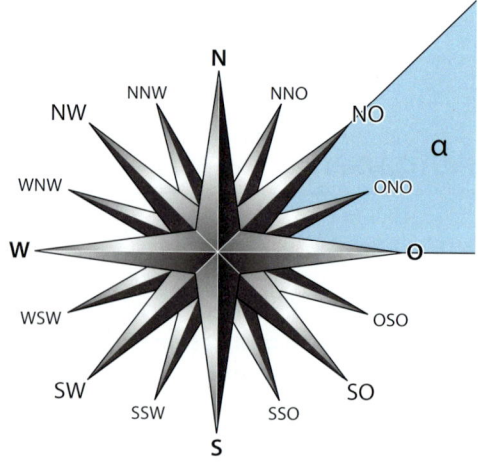

7.8 Winkel messen und zeichnen

■ Mit einem Geodreieck lassen sich Winkelgrößen messen und Winkel zeichnen. An zwei Skalen können Winkelgrößen bis 180° abgelesen werden. Die eine Winkeleinteilung ermöglicht ein Ablesen entgegengesetzt zum Uhrzeigersinn, die andere Winkeleinteilung ein Ablesen im Uhrzeigersinn. Erläutere, welche Winkelarten so nicht direkt gemessen werden können? ■

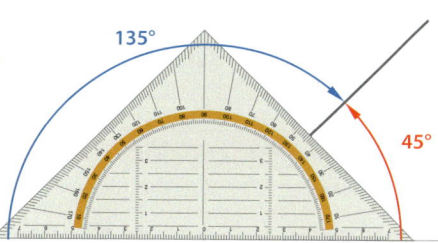

Wissen: Winkeleinheit
Winkelgrößen werden in Grad gemessen.

Einheit: 1°   *gesprochen:* 1 Grad

Ein Grad entspricht dem 360. Teil eines Vollwinkels.

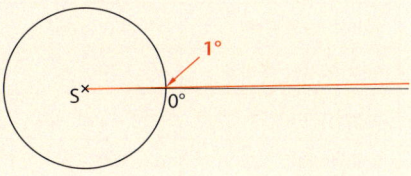

Beispiel 1: Spitze Winkel messen
Schätze die Größe des Winkels α.
Miss seine Größe dann mit dem Winkelmesser deines Geodreiecks.

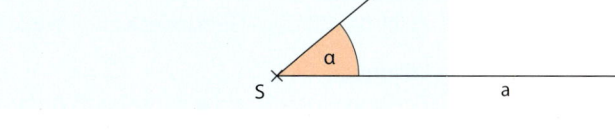

Lösung:

Schätzen:
Die Größe des Winkels α könnte etwa 45° (die Hälfte eines rechten Winkels) betragen.

Messen:
Lege die Grundseite (längste Seite) des Geodreiecks so auf den Schenkel a, dass der Mittelpunkt dieser Geodreieckseite auf dem Scheitelpunkt S liegt.

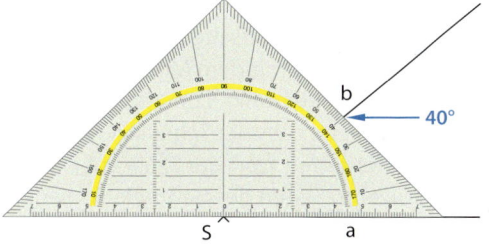

Hinweis: Schenkel dürfen (wenn erforderlich) verlängert werden.

Am Schenkel b kannst du dann, wie bei einem Zeiger, auf einer der kürzeren Seiten des Geodreiecks die Größe des Winkels in Grad (°) ablesen.
Der Winkel α hat eine Größe von 40 Grad.
kurz: α = 40°

Aufgabe 1: Übertrage die Winkel β, γ und δ auf Kästchenpapier und miss deren Größe mit deinem Geodreieck.

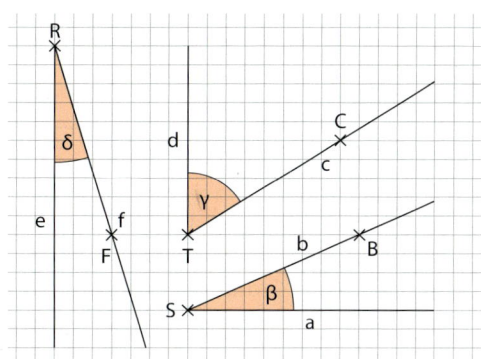

7. Geometrische Grundbegriffe

Wissen: Winkelgrößen

Liegen die beiden Schenkel eines Winkels genau übereinander, so entstehen zwei besondere Winkel, der **Nullwinkel** und der **Vollwinkel.**

Winkelart	Größe
Nullwinkel	α = 0°
spitzer Winkel	0° < α < 90°
rechter Winkel	α = 90°
stumpfer Winkel	90° < α < 180°
gestreckter Winkel	α = 180°
überstumpfer Winkel	180° < α < 360°
Vollwinkel	α = 360°

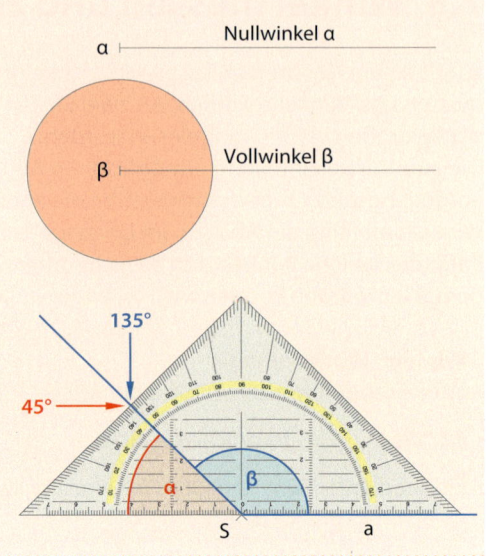

Beispiel 2: Winkel zeichnen

Zeichne mit dem Geodreieck zwei Winkel α = 45° und β = 135°.

Lösung:

Zeichne einen Strahl a mit seinem Anfangspunkt S (Schenkel mit Scheitelpunkt).

Lege dann die Grundseite (längste Seite) des Geodreiecks mit dem Mittelpunkt auf dem Scheitelpunkt S und drehe das Geodreieck so, dass der Schenkel a unter dem geforderten Wert der Skale auf einer der kürzeren Seiten des Geodreiecks liegt.

Zeichne nun an der Grundseite (längste Seite) des Geodreiecks den zweiten Schenkel.

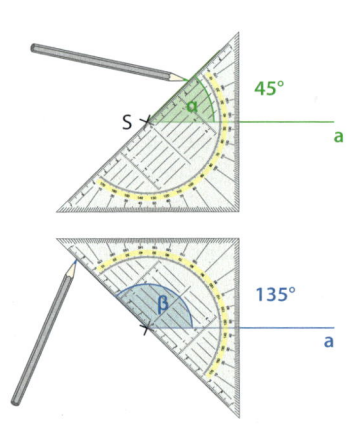

Hinweis:
Einen überstumpfen Winkel kannst du durch Zerlegen in einen gestreckten Winkel und den zugehörigen Restwinkel messen oder zeichnen.

Aufgabe 2: Zeichne mit dem Geodreieck die angegebenen Winkel.
    a) 48°, 76°, 88°   b) 95°, 127°, 152°   c) 215°, 270°, 310°

Aufgaben

3. Gegeben sind die Winkel α, β, γ und δ.
   a) Entscheide, ob es sich um spitze, rechte oder stumpfe Winkel handelt.
   b) Schätze die Größe jedes Winkels.
   c) Miss die Winkelgrößen und vergleiche die Messwerte mit den Schätzwerten.

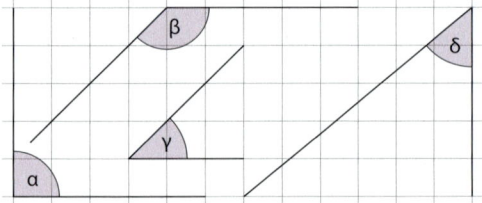

7.8 Winkel messen und zeichnen

4. Die Zeiger der Uhr schließen jeweils zwei Winkel ein. Gib die zwei Winkelgrößen in Grad an.

a) 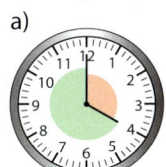 b) 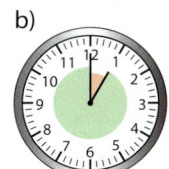 c) 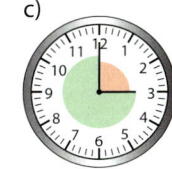 d)  e)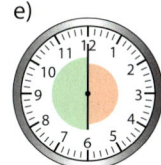

Tipp zu 4:
Du kannst die Winkel auch ins Heft übertragen.

Hinweis zu 4:
Die Lösungen findest du im Apfel.

5. **Durchblick:** Zeichne in ein Rechteck ABCD mit $\overline{AB}$ = 7 cm und $\overline{AD}$ = 5 cm die beiden Stecken $\overline{AC}$ und $\overline{BD}$ ein.
    a) Miss die Winkelgrößen α, β, γ und δ wie in Beispiel 1 auf Seite 169.
    b) Bilde die Summen α + β und γ + δ.

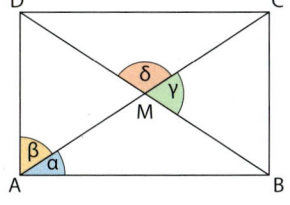

6. Ein Ball wird flach über den Boden auf das leere Tor geschossen.
Bestimme durch Messen, in welchem Bereich sich der Ball bewegen muss, damit er das Tor trifft.
Fertige dazu eine maßstäbliche Zeichnung an und miss den Winkel α.

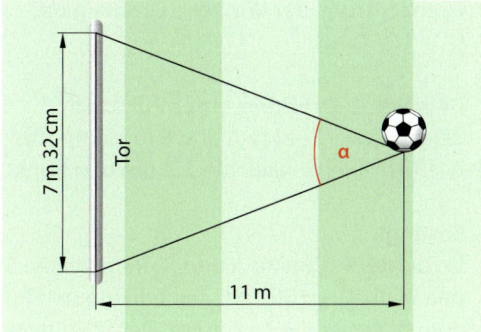

Tipp zu 5:
Manchmal muss man die Schenkel verlängern, um den Winkel messen zu können.

7. **Stolperstelle:** Marie und Luca vergleichen ihre Hausaufgaben. Sie haben beide an der gleichen Zeichnung einen Winkel gemessen. Maries Ergebnis ist 40° und Lucas 140°.
Was ist passiert? Fertige eine Skizze an.

8. In den fünf abgebildeten Kreisen sind fünf (farbige) Winkel α, β, γ, δ und ε erkennbar.
    a) Ordne die Winkel nach ihrer Größe, beginne mit dem größten Winkel.
    b) Wie oft musst du den Winkel δ (den Winkel ε) aneinanderlegen, um einen Winkel zu erhalten, der die gleiche Größe wie der Winkel α hat?
    c) Zeichne in dein Heft einen einzigen Kreis und darin je einen Winkel, der so groß ist wie die Winkel α, β, γ, δ und ε.

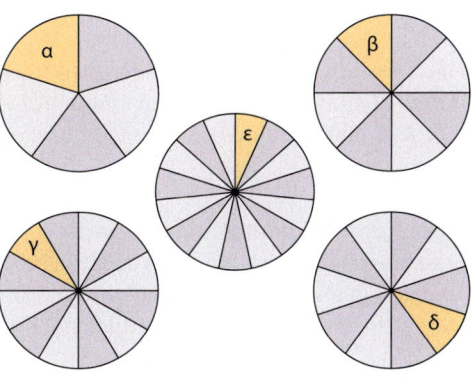

Tipp zu 8c:
Die Größe dieser Winkel kannst du auch berechnen.

9. **Ausblick:** Beantworte folgende Fragen:
    a) Wie viel Grad hat ein Winkel, der entsteht, wenn ein rechter Winkel um 25° vergrößert wird?
    b) Wie viel Grad hat ein Winkel, der entsteht, wenn ein Vollwinkel um 90° verkleinert wird?
    c) Um wie viel Grad muss man einen rechten Winkel vergrößern, damit ein Winkel von 150° entsteht
    d) Wie groß kann die Summe zweier spitzer Winkel sein?

7.9 Geometrische Figuren drehen

■ Der Schatten des Stabes bei der Sonnenuhr bewegt sich täglich bei Sonnenschein in einer Drehbewegung auf dem „Ziffernblatt". Schätze, welchen Winkel der Schatten während eines Tages überstreicht. ■

Hinweis:
Eine Drehung im Uhrzeigersinn ist mathematisch negativ. Die Winkelangabe erhält dann zusätzlich ein Minuszeichen.

Wissen: Drehung
Beim Drehen einer ebenen Figur um einen Winkel bewegen sich alle Punkte dieser Figur um einen festen Punkt auf Kreislinien. Jedem **Originalpunkt P** wird dabei ein **Bildpunkt P'** zugeordnet. Drehrichtung und Drehwinkel sind für alle Punkte der Figur gleich. Der **Punkt D** heißt **Drehzentrum**, der **Winkel α Drehwinkel**.

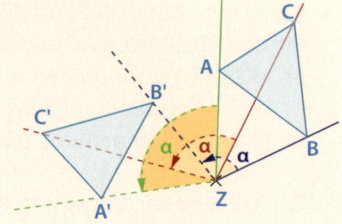

Beispiel 1: Drehung eines Punktes
Zeichne zwei Punkte A und B in einem Abstand von 5,0 cm. Drehe dann den Punkt B in einem Drehwinkel von 30° um den Punkt A.

Lösung:
Verbinde die Punkte A und B. Trage an die Strecke $\overline{AB}$ im Punkt A den Winkel α = 30° an. Zeichne um den Punkt A einen Kreis mit dem Radius $r = \overline{AB}$ = 5,0 cm. Der Schnittpunkt des Kreises mit dem anderen Schenkel des Winkels α ist der Bildpunkt B'

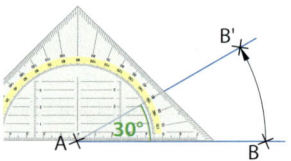

Aufgabe 1: Zeichne eine Strecke $\overline{AB}$ = 6 cm und drehe den Punkt A um den Punkt B mit einem Drehwinkel von 45° mathematisch positiv (entgegen zum Uhrzeigersinn).

Wissen: Eigenschaften von Figuren bei einer Drehung
Original- und Bildpunkt liegen immer auf einer gemeinsamen Kreislinie.
Original und Bild sind bei einer Drehung deckungsgleich.

Beispiel 2: Drehung eines Dreiecks
Zeichne das Dreieck ABC mit A(6|0), B(10|0) und C(10|3). Drehe das Dreieck ABC um den Punkt A in mathematisch positiver Richtung mit einem Winkel α = 130°.
Miss den Winkel ∢CBA und vergleiche ihn mit seinem Bild nach der Drehung.

Lösung:
Zeichne Δ ABC und trage an $\overline{AB}$ und an $\overline{AC}$ jeweils in A den Winkel α = 130° (entgegen dem Uhrzeigersinn) an. Zeichne um A jeweils einen Kreis mit $r = \overline{AB}$ und $r = \overline{AC}$. Die Schnittpunkte dieser Kreise mit den entsprechenden zweiten Schenkeln der Winkel sind die gesuchten Bildpunkte B' und C'. *Vergleich:* ∢CBA = ∢C'B'A = 90°.

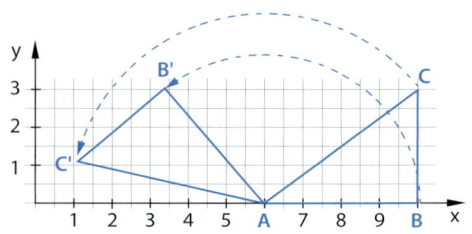

7.9 Geometrische Figuren drehen

Aufgabe 2: Zeichne das Dreieck ABC mit A(3|3), B(5|1) und C(7|3). Drehe Dreieck ABC um B entgegengesetzt zum Uhrzeigersinn mit einem Winkel α = 90°.

Aufgaben

3. a) Wie dreht sich der große Zeiger einer Uhr (im positiven oder negativen Drehsinn)?
   b) Welchen Drehwinkel überstreicht der große Zeiger einer Uhr in einer Viertelstunde, in einer Dreiviertelstunde, in einer ganzen Stunde?
   c) Der „Weckzeiger" eines Weckers steht auf 12 Uhr und wird im Uhrzeigersinn 30° bzw. 240° bewegt. Wo steht er dann?

4. Bei Familie Becker klingelt der Wecker etwa um 6.30 Uhr. Am ersten Urlaubstag wollen sie aber schon 3.00 Uhr aufstehen. Um wie viel Grad muss der „Weckzeiger" verstellt werden,
   a) wenn man entgegengesetzt zum Uhrzeigersinn (linksherum) dreht,
   b) wenn man im Uhrzeigersinn (rechtsherum) dreht.

5. Ein Quadrat ABCD mit der Seitenlänge a = 3,5 cm soll um einen Punkt Z gedreht werden. Konstruiere das Bildquadrat bei der folgenden Drehung.
   a) Punkt Z sei ein Eckpunkt des Quadrates (Drehwinkel α = 70°)
   b) Punkt Z sei Mittelpunkt einer Quadratseite (Drehwinkel α = 270°)
   c) Punkt Z sei Schnittpunkt der Diagonalen des Quadrates (Drehwinkel α = 180°)

6. **Durchblick:** Zeichne in ein Koordinatensystem das Dreieck ABC und das Drehzentrum Z. Zeichne dann jeweils das Bild A'B'C' bei einem Drehwinkel α = 90°, bei einem Drehwinkel β = 180° und bei einem Drehwinkel γ = 270°.
   a) A(9|6), B(9|10), C(6|10) und Z(6|6)   b) A(4|6), B(7|8), C(2|8) und Z(5|5)

7. Auch Körper können im Raum gedreht werden. Untersuche, welche der dargestellten Körper durch Drehung auseinander hervorgegangen sein können, welche nicht. Begründe deine Entscheidung.

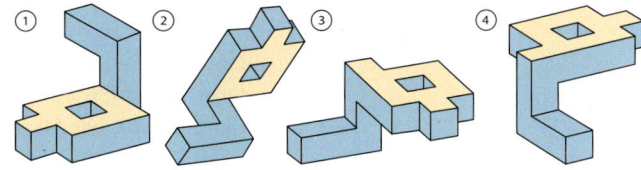

8. **Stolperstelle:** Bei welcher Drehung liegt das grüne Kreuz genau über dem gelben Kreuz? Gib einen Drehpunkt und einen Drehwinkel an. Es gibt nicht nur eine Lösung.

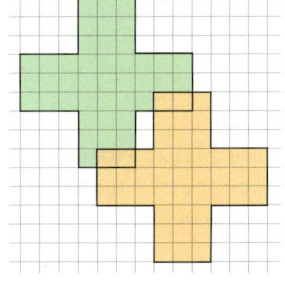

9. Drehe $\overline{AB}$ = 5,0 cm um B mit einem Winkel von 45° und dann die dabei entstehende Bildstrecke wieder um 45°. Setze die Drehung so lange fort, bis du die Ausgangsstrecke $\overline{AB}$ wieder erreicht hast. Verbinde die Bildpunkte von B zu einer Figur und beschreibe diese.

10. **Ausblick:** Es gibt Computerprogramme, die das Drehen von Figuren erleichtern können. Ein solches Programm heißt GEOGEBRA. Du findest es im Internet. Zeichne in GEOGEBRA entsprechend der nebenstehenden Vorgabe ein Dreieck ABC und einen Drehpunkt D. Drehe dann das Dreieck um den Drehpunkt D. (Siehe auch Seite 175.)

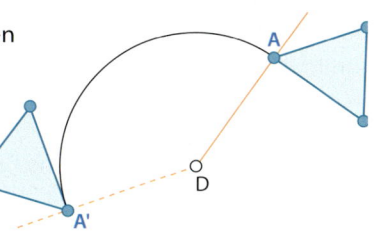

7.10 Dynamische Geometriesoftware verwenden

■ Mit dynamischen Geometrieprogrammen (z. B. GEOGEBRA) können Zeichnungen und Konstruktionen auch am Computer durchgeführt werden.

– Zwischen- und Endergebnisse können gespeichert und ausgedruckt werden.
– Freie Objekte, z. B. die Endpunkte einer Strecke, sind veränderbar (beweglich).
– Abhängige Objekte, z. B. Streckenlängen, können ohne Messgeräte ermittelt werden.

Erkundet das Programm GEOGEBRA. ■

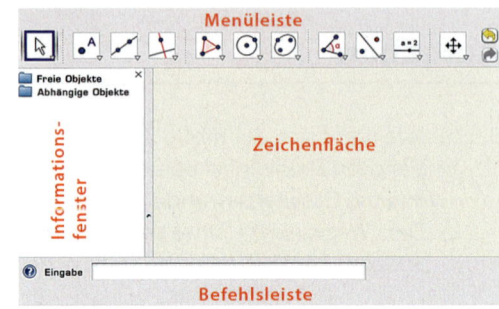

Wissen: Zeichnen mit GEOGEBRA

In der Menüleiste befinden sich Symbole (Schalter), die vor dem Zeichnen mit dem Mauszeiger aktiviert werden müssen.

Hinweis: Achte auf die Erklärungen beim Aktivieren eines Schalters.

Häufig gibt es mehrere Möglichkeiten, um eine geometrische Figur zu zeichnen. Nach der Auswahl kann mit dem Mauszeiger auf der Zeichenfläche gezeichnet werden.

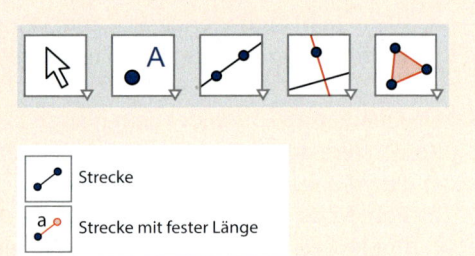

Beispiel 1: Strecken zeichnen

a) Zeichne eine Strecke zwischen zwei Punkten A und B.
b) Zeichne eine Strecke $\overline{CD}$ = 5 LE (Längeneinheiten).

Lösung:

a) Wähle den Schalter [Strecke] aus der Menüleiste.
   Zeichne dann mit dem Mauszeiger die Punkte A und B auf der Zeichenfläche. Die Strecke $\overline{AB}$ ist veränderbar.

b) Wähle den Schalter [Strecke mit fester Länge] aus der Menüleiste.
   Zeichne dann mit dem Mauszeiger den Punkt C auf der Zeichenfläche mit 5 LE. Die Strecke $\overline{CD}$ ist nicht veränderbar.

Beispiel 2: Parallelen und Senkrechten zu einer Geraden zeichnen

Zeichne zu einer Geraden AB eine Senkrechte durch einen Punkt C und eine Parallele durch einen Punkt D.

Hinweis: Achte immer auf den angezeigten Text.

Lösung:
Zeichne auf der Zeichenfläche:

– mithilfe des Schalters 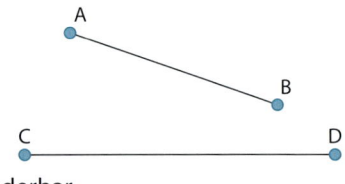 die Gerade AB
– mithilfe des Schalters [Senkrechte] eine Senkrechte durch C zur Geraden AB
– mithilfe des Schalters [Parallele] eine Parallele durch D zur Geraden AB

Aufgabe 1: Zeichne eine Strecke in beliebiger Länge und eine zweite Strecke mit 3,5 LE.

7.10 Dynamische Geometriesoftware verwenden

Aufgabe 2: Zeichne zwischen zwei Punkten A und B eine Gerade CD. Zeichne dann jeweils durch Punkt A und durch Punkt B sowohl die Senkrechte als auch die Parallele zur Geraden AB.

Beispiel 3: Punkte verschieben, spiegeln und drehen
a) Verschiebe einen Punkt C mit $\vec{AB}$.
b) Spiegele einen Punkt C an einer Geraden AB.
c) Drehe einen Punkt A um einen Punkt B mit einem Drehwinkel von 45° im Uhrzeigersinn.

Lösung:
a) Zeichne drei Punkte A, B und C auf die Zeichenfläche. Wähle den Schalter und markiere mit dem Mauszeiger nacheinander die Punkte B, A, B und C.

b) Zeichne mithilfe des Schalters eine Gerade AB und mithilfe des Schalters einen Punkt C. Wähle dann den Schalter und markiere mit dem Mauszeiger nacheinander den Punkt C und die Gerade AB.

c) Zeichne zwei Punkte A und B auf die Zeichenfläche, markiere den Punkt A, wähle den Schalter, markiere Punkt B und gib den Drehwinkel 45° ein.

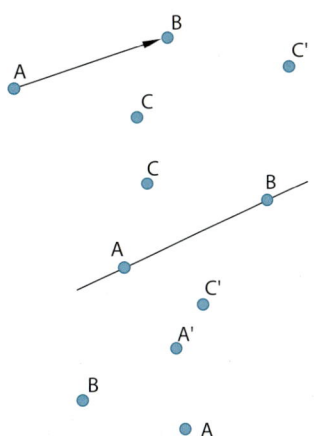

Aufgabe 3: Zeichne ein beliebiges Dreieck ABC und spiegele es an $\overline{AB}$.

Aufgaben

4. Zeichne zwei zueinander senkrechte Strecken $\overline{AB}$ = 5 LE und $\overline{BC}$ = 3 LE.
   a) Verschiebe $\overline{AB}$ um $\vec{BC}$. b) Spiegele $\overline{AB}$ an $\overline{BC}$.
   b) Drehe $\overline{AB}$ um Punkt C mit einem Drehwinkel von 90° im Uhrzeigersinn.

5. **Durchblick:** Zeichne ein Dreieck ABC und außerhalb dieses Dreiecks zwei zueinander senkrechte Geraden. Spiegele das Dreieck an einer dieser Geraden und das dabei entstehende Bild an der „anderen" Geraden. Setze dies solange fort, bis insgesamt vier Dreiecke vorhanden sind. Vergleiche die Lage des Ausgangsdreiecks mit der des letzten Bildes.

6. Zeichne ein Quadrat mit einer Seitenlänge von 4 cm. Verwende nebenstehende Schalter.
   a) Erläutere die Reihenfolge der Verwendung dieser Schalter.
   b) Bei welchen Drehwinkeln erhältst du nebenstehende Ergebnisse?
   c) Prüfe deine Vermutungen. Führe dazu die Drehungen aus.

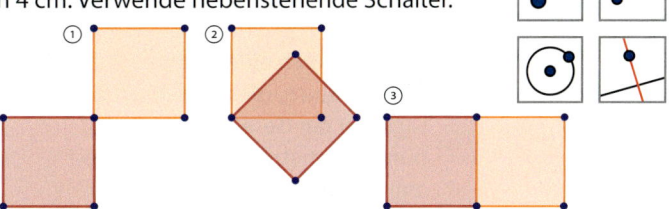

7. **Ausblick:** Zeichne ein Quadrat und verbinde die Mittelpunkte benachbarter Seiten dieses Quadrats zu einem Viereck. Beschreibe die Eigenschaften dieses Vierecks. Welche Figur wird wohl beim Verbinden der Mittelpunkte benachbarter Seiten eines Rechtecks entstehen? Prüfe deine Vermutung.

Streifzug

7. Geometrische Grundbegriffe

Punktsymmetrische Figuren untersuchen

■ Arne hat einen Buchstaben gefunden, der bei einer Drehung auf sich selbst abgebildet wird. Übertrage den Buchstaben auf Kästchenpapier und verbinde einige Original- mit ihren Bildpunkten. ■

Wissen: Punktsymmetrische Figur
Eine Figur heißt **punktsymmetrisch** bezüglich eines Punktes Z, wenn sie bei einer Drehung mit 180° um Z zur Ausgangsfigur deckungsgleich ist, das heißt, genauso aussieht wie zuvor. Der Punkt Z heißt **Symmetriezentrum**.
Zwei punktsymmetrische Punkte A und A' liegen auf einer Geraden durch Z und sind von Z gleich weit entfernt. $\overline{AZ} = \overline{A'Z}$

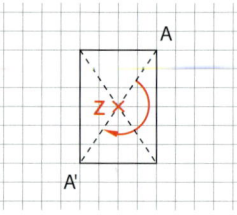

Beispiel 1: Punktsymmetrische Figuren erkennen
Begründe, warum das Viereck ABCD punktsymmetrisch ist.

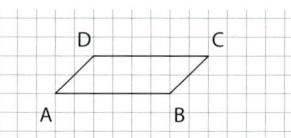

Lösung:
Punkt Z ist Symmetriezentrum.
Einander zugeordnete Punkte sind:
– A und C (B und D; E und F)
– Sie liegen auf einer Geraden durch Z und sind jeweils von Z gleich weit entfernt.

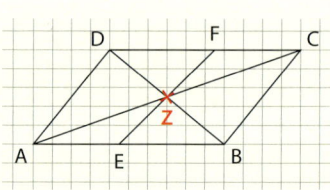

Aufgabe 1: Einige der Figuren sind punktsymmetrisch. Übertrage diese auf Kästchenpapier und zeichne ihr Symmetriezentrum Z ein.

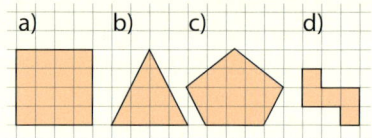

Beispiel 2: Punktsymmetrische Figuren erzeugen
Ergänze das Dreieck ABC zu einer punktsymmetrischen Figur mit dem Symmetriezentrum B.

Lösung:
1. Zeichne das Dreieck ABC und lege ein Symmetriezentrum Z fest, hier Z = B.
2. Zeichne durch einen Eckpunkt (z. B. C) eine Gerade g, die auch durch Z verläuft.
3. Lege auf der Geraden g den zu C punktsymmetrischen Punkt C' fest mit $\overline{CZ} = \overline{C'Z}$.
4. Wiederhole die Schritte 2. und 3. für die anderen Eckpunkte.
5. Verbinde die Punkte A', B' und C' in der richtigen Reihenfolge.

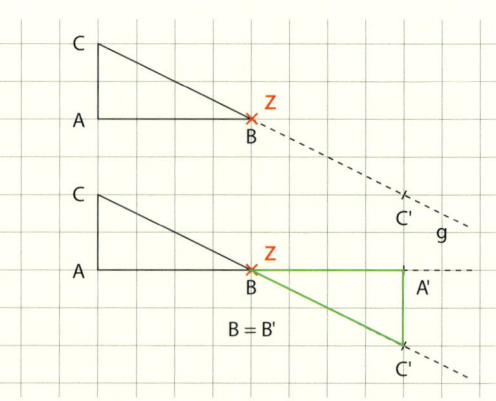

Streifzug

Aufgabe 2: Übertrage die Figur in dein Heft und ergänze sie zu einer punktsymmetrischen Figur mit dem Symmetriezentrum Z.

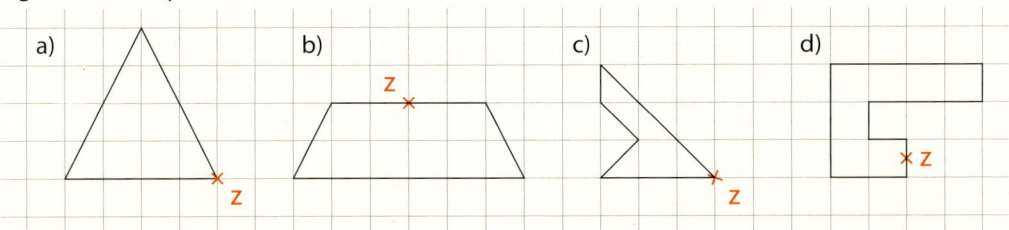

Hinweis zu 2:
Wenn ein Punkt P nicht bereits durch eine Strecke mit dem Symmetriezentrum Z verbunden ist, zeichne zuerst die Gerade g durch P und Z, auf der auch P' liegt.

Aufgaben

3. Übertrage die Dreiecke in dein Heft.
   a) Ergänze die Dreiecke jeweils zu einer achsensymmetrischen Figur mit der Symmetrieachse g, die durch die Punkte A und B verläuft. Bestimme jeweils den Abstand der Punkte C und C' zur Geraden g.
   b) Ergänze die Dreiecke jeweils zu einer punktsymmetrischen Figur mit dem Symmetriezentrum C.

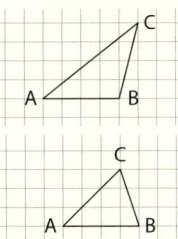

4. Übertrage die Figuren in dein Heft und ergänze sie zu punktsymmetrischen Figuren. Der Punkt Z ist jeweils das Symmetriezentrum.

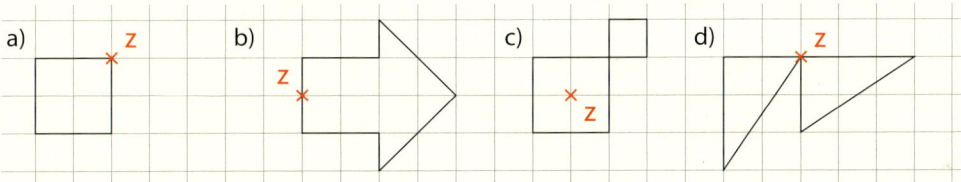

5. Entscheide, welche der Verkehrszeichen punktsymmetrisch sind. Begründe deine Entscheidung.

a)  b)  c)  d)  e)

6. Entscheide, welches der beiden Vierecke punkt- und welches achsensymmetrisch ist. Begründe deine Entscheidung.

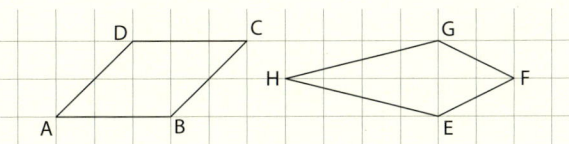

7. Zeichne eine Gerade g und drei verschiedene Punkte mit einem Abstand von 2 cm zu g.

8. Die digitale Zeitangabe auf dem Bild ist punktsymmetrisch. Gib eine weitere punktsymmetrische Zeitangabe an.

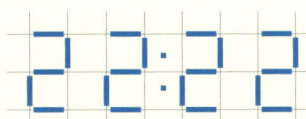

9. **Forschungsauftrag:** Skizziere Körper, die sowohl zu einer Ebene als auch zu einem Punkt symmetrisch sind.

Vermischte Aufgaben

7. Geometrische Grundbegriffe

1. Finde geometrische Formen und Begriffe.
   a) Übertrage nebenstehende Zeichnung auf Kästchenpapier.
   b) Finde mindestens sechs verschiedene Figuren in der Zeichnung. Schreibe jeweils einen Namen dazu (zum Beispiel Dreieck).

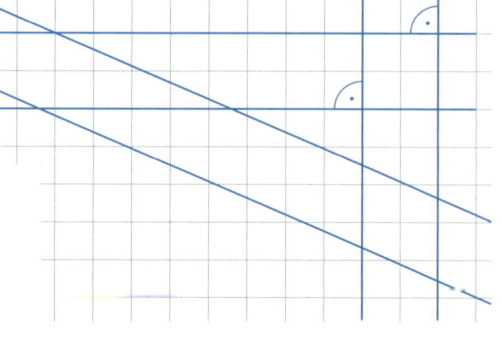

Tipp zu 2:
Manche Städte erkennt man schnell an ihren Türmen oder anderen Gebäuden.
Welche Gebäude in deiner Stadt haben markante Formen?

2. Du siehst hier ein abstraktes Bild mit vielen Farben und Formen. Mit etwas Phantasie kann jeder Betrachter darin auch reale Objekte und Teile von Landschaften erkennen.
   a) Welche geometrischen Formen findest du im Bild? Benenne sie.
   b) Zeichne mithilfe verschiedener geometrischer Formen ein Bild deiner Stadt.
   c) Tauscht eure Bilder untereinander aus und schaut, welche geometrischen Formen ihr findet.

3. Zeichne symmetrische Figuren.
   a) Zeichne ein Quadrat mit einer Seitenlänge von 3 cm. Trage alle Symmetrieachsen ein.
   b) Zeichne ein 4 cm langes und 2 cm breites Rechteck. Trage alle Symmetrieachsen ein.
   d) Zeichne ein Dreieck mit genau einer Symmetrieachse. Gibt es auch Dreiecke, die keine, zwei oder sogar drei Symmetrieachsen haben? Zeichne diese Dreiecke, wenn möglich.

4. Übertrage das Muster in dein Heft.
   - Nenne vier zueinander parallele und vier zueinander senkrechte Streckenpaare.
   - Gib alle Symmetrieachsen des Vierecks ABCD an.
   - Gib vier rechte Winkel, vier gestreckte Winkel und vier Winkel mit 45° an.
   - Verschiebe das Dreieck AES so, dass der Punkt C Bildpunkt von Punkt S ist. Gib die Bildpunkte der beiden Punkte A und E bei dieser Verschiebung an.

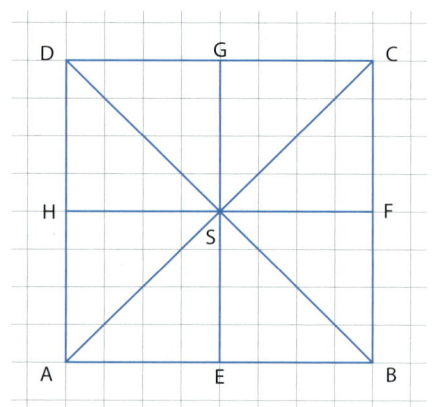

5. Zeichne ein Koordinatensystem. Verwende sowohl für die x-Achse als auch für die y-Achse die Einheit 1 cm.
   a) Trage die Punkte A(3|3), B(9|3), C(6|6) ein.
   b) Ergänze einen Punkt D so, dass ein Quadrat ADBC entsteht. Gib die Koordinaten von D an.
   c) Zeichne die Gerade AB und dann das Lot von C auf die Gerade AB.
   d) Zeichne das Lot von C auf die y-Achse.

Vermischte Aufgaben

6. Figuren im Koordinatensystem zeichnen.
   a) Übertrage die Figur in dein Heft.
   b) Beschrifte die Eckpunkte der Figur in deinem Heft fortlaufend (gegen den Uhrzeigersinn) mit A, B, C usw. Beginne mit A(1,5|1). Schreibe die Koordinaten der Eckpunkte auf.
   c) Ermittle den Flächeninhalt der farbigen Fläche.
   d) Überlege dir selbst ein Tier, zeichne es in ein Koordinatensystem, beschrifte die Eckpunkte und schreibe die Koordinaten der Eckpunkte auf. Lass die Figur von einer anderen Person nur durch Angabe der Punkte mit den zugehörigen Koordinaten zeichnen und erraten, um welches Tier es sich handelt.

Hinweis zu 6:
Wenn du deine Lösung auf ein kleines Plakat zeichnest, kannst du sie deinen Mitschülern gut zeigen (Seite 233, Methodenkarte 5D).

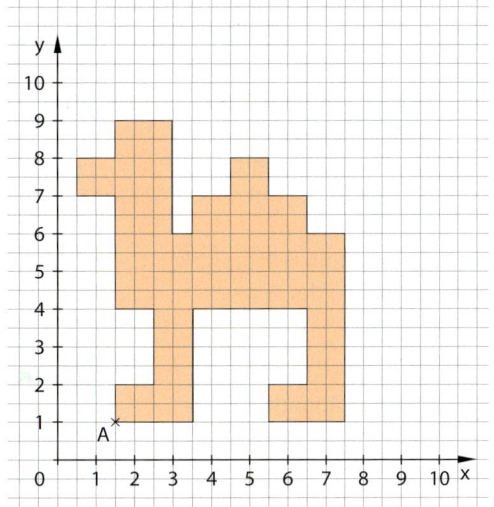

7. a) Schreibe die achsensymmetrischen Worte UHU und OTTO mit Großbuchstaben in Druckschrift auf Kästchenpapier und zeichne die Symmetrieachsen ein.
   b) Schreibe eine zweistellige und eine dreistellige achsensymmetrische Zahl auf Kästchenpapier und zeichne die Symmetrieachsen ein.

8. Übertrage auf Kästchenpapier.

   a) Spiegele jede Figur an der Geraden s.
   b) Drehe die Figuren ① und ② um den Punkt P mit einem Drehwinkel von 90° im mathematisch positiven Drehsinn.
   c) Verschiebe die Figur ① um 6 Kästchen parallel zur Geraden s.
   d) Verschiebe die Figur ② um 6 Kästchen parallel zur Geraden s.

9. Zeichne das Quadrat ABCD mit $\overline{AB}$ = 5 cm (einschließlich dem angegeben Muster) auf unliniertem Papier.
   a) Verschiebe das Quadrat ABCD (mit Muster) um $\overrightarrow{AB}$ = 5 cm.
   b) Spiegele das Quadrat ABCD (mit Muster) an Strecke $\overline{BC}$.
   c) Vergleiche die beiden Bilder aus Aufgabe a) und aus Aufgabe b) miteinander. Was stellst du fest? Erkläre dies.
   d) Ermittle die Winkelgrößen der mittleren (gelb gefärbten) Figur durch Messen.

Prüfe dein neues Fundament
7. Geometrische Grundbegriffe

Lösungen
↗ S. 245

1. Prüfe mit deinem Geodreieck, welche der Geraden e, f, g und h zueinander senkrecht und welche zueinander parallel sind.

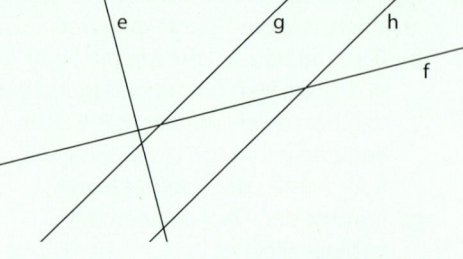

2. Zeichne zwei zueinander parallele Geraden r und s mit dem Abstand 1,5 cm und eine zur Geraden r senkrechte Gerade t.

3. Miss mit dem Geodreieck die Größen der Winkel α, β und γ.

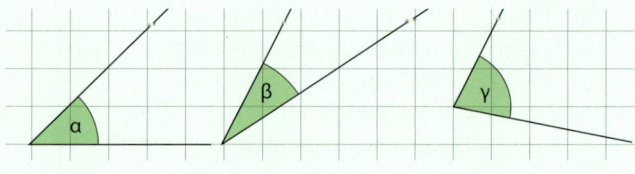

4. Zeichne folgende Winkel auf Zeichenpapier:
   a) α = 20°   b) β = 85°   c) γ = 90°   d) δ = 110°   e) ε = 165°   f) φ = 360°

5. Übertrage alle achsensymmetrischen Figuren der folgenden Zeichnung auf Kästchenpapier. Zeichne dann alle möglichen Symmetrieachsen ein. Begründe jeweils, warum die gewählte Figur achsensymmetrisch ist.

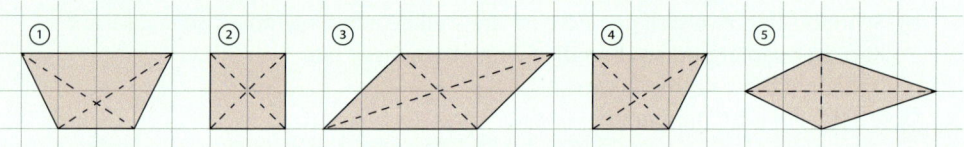

6. a) Verschiebe Figur ② aus Aufgabe 5 um 2 Kästchen nach oben. Beschreibe die Form der Figur, die Original und Bild zusammen bilden.
   b) Spiegele Figur ① aus Aufgabe 5 an seiner längsten Seite. Beschreibe die Form der Figur, die Original und Bild zusammen bilden.
   c) Drehe Figur ③ aus Aufgabe 5 mit einem Winkel von 180° (entgegengesetzt zum Uhrzeigersinn) um den Schnittpunkt der gestrichelten Linien. Was stellst du fest? Erkläre dies.

7. Übertrage die Figur auf Kästchenpapier und ergänze sie zu einer achsensymmetrischen Figur.

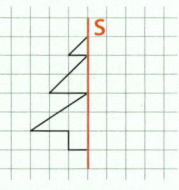

8. Sonja sollte bei den folgenden Figuren jeweils alle Symmetrieachsen einzeichnen. Überprüfe Sonjas Lösungen und korrigiere alle fehlerhaften Ergebnisse, indem du die Figur auf Kästchenpapier überträgst und alle Symmetrieachsen richtig einzeichnest.

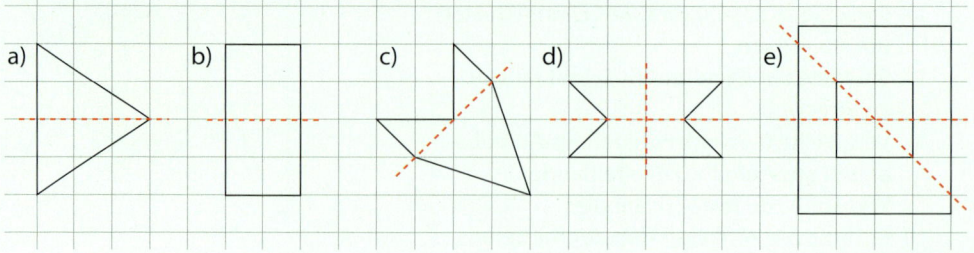

Prüfe dein neues Fundament

9. Übertrage alle Figuren auf Kästchenpapier und drehe jede Figur um den Drehpunkt Z mit 180° im mathematisch positiven Drehsinn.

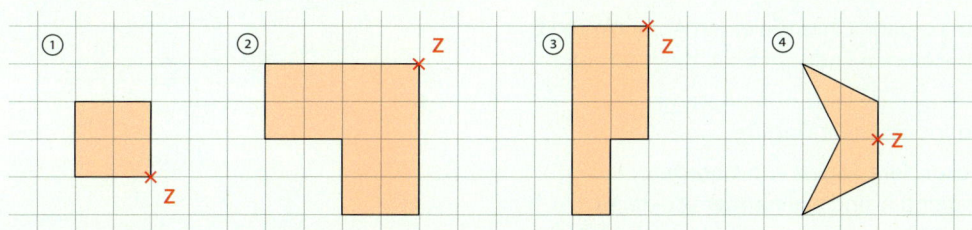

10. Zeichne ein Koordinatensystem. Verwende sowohl für die x-Achse als auch für die y-Achse die Einheit 1 cm.
    a) Trage die Punkte A(1|1), B(4|1), C(3|2), D(3|4) in das Koordinatensystem ein.
    b) Zeichne die Strecke $\overline{AB}$ und gib deren Länge an.
    c) Zeichne das Lot von Punkt D zur Geraden AB. Der Schnittpunkt des Lotes mit der Geraden AB sei der Punkt E.
    d) Gib die Koordinaten des Punktes E an.

11. Übertrage das Koordinatensystem mit den angegebenen Punkten A und B in dein Heft und schreibe die Koordinaten der beiden Punkte auf.
    Zeichne zwei weitere Punkte C und D mit ihren Koordinaten so ein, dass gilt:
    a) AD ⊥ AB
    b) CD ∥ AB
    c) Das Viereck ABCD ist ein Quadrat

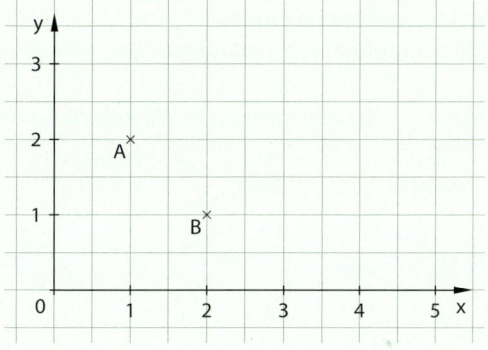

Wiederholungsaufgaben

1. Übertrage in dein Heft und ersetze ■ durch die Zeichen <, > oder =.
   a) 31 ■ 13
   b) 6 + 5 ■ 11
   c) 735 ■ 99

2. Ordne die Zahlen der Größe nach, beginne mit der kleinsten Zahl.
   a) 32; 35; 30; 29; 5
   b) 19; 502; 18; 205; 250

3. Entscheide, wie viele Minuten zwischen dem Ablesen der Uhrzeit auf der gleichen Uhr vergangen sind. Beginne bei der linken Anzeige.

4. Beantworte die Frage und begründe deine Antwort.
   a) Wie viel Millimeter sind ein Meter?
   b) Wie viel Gramm sind drei Kilogramm?
   c) Wie viel Sekunden sind eine Stunde?
   d) Wie viel Dezimeter beträgt die Summe von 3 dm und 12 cm.

Zusammenfassung
7. Geometrische Grundbegriffe

Strecken und Geraden	Eine **Strecke** $\overline{AB}$ = a ist die kürzeste Verbindung zwischen zwei Punkten A und B. Eine gerade Linie, die einen Anfangspunkt, aber keinen Endpunkt hat, heißt **Strahl**: Eine gerade Linie ohne Anfangs- und Endpunkt heißt **Gerade**. **Besondere Lagen von Geraden** – g und h sind zueinander senkrecht: g ⊥ h – i und j sind zueinander parallel: i ∥ j Eine zu einer Geraden g senkrechte Gerade durch einen Punkt P heißt **Lot von P auf g**.	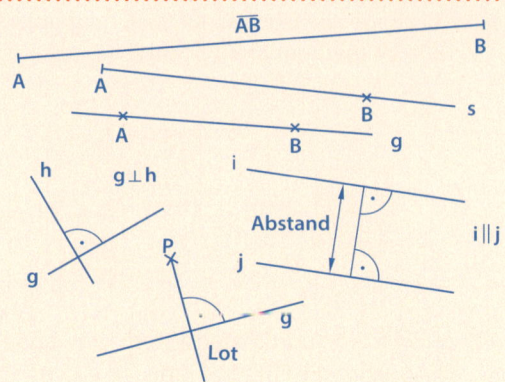
Winkel	Ein **Winkel** wird durch 2 Strahlen (**Schenkel**) begrenzt, die vom selben Punkt S (**Scheitelpunkt**) ausgehen. Winkel können durch einen Bogen und einen griechischen Kleinbuchstaben (α, β, γ, δ, ε, η, ϑ, …) gekennzeichnet werden. Winkelgrößen werden in Grad (°) gemessen.	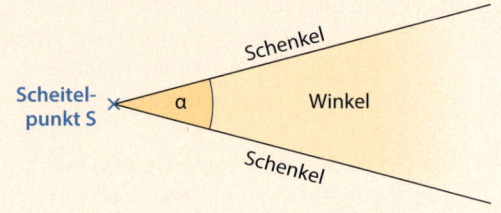
Winkelarten	Man unterscheidet folgende **Winkelarten** neben dem Nullwinkel (0°):	

spitzer Winkel	rechter Winkel	stumpfer Winkel	gestreckter Winkel	überstumpfer Winkel	Vollwinkel
$0° < α < 90°$	$β = 90°$	$90° < γ < 180°$	$δ = 180°$	$180° < ε < 360°$	$φ = 360°$

Achsensymmetrie	Die **Verbindungslinie** zueinander symmetrisch liegender Punkte – wird von der **Symmetrieachse s** halbiert, – ist **senkrecht** zur Symmetrieachse s.	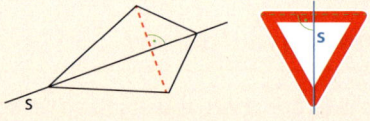
Deckungsgleiche Figuren	Deckungsgleiche Figuren entstehen: – bei einer **Parallelverschiebung** (Verschiebungsrichtung und Verschiebungslänge sind für alle Punkte gleich.) – bei einer **Spiegelung** (Verbindungsstrecken zwischen Original- und Bildpunkten sind zur Spiegelachse senkrecht, sie haben zu ihr gleiche Abstände.) – bei einer **Drehung** (Drehrichtung und Drehwinkel sind für alle Punkte gleich, Original- und Bildpunkte liegen jeweils immer auf einer Kreislinie.)	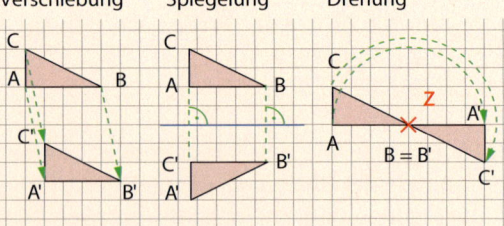
Koordinatensystem	Die Lage eines Punktes P in einem **Koordinatensystem** wird mit zwei Zahlen (**Koordinaten**) genau beschrieben: P(2∣1)	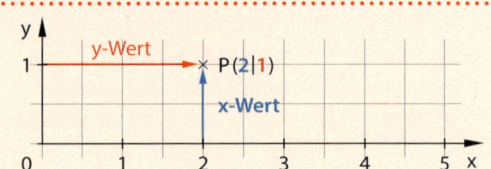

8. Umfang und Flächeninhalt

Das Bild zeigt eine abstrakte Darstellung der Skyline von Manhattan. Der Künstler hat mit gleich großen Quadraten in verschiedenen Farben Häuserfronten dargestellt. Beim Betrachten des Bildes aus großer Entfernung treten die Konturen der kleinen Quadrate immer mehr in den Hintergrund.

Dein Fundament

8. Umfang und Flächeninhalt

Lösungen
↗ S. 247

Flächen auslegen

1. Gib die Anzahl der Felder eines Schachbretts an. Erläutere dein Vorgehen.

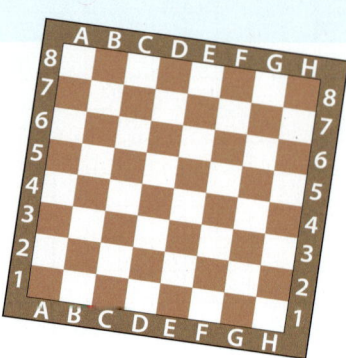

2. Eine Terrasse hat die Form eines Rechtecks. Sie soll (wie in der Skizze) mit Platten ausgelegt werden. Wie viele Platten sind dafür insgesamt nötig?

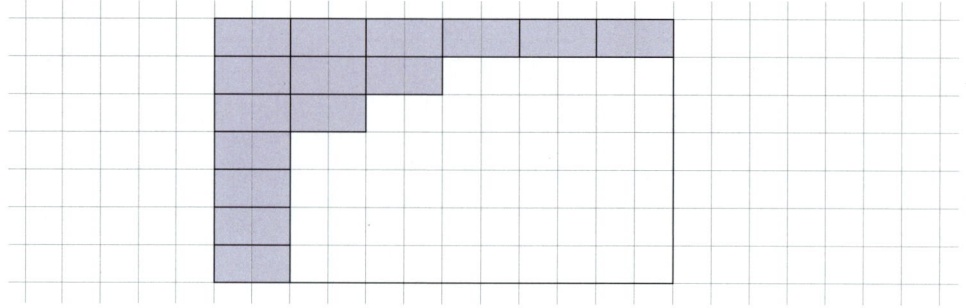

3. Ein Quadrat ① und ein Rechteck ② sollen mit gleich großen Quadraten vollständig ausgelegt werden.
   a) Wie viele dieser Quadrate passen insgesamt in die Figur?
   b) Wie viele dieser kleinen Quadrate fehlen noch, damit die Figur vollständig ausgelegt ist?

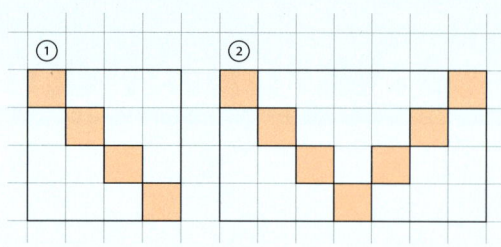

Mit Längenangaben rechnen

4. Berechne.
   a) 13 cm + 17 cm   b) 12 cm + 3 mm   c) 17 m − 9 m   d) 1 m − 50 cm
   e) 12 mm + 19 mm   f) 5 mm + 5 cm   g) 11 cm − 4 cm h) 85 cm − 0,5 m

5. Berechne.
   a) 8 cm · 6   b) 64 cm : 4   c) 3 · 13 m   d) 72 m : 4
   e) 6,1 cm · 6   f) 11 cm : 5   g) 3 · 1,5 cm   h) 164 mm : 4

6. Berechne.
   a) (2 cm + 17 cm) · 3   b) 3 · 12 cm + 3 · 6 cm   c) 2 · 13 m + 2 · 12 m   d) 2 · (13 m + 28 m)
   e) 9 cm + 4 · 7 cm   f) 12 cm : 3 + 7 cm   g) 25 cm − 2 · 5 mm   h) 50 cm · 2 + 1 m

Dein Fundament

Geometrische Figuren zeichnen

7. Zeichne auf Kästchenpapier sowohl ein Quadrat als auch ein Rechteck, das kein Quadrat ist. Beachte dabei, dass in beiden Figuren die Anzahl der Kästchen gleich ist.

8. Zeichne auf Kästchenpapier sowohl ein Quadrat als auch ein Rechteck mit unterschiedlich langen Seiten, sodass die Summe der Seitenlängen bei beiden Figuren gleich ist.

9. a) Zeichne ein Rechteck mit den Seitenlängen $a = 4{,}0\,\text{cm}$ und $b = 2{,}5\,\text{cm}$.
   b) Zeichne ein Quadrat mit der Seitenlänge $a = 3{,}0\,\text{cm}$.
   c) Zeichne ein Dreieck mit gleich langen Seiten $a = b = c = 3{,}0\,\text{cm}$.

10. Die Seitenlänge eines Quadrates beträgt 3,7 cm. Wie lang sind alle Seiten zusammen?

11. Zwei benachbarte Seiten a und b eines Rechtecks ABCD sind zusammen 12,0 cm lang. Ermittle die Länge der Seite a, wenn für die Seite b gilt:
    a) Die Seite b ist 3 cm lang.
    b) Die Seite b ist doppelt so lang wie die Seite a.

12. Zeichne die Punkte $A(2|2)$, $B(4|0)$ und $C(5|1)$ in ein Koordinatensystem.
    Trage einen weiteren Punkt D so in das Koordinatensystem ein,
    dass die Punkte A, B, C, D Eckpunkte eines Rechtecks sind.
    Gib die Koordinaten des Punktes D an.

13. Zeichne die Punkte in ein Koordinatensystem. Es sollen die Eckpunkte eines Vierecks sein. Verbinde die Punkte in alphabetischer Reihenfolge. Entscheide, welche Viereckart vorliegt.
    a) $A(1|2)$, $B(3|2)$, $C(3|4)$, $D(1|4)$
    b) $E(2|5)$, $F(7|5)$, $G(7|7)$, $H(2|7)$
    c) $P(3|1)$, $Q(6|1)$, $R(8|3)$, $S(5|3)$
    d) $U(5|0)$, $V(7|0)$, $W(7|2)$, $X(5|2)$

Termwerte berechnen

14. Berechne den Wert des Terms für $x = 3$ und $y = 22$.
    a) $x \cdot y$
    b) $x \cdot x$
    c) $2 \cdot x + 2 \cdot y$
    d) $2 \cdot (x + y)$
    e) $4 \cdot y$
    f) $x + y + x + y$
    g) $(x \cdot y) : 2$
    h) $(4 \cdot x) : 2$

15. Übertrage die Tabelle in dein Heft und fülle sie vollständig aus.

a)

	a	a·a	4·a
①	5		
②		36	
③			12
④	11		

b)

	c	d	c·d	2·c + 2·d	2·(c + d)	(c·d) : 2
①	4	7				
②		8	32			
③	3				10	
④		5				15

8.1 Umfänge von Figuren ermitteln

- Herr Reichel und Frau Fröhlich wollen jeweils das Weideland für ihre Tiere mit Draht einzäunen.
Ermittle jeweils, wie viele Meter Draht Herr Reichel und wie viele Meter Draht Frau Fröhlich benötigt. ■

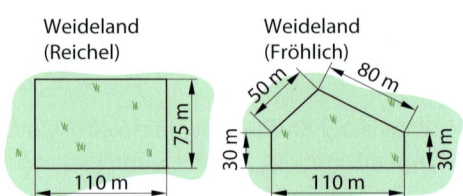

Die Summe aller Streckenlängen, die eine Figur begrenzen, ist der Umfang dieser Figur.

> **Wissen: Umfang von Figuren**
>
> Der **Umfang u eines Vielecks** ist gleich der Summe aller Seitenlängen des Vielecks.
> *Für den Umfang u eines Sechsecks gilt:*
> **u = a + b + c + d + e + f**
>
> Der **Umfang u eines Rechtecks** mit den Seitenlängen a und b ist gleich der Summe aller Seitenlängen.
> *Für den Umfang u eines Rechtecks gilt:*
> u = a + b + a + b = 2 · a + 2 · b
> **u = 2 · (a + b)**
>
> Der **Umfang u eines Quadrats** mit der Seitenlänge a ist gleich der Summe aller Seitenlängen:
> *Für den Umfang u eines Quadrates gilt:*
> u = a + a + a + a
> **u = 4 · a**

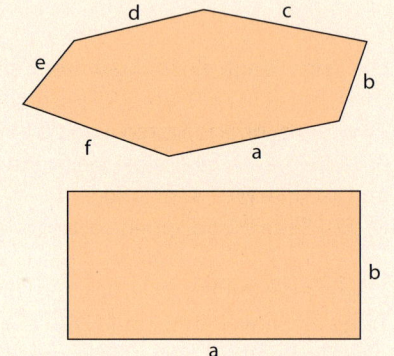

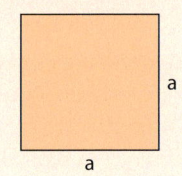

> **Beispiel 1: Umfänge von Rechtecken berechnen**
> a) Berechne den Umfang eines Rechtecks mit den Seitenlängen a = 5 cm und b = 3 cm.
> b) Berechne den Umfang eines Quadrats mit der Seitenlänge a = 6 cm.
>
> **Lösung:**
> a) Setze in die Formel u = 2 · (a + b)
>   a = 5 cm und b = 3 cm ein
>   und berechne den Termwert.
>
>   u = 2 · (a + b)
>   u = 2 · (5 cm + 3 cm)
>   u = 2 · 8 cm
>   u = 16 cm
>   Das Rechteck hat einen Umfang von 16 cm.
>
> b) Setze in die Formel u = 4 · a
>   a = 6 cm ein und berechne
>   den Termwert.
>
>   u = 4 · a
>   u = 4 · 6 cm
>   u = 24 cm
>   Das Quadrat hat einen Umfang von 24 cm.

Aufgabe 1: Berechne jeweils den Umfang der Rechtecke ①, ② und ③ und der Quadrate ④, ⑤ und ⑥ mit den gegebenen Seitenlängen:
Rechtecke: ① a = 5 cm; b = 7 cm   ② a = 13 m; b = 29 m   ③ a = 3 km; b = 6 km
Quadrate: ④ a = 3 cm   ⑤ a = 11 cm   ⑥ a = 7 m

8.1 Umfänge von Figuren ermitteln

Aufgaben

2. Berechne den Umfang eines Rechtecks mit den Seitenlängen a und b.
   a) a = 8 cm; b = 11 cm
   b) a = 20 mm; b = 55 mm
   c) a = 4 m; b = 3 m
   d) a = 1 m; b = 6 m
   e) a = 5 m; b = 50 dm
   f) a = 2 dm; b = 30 cm
   g) a = b = 1 m 20 cm
   h) a = 10 mm; b = 2 cm 5 mm
   i) a = 3 dm 2 cm; b = 7 mm

   Hinweis zu 2: Prüfe, ob die Seitenlängen gleiche Maßeinheiten haben. Rechne gegebenenfalls um.

3. Berechne den Umfang eines Quadrats mit der Seitenlänge a.
   a) a = 4 cm
   b) a = 9 m
   c) a = 7 dm
   d) a = 1 cm 5 mm

4. **Durchblick:** Zeichne ein Rechteck ABCD mit den Seitenlängen a = 4 cm und b = 2 cm. Erkläre, wie du den Umfang dieses Rechtecks ermitteln würdest. Orientiere dich dabei an Beispiel 1 auf Seite 186.

5. Übertrage die Tabelle in dein Heft und fülle sie vollständig aus.
   u ist der Umfang eines Rechtecks mit den Seitenlängen a und b.

	a)	b)	c)	d)	e)	f)	g)
a	7 cm	6 m		7 m		25 cm	10 cm
b	9 cm		5 cm		8 cm		
u		20 m	20 cm	20 m	20 cm	1 m	1 m

   Hinweis zu 5: Die Lösungen enthalten folgende Maßzahlen: 40, 32, 25, 5, 4, 3, 2.

6. Zeichnet jeder drei verschiedene Rechtecke, die jeweils einen Umfang von 12 cm haben. Gebt alle Seitenlängen dieser Rechtecke an. Vergleicht eure Ergebnisse untereinander.

7. Ein Rechteck mit einem Umfang von 34 m ist 8 m lang. Entscheide, welche der folgenden Längenangaben für die Breite b des Rechtecks korrekt sind. Begründe deine Entscheidung.
   Anna: b = 18 m   Paul: b = 90 dm   Sven: b = 26 m   Maria: b = 9 cm   Maja: b = 9 m

8. Ein Quadrat und ein Rechteck haben gleichen Umfang. Das Quadrat hat eine Seitenlänge von 5 cm und eine Seite des Rechtecks ist 2 cm lang. Ermittle die Länge der zweiten Seite des Rechtecks.

9. Gegeben ist ein Quadrat ABCD mit einer Seitenlänge von 3 cm und ein Quadrat EFGH mit einer Seitenlänge von 4 cm.
   a) Ermittle, um wie viel Zentimeter sich die Umfänge der beiden Quadrate unterscheiden.
   b) Erläutere dein Vorgehen.

10. Gegeben ist ein Rechteck mit einem Umfang u = 36 cm.
    Berechne die Seitenlängen des Rechtecks unter folgenden Bedingungen:
    a) Die längeren Seiten sind doppelt so lang wie die kürzeren Seiten.
    b) Das Rechteck ist 5-mal so lang wie breit.
    c) Die längeren Seiten sind jeweils 4 cm größer als die kürzeren Seiten.

11. **Stolperstelle:** Entscheide, ob die Behauptung wahr ist. Begründe deine Entscheidung.
    a) Bei Verdopplung beider Seitenlängen a und b eines Rechtecks verdoppelt sich auch immer der Umfang u des Rechtecks.
    b) Bei Verdopplung des Umfangs u eines Rechtecks verdoppeln sich auch immer beide Seitenlängen a und b des Rechtecks.

12. Entnimm die erforderlichen Maße der Zeichnung und entscheide:
    a) Welche der Figuren hat den größten (kleinsten) Umfang?
       Begründe deine Entscheidung.
    b) Welche der Figuren haben gleiche Umfänge?
       Begründe deine Entscheidung.

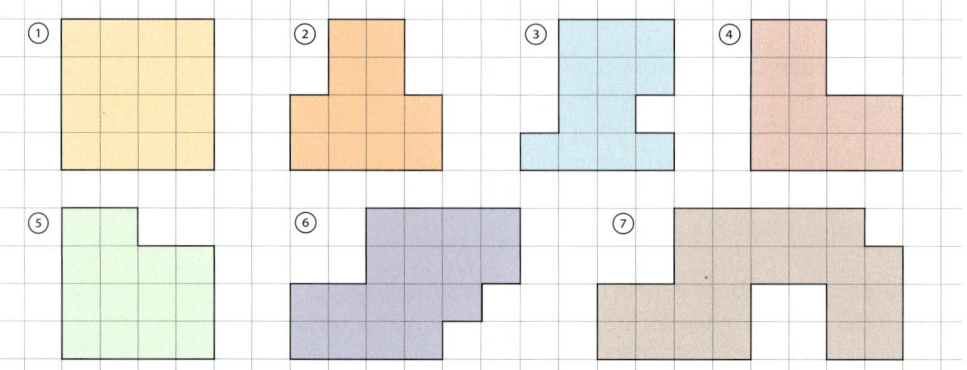

13. Berechne den Umfang der Figur. Schreibe deinen Lösungsweg auf.

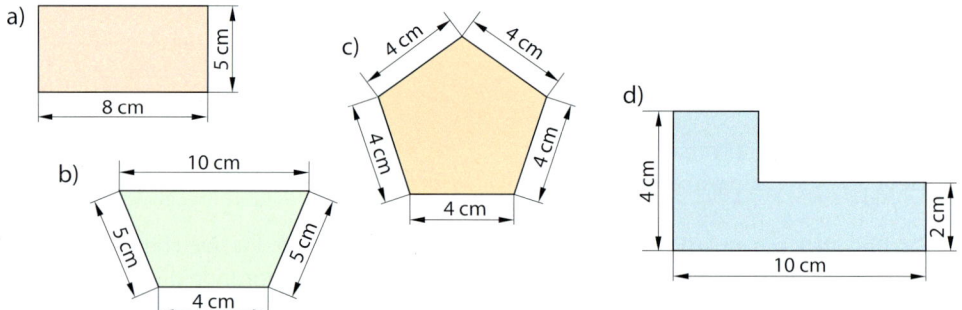

14. Familie Kluge möchte eine Terrasse in Form eines Rechtecks anlegen.
    Die Terrasse soll 9 m lang und 7 m breit sein und vollständig mit Kantensteinen von 1 m Länge eingefasst werden. Entscheide, wie viele solcher Kantensteine benötigt werden. Begründe deine Entscheidung.

15. Familie Sommer will einen Auslauf für ihre Zwergkaninchen anlegen, der die Form eines Rechtecks hat. Der Auslauf soll 2,50 m lang und 2,00 m breit sein. Berechne, wie viel Meter Zaun dafür benötigt werden, wenn eine der beiden längeren Seiten des Auslaufs an eine Schuppenwand grenzt. Fertige vor dem Rechnen eine Skizze an.

16. Das Bild zeigt den Grundriss eines neu anzulegenden kleinen Parks im Maßstab 1 : 10 000. Entlang des äußeren Randes soll eine Hecke entstehen.
    Berechne, wie viel Meter Hecke dafür gepflanzt werden müssen. Entnimm die Maße der Zeichnung.

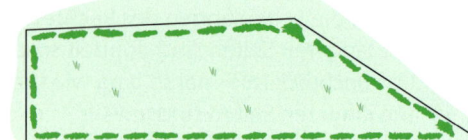

17. **Ausblick:** Ermittle den Umfang einer 2-€-Münze möglichst genau und beschreibe danach, wie du vorgegangen bist.

8.2 Flächeninhalte von Rechtecken ermitteln

■ In das abgebildete Fußballstadion passen 80 720 Zuschauer. Das rechteckförmige Spielfeld ist 115 m lang und 75 m breit. Nach dem Gewinn eines Fußballspiels stürmten viele Zuschauer das Spielfeld. Wäre das für alle 80 720 Zuschauer möglich, wenn man annimmt, dass auf eine quadratische Fläche von 1 m mal 1 m etwa 5 Personen passen? ■

Der Flächeninhalt eines 3 cm breiten und 4 cm langen Rechtecks soll ermittelt werden. Dazu kannst du das Rechteck mit gleich großen Quadraten der Seitenlänge 1 cm ausfüllen und diese zählen. Solche Quadrate werden **Einheitsquadrate** genannt. Solch ein Einheitsquadrat hat einen Flächeninhalt von 1 cm². DIe Einheitsquadrate können auch zu Streifen zusammengefasst werden.

Hinweis: Einheitsquadrat

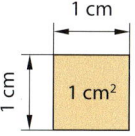

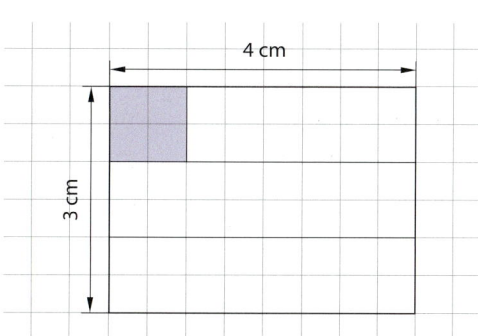

Hier sind es 4 Streifen mit jeweils 3 Einheitsquadraten, also insgesamt 12 Einheitsquadrate. Das Rechteck hat also einen Flächeninhalt von 12 cm².
Rechnung: $4 \cdot (3 \cdot 1 \text{ cm}^2)$
$= 4 \cdot 3 \text{ cm}^2$
$= 12 \text{ cm}^2$

Hier sind es 3 Streifen mit jeweils 4 Einheitsquadraten, also insgesamt 12 Einheitsquadrate. Das Rechteck hat somit einen Flächeninhalt von 12 cm².
Rechnung: $3 \cdot (4 \cdot 1 \text{ cm}^2)$
$= 3 \cdot 4 \text{ cm}^2$
$= 12 \text{ cm}^2$

Wissen: Flächeninhalt eines Rechtecks
Der **Flächeninhalt A eines Rechtecks** mit den Seitenlängen a und b ist gleich dem Produkt der Seitenlängen.
Es gilt:
$A = a \cdot b$

Der **Flächeninhalt A eines Quadrates** mit der Seitenlänge a ist gleich dem Produkt der Seitenlängen.
Es gilt:
$A = a \cdot a$
$A = a^2$

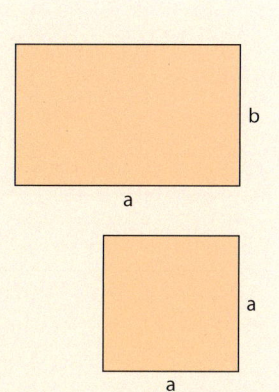

8. Umfang und Flächeninhalt

Beispiel 1: Flächeninhalte von Rechtecken berechnen
a) Berechne den Flächeninhalt eines Rechtecks mit den Seitenlängen a = 5 cm und b = 3 cm.
b) Berechne den Flächeninhalt eines Quadrats mit der Seitenlänge a = 4 cm.

Lösung:
a) Setze in die Formel A = a · b
für a = 5 cm und für b = 3 cm ein
und berechne den Termwert.

$\quad$ A = a · b
$\quad$ A = 5 cm · 2 cm
$\quad$ A = 10 cm²
$\quad$ Das Rechteck hat einen Flächeninhalt von 10 cm².

b) Setze in die Formel A = a²
für a = 4 cm ein und
berechne den Termwert.

$\quad$ A = a² = a · a
$\quad$ A = 4 cm · 4 cm
$\quad$ A = 16 cm²
$\quad$ Das Quadrat hat einen Flächeninhalt von 16 cm².

Aufgabe 1: Berechne jeweils den Flächeninhalt der Rechtecke ①, ② und ③ und der Quadrate ④, ⑤ und ⑥ mit den gegebenen Seitenlängen:
Rechtecke: ① a = 5 cm; b = 7 cm ② a = 10 m; b = 29 m ③ a = 3 km; b = 6 km
Quadrate: ④ a = 3 cm ⑤ a = 11 cm ⑥ a = 7 m

Aufgaben

Hinweis zu 3:
Hier verstecken sich die Ergebnisse der Aufgabe 3.
Aber Vorsicht: Es sind mehr Maßzahlen als Aufgaben.

2. Berechne den Flächeninhalt des Rechtecks mit den angegebenen Seitenlängen. Beachte beim Rechnen immer die Einheiten. Wandle gegebenenfalls vor dem Rechnen um.
a) a = 20 m; b = 30 m
b) a = 15 m; b = 15 m
c) a = 150 km; b = 80 km
d) a = 120 cm; b = 2 m

3. **Durchblick:** Überprüfe, ob alle dargestellten Rechtecke den gleichen Flächeninhalt haben. Du kannst dazu wie in Beispiel 1 auf Seite 190 vorgehen.

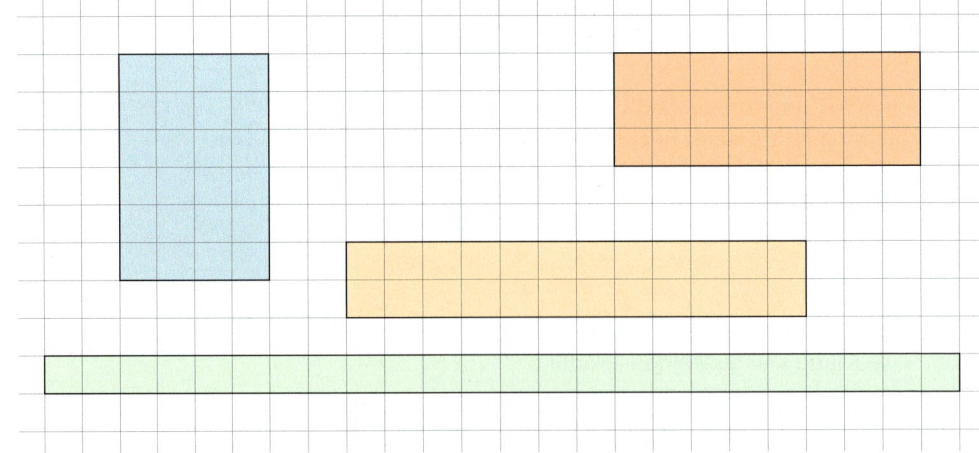

4. Gib die Seitenlängen von vier Rechtecken mit jeweils einen Flächeninhalt von 36 cm² an.

8.2 Flächeninhalte von Rechtecken ermitteln

5. **Stolperstelle:**
   Julian behauptet, dass sich der Flächeninhalt eines Rechtecks immer verdoppelt, wenn man beide Seitenlängen des Rechtecks gleichzeitig verdoppelt.
   Was sagst du dazu?

6. Die Tabelle enthält Längen, Breiten und Flächeninhalte von Rechtecken. Fülle die Tabelle in deinem Heft aus. Gib die Ergebnisse so an, dass kein Rechteck doppelt vorkommt.

Länge a	12 m	6 km	80 cm			
Breite b	6 m		2 m			
Flächeninhalt A		48 km²		64 km²	64 km²	64 km²

7. Ein Fußballfeld kann folgende Maße haben:
   – Länge zwischen 90 m und 120 m
   – Breite zwischen 45 m und 90 m
   Ermittle den größtmöglichen und den kleinstmöglichen Flächeninhalt.

8. Miss die Länge und Breite einer Seite deines Buches „Fundamente der Mathematik".
   a) Berechne den Flächeninhalt dieser Seite.
   b) Welchen Flächeninhalt haben alle Blätter des Buchs (Vor- und Rückseite) zusammen?

9. Berechne den Flächeninhalt jeder Figur. Zerlege dazu jeweils in geeignete Teilfiguren. Entnimm die erforderlichen Maße der Zeichnung.

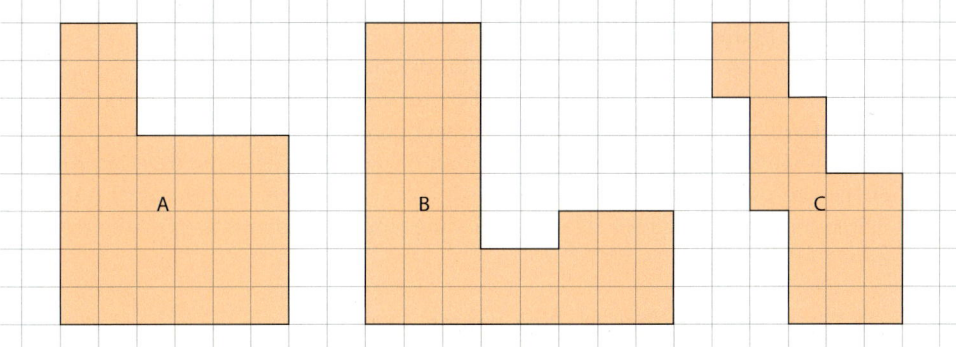

10. Herr Mähler möchte mit 400 m Draht eine rechteckförmige Rasenfläche mit größtmöglichem Flächeninhalt einzäunen. Er hat dazu ein 120 m langes und 80 m breites Rechteck gewählt. Sein Sohn meint, dass es noch ein Rechteck mit größerem Flächeninhalt gibt. Welchen Vorschlag würdest du Herrn Mähler machen?

11. **Ausblick:** Löse jede der folgenden Aufgaben und prüfe immer, ob deine Lösung eindeutig ist, oder ob es noch andere Lösungen gibt.
    Ein Rechteck ABCD ist 6 cm und 4 cm breit. Ermittle den Flächeninhalt des neuen Rechtecks EFGH bei folgenden Veränderungen:
    a) Die Länge von Rechteck ABCD wird um 2 cm verkürzt, die Breite um 2 cm verlängert.
    b) Die Länge und die Breite von ABCD werden beide verdoppelt.
    c) Die Länge und die Breite von ABCD werden beide halbiert.
    d) Die Länge von Rechteck ABCD wird verdoppelt und die Breite wird gleichzeitig halbiert.
    e) Der Umfang des Rechtecks ABCD wird verdoppelt.

Vermischte Aufgaben

8. Umfang und Flächeninhalt

1. Zeichne die Punkte in ein Koordinatensystem und verbinde diese in der angegebenen Reihenfolge zu einer ebenen Figur. Ermittle den Flächeninhalt und den Umfang der Figur, wenn die Einheit im Koordinatensystem 1 km beträgt.
   a) A(0|0), B(4|0), C(4|4), D(0|4) b) E(2|3), F(8|3), G(8|6), H(2|6)
   c) I(2|7), J(2|5), K(7|5), L(7|3), M(9|3), N(9|7)

2. Familie Hurzel hat ein rechteckförmiges Grundstück mit einem Flächeninhalt von 486 m² gekauft. Es liegt direkt an einer Straße und erstreckt sich 27 m rechtwinklig nach hinten.
   a) Berechne, wie viel Meter des Grundstücks parallel zur Straße liegen.
   b) Gib den Umfang des Grundstücks an.
   c) Wie viel Euro musste Familie Hurzel für das Grundstück bezahlen, wenn 1 m² Bauland in diesem Gebiet 280 € kostet.
   d) Das Grundstück soll ein Zaun begrenzen, bei dem alle 3 m ein Zaunpfosten steht. Ermittle, wie viele Zaunpfosten es mindestens sein müssen, wenn auch in jeder Ecke des Grundstücks ein Pfosten stehen muss.

Tipp zu 3:
Arbeitet zu zweit oder in Gruppen (Seite 233, Methodenkarte 5C), damit ihr keine Figur vergesst.

3. Aus 16 Einheitsquadraten (jeweils 1 cm²) sollen Figuren gelegt werden, bei denen jedes Quadrat mindestens eine Seite mit einem anderen Quadrat gemeinsam hat.
   a) Gebt den Umfang und den Flächeninhalt der nebenstehenden Figur an.
   b) Skizziert weitere Möglichkeiten für solche Figuren. Ordnet eure Figuren dann nach der Größe ihrer Umfänge. Beginnt mit der Figur, die den kleinsten Umfang hat.

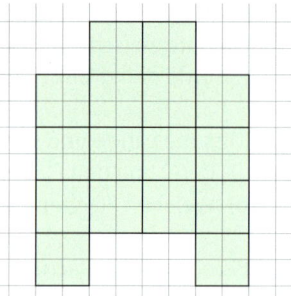

4. Eine Reinigungsfirma soll die Fenster eurer Schule putzen. Der Preis für 100 m² Fensterfläche beträgt 18 €.
   a) Ermittelt die gesamte Fensterfläche in eurem Klassenraum.
   b) Wie viel Euro würde die Reinigung der Fenster eures Klassenraumes kosten?
   c) Schätzt, wie teuer die Reinigung aller Fenster eurer Schule wäre.
   d) Zählt die Fenster eurer Schule und ermittelt die Gesamtfläche und den Gesamtpreis.
   e) Ein Fensterputzer schafft pro Stunde etwa 200 m². Wie viele Fensterputzer muss die Reinigungsfirma für alle Fenster eurer Schule einplanen, damit sie die Arbeiten an einem Arbeitstag (8 h) schafft?

5. Familie Wirsch will die Giebelseite ihres Hauses (siehe Skizze) neu streichen lassen.
   a) Ermittle, wie viel Quadratmeter (ohne Fenster und Türen) das sind, wenn eine Kästchenlänge 1 m entspricht.
   b) Es gibt zwei Angebote:
      Angebot ①: eine Dose Farbe für 9 m² kostet 15,50 €
      Angebot ②: ein Eimer Farbe für 20 m² kostet 25,50 €
      Welches Angebot ist preisgünstiger? Begründe.
   c) Auf dem Dach sollen Solarzellen auf einer rechteckförmigen Fläche von 3 m × 7 m angebracht werden. Es gibt zwei Standardmodule:
      ① 1660 mm × 990 mm mit einer Leistung von ca. 250 Watt
      ② 1580 mm × 808 mm mit einer Leistung von ca. 190 Watt
      Welche Module schlägst du vor, um auf der vorhandenen Fläche die größtmögliche Leistung erzeugen zu können? Begründe deine Entscheidung.

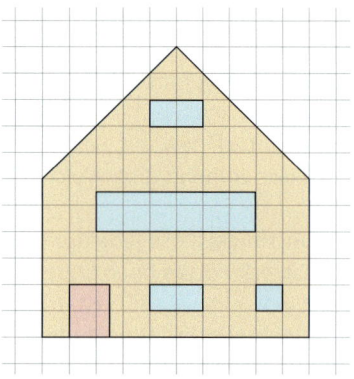

Vermischte Aufgaben

6. Ein Rasentennisplatz hat die im Bild angegebenen Maße.

   🔵 Berechne den Flächeninhalt des gesamten Platzes für Einzel- (8,23 m breit) und für Doppel-Tennisspielfelder (10,97 m breit).

   🔴 Mit einer Spraydose können ca. 180 m Linien geweißt werden. Ermittle die Anzahl der Dosen für das Weißen von 7 solcher Plätze.

   🟡 Entscheide, ob es möglich ist, alle Begrenzungslinien so abzulaufen, dass man jede Linie nur genau einmal entlang läuft. Gib eine Begründung für deine Entscheidung.

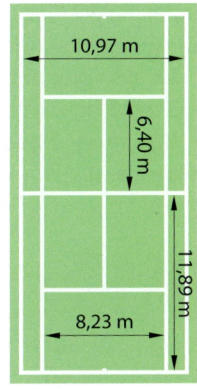

7. Entscheide, ob die Aussage wahr oder falsch ist. Begründe deine Entscheidung.
   a) Ist jemandem der Umfang eines Rechtecks bekannt, kann er auch dessen Flächeninhalt berechnen.
   b) Der Umfang einer Figur wird immer in Meter angegeben.
   c) Der Umfang einer Figur kann in Meter angegeben werden.
   d) Wenn du ein Rechteck in zwei Teile zerlegst, so ist die Summe der Umfänge dieser beiden Teile immer größer als der Umfang des Rechtecks.
   e) Der Flächeninhalt eines Rechtecks ändert sich nicht, wenn man die Länge des Rechtecks verdoppelt und die Breite des Rechtecks halbiert.
   f) Der Umfang eines Rechtecks ändert sich nicht, wenn man die Länge des Rechtecks verdoppelt und die Breite des Rechtecks halbiert.

8. Der US-Bundesstaat Wyoming erstreckt sich auf einer Breite von 450 km und einer Länge von 580 km. Der Grenzverlauf entspricht ungefähr einem Rechteck.
   a) Berechne den Flächeninhalt von Wyoming.
   b) Ermittle mithilfe der Grafik näherungsweise den Flächeninhalt der USA. (Hawaii und Alaska sind nicht maßstabsgerecht dargestellt und haben einen Flächeninhalt von rund 28 000 km² und 1 700 000 km²).
   c) Im Jahr 2011 hatten die USA 312 Millionen Einwohner, dies entspricht einer Bevölkerungsdichte von 32 Einwohnern pro Quadratkilometer. Vergleiche damit dein unter b) ermitteltes Ergebnis.

9. Familie Blum beabsichtigt, ihr quadratisches Grundstück mit einer Seitenlänge von 36 m mit Maschendraht einzuzäunen. Das Eingangstor soll 3 m breit sein. Maschendraht gibt es in Rollen zu 15 m (21 € je Rolle) und 25 m (33 € je Rolle). Wie viele Rollen Maschendraht von welcher Länge sollte Familie Blum deiner Meinung nach kaufen? Begründe deinen Vorschlag.

Prüfe dein neues Fundament

8. Umfang und Flächeninhalt

Lösungen
↗ S. 248

1. Vergleiche die Figuren ①, ②, ③, ④, ⑤ miteinander und löse die Aufgaben.
   Begründe deine Antwort.
   a) Gib die Figur mit dem größten Flächeninhalt an.
   b) Gib die Figur mit dem größten Umfang an.
   c) Welche der Figuren haben gleiche Umfänge?
   d) Welche der Figuren haben gleiche Flächeninhalte?

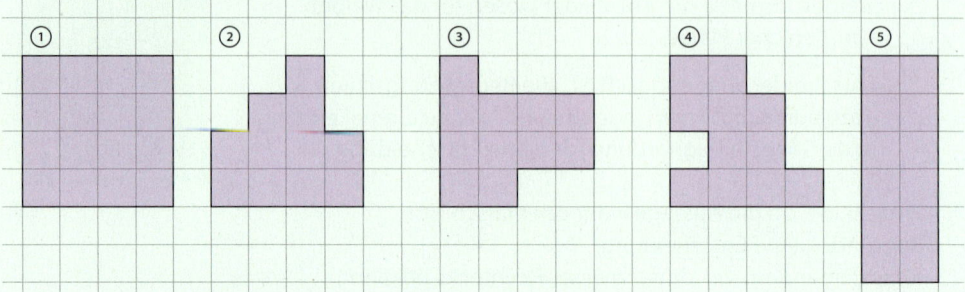

2. Zeichne jede Figur mit doppelten Seitenlängen in dein Heft.
   a) Ordne die gezeichneten Figuren dann nach der Größe ihres Umfangs mit dem kleinsten Umfang beginnend.
   b) Ordne die gezeichneten Figuren dann nach der Größe ihres Flächeninhalts mit dem kleinsten Flächeninhalt beginnend.

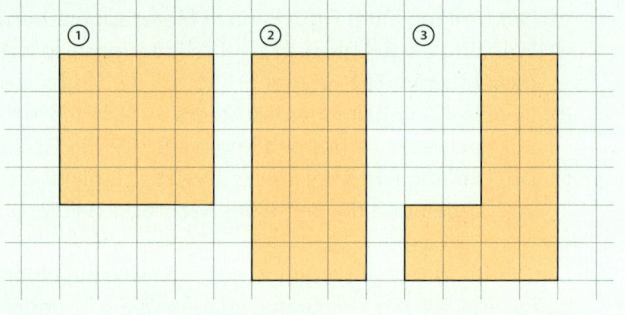

3. Rechne in die angegebene Einheit um.
   a) $2\,m^2$ (in Quadratzentimeter)
   b) $300\,cm^2$ (in Quadratdezimeter)
   c) $1\,ha$ (in Quadratmeter)
   d) $200\,m^2$ (in Ar)

4. Berechne jeweils die fehlenden Größen für ein Rechteck mit folgenden Maßen:

	a)	b)	c)	d)
Breite a	3 m		2 cm	
Länge b	5 m	4 cm		5 dm
Flächeninhalt A		$16\,cm^2$		$1000\,cm^2$
Umfang u			120 mm	

5. a) Zeichne zwei verschiedene Rechtecke mit gleichem Flächeninhalt $A = 6\,cm^2$.
      Gib den Umfang jedes dieser Rechtecke an.
   b) Zeichne zwei verschiedene Rechtecke mit gleichem Umfang $u = 12\,cm$.
      Gib den Flächeninhalt jedes dieser Rechtecke an.

6. a) Untersuche, wie sich der Umfang eines Quadrats verändert, wenn alle Seitenlängen des Quadrats um 1 cm größer werden.
   b) Untersuche, wie sich der Umfang eines Rechtecks verändert, wenn alle Seitenlängen um 2 cm größer werden.

Prüfe dein neues Fundament

7. a) Untersuche, wie sich der *Umfang* eines Quadrates verändert, wenn sich die Seitenlänge des Quadrates verdoppelt (halbiert).
   b) Untersuche, wie sich der *Flächeninhalt* eines Quadrates verändert, wenn sich die Seitenlänge des Quadrates verdoppelt (halbiert).

8. Ermittle den Umfang und den Flächeninhalt sowohl von der größten als auch von der kleinsten Begrenzungsfläche. Beschreibe dein Vorgehen.
   a) von einer Streichholzschachtel
   b) von einem Schuhkarton
   c) von einem Würfel mit einer Kantenlänge von 3,5 cm
   d) von einem 5 cm langen, 3 cm breiten und 4 cm hohen Quader

9. Die Giebelseite des Hauses von Familie Schulz soll einen neuen Anstrich erhalten.
   Ermittle, wie viele Eimer Farbe dafür notwendig sind, wenn ein Eimer Farbe für etwa 35 m² reicht und der Anstrich zweimal erfolgen soll.

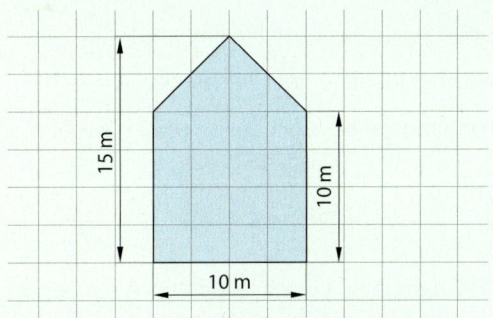

10. Bäuerin Kluge hat 120 Hühner, für die sie einen Auslauf in Form eines Rechtecks bauen möchte. Der Auslauf soll 550 cm lang und 450 cm breit sein.
    a) Bei der Bodentierhaltung sind nach der Richtlinie der Europäischen Union maximal 70 Hühner auf 10 m² erlaubt. Hält sich Bäuerin Kluge an diese Richtlinie?
    b) Wie viel Meter Maschendraht muss Frau Kluge für die Einzäunung des Auslaufs kaufen?
    c) Wie verändert sich der Flächeninhalt des Auslaufs, wenn Frau Kluge mit dem gekauften Maschendraht eine quadratische Auslauffläche einzäunt?
    d) Wie viel Meter Maschendraht spart sie, wenn die kürzere Seite der Auslauffläche an eine Stallwand grenzt und dort kein Zaun erforderlich ist?

Wiederholungsaufgaben

1. Berechne im Kopf.
   a) 590 − 240   b) 395 − 85   c) 999 : 9   d) 20 + 55 · 4

2. Rechne in die angegebene Einheit um.
   a) 123 cm (in Millimeter)   b) 57 mm (in Dezimeter)   c) 2,5 kg (in Gramm)
   d) 465 kg (in Tonnen)   e) 1 g 25 mg (in Milligramm)   f) 225 min (in Stunden)

3. Korrigiere die Rechnung.
   ```
      208
   +  692
      800
   ```

4. Schreibe mit Ziffern: Zweihundertfünfzigtausendundsechs.

Zusammenfassung

8. Umfang und Flächeninhalt

Flächeninhalt und Umfang von Figuren

Der **Flächeninhalt** einer ebenen Figur kann durch vollständiges Auslegen mit gleich großen Teilflächen, beispielsweise mit Einheitsquadraten, ermittelt werden.

Ein **Einheitsquadrat** kann eine Seitenlänge von 1 cm und einen Flächeninhalt von 1 cm² haben.

Der **Umfang u eines Vielecks** ergibt sich als Summe der Längen aller Seiten des Vielecks.

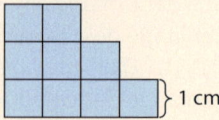

Die blaue Fläche hat den **Flächeninhalt** $A = 9\,cm^2$.

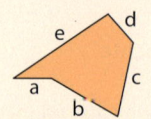

$a = d = 1\,cm$
$b = c = 2\,cm$
$e = 3\,cm$

$u = 1\,cm + 2\,cm + 2\,cm + 1\,cm + 3\,cm = 9\,cm$
Das Fünfeck hat den **Umfang u = 9 cm.**

Flächeninhalt und Umfang von Rechtecken

Flächeninhalt A eines Rechtecks: **A = a · b**

Umfang u eines Rechtecks: **u = 2 · (a + b)**

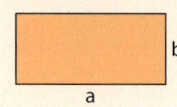

Flächeninhalt A eines Quadrats: **A = a · a = a²**
Umfang u eines Quadrats: **u = 4 · a**

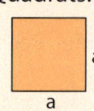

Rechteck ABCD mit a = 5 cm und b = 4 cm

$A = a \cdot b$ $u = 2 \cdot (a + b)$
$A = 5\,cm \cdot 4\,cm$ $u = 2 \cdot (5\,cm + 4\,cm)$
$A = 20\,cm^2$ $u = 2 \cdot 9\,cm$
                         $u = 18\,cm$

Quadrat ABCD mit a = 6 cm

$A = a \cdot a$ $u = 4 \cdot a$
$A = 6\,cm \cdot 6\,cm$ $u = 4 \cdot 6\,cm$
$A = 36\,cm^2$ $u = 24\,cm$

Längeneinheiten

Einheiten der Länge:

– Kilometer (km)   1 km = 1000 m   1 m = 0,001 km
– Meter (m)   *Umrechnungszahl: 10*
– Dezimeter (dm)   1 m = 10 dm   1 dm = 0,1 m
– Zentimeter (cm)   1 dm = 10 cm   1 cm = 0,1 dm
– Millimeter (mm)   1 cm = 10 mm   1 mm = 0,1 cm

Flächeneinheiten

Einheiten der Fläche:

Umrechnungszahl: 100

– Quadratkilometer (km²)   1 km² = 100 ha   1 ha = 0,01 km²
– Hektar (ha)   1 ha = 100 a   1 a = 0,01 ha
– Ar (a)   1 a = 100 m²   1 m² = 0,01 a
– Quadratmeter (m²)   1 m² = 100 dm²   1 dm² = 0,01 m²
– Quadratdezimeter (dm²)   1 dm² = 100 cm²   1 cm² = 0,01 dm²
– Quadratzentimeter (cm²)   1 cm² = 100 mm²   1 mm² = 0,01 km²
– Quadratmillimeter (mm²)

9. Volumen und Oberflächeninhalt

Beispiele abwechslungsreicher moderner Architektur findet man in vielen Städten, hier in der Nähe des Kurfürstendamms in Berlin.

Dein Fundament

9. Volumen und Oberflächeninhalt

Lösungen
↗ S. 249

Zueinander parallele und zueinander senkrechte Geraden erkennen und zeichnen

1. Gib zwei Geraden der nebenstehenden Zeichnung an,
   a) die parallel zueinander sind;
   b) die senkrecht zueinander sind;
   c) die weder parallel noch senkrecht zueinander sind.

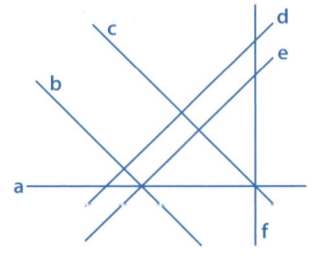

2. Zeichne
   a) zwei zueinander senkrechte Geraden g und h;
   b) drei zueinander parallele Geraden k, l, m.

3. Zeichne nebenstehende Figur auf Kästchenpapier.
   a) Gib alle zueinander parallelen Strecken an.
   b) Nenne alle Strecken, die senkrecht zueinander sind.
   c) Welche Strecken sind gleich lang?

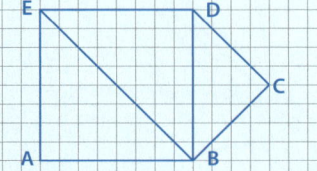

4. Zeichne eine Gerade g.
   a) Lege auf der Geraden g einen Punkt A fest und zeichne die Senkrechte s zur Geraden g durch den Punkt A.
   b) Zeichne zur Geraden g eine parallele Gerade h in einem Abstand von 1,5 cm. Wie viele solcher Parallelen gibt es?

Flächeninhalte von Rechtecken berechnen

5. Berechne den Flächeninhalt:
   a) von einem Quadrat mit einer Seitenlänge von 4 cm
   b) von einem Rechteck mit Seitenlängen von 2 cm und 3 cm

6. Übertrage die folgende Tabelle in dein Heft und fülle sie vollständig aus:

Rechteck	a)	b)	c)	d)	e)
Länge a	15 cm		21 cm	3,5 m	5 dm
Breite b	3 cm	10 m	6 cm		
Flächeninhalt A		500 m²		7 m²	25 dm²

7. Gib die Länge und die Breite zweier verschiedener Rechtecke an, deren Flächeninhalt jeweils 12 cm² beträgt.

Termwerte berechnen

8. Berechne den Wert des Terms für x = 3, y = 2 und z = 4.
   a) x · y · z
   b) z²
   c) 2 · x · y + 2 · x · z + 2 · y · z
   d) x³
   e) 6 · y²
   f) 2 · (x · y + x · z + y · z)

Dein Fundament

9. Übertrage die Tabellen in dein Heft und fülle sie vollständig aus.

a)

	a	a^2	a^3	$6 \cdot a^2$
①	5			
②		9		
③			8	
④				6

b)

	a	b	c	$a \cdot b \cdot c$	$2 \cdot (a \cdot b + a \cdot c + b \cdot c)$
①	2	3	4		
②		2	3	36	
③	3	3		27	
④	1		1		10

Würfelbauten

10. Alle abgebildeten Würfelbauten sind aus Einheitswürfeln zusammengesetzt. Gib die Anzahl der benötigten Würfel an.

Hinweis zu 10, 11 und 12:
Die Würfelbauten sind jeweils vollständig mit Einheitswürfeln gefüllt.

a) 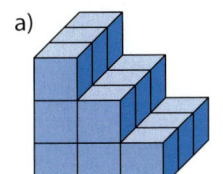 b) 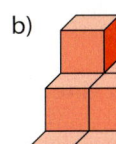 c) 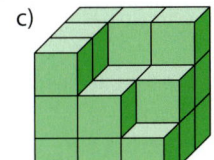 d)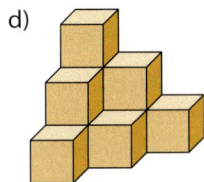

11. In einem Bauplan für einen Würfelbau beschreiben die Zahlen, an welcher Stelle wie viele Würfel übereinander liegen.

    a) Welcher Bauplan passt zum abgebildeten Würfelbau?

    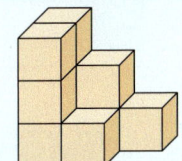

    ①

3	1	2
3	1	

    ②

3	2	1
3	1	
3		

    ③

3	2	1
3	1	

    b) Zeichne zu jedem Würfelbau aus Aufgabe 10 den zugehörigen Bauplan.

12. Durch Hinzufügen weiterer kleiner Würfel soll ein großer Würfel mit möglichst wenigen kleinen Würfeln entstehen. Wie viele weitere kleine Würfel braucht man dafür?

    a) 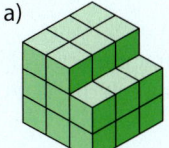 b)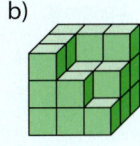

Kurz und knapp

13. Rechne in Zentimeter um.
    a) 2 m   b) 50 mm   c) 20 m   d) 4 dm   e) 0,25 m   f) 120 mm   g) 5 mm

14. Rechne in Quadratzentimeter um.
    a) 300 mm²   b) 2 m²   c) 5 dm²   d) 500 mm²

15. Flüssigkeitsmengen werden oft in den Volumeneinheiten Liter (ℓ) oder Milliliter (mℓ) angegeben (1 ℓ = 1000 mℓ). Übertrage in dein Heft und vervollständige.
    a) 2 ℓ = … mℓ   b) 0,5 ℓ = … mℓ   c) 750 mℓ = … ℓ   d) $\frac{1}{4}$ ℓ = … mℓ

9. Volumen und Oberflächeninhalt

9.1 Körpernetze zeichnen

■ Ein Würfel hat 6 gleich große (quadratische) Begrenzungsflächen, die (in eine Ebene geklappt) als Bauplan dienen können.

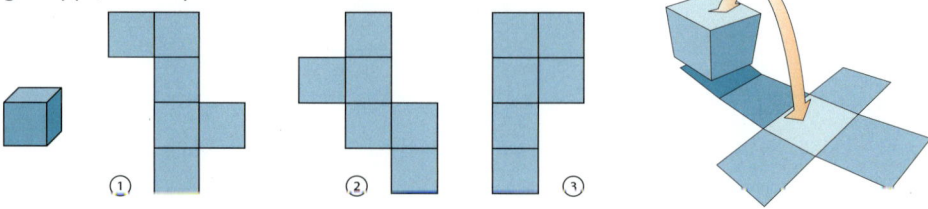

Welche der Abbildungen könnte ein Bauplan für einen Würfel sein, welche nicht? ■

Wissen: Netze von Würfeln und Quadern

Körpernetze sind ebene Figuren, die sich durch Falten vollständig und ohne Überlappung um einen Körper legen lassen.

Hinweis: Wenn zwei Flächen in Form und Größe übereinstimmen, bezeichnet man diese Flächen als zueinander deckungsgleich.

Das **Netz eines Quaders** besteht aus sechs zusammenhängenden Rechtecken. Zu jedem Rechteck gibt es immer ein weiteres deckungsgleiches Rechteck. Ein Quader hat unterschiedliche Netze.

Das **Netz eines Würfels** besteht aus sechs zusammenhängenden Quadraten, die alle zueinander deckungsgleich sind.

Ein Würfel hat unterschiedliche Netze.

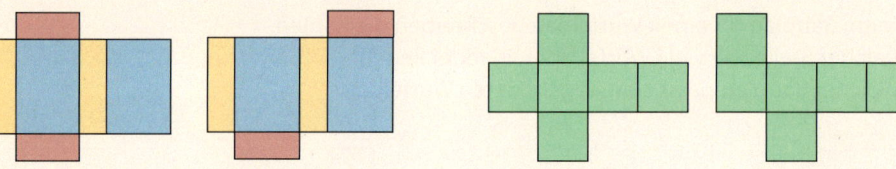

Hinweis: Jeder Würfel ist auch ein Quader.

Beispiel 1: Quadernetze zeichnen

Zeichne ein Netz eines Quaders mit den Kantenlängen a = 3 cm, b = 2 cm, c = 1 cm. Markiere gegenüberliegende Begrenzungsflächen gleichfarbig.

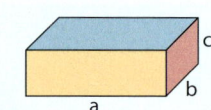

Lösung:

1. Zeichne zuerst die Grundfläche des Quaders (blaue Begrenzungsfläche).

2. Zeichne dann die (linke und rechte) Begrenzungsfläche (rot) und die Deckfläche (blaue Begrenzungsfläche) so, dass ein Streifen entsteht und sich beim Falten deckungsgleiche Begrenzungsflächen gegenüberliegen.

3. Zeichne nun die (vordere und hintere) Begrenzungsflächen (gelb) so an die beiden großen Rechtecke, dass sie sich beim Falten gegenüberliegen.

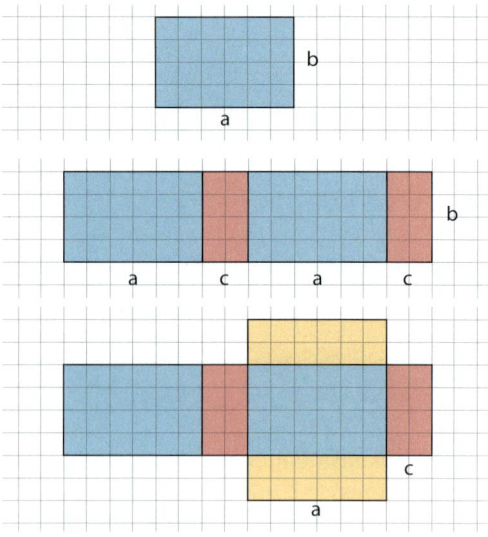

9.1 Körpernetze zeichnen

Aufgabe 1: Zeichne ein Netz eines Quaders, der die Kantenlängen a = 4 cm, b = 3 cm, c = 1 cm hat. Markiere gegenüberliegende Begrenzungsflächen gleichfarbig.

Beispiel 2: Quadernetze erkennen

a) Entscheide, welche der Abbildungen ein Quadernetz zeigt, welche nicht? Begründe deine Entscheidung.
b) Übertrage jedes Quadernetz auf Kästchenpapier und markiere alle Strecken gleichfarbig, die beim Falten zusammenstoßen. Kennzeichne auch alle deckungsgleichen Flächen.

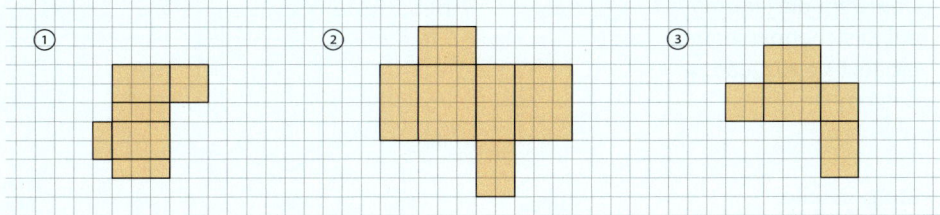

Lösung:

a) Abbildung ① kann kein Quadernetz sein, da nur zwei Paare deckungsgleicher Begrenzungsflächen vorhanden sind. Es müssen aber drei Paare deckungsgleicher Begrenzungsflächen sein.

Abbildung ③ kann kein Quadernetz sein, da nur fünf zusammenhängende Rechtecke vorhanden sind. Es müssen aber sechs Begrenzungsflächen sein.

Abbildung ② ist ein Quadernetz, da es durch Falten den zugehörigen Quader vollständig (ohne Überlappung) abdeckt. Es gibt genau drei Paare deckungsgleicher Begrenzungsflächen.

b) In nebenstehender Abbildung ist erkennbar, dass es genau sieben Streckenpaare gibt, die beim Falten des Quadernetzes zusammenstoßen. Es gibt genau drei Paare deckungsgleicher Begrenzungsflächen.

Aufgabe 2:
a) Entscheide, welche der Abbildungen ①, ②, ③ und ④ keine Quadernetze sind. Begründe deine Entscheidung.
b) Übertrage die Abbildungen, die Quadernetze sind, auf Kästchenpapier und markiere alle Strecken gleichfarbig, die beim Falten zusammenstoßen. Kennzeichne alle deckungsgleichen Flächen.

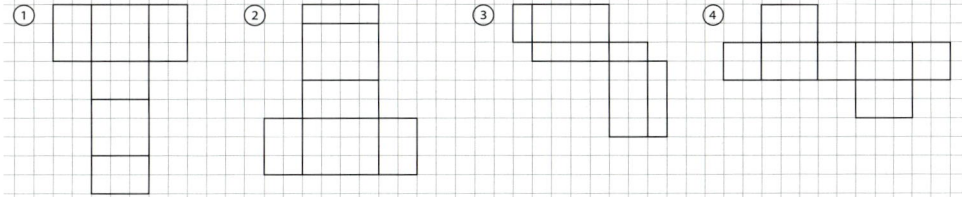

Aufgaben

Tipp zu 3:
Benutze beim Zeichnen von Quadernetzen auf unliniertem Papier für zueinander parallele Strecken und rechte Winkel dein Lineal und dein Geodreieck.

Tipp zu 5:
Vergleicht Ergebnisse untereinander. Denkt daran, dass es auch mehrere Lösungen geben kann.

3. Zeichne ein Netz eines Quaders mit folgenden Kantenlängen:
   a) a = 4 cm, b = 2 cm, c = 3 cm   b) a = 3 cm, b = 2 cm, c = 2 cm

4. **Durchblick:** Zeichne drei unterschiedliche Körpernetze eines Würfels mit der Kantenlänge 2 cm. Markiere alle beim Falten zusammenstoßenden Strecken gleichfarbig, orientiere dich dabei an Beispiel 1 auf Seite 200 und an Beispiel 2 auf Seite 201.

5. Übertragt die Figuren auf Kästchenpapier und ergänzt sie zu Quadernetzen.

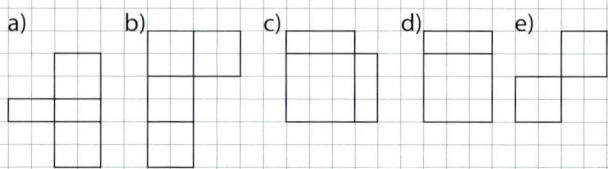

6. **Stolperstelle:** Kontrolliere die fünf Vorschläge für Würfelnetze. Begründe deine Entscheidung.

Fatima   Paul   Ole   Tanja   Maria

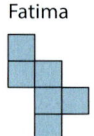  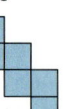  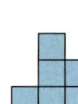

7. Ein Quader (a = 4 cm, b = 1 cm, c = 1 cm) wird (wie abgebildet) bis zur Hälfte in Tinte getaucht. Zeichne ein Netz dieses Quaders und färbe die Flächenanteile, die beim Quader mit Tinte in Berührung gekommen sind, blau.

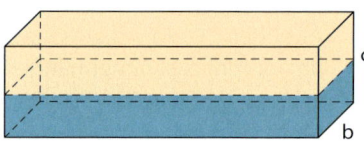

Tipp zu 8:
Schräge Klebefalze an.

8. Falte einen Würfel mit einer Kantenlänge von 5 cm. Nutze dazu ein Körpernetz mit Klebefalzen.
   Hinweis: Zwei zusammenstoßende Strecken erfordern nur einen Klebefalz.

9. Übertrage das abgebildete Würfelnetz auf Kästchenpapier. Färbe alle Eckpunkte der Quadratflächen, die beim Falten des Würfelnetzes zusammenstoßen würden, gleichfarbig.

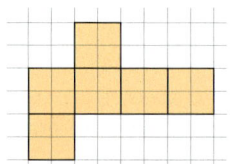

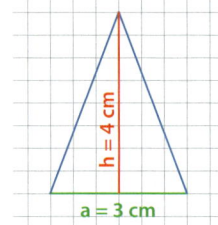

10. **Ausblick:** Betrachte folgende Körpernetze.
    a) Entscheide, zu welchen geometrischen Körpern sie gehören.

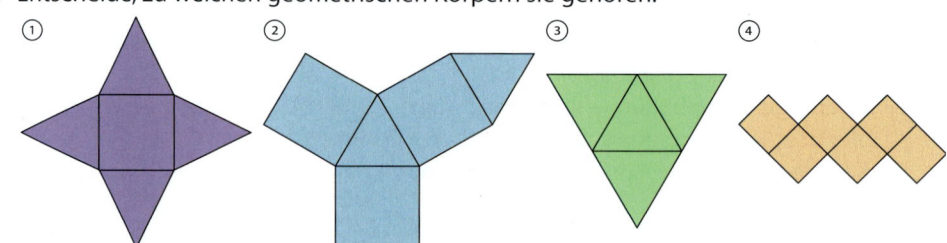

① ② ③ ④

   b) Zeichne das Körpernetz ① und falte es so, dass ein Körper entsteht. Die Grundfläche soll die Seitenlänge a = 3 cm haben. Die Höhen der dreieckigen Seitenflächen sollen jeweils h = 4 cm betragen.
   c) Zeichne das Körpernetz ③ und falte es so, dass ein Körper entsteht. Alle Flächen sind gleichseitige Dreiecke mit Seitenlängen von jeweils a = 3 cm.

9.2 Oberflächeninhalte von Quadern berechnen

■ Marie möchte eine Schachtel (25 cm x 15 cm x 2 cm) außen mit einer dünnen Goldfolie bekleben.
Wie viel Zentimeter der Folie sollte sie deiner Meinung nach mindestens kaufen, wenn diese auf einer 30 cm breiten Rolle angeboten wird. ■

Hinweis:
25 cm x 15 cm x 2 cm liest man „25 cm mal 15 cm mal 2 cm". Diese Schreibweise wird von Handwerkern oft verwendet.

Ein Quader ist durch seine drei Kantenlängen, die senkrecht bzw. parallel zueinander sind, eindeutig bestimmt. Jeder Quader hat eine **Länge,** eine **Breite** und eine **Höhe.**

Alle Begrenzungsflächen eines Quaders bilden zusammen die **Oberfläche** des Quaders. Ihr Flächeninhalt wird als **Oberflächeninhalt** bezeichnet. Die Grund- und Deckfläche, die vordere und hintere Seitenfläche sowie die linke und rechte Seitenfläche sind jeweils zueinander parallel und deckungsgleich.
Der Oberflächeninhalt eines Quaders lässt sich aus seinen Kantenlängen berechnen.

> **Wissen: Oberflächeninhalt eines Quaders**
> Der **Oberflächeninhalt** A_O eines Quaders ist die Summe der Flächeninhalte aller sechs begrenzenden Rechtecke.
>
> *Für einen Quader mit den Kantenlängen a, b und c gilt:*
> $$A_O = 2 \cdot a \cdot b + 2 \cdot a \cdot c + 2 \cdot b \cdot c$$
> $$A_O = 2 \cdot (a \cdot b + a \cdot c + b \cdot c)$$
>
> *Für einen Würfel mit der Kantenlänge a gilt:*
> $$A_O = 6 \cdot a^2$$

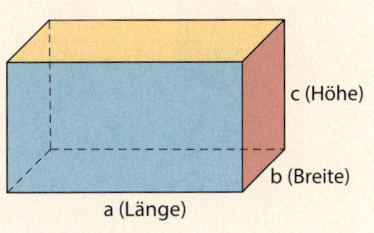

Beispiel 1: Oberflächeninhalte berechnen

Berechne den Oberflächeninhalt eines Quaders mit der Länge a = 3 cm, der Breite b = 1 cm und der Höhe c = 2 cm.

Trage die gegebenen Größen auch in eine Planfigur ein.

Lösung:
Schreibe die gesuchten und die gegebenen Größen getrennt auf.

Gesucht: A_O in Quadratzentimeter
Gegeben: a = 3 cm, b = 1 cm, c = 2 cm

Setze die gegebenen Größen in die Formel für den Oberflächeninhalt ein und berechne den Termwert.
$A_O = 2 \cdot (a \cdot b + a \cdot c + b \cdot c)$
$A_O = 2 \cdot (3\,cm \cdot 1\,cm + 3\,cm \cdot 2\,cm + 1\,cm \cdot 2\,cm)$
$A_O = 2 \cdot (3\,cm^2 + 6\,cm^2 + 2\,cm^2)$
$A_O = 2 \cdot 11\,cm^2$
$A_O = 22\,cm^2$

Schreibe einen Antwortsatz.
Der Oberflächeninhalt des Quaders beträgt 22 cm².

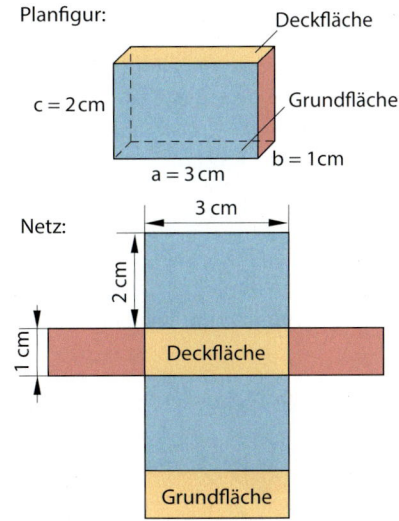

Aufgabe 1: Berechne den Oberflächeninhalt des Quaders mit den angegebenen Kantenlängen:

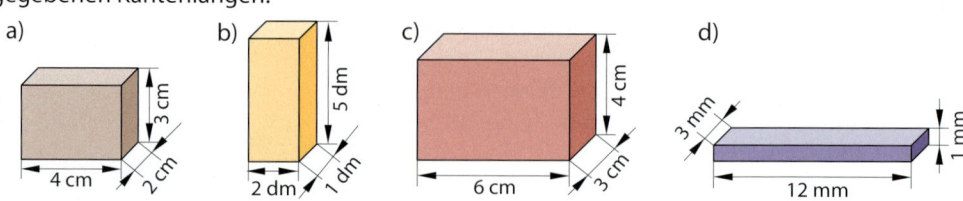

a) 4 cm, 2 cm, 3 cm
b) 2 dm, 1 dm, 5 dm
c) 6 cm, 3 cm, 4 cm
d) 12 mm, 3 mm, 1 mm

Aufgaben

Hinweis zu 2:
Die Lösungen zu a) und b) sind in Rot angegeben, die zu c), d), e) in Blau.

2. Berechne den Oberflächeninhalt.

Quader	a)	b)	c)	d)	e)
Länge a	7 cm	5 cm	25 mm	25 dm	0,9 m
Breite b	4 cm	9 cm	14 mm	18 dm	0,9 m
Höhe c	3 cm	8 cm	15 mm	32 dm	0,9 m

3. **Durchblick:** Ben und Frida berechnen den Oberflächeninhalt einer 5 cm langen, 3 cm breiten und 2 cm hohen Schachtel auf zwei unterschiedlichen Wegen. Vergleiche ihre Lösungswege und erkläre, wie beide vorgehen. Überprüfe ihre Ergebnisse. Orientiere dich an Beispiel 1 auf Seite 203.

Bens Rechnung:

$2 \cdot (5\,cm \cdot 3\,cm + 5\,cm \cdot 2\,cm + 3\,cm \cdot 2\,cm)$
$= 2 \cdot (15\,cm^2 + 10\,cm^2 + 6\,cm^2)$
$= 2 \cdot 31\,cm^2 = 62\,cm^2$

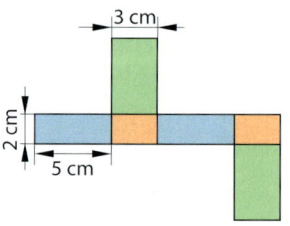

Fridas Berechnung des Oberflächeninhalts:

$2 \cdot 5\,cm \cdot 3\,cm + 2\,cm \cdot (2 \cdot 5\,cm + 2 \cdot 3\,cm)$
$= 2 \cdot 15\,cm^2 + 2\,cm \cdot 16\,cm$
$= 30\,cm^2 + 32\,cm^2 = 62\,cm^2$

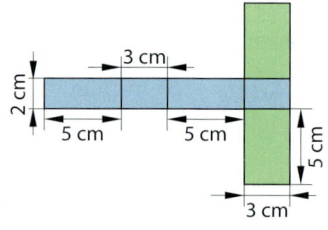

Hinweis zu 4:
Prüfe, ob die Seitenlängen gleiche Maßeinheiten haben. Rechne gegebenenfalls um.

4. Berechne den Oberflächeninhalt der abgebildeten Quader mit den angegebenen Kantenlängen. Die Abbildungen sind nicht maßstabsgerecht.

a) 3 cm, 1 cm, 25 mm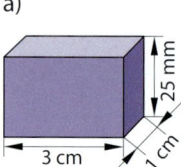
b) 1 dm, 50 mm, 2 cm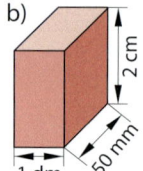
c) 0,5 dm, 40 cm, 0,01 m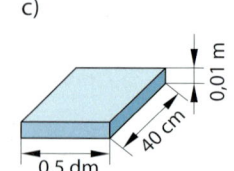
d) 210 cm, 2,5 m, 1500 mm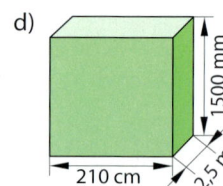

9.2 Oberflächeninhalte von Quadern berechnen

5. Die Kantenlänge eines Würfels beträgt 2 cm (3 cm; 15 mm; 0,5 dm).
   Berechne seinen Oberflächeninhalt.

6. **Stolperstelle:** In der Klassenarbeit haben Kai und Lisa sich bei der Berechnung des Oberflächeninhalts eines Quaders (Länge 3 cm, Breite 20 mm, Höhe 1 cm) vertan. Beschreibe die Fehler und korrigiere die Rechnung.
   a) Kais Rechnung:
   $2 \cdot 3 \cdot 20 + 2 \cdot 3 \cdot 1 + 2 \cdot 20 \cdot 1$
   $= 120 + 6 + 40$
   $= 164 \, cm^2$
   b) Lisas Rechnung:
   $2 \cdot 3 \, cm \cdot 200 \, cm + 2 \cdot 3 \, cm \cdot 1 \, cm + 2 \cdot 200 \, cm \cdot 1 \, cm$
   $= 1200 \, cm^2 + 6 \, cm + 400 \, cm$
   $= 1604 \, cm^2$

7. Für einen Schreibwarenhändler werden 100 quaderförmige Etuis aus Metall hergestellt (Länge 21 cm, Breite 6 cm, Höhe 3 cm).
   Berechne, wie viel Quadratmeter Metall für alle Etuis zusammen benötigt werden.

8. a) Der Oberflächeninhalt eines Würfels beträgt 6 dm² (54 cm²; 150 mm², 24 dm²).
   Berechne den Flächeninhalt einer Seitenfläche und die Länge einer Würfelkante.
   b) Alena möchte ihren Soma-Würfel aus Naturholz färben. Seine Bausteine setzen sich aus einzelnen kleinen Würfeln mit einer Kantenlänge von jeweils 2 cm zusammen. Dazu muss sie ihre Holzbausteine verschiedenfarbig bekleben. Ermittle, wie viel Quadratzentimeter Folie sie von jeder Farbe benötigt.

   ① rot   ② blau   ③ gelb   ④ grün   ⑤ orange   ⑥ weiß   ⑦ schwarz

Soma-Würfel

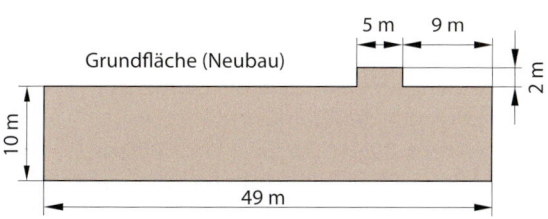

9. Vom berühmten Künstler Christo inspiriert, der durch verschiedene Verhüllungsaktionen an Gebäuden, wie dem Berliner Reichstag im Jahre 1995, populär wurde, wollen Abiturienten den Neubau ihres Gymnasiums verhüllen. Der Neubau ist etwa 15 m hoch und hat ein Flachdach. Ermittle, wie viel Quadratmeter Stoff für die Verhüllungsaktion mindestens gebraucht werden.

10. **Ausblick:** Ein Würfel hat die Kantenlänge $a = 2 \, cm$.
    a) Berechne den Oberflächeninhalt A_O des Würfels.
    b) Wie ändert sich der Oberflächeninhalt, wenn sich die Kantenlänge des Würfels verdoppelt?
    Schätze vor der Rechnung ab, wie viel Quadratzentimeter es etwa sind.
    c) Die Kantenlängen des Würfels werden vervierfacht.
    Ermittle den Oberflächeninhalt des neuen Würfels.
    d) Vergleiche deine Ergebnisse aus a), b) und c).
    Fällt dir etwas auf? Formuliere mit Worten.

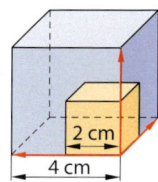

9.3 Volumen eines Quaders berechnen

■ Johanna hat ein 1 m breites, einen halben Meter hohes und 60 cm tiefes Aquarium für zwei Wasserschildkröten. Der Zoohändler erklärt ihr, dass sie für zwei Schildkröten mindestens 200 ℓ Wasser benötigt. Überlege, ob in Johannas Aquarium ausreichend Wasser für beide Wasserschildkröten hinein passt.
Begründe deine Entscheidung ■

Hinweis:
Einheitswürfel

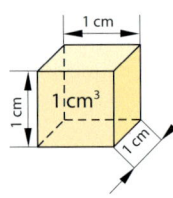

Wer das Volumen eines Quaders ermitteln will, kann ihn mit gleich großen Würfeln (Kantenlänge 1 mm oder 1 cm) vollständig ausfüllen und alle dazu benötigten Würfel zählen. Solche Würfel werden **Einheitswürfel** genannt.
Ein Einheitswürfel mit einer Kantenlänge von 1 cm hat ein Volumen von 1 cm³. Die Einheitswürfel können in Schichten übereinander gelegt werden. In der Abbildung sind es 11 Schichten mit jeweils 5 Streifen zu je 4 Würfeln.
Das sind dann $4 \cdot 5 \cdot 11 = 220$ Würfel.

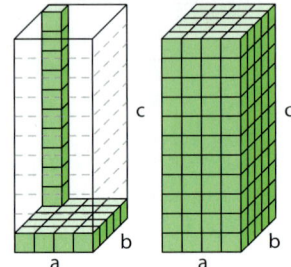

Hinweis:
Die Mehrzahl von Volumen heißt Volumina.

Wissen: Volumen eines Quaders
Das **Volumen eines Quaders** mit den Kantenlängen a, b und c ist gleich dem Produkt dieser Kantenlängen.

Für das Volumen eines Quaders gilt: $V = a \cdot b \cdot c$

Für das Volumen eines Würfels gilt: $V = a^3$

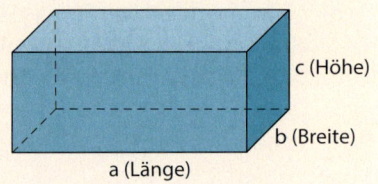

Beispiel 1: Quadervolumen berechnen
Berechne das Volumen eines Quaders mit den Kantenlängen 12 cm, 10 cm und 7 cm.

Lösung:
Setze die Kantenlängen in die Formel ein und berechne den Termwert.
$V = a \cdot b \cdot c = 12\,\text{cm} \cdot 10\,\text{cm} \cdot 7\,\text{cm} = 840\,\text{cm}^3$
Das Volumen des Quaders beträgt 840 cm³.

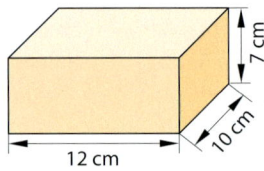

Aufgabe 1: Berechne das Volumen des Quaders mit den Kantenlängen a, b und c.
    a) a = 10 cm, b = 17 cm und c = 5 cm   b) a = 5 cm, b = 1 cm und c = 6 cm
    c) a = 8 cm, b = 7 cm und c = 2 cm   d) a = 15 cm, b = 22 cm und c = 30 cm

Beispiel 2: Volumen zusammengesetzter Körper ermitteln
In einem Park sollen Stühle aus Beton mit den in nebenstehender Abbildung enthaltenen Maßen aufgestellt werden. Berechne, wie viel Kubikdezimeter Beton für einen Stuhl benötigt werden. Prüfe, ob dafür 300 ℓ ausreichen.

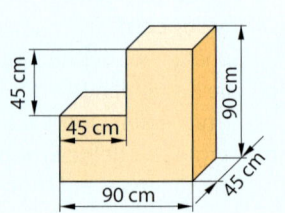

9.3 Volumen eines Quaders berechnen

Lösung:

1. Möglichkeit: Zerlegen in zwei Teile

Zerlege die Figur in zwei Quader.

Der linke Quader ist ein Würfel mit der Kantenlänge 45 cm und dem Volumen V_1.

Der rechte Quader mit dem Volumen V_2 hat die Kantenlängen 45 cm, 45 cm und 90 cm.

Ermittle das Gesamtvolumen V durch Addition der Teilvolumen V_1 und V_2.

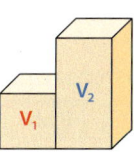

$V_1 = 45\,cm \cdot 45\,cm \cdot 45\,cm = 91\,125\,cm^3$

$V_2 = 45\,cm \cdot 45\,cm \cdot 90\,cm = 182\,250\,cm^3$

$V = V_1 + V_2 = 91\,125\,cm^3 + 182\,250\,cm^3$
$V = 273\,375\,cm^3$

2. Möglichkeit: Ergänzen zu einem Ganzen

Ergänze die Figur zu einem großen Gesamtquader.

Der Gesamtquader mit dem Gesamtvolumen V hat die Kantenlängen 90 cm, 45 cm und 90 cm.

Der Ergänzungsquader mit dem Volumen V_2 ist ein Würfel mit der Kantenlänge 45 cm

Ermittle das gesuchte Volumen V_1, indem du das Volumen V_2 des Würfels vom Gesamtvolumen V subtrahierst.

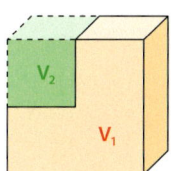

$V = 90\,cm \cdot 45\,cm \cdot 90\,cm = 364\,500\,cm^3$
$V_2 = 45\,cm \cdot 45\,cm \cdot 45\,cm = 91\,125\,cm^3$

$V_1 = V - V_2$
$ = 364\,500\,cm^3 - 91\,125\,cm^3$
$ = 273\,375\,cm^3$

Für einen Stuhl sind es etwa 300 dm³ Beton. 300 ℓ Beton reichen aus (300 dm³ = 300 ℓ).

Aufgabe 2: Zusätzlich zu den Stühlen aus Beispiel 2 auf Seite 206 sollen im Park Bänke mit den in nebenstehender Abbildung enthaltenen Maßen aufgestellt werden. Berechne, wie viel Kubikdezimeter Beton für eine Bank benötigt werden.

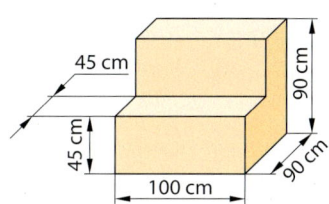

Aufgaben

3. Berechne das Volumen des Quaders.
   a)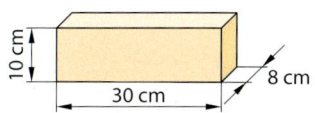
   b)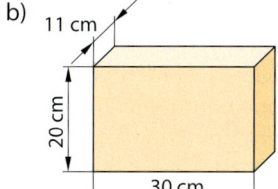

4. Berechne das Volumen des Quaders.
   a) a = 5 cm;   b = 2 cm;   c = 3 cm
   b) a = 10 cm; b = 20 cm; c = 9 cm
   c) a = 12 dm; b = 4 dm;   c = 8 dm
   d) a = 5 cm;   b = 30 cm; c = 400 mm
   e) a = 4 cm;   b = 14 mm; c = 1 dm
   f) a = 1 m;   b = 2,5 cm; c = 1 dm

Hinweis zu 4:
Die Maßzahlen der Lösungen zu a), b), c) findest du in den gelben, die zu d), e), f) in den blauen Feldern.

5. Berechne das Volumen des Würfels mit der Kantenlänge a.
   a) a = 6 cm
   b) a = 50 mm
   c) a = 1,3 dm

6. Berechne die fehlenden Größen des Quaders.

	Länge	Breite	Höhe	Volumen
a)	120 cm	40 cm	5 dm	
b)		5 cm	7 cm	105 cm³
c)	32 cm		120 mm	3840 cm³

7. **Durchblick:** Berechne das Volumen des Körpers. Orientiere dich an Beispiel 2 auf Seite 207. Erläutere dein Vorgehen.

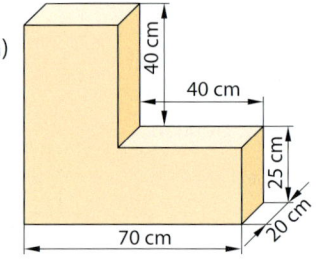
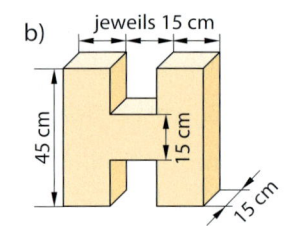

8. Eine quaderförmige Verpackung für Zuckerwürfel ist 16 cm lang, 8 cm breit und 10 cm hoch. Der Behälter wird bis zu einer Höhe von 9 cm mit Zucker befüllt.
   a) Berechne, wie viel Luft der Behälter enthält.
   b) Für ein Kuchenrezept benötigt man 16 cm³ Zucker. Wie viele Kuchen lassen sich mit dem im Behälter enthaltenen Zucker backen?

9. **Stolperstelle:** Mark, Christoph und Ute haben das Volumen eines Quaders mit den Kantenlängen 2 dm, 40 mm und 15 cm berechnet.
   Prüfe ihr Vorgehen auf Richtigkeit und erkläre mögliche Fehler.
   Marks Lösung: V = 2 dm · 40 mm · 150 cm = 12 000 cm³
   Christophs Lösung: V = 20 cm · 4 · 15 = 1200 cm³
   Utes Lösung: V = 20 cm · 40 mm · 15 cm = 12 000 cm³

10. Ein quaderförmiger Kreidekarton hat die Innenmaße a = 20 cm, b = 10 cm und c = 8 cm. Die Kreidestücke, die darin verpackt werden sollen, sind quaderförmig und haben jeweils ein Volumen von 8 cm³.
    Wie viele Kreidestücke passen in den Karton?

11. An das Stockwerk eines Hauses soll von einer Höhe h = 3 m nach unten eine Fluchttreppe aus Betonelementen gebaut werden.
    a) Berechne, wie viel Kubikmeter Beton für eine Treppenstufe notwendig sind.
    b) Ermittle, wie viel Kubikmeter Beton für die gesamte Treppe benötigt werden.
    c) Für eine andere Treppe mit gleicher Bemaßung werden 800 000 cm³ Beton benötigt. Wie hoch ist diese Treppe?

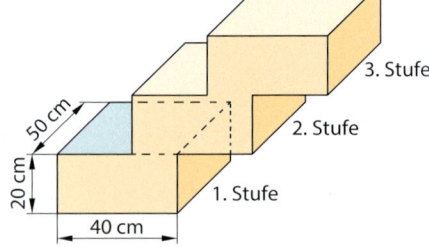

12. **Ausblick:** Ein Quader hat ein Volumen von 60 cm³.
    a) Welche Kantenlängen könnte der Quader haben? Gib drei Möglichkeiten an.
    b) Gib den Quader mit dem kleinsten und dem größten Oberflächeninhalt an.

9.4 Schrägbilder von Körpern zeichnen

■ Mia möchte einen Würfel möglichst anschaulich zeichnen. Welchen ihrer vier Versuche (A, B, C, D) hältst du am ehesten für geeignet? Begründe deine Entscheidung. ■

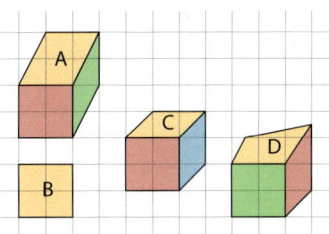

Ein geometrischer Körper kann im Schrägbild dargestellt werden. Er wirkt beim Beachten folgender Regeln besonders anschaulich.

Wissen: Zeichnen von Schrägbildern
- Körperkanten, die **nicht in die Tiefe** (von vorn nach hinten) gehen, behalten ihre **Originallänge.**
- Körperkanten, die **in die Tiefe** (von vorn nach hinten) gehen, werden **halbiert** und in einem **45°-Winkel** zu den waagerechten Körperkanten gezeichnet.
- Verdeckte Körperkanten werden **gestrichelt gezeichnet** oder weggelassen.

Hinweis:
Linien, die bei einem Körper von vorn nach hinten verlaufen, werden als Tiefenlinien bezeichnet.

Beispiel 1: Schrägbilder von Quadern zeichnen
Zeichne das Schrägbild eines Quaders mit den Kantenlängen 4 cm, 3 cm (Tiefenkante) und 1 cm (Höhe).

Lösung: Zeichne auf Kästchenpapier immer zuerst mit dünnen Bleistift-Linien. Wähle für eine Tiefenkante von 1 cm vereinfacht eine Kästchendiagonale.

① Zeichne die Vorderfläche in wahrer Größe.

② Zeichne die (von vorn nach hinten verlaufen) Tiefenkanten entlang der Kästchendiagonalen. Sie haben dann einem Winkel von 45°. Für eine 3 cm lange Körperkante sind 3 Kästchendiagonalen aneinander zu zeichnen.

③ Verbinde die übrigen Eckpunkte zur Rückfläche. Zeichne sichtbare Kanten dicker und verdeckte Kanten (Kanten, die man nicht sieht) gestrichelt. Prüfe, ob alle einander gegenüberliegenden Kanten jeweils parallel zueinander sind.

Hinweis:
Kästchendiagonale

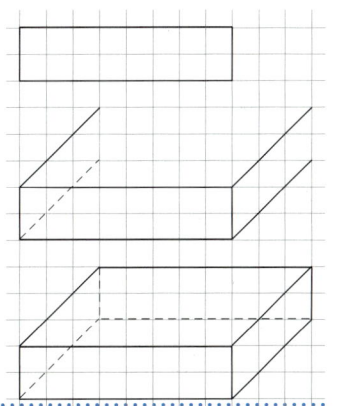

Aufgabe 1: Zeichne zwei weitere Schrägbilder des Quaders aus Beispiel 1. Nutze jeweils eine andere Quaderfläche als Vorderfläche.

Beispiel 2: Schrägbilder zusammengesetzter Körper zeichnen
Zeichne das Schrägbild des aus vier Würfeln (Kantenlänge 1 cm) bestehenden Körpers.

Lösung: Zeichne zuerst die Vorderfläche des Körpers. Zeichne danach die Tiefenkanten (jeweils eine Kästchendiagonale). Verbinde die übrigen Eckpunkte. Zeichne dann sichtbare Kanten dicker und verdeckte Kanten gestrichelt.

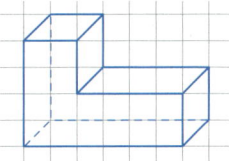

Aufgabe 2: Zeichne ein Schrägbild des aus vier Würfeln zusammengesetzten Körpers. Verwende die roten Flächen als Vorderfläche. Die Kantenlängen der Würfel betragen jeweils 2 cm.

Aufgaben

3. Zeichne den vorgegebenen Körper mit den Maßangaben im Schrägbild.
   a) Es soll ein Würfel mit der Kantenlänge 3 cm sein.
   b) Es soll ein Quader mit den Kantenlängen 5 cm, 4 cm und 3 cm sein.
   c) Es soll ein Würfel mit einem Volumen $V = 64\,\text{cm}^3$ sein.
   d) Es soll ein Quader sein, der zweimal so breit und dreimal so lang wie hoch ist.

4. **Durchblick:** Hier ist der Teil eines Schrägbildes von einem Quader gezeichnet.
   In Beispiel 1 auf Seite 209 wird erklärt, wie man das Schrägbild eines Quaders zeichnet.
   Welche Maße hat der Quader?
   Übertrage auf Kästchenpapier und vervollständige zum Schrägbild.

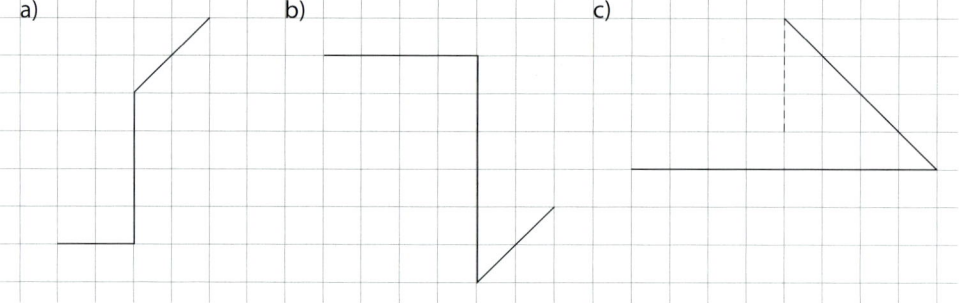

5. **Stolperstelle:** Sören hat 2 Würfel gezeichnet. Erkläre, was ihm nicht geglückt ist.

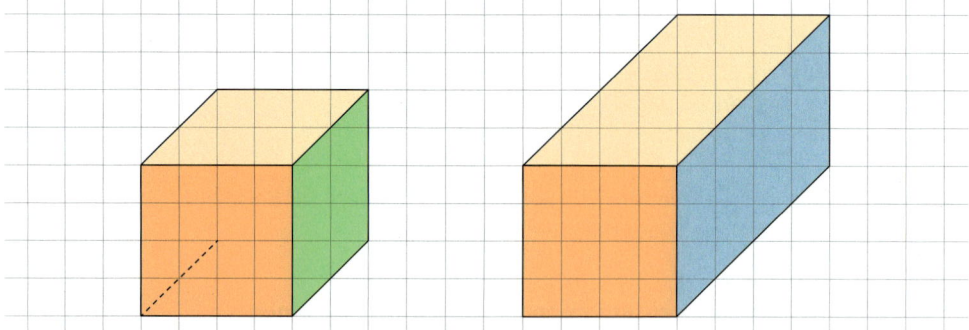

6. Übertrage die nebenstehende Abbildung auf Kästchenpapier und ergänze sie dann zu einem vollständigen Quadernetz. Stelle danach den zugehörigen Quader im Schrägbild dar.

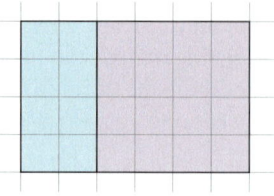

9.4 Schrägbilder von Körpern zeichnen

7. Der Würfel ① wurde so gezeichnet, dass man auf ihn von rechts oben sieht.
   Man erkennt die vordere, die rechte und die obere Begrenzungsfläche.
   Der Würfel ② wurde so gezeichnet, dass man auf ihn von links unten sieht.
   a) Beschreibe, welche Flächen man bei Würfel ② sieht.
   b) Zeichne ein weiteres Schrägbild so, dass man den Würfel von rechts unten sieht.

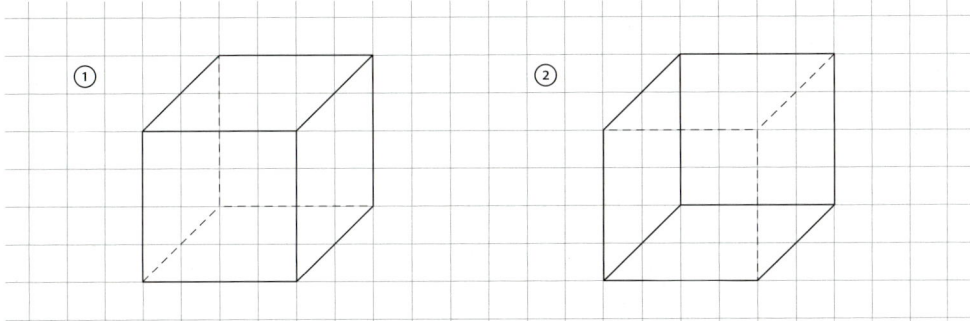

8. Der nebenstehende Körper kann durch einen kleinen Quader zu einem großen Quader ergänzt werden.
   Zeichne ein Schrägbild des kleinen Quaders. Entnimm die Maße der Zeichnung.

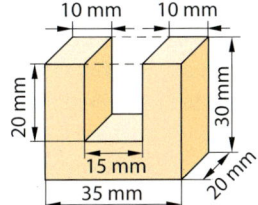

9. Vier Einheitswürfel mit jeweils einer Kantenlänge von 1 cm wurden entsprechend der Zeichnung zusammengefügt.
   a) Zeichne das Schrägbild dieser Figur so, dass die roten Flächen auf der Rückseite sind.
   b) Es gibt noch fünf weitere Möglichkeiten, vier solcher Würfel so zusammenzufügen, dass dabei kein Quader entsteht. Zeichne noch mindestens zwei dieser Figuren als Schrägbild.

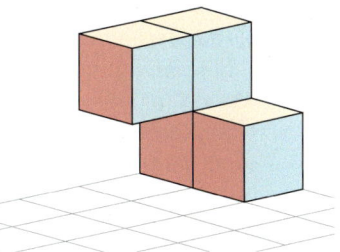

10. Aus einem 48 cm langen Draht soll das Kantenmodell eines Würfels hergestellt werden. Wie lang sind die Kanten? Zeichne den Würfel im Schrägbild.

Hinweis:
Drahtmodelle werden auch als Kantenmodelle bezeichnet, da lediglich die Kanten durch Draht ersetzt sind.

11. **Ausblick:**
    a) Stelle die im Bild dargestellten Streichholzschachteln aus zwei verschiedenen Blickrichtungen im Schrägbild dar. Miss dazu vorher Länge, Breite und Höhe einer Streichholzschachtel.
    b) Eine dritte Streichholzschachtel wird im Original nun von oben so auf die Schachteln gelegt, dass ein sogenanntes „Doppel-T" entsteht. Zeichne auch diese Figur im Schrägbild.

Vermischte Aufgaben

9. Volumen und Oberflächeninhalt

1. Niklas hilft beim Renovieren seines Zimmers. Es hat eine Höhe von 2,5 m und eine rechteckige Grundfläche mit den Seitenlängen 4 m und 5 m. Um verschiedene Farbkombination auszuprobieren, zeichnet Niklas zunächst ein Netz seines Zimmers.
   a) Zeichne auch ein maßstabsgetreues Netz dieses Zimmers und färbe die Decke, den Fußboden und die Wände mit jeweils einer anderen Farbe.
   b) Das Zimmer soll Laminatfußboden bekommen. Ein Paket für 3,00 m² kostet 11,89 €. Wie viele Pakete für insgesamt wie viel Euro werden mindestens benötigt?
   c) Die Wände – außer der Decke – werden tapeziert. Eine Rolle Tapete ist etwa 0,5 m breit und 10 m lang. Wie viele Rollen Tapete werden mindestens benötigt?
   d) Niklas soll auch einen Luftbefeuchter bekommen. Es gibt zwei verschiedene Modelle. Das erste Modell kann für Räume bis 30 m³ und das zweite Modell für Räume bis 80 m³ genutzt werden. Welches Gerät würdest du empfehlen? Begründe deine Empfehlung.

2. Ein vollständig gefliestes Schwimmbecken hat zwei Bereiche, einen für Schwimmer und einen für Nichtschwimmer. Im Nichtschwimmerbereich ist das Wasser 1,1 m tief, im Schwimmerbereich 3 m.
   In der Zeichnung ist nur die Grundfläche des Beckens dargestellt.

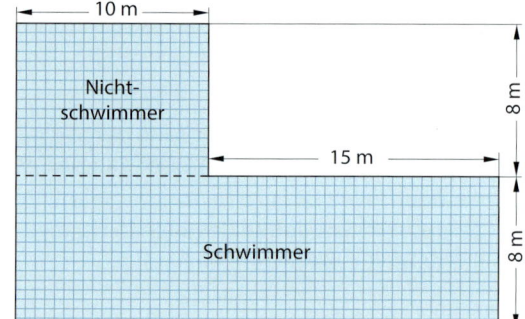

   a) Berechne das Gesamtvolumen des Schwimmbeckens. Gib es auch in Liter an.
   b) Einmal im Jahr wird das Becken gereinigt und das Wasser dazu abgelassen. In einer Minute sind das höchstens 10 000 ℓ. Berechne wie viel Minuten es ungefähr dauert, bis das Becken vollständig geleert ist.
   c) Für die Reinigung der Fliesen werden pro Quadratmeter etwa 2 Minuten eingeplant. Wie viel Minuten dauert es ungefähr, bis das Becken gesäubert ist?
   d) Jeder Körper verdrängt im Wasser sein eigenes Volumen. Sobald jemand ins Becken steigt, läuft ein wenig Wasser über. Im Becken ist dann weniger Wasser. Schätze wie viel Liter Wasser 100 Kinder deiner Größe verdrängen.

3. Dennis und Tom möchten den Lautsprecher ihrer Schulband mit Folie verschönern. Die Vorderseite des Lautsprechers soll mit Stoff bespannt und nicht mit Folie beklebt werden. Dennis hat ausgerechnet, dass sie für die Vorderseite mindestens 4132 cm² Stoff benötigen. Tom meint dagegen, dass es maximal 2457 cm² Stoff sind.
   a) Wem gibst du recht, Dennis oder Tom? Begründe deine Antwort.
   b) Berechne, wie viel Quadratzentimeter Folie die beiden mindestens für das Bekleben der restlichen Begrenzungsflächen (einschließlich der hinteren Fläche) benötigen.

4. Die Buchstaben des Wortes „Nudel" sind hier im Schrägbild gezeichnet. Schreibe auf gleiche Art andere Wörter auf Kästchenpapier und färbe sie.
   Beispiel: EULE, ENTE …

Vermischte Aufgaben

5. Eva verpackt ein Geschenk in eine würfelförmige Schachtel. Sie möchte alle Seiten mit buntem Papier bekleben.
   a) Wie viel Quadratzentimeter Papier benötigt sie?
   b) Ein Papierbogen ist 25 cm breit und 30 cm lang. Reicht ein Bogen zum Verpacken des Geschenkes?
   c) Für eine Schleife braucht Eva ungefähr 50 cm. Wie lang muss das Geschenkband insgesamt mindestens sein?

6. a) Gib alle Quader mit gleichem Volumen an. Schätze zuerst und überprüfe dann durch Rechnung. Ein kleiner Einheitswürfel hat ein Volumen von 1 cm³.

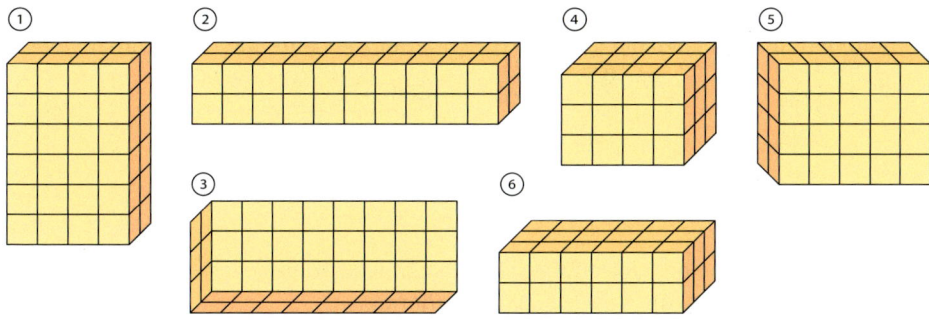

   b) Fertige für jeden Quader aus Aufgabe a) ein Körpernetz an.

7. Aus mehreren Würfeln lassen sich sogenannte Würfelschlangen basteln. In der Zeichnung ist eine solche Würfelschlange aus fünf Würfeln dargestellt.
   a) Skizziere die Würfelschlange so, dass die blauen Begrenzungsflächen nach oben zeigen.
   b) Berechne das Volumen und den Oberflächeninhalt der Würfelschlange.
   c) 8 Würfel entsprechend zusammengelegt, ergeben einen größeren Würfel. Skizziere für solch einen Würfel sowohl ein Körpernetz als auch ein Schrägbild.
   d) Berechne das Volumen und den Oberflächeninhalt des Würfels aus Aufgabe c), für den Fall, dass die kleinen Würfel jeweils eine Kantenlänge von 2 cm haben.

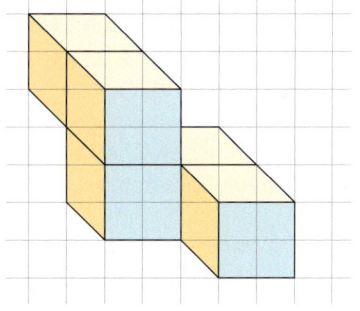

Tipp:
Entnimm die Maße der Zeichnung.

8. Hier siehst du ein Trinkpäckchen mit angeklebtem Strohhalm. Das Trinkpäckchen ist 8,5 cm hoch und die Grundfläche ist 6 cm lang und 4 cm breit.
   - Zeichne ein maßstabsgetreues Schrägbild des Trinkpäckchens.
   - Berechne das Volumen des Trinkpäckchens. Wie hoch ist das Trinkpäckchen gefüllt, wenn 200 mℓ darin enthalten sind?
   - Berechne den Oberflächeninhalt des Trinkpäckchens.
   - Welchen Flächeninhalt hat wohl die Verpackung, wenn man sie auseinanderfaltet? Begründe, warum das mehr sein muss als der Oberflächeninhalt.
   - Der Strohhalm ist 9,5 cm lang. Maren sagt: „Mir rutscht beim Trinken immer der Strohhalm ganz rein." Kann das sein? Begründe deine Antwort.
   - Es gibt einige Trinkpäckchen, bei denen der Strohhalm nicht vollständig reinrutschen kann. Was ist an diesen Trinkpäckchen anders?

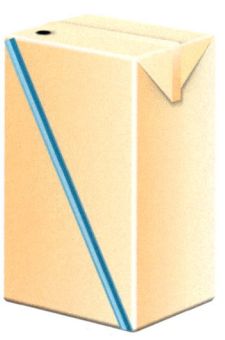

Prüfe dein neues Fundament

9. Volumen und Oberflächeninhalt

Lösungen ↗ S. 249

1. Entscheide, welche Aussage nur für Würfel gilt und welche auch für Quader, die keine Würfel sind.
   a) Benachbarte Flächen sind zueinander senkrecht.
   b) An jeder Ecke stoßen immer vier Begrenzungsflächen aneinander.
   c) Alle Begrenzungsflächen sind Quadrate.

2. Entscheide, wie viele Einheitswürfel (1 cm³) zum vollständigen Auslegen notwendig sind.
   a) bei einem 7 cm langen, 5 cm breiten und 3 cm hohen Quader
   b) bei einem Würfel, dessen Grundfläche 9 cm² beträgt
   c) bei einem Quader mit einem Volumen von 1,2 dm³

3. Welche der gegebenen Zeichnungen sind Würfelnetze? Übertrage diese Würfelnetze in dein Heft und markiere die Strecken gleichfarbig, die beim Falten zusammenstoßen.

   a) 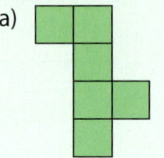 b) 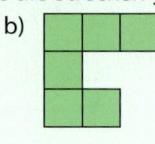 c) 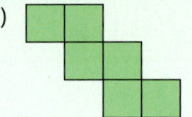 d)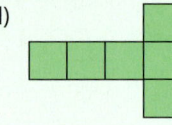

Kleberänder

4. Zeichne das Netz einer würfelförmigen Schachtel und daran Kleberänder, mit deren Hilfe man die Schachtel basteln könnte.

5. Ein quaderförmiger Umzugskarton hat die Kantenlängen a = 70 cm, b = 30 cm und c = 60 cm.
   a) Zeichne den Karton als Schrägbild im Maßstab 1:10 in dein Heft.
   b) Zeichne ein Netz des Kartons im Maßstab 1:10 und trage die Maße der einzelnen Kanten ein.
   c) Berechne den Oberflächeninhalt und das Volumen.

6. Welche der Körper a) bis d) könnten das Schrägbild rechts haben? Begründe deine Entscheidung.

   a) 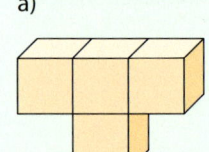 b) 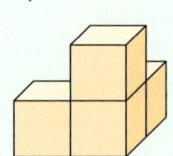 c) 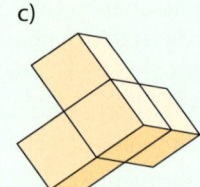 d)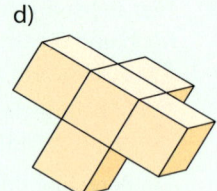

7. Rechne in die in Klammern stehende Volumeneinheit um.
   a) 20 cm³ (mm³)   b) 6 ℓ (cm³)   c) 15 000 dm³ (m³)   d) 3000 mℓ (mm³)
   e) 30 dm³ (mm³)   f) 6 m³ (cm³)   g) 15 000 dm³ (mm³)   h) 3 000 000 mm³ (ℓ)

8. Für wie viele volle 200-mℓ-Gläser reicht der Inhalt eines Fasses mit einem Fassungsvermögen von 10 000 ℓ?

Prüfe dein neues Fundament

9. Hier sind drei Quader abgebildet:
   a) Prüfe, ob auch ein Würfel dabei ist. Begründe deine Entscheidung.
   b) Kippe jeden Quader gedanklich einmal nach rechts. Skizziere dann das jeweilige Schrägbild des Quaders.

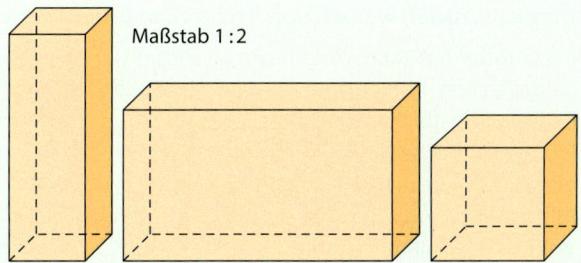

Maßstab 1:2

10. Zeichne das Schrägbild:
    a) eines Würfels mit der Kantenlänge a = 4 cm
    b) eines Quaders mit den Kantenlängen a = 6 cm, b = 5 cm und c = 4 cm
    c) eines Würfels, der ein Volumen von 27 cm³ hat

11. Zeichne ein Netz der rechts abgebildeten Figur in dein Heft. Die Kantenlänge bei jedem der Würfel beträgt 2 cm.

12. Die beiden Körper bestehen aus Würfeln mit jeweils einer Kantenlänge von 2 cm.
    a) Zeichne Körper ① als Schrägbild.
    b) Bestimme das Volumen und den Oberflächeninhalt des Körpers ①.
    c) Überlege, ohne zu rechnen, ob Körper ① ein größeres Volumen und einen größeren Oberflächeninhalt als Körper ② hat? Begründe deine Antwort.

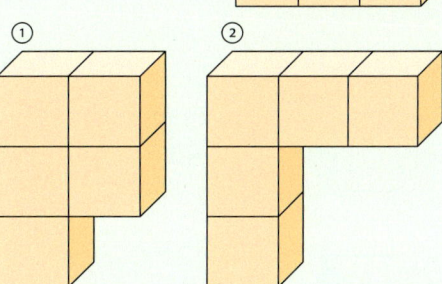

Wiederholungsaufgaben

1. In der Abbildung siehst du eine Tankanzeige.
   a) Entscheide, wie voll der Tank ist. Begründe deine Entscheidung.
   b) Skizziere eine Tankanzeige in deinem Heft, die anzeigt, dass der Tank noch zu einem Viertel gefüllt ist.

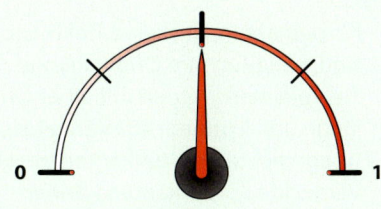

2. Ergänze in deinem Heft so, dass die Rechnung stimmt.

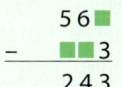

3. Rechne in die nächstkleinere Einheit um.
   a) 7,5 m   b) 1,4 kg   c) 9,25 km   d) 22,5 cm

4. Sven behauptet, dass der Flächeninhalt eines Rechtecks mit den Seitenlängen 10 cm und 4 cm immer größer ist als der Flächeninhalt eines Quadrates mit demselben Umfang. Kann das sein? Begründe deine Antwort.

Zusammenfassung

9. Volumen und Oberflächeninhalt

Körper

Quader (Würfel) werden von Rechtecken (Quadraten) begrenzt.

Ein **Quader** hat sechs Rechtecke als Begrenzungsflächen. Einander gegenüberliegende Begrenzungsflächen sind deckungsgleich.
Ein **Würfel** hat sechs zueinander deckungsgleiche Quadrate als Begrenzungsflächen.
Alle Begrenzungsflächen umschließen das **Volumen** (den Rauminhalt).

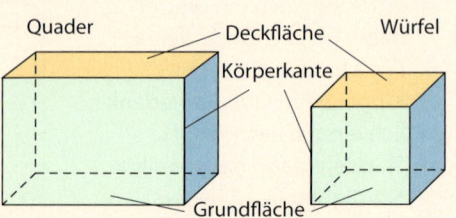

Netze von Körpern

Ein **Körpernetz** (kurz: Netz eines Körpers) ist eine ebene Figur, die sich durch Falten vollständig und ohne Überlappung um einen Körper legen lassen.

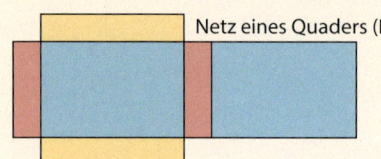
Netz eines Quaders (Beispiel)

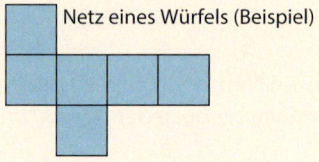
Netz eines Würfels (Beispiel)

Volumen und Oberflächeninhalt von Quadern

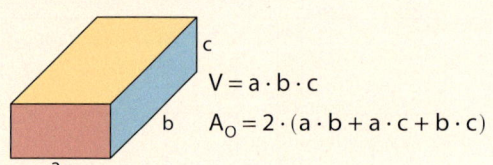

$V = a \cdot b \cdot c$
$A_O = 2 \cdot (a \cdot b + a \cdot c + b \cdot c)$

Quader: $a = 3\,m$, $b = 2\,m$ und $c = 4\,m$
$V = a \cdot b \cdot c = 3\,m \cdot 2\,m \cdot 4\,m = 24\,m^3$
$A_O = 2 \cdot (a \cdot b + a \cdot c + b \cdot c)$
$A_O = 2 \cdot (6\,m^2 + 12\,m^2 + 8\,m^2) = 52\,m^2$

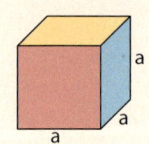

$V = a^3$
$A_O = 6 \cdot a^2$

Würfel: $a = 2\,cm$
$V = a^3 = (2\,cm)^3 = 2\,cm \cdot 2\,cm \cdot 2\,cm = 8\,cm^3$
$A_O = 6 \cdot a^2 = 6 \cdot (2\,cm)^2 = 24\,cm^2$

Schrägbilder von Quadern

Beachte:
- Körperkanten, die keine Tiefenkanten sind, behalten ihre Originallänge.
- Tiefenkanten werden in halber Originallänge und in einem 45°-Winkel zu den waagerechten Körperkanten gezeichnet.
- Verdeckte Körperkanten können gestrichelt oder weggelassen werden.

Wähle bei Kästchenpapier für eine Tiefenkante mit 2 Kästchenlängen vereinfacht eine Kästchendiagonale.

Quader:
$a = 2\,cm$, $b = 1\,cm$ (Tiefenkante), $c = 1\,cm$

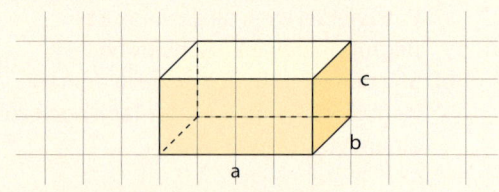

Volumeneinheiten

Einheiten des Volumens:

- Kubikmeter (m^3)
- Kubikdezimeter (dm^3)
- Kubikzentimeter (cm^3)
- Kubikmillimeter (mm^3)

Aber auch: Liter (ℓ) und Milliliter ($m\ell$)

Umrechnungszahl: 1000

$1\,m^3 = 1000\,dm^3 \qquad 1\,dm^3 = 0{,}001\,m^3$
$1\,dm^3 = 1000\,cm^3 \qquad 1\,cm^3 = 0{,}001\,dm^3$
$1\,cm^3 = 1000\,mm^3 \qquad 1\,mm^3 = 0{,}001\,cm^3$

$1\,\ell = 1000\,m\ell = 1\,dm^3$

10. Aufgabenpraktikum Teil (2)

Geometrische Figuren und Größen treten in vielen Zusammenhängen auf. Sie sind in unserer Umgebung überall zu finden. Bei den Aufgaben in diesem Aufgabenpraktikum stehen Sachverhalte zu geometrische Figuren und Größen im Mittelpunkt. Zum Lösen der Aufgaben ist Wissen und Können aus mehreren Themengebieten erforderlich.

Ergebnisse von Aufgaben kontrollieren

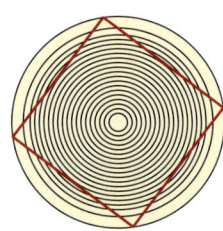

■ Beim Lösen von Aufgaben können immer Fehler auftreten. Das können z. B. Flüchtigkeitsfehler, Rechenfehler, Rundungsfehler oder auch Fehler sein, die dadurch entstehen, dass etwas Wichtiges nicht beachtet wurde. Ergebniskontrollen haben deshalb besondere Bedeutung. Proben, nochmaliges Nachrechnen, Ergebnisvergleiche bei Mitschülern und Nutzen anderer Lösungswege sind solche Kontrollmöglichkeiten. ■

Bei optischen Täuschungen stimmt etwas nicht. Prüft eure Wahrnehmung.

Orientiert euch an folgenden Hinweisen, dann werdet ihr sicherer:

1. **Kontrolliert euer Ergebnis durch Nachrechnen.**
   Prüft, ob alle verwendeten Zahlenwerte stimmen.
   Prüft, ob die verwendeten Einheiten zueinander passen.
   Wählt auch andere Lösungswege.
   Prüft, ob das Ergebnis sinnvoll ist.

2. **Kontrolliert euer Ergebnis durch Rückwärtsrechnen.**
   Geht von eurem Ergebnis aus und versucht, eine der gegebenen Größen zu errechnen.

3. **Kontrolliert nach dem Zeichnen durch Messen.**
   Prüft Streckenlängen durch Nachmessen mit dem Lineal.
   Prüft Winkelgrößen durch Nachmessen mit dem Winkelmesser.
   Prüft, ob Lagebeziehungen wie Parallelität, Senkrechtstehen oder Symmetrieeigenschaften den Aufgabenbedingungen entsprechen.

4. **Kontrolliert, ob Widersprüche auftreten.**
   Schätzt oder überschlagt, bevor ihr anfangt zu rechnen.
   Vergleicht euer Ergebnis mit der Schätzung oder dem Überschlag.
   Vergleicht euer Ergebnis mit dem Gesuchten und prüft, ob es Widersprüche gibt.
   Prüft, ob es noch andere Lösungen gibt.

Beispiel: Geometrische Figuren im Koordinatensystem darstellen

a) Zeichne das Viereck ABCD mit den Punkten A(2|1), B(4|3), C(2|5) und D(0|3) in ein Koordinatensystem.
b) Zeichne die Gerade g durch die Mittelpunkte der Strecken $\overline{AB}$ und $\overline{CD}$.
c) Ermittle die Koordinaten der Punkte, in denen die Gerade g die beiden Koordinatenachsen schneidet.

Jens hat die Aufgabe so gelöst:
Zu c) gibt er an: Schnittpunkt mit der x-Achse: (5,1|0)
                  Schnittpunkt mit der y-Achse: (0|5)

Kontrolle:
   Zu a) Koordinaten der eingetragenen Punkte A, B, C und D ablesen und vergleichen.
   Zu b) Mittelpunkte der Strecken $\overline{AB}$ und $\overline{CD}$ durch Messen überprüfen.
   Zu c) g ist Symmetrieachse des Quadrats ABCD und somit parallel zu $\overline{AD}$. Die x-Koordinate des Schnittpunktes mit der x-Achse muss gleich der y-Koordinate des Schnittpunktes mit der y-Achse sein. Hier hat vermutlich die Zeichengenauigkeit nicht gestimmt.

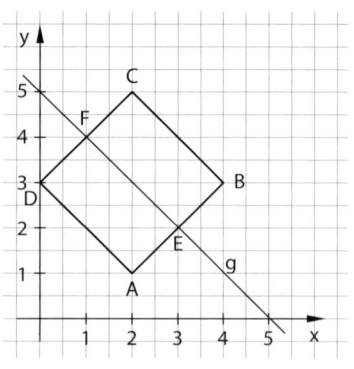

Grundlegendes

Die folgenden Aufgaben erfordern **grundlegende Kenntnisse und Fähigkeiten**.
Arbeitet beim Lösen der Aufgaben selbstständig. Kontrolliert eure Lösungswege und
Ergebnisse selbst und vergleicht sie dann mit eurem Banknachbarn.

Aufgabenmix zu „Größen"

1. Entscheide, welche Einheit hier zweckmäßig ist.
   a) Länge der Elbe   b) Dauer eines 100-m-Laufes   c) Masse eines deiner Haare
   d) Masse einer E-Lok   e) Dicke einer Fensterscheibe   f) Dauer der großen Ferien
   g) Volumen einer Tintenpatrone   h) Größe deiner Handfläche

2. Es ist 8:30 Uhr. Gib die Uhrzeit an:
   a) nach einer Viertelstunde   b) nach 1,5 Stunden   c) nach 8 h 17 min

3. Es ist 7:45 Uhr. Gib die Uhrzeit für den Fall an, dass sich der große Zeiger der Uhr um folgende Winkelgröße weiter gedreht hat:
   a) 90°   b) 180°   c) 630°   d) 402°

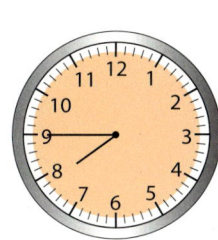

4. Gib die Größenangabe in der nächstkleineren und in der nächstgrößeren Einheit an:
   a) 75 min   b) 360 cm³   c) 3 dm   d) 242 cm²   e) 30 g

5. Gib an, welche Größenangabe eine Volumenangabe ist:
   1 kg,   1 mℓ,   1 g,   1 m³,   1 d,   1 ℓ,   1 dm³,   1 m²,   1 cm,   1 ha

6. Ordne die Flächenangaben der Größe nach. Beginne mit der kleinsten Flächenangabe.
   160 cm²,   99 m²,   1 dm²,   70 000 mm²,   0,5 km²,   5 ha

7. Berechne.
   a) 5 m + 5 cm   b) 5 g + 5 mg   c) 5 km − 5 m   d) 3 min − 30 s
   e) 5 cm² + 5 dm²   f) 5 ℓ + 50 mℓ   g) 5 m² − 50 dm²   h) 5 m³ + 500 ℓ

8. Finde den Fehler und berichtige ihn.
   a) 3 m + 3 ℓ = 6 mℓ
   b) 15 mm auf einer Karte im Maßstab 1 : 5000 sind in Wirklichkeit 750 m.

Aufgabenmix zu „Geometrischen Grundbegriffen"

1. Gegeben sind eine Gerade g und die Punkte P₁, P₂ und P₃.
   a) Miss den Abstand jedes Punktes zur Geraden g.
   b) Beschreibe, wie man einen Punkt P₄ zeichnen kann, der zur Geraden g einen Abstand von 1,5 cm hat. Entscheide, wie viele Möglichkeiten es dafür gibt.
   c) Wie viele Geraden gibt es, die zur Geraden g senkrecht sind?

2. Gib an, welche geometrischen Objekte nebenstehend dargestellt sind.
   Verwende auch zugehörige Symbole und ermittle möglichst ihre Größe.

3. Zeichne und bezeichne die Winkel. Gib jeweils die zugehörige Winkelart an.
   a) α = 76°   b) β = 135°   c) ∢BSA = 200°

4. Führe folgende Konstruktion aus:
   a) Zeichne und bezeichne zwei zueinander parallele Geraden g und h, die einen Abstand von 3,5 cm zueinander haben.
   b) Trage auf der Geraden g zwei Punkte A und B mit $\overline{AB}$ = 3,5 cm ein.
   c) Zeichne durch jeden der beiden Punkten A und B eine Senkrechte zur Geraden g und bezeichne die Schnittpunkte auf der Geraden h mit C bzw. D. Erläutere, welche Eigenschaften das Viereck ABCD hat.

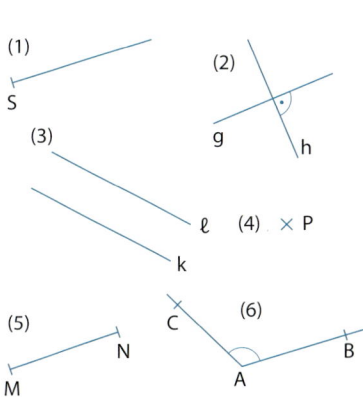

Aufgabenmix zu „Abbildungen"

1. Gib die Koordinaten der Punkte A, B, C, E, F, G, P, Q, R und S an.

2. Ermittle die Bildpunkte A', B' und C' bei der Verschiebung $\vec{PQ}$ sowie die Bildpunkte E', F' und G' bei der Verschiebung $\vec{RS}$, durch Abzählen der Kästchen.

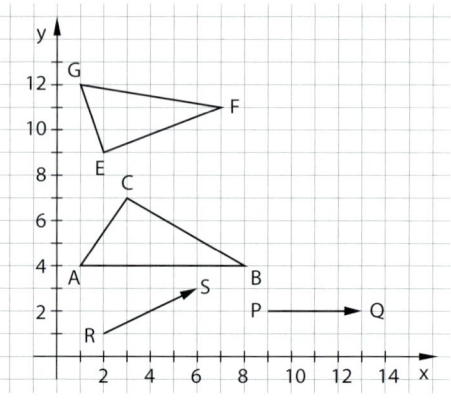

3. Zeichne das Quadrat KLMN mit K(3|1), L(5|3), M(3|5) und N(1|3) in ein Koordinatensystem. Zeichne dann alle Symmetrieachsen des Quadrates ein und bezeichne den Schnittpunkt dieser Symmetrieachsen mit S.

4. Gib die Koordinaten der Bildpunkte des Quadrates KLMN aus Aufgabe 3 bei einer Drehung um Punkt S mit 90° im Uhrzeigersinn an.

5. Übertrage die beiden Abbildungen auf Kästchenpapier und spiegele jede Figur an der gegebenen Geraden.

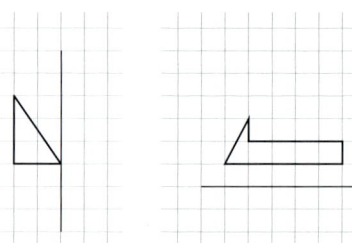

6. Zeichne eine Strecke $\overline{XY}$, die mit ihrem Spiegelbild bezüglich einer Spiegelgeraden g folgende Anzahl von Punkten gemeinsam hat:
    a) genau einen Punkt   b) keinen Punkt   c) alle Punkte

7. Gib alle zueinander deckungsgleichen Figuren an.

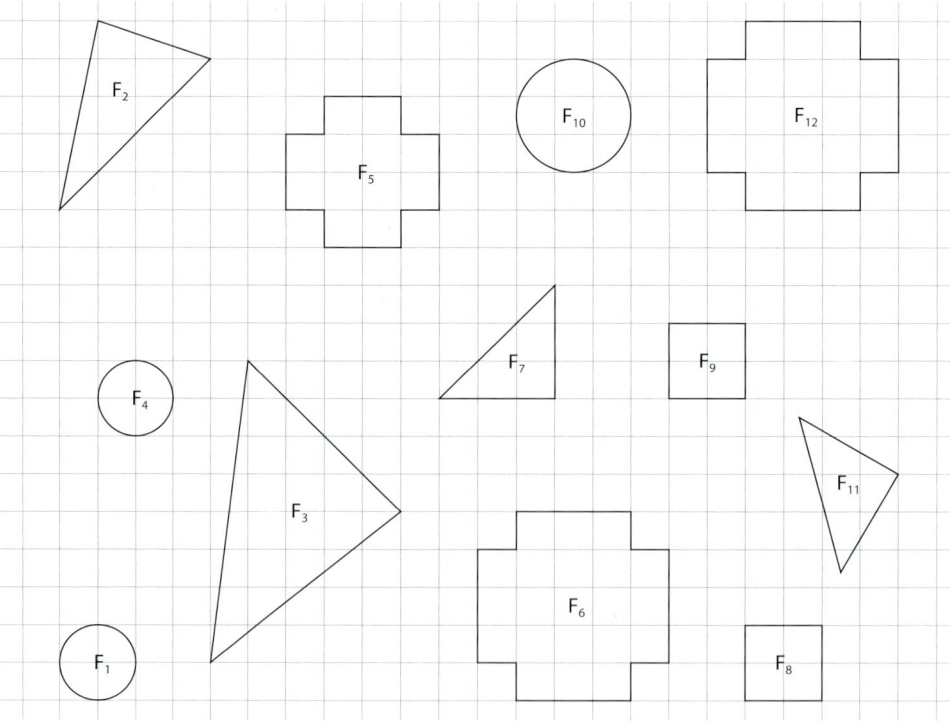

Grundlegendes

Aufgabenmix zu „Flächeninhalt und Umfang"

1. Entscheide, welche der Figuren einen Umfang, welche einen Flächeninhalt haben. Begründe deine Entscheidung.

(1) 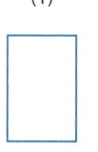 (2)  (3)  (4)  (5)  (6)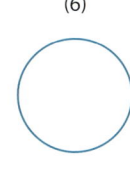

2. Ermittle den Umfang und den Flächeninhalt von jeder der nebenstehenden Figuren. Die Kästchenbreite soll 1 cm betragen.

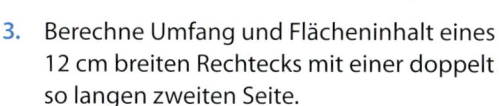

3. Berechne Umfang und Flächeninhalt eines 12 cm breiten Rechtecks mit einer doppelt so langen zweiten Seite.

Aufgabenmix zu „Volumen und Oberflächeninhalt"

1. Berechne Volumen und Oberflächeninhalt eines Quaders mit folgenden Maßen:
    a) a = 2 cm; b = 2 cm; c = 3 cm
    b) a = 3,5 cm; b = 20 mm; c = 0,5 dm

2. Übertrage das nebenstehende Körpernetz auf ein Blatt Papier und falte es zu einem Quader.

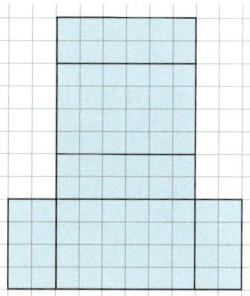

3. Von einem Quader mit einem Volumen von 150 cm³ sind die beiden Kantenlängen a und b bekannt. Berechne die fehlende Kantenlänge c.
    a) a = 3 cm; b = 5 cm
    b) a = 10 cm; b = 3 cm
    c) a = 2,5 dm; b = 2 cm

Wissenstest „Schnell und richtig"

Schreibe die jeweils zutreffenden Auswahlantworten auf.

a)	Welche Einheit gehört zum Flächeninhalt?							
	(A)	a	(B)	g	(C)	m	(D)	s
b)	Wie viel Milliliter sind ein Liter?							
	(A)	10 ml	(B)	100 ml	(C)	1000 ml	(D)	10 000 ml
c)	Die Entfernung zwischen Halle und Magdeburg beträgt etwa …							
	(A)	8 km	(B)	800 km	(C)	80 000 m	(D)	8 000 000 mm
d)	Die Kurzschreibweise ∢ABC gibt einen Winkel an mit dem Scheitelpunkt …							
	(A)	A	(B)	B	(C)	C	(D)	A und B
e)	Wie viele Symmetrieachsen hat ein Quadrat?							
	(A)	1	(B)	2	(C)	3	(D)	4
f)	Wie viele Rechtecke hat das Netz eines Quaders?							
	(A)	2	(B)	4	(C)	6	(D)	8
g)	Wie lang ist eine Entfernung von 10 km auf einer Karte mit dem Maßstab 1 : 50 000?							
	(A)	2 cm	(B)	5 cm	(C)	20 cm	(D)	50 cm

Vielfältiges und Komplexes

Die folgenden Aufgaben erfordern **umfassende Kenntnisse und flexible Fähigkeiten.**
Sie enthalten auch ungewohnte Formulierungen und neue Zusammenhänge. Arbeitet beim
Lösen der Aufgaben überwiegend selbstständig. Vergleicht eure Lösungswege und Ergebnisse.

„Das Aufgabenhaus"
Löse möglichst viele Aufgaben.
Du kannst in jeder Etage beginnen.

Tipp:
Die Aufgaben werden vom Keller bis zum Dachgeschoss anspruchsvoller.

DACHGESCHOSS

In einer 5. Klasse wurden Geschenke für eine Partnerschule in Frankreich gebastelt. Die Geschenke sollen alle in gleich großen Schachteln verpackt und diese wie abgebildet mit Schleifenband verschnürt werden. Wie viele Päckchen können mit zwei Rollen Schleifenband zu je 10 m verschnürt werden, wenn allein für jede Schleife 15 cm gerechnet werden?

Maße eines Päckchens: 10 cm x 10 cm x 5 cm

OBERGESCHOSS

1. Trage in ein Koordinatensystem die Punkte A(0|0), B(5|0) und C(0|5) ein.
2. Miss die Länge $\overline{BC}$ und die Größe des Winkels ∢ACB.
3. Ermittle die Koordinaten von A' bei Spiegelung von A an der Geraden BC.
4. Gib die Koordinaten der Eckpunkte des Vierecks ABA'C bei der Verschiebung $\vec{AC}$ an.
5. In einem Koordinatensystem (mit einer Koordinateneinheit von 1 cm) ist das Viereck ABA'C, im Maßstab 1:50 dargestellt. Gib den Flächeninhalt und Umfang dieses Vierecks in der Wirklichkeit an.

ERDGESCHOSS

1. Zeichne ein Rechteck ABCD mit den Seitenlängen a = $\overline{AB}$ = 5,5 cm und b = $\overline{BC}$ = 3,5 cm.
2. Zeichne dann die Strecke $\overline{AC}$ ein und ermittle sowohl die Länge der Strecke $\overline{AC}$ als auch die Größe des Winkels ∢BAC.
3. Berechne den Umfang und den Flächeninhalt des Rechtecks ABCD.
4. Beurteile folgende Aussage: Die Gerade AC ist eine Symmetrieachse des Rechtecks ABCD.
5. Das Rechteck ABCD ist die Grundfläche eines 2,5 cm hohen Quaders. Zeichne das Netz dieses Quaders.

KELLERGESCHOSS

1. Rechne in die angegebene Einheit um.
   a) 35 kg (in Gramm)   b) 3,05 m (in Zentimeter)   c) 4,1 m^2 (in Quadratzentimeter)
   d) 4030 ml (in Liter)   e) 500 dm^3 (in Kubikmeter)   f) 5,5 dm^3 (in Liter)

2. Rechne möglichst vorteilhaft.
   a) 3,4 dm + 56 cm + 120 mm   b) 3,5 km – 800 m
   c) 3 m^2 + 300 dm^2 d) 3 m^3 + 300 dm^3

3. Berechne Umfang und Flächeninhalt der Rechtecke (Länge x, Breite y).
   a) x = 5 cm, y = 4 cm   b) x = 5 cm, y = 25 mm   c) x = 5 m, y = 50 cm   d) x = 100 mm, y = 1 m

4. Berechne Volumen und Oberflächeninhalt der Quader (Länge x, Breite y, Höhe z).
   a) x = 5 cm, y = 4 cm, z = 2 cm   b) x = 5 cm, y = 25 mm, z = 20 mm

Vielfältiges und Komplexes

„Mathematik-Lexikon"

Du hast schon viele mathematische Begriffe kennengelernt. Zum Verstehen und Anwenden musst du ihre Bedeutung kennen. Das ist genau so wie beim Vokabeln Lernen.

1. Die folgende Tabelle ist wie ein Vokabelheft aufgebaut. Schreibe die fehlenden Begriffe oder Bedeutungen auf, die zu den Nummern gehören.

Begriff	Bedeutung
(1)	Geraden, die überall den gleichen Abstand haben
Strecke	(2)
Milli	(3)
(4)	Eigenschaft von Figuren, deren Teile beim Falten entlang einer Geraden deckungsgleich sind
stumpfer Winkel	(5)
(5)	Ebene Figur, bestehend aus sechs zusammenhängenden Rechtecken, die beim Abwickeln eines Quaders entsteht
Maßstab	(6)

Tipp:
Suche die Begriffe auch im Register deines Mathematikbuches und informiere dich dann noch einmal auf der angegebenen Seite.

2. Ergänze die Tabelle um mindestens zwei weitere, selbst gewählte mathematische Begriffe mit ihrer jeweiligen Bedeutung.

„Holzklötze"

Marvin spielt gerne mit Bausteinen. Die abgebildete Figur besteht aus 6 gleichen Bausteinen. Die kürzeste Kantenlänge von einem dieser Bausteine beträgt 1 cm.

1. Gib die anderen Kantenlängen dieses Bausteins an. Begründe deine Antwort.

2. Ermittle das Gesamtvolumen der Figur. Beschreibe dein Vorgehen.

3. Wie viele Bausteine (gleicher Art) sind mindestens erforderlich, damit die Figur zu einem Würfel ergänzt werden kann. Welche Kantenlänge hat dieser Würfel dann?

4. Die Bausteine sollen vor ihrer Benutzung lackiert werden. Eine Sprühdose mit Lack und einem Inhalt von 400 ml reicht für etwa 3 m². Berechne, wie viele Bausteine sich mit einer Sprühdose lackieren lassen.

„Spiegelbilder"

In welchen Abbildungen sind die Figuren auf keinen Fall Spiegelbilder bezüglich der eingezeichneten Spiegelgeraden. Begründe deine Entscheidungen schriftlich.

a) 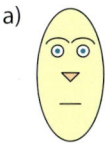    b)  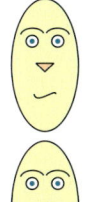   c)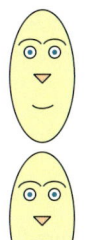

d) 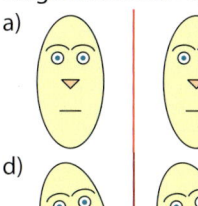   e) 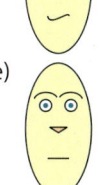    f)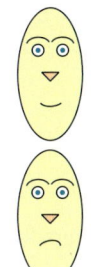

Seltsames und Unerwartetes

Die folgenden Aufgaben fordern zum **Knobeln** auf. Arbeitet überwiegend selbstständig. Formuliert bei Bedarf Fragen und tauscht euch dazu aus. Vergleicht eure Lösungswege und Ergebnisse.

„Dreiecke und Quadrate zählen"

1. Entscheide, wie viele Dreiecke das Quadrat ABCD enthält. Begründe deine Entscheidung.

2. Das „Streichholzquadrat" besteht insgesamt aus 24 Streichhölzern.
   a) Wie viele Quadrate enthält es?
   b) Es sollen 6 Streichhölzer so entfernt werden, dass die Figur nur noch 3 Quadrate enthält. Gib eine Möglichkeit dafür an.

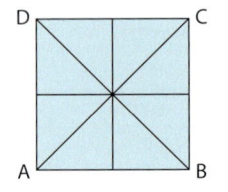
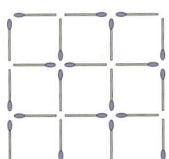

„In deckungsgleiche Figuren zerlegen"

Die nebenstehende Figur soll in vier deckungsgleiche Teilfiguren zerlegt werden. Dabei soll sich in jeder Teilfigur ein Kästchen mit einem Kreis befinden. Skizziere solch eine Zerlegung.

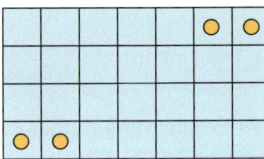

Tipp:
Du kannst als Hilfe auch ein Körpernetz des Quaders nutzen.

„Viele Wege führen zum Ziel"

Ein Käfer läuft auf den Kanten eines Quaders ABCDEFGH vom Punkt A zum Punkt G.

1. Gib drei verschiedene Wege an, auf denen der Käfer sein Ziel erreichen kann. Vergleiche die Längen dieser Wege miteinander.

2. Prüfe, welcher von diesen drei Wegen der kürzeste Weg ist.

3. Der Käfer läuft nun nicht mehr nur auf den Kanten, sondern geradlinig auch auf den Seitenflächen entlang. Beschreibe jetzt den kürzesten Weg des Käfers von A nach G.

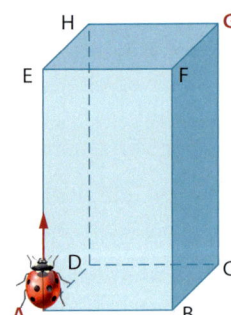

„Scherenschnitt"

Aus einem zweimal gefalteten DIN-A4-Blatt soll mit genau einem Schnitt ein Quadrat ausgeschnitten werden. Beschreibe, wie ein Schnitt geführt werden muss.

„Streichholzparkett"

Mit 5 cm langen Streichhölzern soll ein Parkettmuster so gelegt werden, dass je vier Streichhölzer jeweils ein Quadrat bilden. So wird entsprechend der nebenstehenden Zeichnung Quadrat an Quadrat gelegt, bis eine Fläche von 1 m² erreicht ist. Wie viele Streichhölzer benötigt man dafür? Stelle deinen Lösungsweg dar.

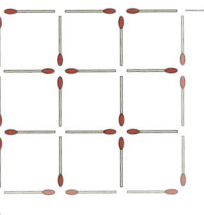

„Quadratring"

Zerlege die Figur durch Geraden in deckungsgleiche Teilfiguren:

1. durch 2 Geraden in 4 deckungsgleiche Teilfiguren
2. durch 3 Geraden in 6 deckungsgleiche Teilfiguren
3. durch 4 Geraden in 8 deckungsgleiche Teilfiguren

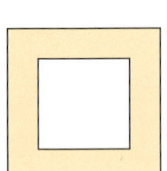

11. Komplexe Aufgaben

Beim Lösen komplexer Aufgaben wird es oft einfacher, wenn diese in Gruppen aus mehreren Personen bearbeitet werden. Häufig ist dabei eine Arbeitsteilung möglich.

Schätzen und Rechnen

Zur Lösung der Aufgaben benötigt ihr ein Mathematik-Buch „Fundamente der Mathematik" und eine 20-Cent-Münze.

1. Schätzt, wie viele 20-Cent-Münzen maximal nebeneinander an der kurzen und an der langen Seite eures Mathematik-Buchs Platz haben. Keine der Münzen darf am Rand des Buches überstehen. Verwendet als Vergleichsmaß eure Daumenbreite.

2. Schätzt die Anzahl der 20-Cent-Münzen, die maximal auf die vordere Umschlagseite eures Mathematik-Buchs gelegt werden können. Die Münzen dürfen nicht übereinanderliegen und keine der Münzen darf am Rand des Buches überstehen. Die Münzen sollen immer möglichst dicht nebeneinander liegen.

3. Ermittelt, wie viel Euro es bei Aufgabe 2 wären.

4. Ermittelt durch Aneinanderlegen von Münzen oder zeichnerisch, wie viele 20-Cent-Münzen tatsächlich auf die vordere Umschlagseite eures Mathematik-Buchs gelegt werden können. Der Durchmesser einer 20-Cent-Münze beträgt etwa 2,3 cm.

Zahlen bitte

1. Kira spielt mit ihrer kleinen Schwester Sina im Kaufladen einkaufen.
   a) „Das macht 1,39 €. Haben Sie es klein?", fragt Sina. Kira überlegt, wie viele Euro- und Cent-Münzen (also 1 ct, 2 ct, 5 ct, 10 ct, 20 ct, 50 ct, 1 €, 2 €) sie mindestens benötigt, um den Betrag zu zahlen. Wie würdest du bezahlen?
   b) Schreibe auf, wie viele und welche Münzen du mindestens benötigst, um alle Beträge zwischen 1,80 € und 2,00 € genau bezahlen zu können.

2. Beide stellen fest, dass nicht mehr genug Scheine in der Kasse sind. Sie erfinden ihre eigene Währung, den SIRA. In dieser Währung gibt es nur folgende Scheine:
   1 SIRA, 5 SIRA, 25 SIRA und 125 SIRA. Sie schneiden jeweils 4 Scheine von jeder Sorte aus.
   a) Welche SIRA-Beträge können Sie mit ihrem Spielgeld zahlen, welche nicht?
   b) Wie viele SIRA-Scheine benötigt man mindestens, um alle Beträge zwischen 190 SIRA und 200 SIRA bezahlen zu können?

3. Kira macht noch einen anderen Vorschlag und erfindet die Währung KINA. Hier gibt es folgende Scheine: 1 KINA, 2 KINA, 4 KINA, 8 KINA, 16 KINA, 32 KINA, 64 KINA und 128 KINA Jeden Schein gibt es nur einmal.
   a) Kann man 12 KINA, 31 KINA, 120 KINA oder 140 KINA mit diesen Scheinen bezahlen?
   b) Wie viele Scheine benötigt man mindestens, um alle Beträge zwischen 100 KINA und 120 KINA zu begleichen?
   c) Stell dir vor, dass es statt der zur Zeit existierenden EURO-Scheine und Cent-Münzen künftig nur noch folgende Zahlungsmittel gibt: 1 ct, 10 ct, 100 ct, 1000 ct und 10 000 ct Was hältst du von der Währungsumstellung? Begründe deine Antwort.

Hausgemachte Marmelade

Miriam und Lars essen jeden Tag Marmelade zum Frühstück. In den Sommerferien sind sie zu Besuch bei ihrer Oma und lernen, selbst Marmelade zu kochen.

1. Omas Marmeladen bestehen aus einem Teil Zucker und zwei Teilen Obst. Berechne, wie viele Gläser Marmelade zu je 450 g und Lars aus ca. 50 kg Obst herstellen können.

2. Miriam und Lars suchen mehrere leere Gläser in verschiedenen Größen. Ein Händler bietet Gläser mit Deckeln in drei Größen an. Ihre Oma weiß, dass in ein Glas mit 350 mℓ Fassungsvermögen etwa 450 g Marmelade passen. Berechne, wie viel Gramm Marmelade in ein Glas mit 190 mℓ beziehungsweise in ein Glas mit 280 mℓ passen.

3. Der Preis für 1 kg Zucker beträgt 0,70 €, der für 1 kg Erdbeeren 2,99 €. Ein Glas für 450 g Marmelade kostet mit Deckel 0,59 €. Berechne, wie viel Euro ein Glas selbst gekochter Erdbeermarmelade kostet. Recherchiere, wie viel Euro ein Glas Marmelade im Supermarkt kostet. Entscheide, ob es sich aus Kostengründen lohnt, Marmelade selbst herzustellen. Begründe deine Entscheidung.

4. Miriam und Lars haben sich für zwei Größen entschieden und möchten ihre Marmeladengläser mit selbst gestalteten Etiketten beschriften. Dazu schlägt Lars vor, zunächst ein Netz der Gläser ohne Deckel und Boden zu zeichnen. Skizziere solch ein Netz.

Wettstreit

Peter und Max wollen ihre Ausdauer beim Fahrradfahren testen. Als Wettkampfstrecke suchen sie sich eine asphaltierte Straße um ein Wiesengrundstück in der Nähe aus.

1. Wie viel Kilometer schaffen Peter und Max insgesamt, wenn jeder von ihnen drei Runden fährt?

2. Max hat nach seinem Durchgang eine Durchschnittsgeschwindigkeit von 15 km pro Stunde erreicht, Peter immerhin 18 km pro Stunde. Wie viel Minuten wäre Peter eher im Ziel gewesen, wenn sie gemeinsam gestartet wären?

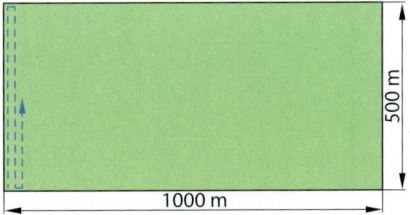

3. Die beiden planen einen anderen verrückten Wettkampf. Sie wollen dabei prüfen, wer zuerst jeden Quadratmeter des Grundstücks betreten hat. Mit jedem Schritt soll dabei immer genau ein Quadratmeter (entsprechend der Pfeillinie) betreten werden. Berechne die zu laufende Gesamtstrecke. Entscheide, ob sie dies in zwei Stunden schaffen könnten.

4. Max hat eine GPS-Uhr, mit der er seine Durchschnittsgeschwindigkeit beim Laufen messen kann. Nach 1 h und 30 min gibt er völlig erschöpft auf. Die Uhr zeigt eine Durchschnittsgeschwindigkeit von 6 km pro Stunde an. Wie viele einzelne Quadratmeter kann er in dieser Zeit höchstens betreten haben?

Älter werden

Max hat seinen zehnten Geburtstag gefeiert. Sein Onkel André hat ihm ein besonderes Geschenk gemacht. Auf einer Internetseite, deren Passwort nur Max kennt, hat er Fotos, Geschichten und Daten von Max gesammelt. Heute schaut sich Max mit Roland und Kim diese Seite an.

Tipp zu 1:
Manchmal lassen sich Diagramme nicht exakt, sondern nur näherungsweise ablesen.

1. Roland findet das folgende Diagramm verwirrend. Er sagt: „Du bist doch keine 40 cm groß und 35 kg schwer!" Erkläre, wie das Diagramm aufgebaut ist, und gib an, wie groß und wie schwer Max im Alter von 6, 7 und 8 Jahren war.

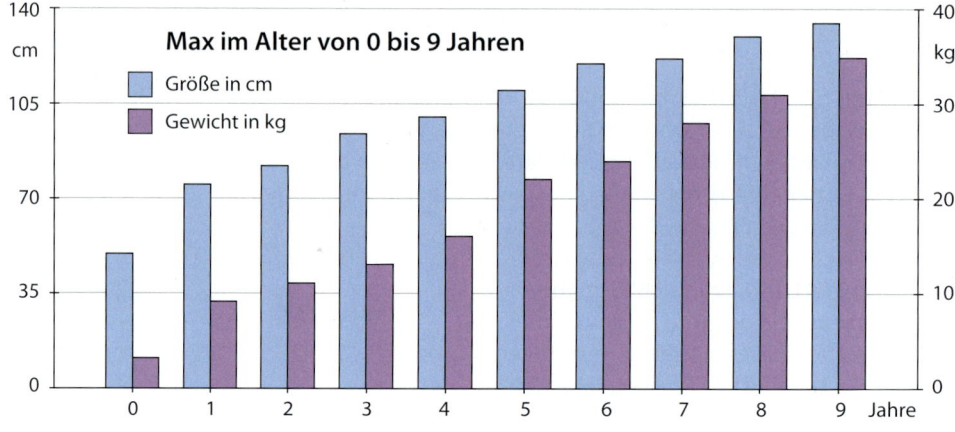

2. Kim findet das Diagramm zum Vergleichen von Daten super. Vor einem Jahr waren es bei ihr 35 kg, heute sind es 40 kg. Ihre Größe vor einem Jahr betrug 150 cm, heute sind es 155 cm. Erstelle ein Diagramm, das die Entwicklung ihrer Daten übersichtlich darstellt.

Hinweis zu 3:
Statt Masse wird umgangssprachlich häufig von Gewicht gesprochen.

3. Rolands Mutter zeigt ihm ein Diagramm, aus dem seine Größe und sein Gewicht in den ersten Lebensmonaten abgelesen werden können. Roland meint aber, dass dieses Diagramm ganz anders aussieht. Was meinst du? Lies mehrere konkrete Werte ab.

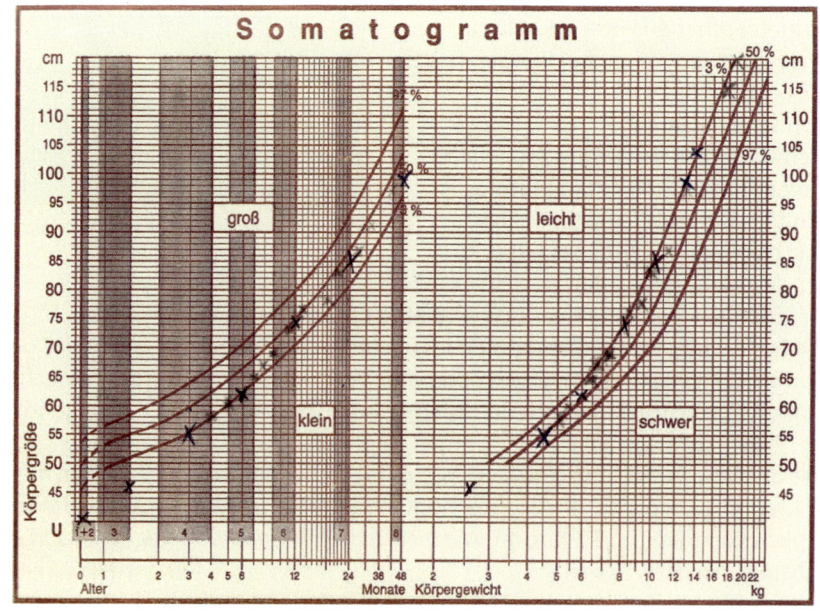

Getränketransport

Viele Waren werden auf sogenannten Europaletten transportiert. Solche Paletten sind 80 cm breit, 120 cm lang und haben eine Masse von ca. 20 kg. Der Transport für eine Getränkefirma soll mit einem Sattelzug erfolgen, dessen Ladefläche 2,4 m breit und 13,6 m lang ist. Er darf mit höchstens 28 450 kg beladen werden.

Mit dem Sattelzug sollen in Kartons verpackte Flaschen aus Glas mit jeweils 75 cℓ Mineralwasser transportiert werden. In jedem Karton sind 12 Flaschen. Auf einer Palette befinden sich 56 Kartons. Die voll gepackte Palette ist 935 kg schwer. Die Paletten dürfen nicht gestapelt werden.

1. Ermittle die Anzahl der Europaletten, die auf der Ladefläche des Sattelzuges Platz haben. Fertige dazu auch eine Skizze an.

2. Berechne, wie viel Flaschen ein Sattelzug transportieren kann, wenn die gesamte Ladefläche ausgenutzt und er nicht überladen wird.

3. Wie viele Sattelzüge mit Wasser müssten pro Monat in einen Ort mit 1 000 000 Einwohnern fahren, wenn man von 30 Tagen im Monat und 3 Flaschen pro Person und Tag ausgeht?

4. Schätze, wie viele Flaschen ein Sattelzug transportieren könnte, wenn das Wasser in PET-Flaschen anstatt in Glasflaschen abgefüllt wäre. Eine typische PET-Flasche ist etwa 100 g leichter als eine Glasflasche.

Holzklötze

Marvins kleiner Bruder spielt immer noch mit Holzklötzen. Er legt mit gleich großen Klötzen immer unterschiedliche Figuren.

1. Ermittle die Länge der beiden anderen Kanten von einem der Klötze in nebenstehender Figur, wenn seine kürzeste Kantenlänge 1 cm beträgt. Erläutere dein Vorgehen.

2. Gib das Gesamtvolumen der Figur an. Erläutere dein Vorgehen.

3. Prüfe, ob sich durch Hinzufügen weiterer Klötze ein Würfel bauen lässt. Begründe deine Entscheidung. Wie lang wäre die Kantenlänge solch eines Würfels?

4. Drehe die Figur in Gedanken um 90° entgegengesetzt zum Uhrzeigersinn. Zeichne davon ein Schrägbild.

5. Marvin möchte die Holzklötze mit einer Sprühdose lackieren. Eine Sprühdose mit 400 mℓ reicht für etwa 3 m². Wie viele Holzklötze könnte er damit mindestens besprühen?

Fußballstadion

Ein Fußballstadion bietet 61 673 Zuschauern Platz, davon 16 307 Stehplätze. Das Spielfeld ist gerade mal 6 m vom Rand der Tribüne entfernt und misst 105 m × 68 m.

1. Fertige eine maßstabsgetreue Skizze des Spielfeldes im Maßstab: 1 : 1000 an.

2. Berechne den Flächeninhalt des Spielfeldes.

3. Berechne, wie viel Kilogramm die Tribünen aushalten müssen, wenn alle Plätze ausverkauft sind. Rechne mit etwa 90 kg pro Zuschauer.

Renovierung

Familie Moritz plant die Renovierung ihrer 3 m hohe Altbauwohnung. Sie möchte alle Wände und alle Decken im Schlafzimmer (4 m lang und 5 m breit), im Kinderzimmer (4 m lang und 3,5 m breit) sowie im Wohnzimmer (5 m lang und 6 m breit) neu streichen.

1. Berechne die Renovierungskosten, wenn ein 10-ℓ-Eimer, der für 90 m² ausreicht, 27,99 € kostet.

2. Der Baumarkt bietet auch Eimer mit 5 Liter Wandfarbe ausreichend für 45 m² an. Familie Moritz möchte noch zusätzlich die Wände und die Decke in der Küche (5 m lang und 5 m breit) streichen. Im Baumarkts rät man, drei 10-ℓ-Eimer und einen 5-ℓ-Eimer zu kaufen. Stimmst du diesem Vorschlag zu? Begründe deine Antwort.

Tapetenkauf

Kathrins Kinderzimmer ist 2,50 m hoch; 4,00 m lang und 4,00 m breit. Peers Kinderzimmer ist 2,50 m hoch; 5,00 m lang und 3,00 m breit.

1. Kathrin meint, dass für die Wände beider Zimmer gleich viel Tapete gekauft werden müsste. Was meinst du? Begründe deine Entscheidung.

2. Peer meint, dass zum Renovieren für beide Zimmmer gleich viel Teppichbelag gekauft werden müsste. Was meinst du? Begründe deine Entscheidung.

3. Eine Tapetenrolle ist 50 cm breit und 10 m lang. Berechne, wie viel Meter Tapete es für beide Zimmer zusammen ungefähr wären.

4. Peer möchte in seinem Zimmer keinen Teppichbelag sondern Korkfliesen haben. Berechne, wie viele Fliesen dafür bei nebenstehendem Angebot mindestens benötigt werden und wie viel Euro dafür zu zahlen sind, wenn nur ganze Pakete verkauft werden. Entscheide, ob alle Pakete gleichzeitig in einem Pkw transportiert werden könnten. Begründe deine Entscheidung.

12. Arbeitsmethoden

Wenn mehrere Schüler ein Bild gemeinsam gestalten, sollten sie systematisch vorgehen und sich auf Regeln für ihre Zusammenarbeit einigen.

Methodenkarte 5 A: Tipps zur Heftführung

Verwende einen Schutzumschlag für dein Heft. Schreibe deinen Namen, deine Klasse und das Fach vorn auf das Heft.

Wenn du dein Heft ordentlich führst, hast du immer eine gute Übersicht, kannst schneller etwas nachschlagen und dich gut auf Tests und Arbeiten vorbereiten.

Beginne neue Eintragungen mit einer Überschrift und gib immer das Datum an.

Nutze den Heftrand für Notizen.

Kennzeichne Hausaufgaben mit HA und Übungen mit Ü. Schreibe immer die Seitenzahl und die Aufgabennummer mit auf.

Hebe Wichtiges durch Umrandungen oder durch das Verwenden von Farben hervor.

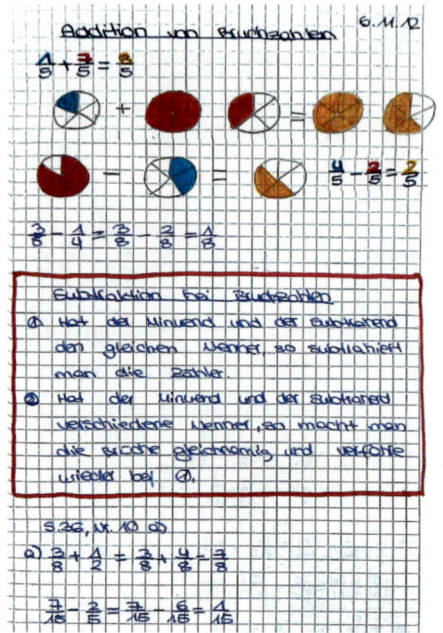

Methodenkarte 5 B: Tipps zum Führen eines Lerntagebuchs

In deinem Lerntagebuch schreibst du auf, was du im Unterricht neu gelernt hast, was du gut oder nicht so gut verstanden hast und was du dir unbedingt merken möchtest. Beachte beim Führen deines Lerntagebuchs auch die Tipps zur Heftführung.

Gib immer das Datum deines Eintrages an und überlege dir eine passende Überschrift (zum Beispiel das Stundenthema). Beantworte dann folgende Fragen:

- Was ist neu?
  Was kannst du davon schon gut, was weniger gut?

- Was hast du nicht verstanden?
  Schreibe dir Fragen auf, die du in der nächsten Stunde stellen kannst.

- Welche Fehler sind aufgetreten?

- Was musst du noch üben?

- Was war für dich interessiert?

- Wodurch könntest du dich verbessern?

Methodenkarte 5 C: Tipps für Partner- und Gruppenarbeit

Beim Arbeiten mit einem Partner und beim Arbeiten in Gruppen solltet ihr euch immer über Verantwortlichkeiten und über den Ablauf verständigen. Hierbei gelten sowohl die vereinbarten Klassenregeln als auch die Regeln, die ihr beispielsweise zusätzlich für die Arbeitsverteilung vereinbart.

Beachtet folgende Regeln, damit solch ein Arbeiten gelingt:

1. Setzt euch so, dass ihr bei euren Gesprächen keinen stört.
2. Legt vor Beginn der Arbeiten alle benötigten Materialien zurecht.
3. Klärt am Anfang, ob jeder verstanden hat, was genau zu tun ist und was jeder tun soll.
4. Achtet auf die Zeit und legt fest, wann die Arbeiten abgeschlossen sein sollen.
5. Holt euch bei Schwierigkeiten Hilfe bei euerer Lehrerin oder bei eurem Lehrer.
6. Helft euch gegenseitig. Jeder ist für das Ergebnis mitverantwortlich.
7. Alle machen sich Notizen und schreiben Lösungswege und Ergebnisse auf, denn jeder muss diese verstehen und vorstellen können.
8. Alle beteiligen sich. Jeder darf ausreden und seine Ideen vorstellen, während die anderen zuhören. Manchmal ist es hilfreich, die Redezeit zu begrenzen und festzulegen, wer reden darf. Dazu kann der Redner einen Gegenstand in der Hand halten. Nur wer diesen Gegenstand hat, darf etwas sagen.

Methodenkarte 5 D: Tipps zum Präsentieren von Ergebnisse auf Plakaten

1. Erstelle eine Skizze, in der die Aufteilung und die Anordnung der Inhalte ersichtlich sind.
2. Entscheide dich für die Plakatgröße (zum Beispiel für ein DIN-A2-Format) und lege fest, ob du ein Hoch- oder ein Querformat verwenden möchtest.
3. Nutze den zur Verfügung stehenden Platz sinnvoll. Verschiebe aufzuklebende Teile vorher an die richtige Stelle. Probiere mehrere Möglichkeiten. Zeichne wichtige Elemente (zum Beispiel Bilder) mit Bleistift vor.
4. Pfeile, farbige Hervorhebungen und Skizzen helfen beim besseren Verstehen.
5. Schreibe sauber und so groß, dass alles noch aus etwa 5 m Entfernung gut lesbar ist. Prüfe Texte vor dem Übertragen, damit keine Fehler nach Fertigstellung korrigiert werden müssen. Achte besonders auf die Rechtschreibung.

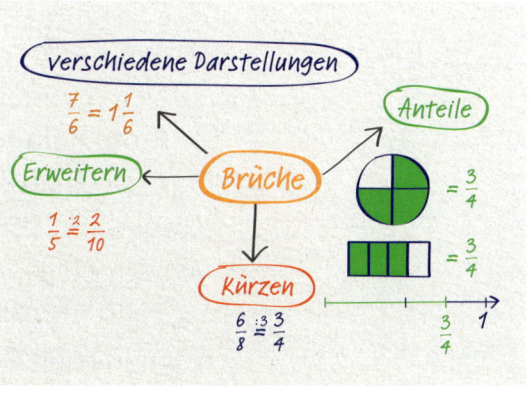

13. Anhang

Lösungen zu
- Dein Fundament
- Prüfe dein neues Fundament

Das Geodreieck
Körper und Körpernetze
Würfelnetze
Würfelschrägbilder
Stichwortverzeichnis
Bildnachweis

Lösungen

Lösungen zu Kapitel 1: Daten

Dein Fundament (S. 6/7)

S. 6, 1.
a) 36   b) 21   c) 39   d) 61   e) 89
f) 72   g) 39   h) 7   i) 21   j) 60

S. 6, 2.
a) 49   b) 47   c) 48   d) 200   e) 39
f) 170   g) 810   h) 80   i) 6   j) 170

S. 6, 3.
a) 10   Punktrechnung vor Strichrechnung
b) 4   Klammern zuerst auflösen
c) 47   Punktrechnung vor Strichrechnung
d) 77   Klammern zuerst auflösen
e) 12   Punktrechnung vor Strichrechnung

S. 6, 4.
(1|12), (2|6), (3|4)

S. 6, 5.
a) 34   b) 39   c) 76   d) 70

S. 6, 6.
a) 21 Klassenarbeiten wurden bewertet.
b) 8 mal wurde „sehr gut" und „gut" vergeben.

S. 6, 7.
a) 13 Kinder   b) 15 Kinder   c) 24 Kinder

S. 6, 8.
a)

richtig	8	7	6	5	4	3	2	1	0
Teilnehmer	0	1	5	4	3	4	2	2	2

b) 4 Teilnehmer   c) 10 Teilnehmer
d) 12 Teilnehmer   e) 5 Teilnehmer

S. 7, 9.
a) J: 17 + 14 + 20 = 51
b) M: 16 + 16 + 13 = 45   gesamt: 51 + 45 = = 96

S. 7, 10.
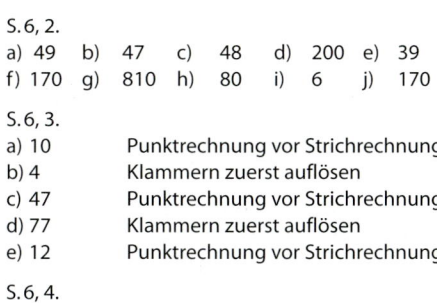

S. 7, 11.
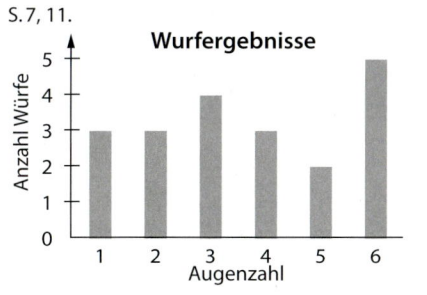

S. 7, 12.
a) 6   b) 4   c) 3

S. 7, 13.
a) 13   b) 2   c) 9   d) 3

S. 7, 14.
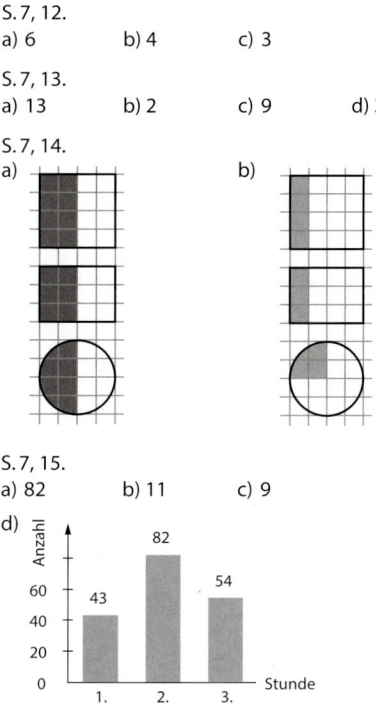

S. 7, 15.
a) 82   b) 11   c) 9
d)
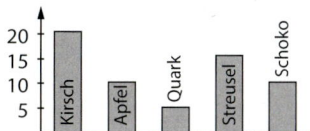

Prüfe dein neues Fundament (S. 14/15)

S. 14, 1.
a) Mittwoch, Apfelkuchen: 20 Stück
b) Montag, gesamt: 82 Stück
c) ganze Woche, Apfelkuchen: 64 Stück
d) Minimum Bestellung, sorte: Apfelkuchen
e) Anzahl Kuchenstücke/Kuchensorte

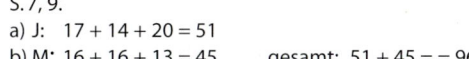

S. 14, 2.
a) Paul hat die meisten Liegestütze geschafft (13).
b) Der Unterschied beträgt 13 − 7 = 6 Liegestütze.
c) Anzahl Liegestütze

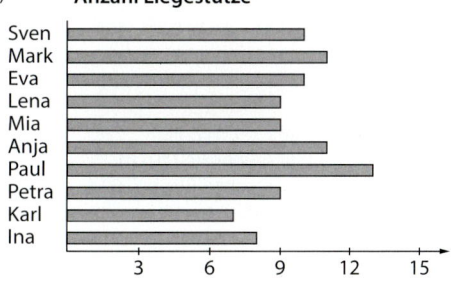

Lösungen

S. 14, 3.

a)

Verein	Strichliste	Häufigkeit
1. FC Köln	|||||	5
Bayer Leverkusen			1
Bayern München	||||	4
Borussia Dortmund	||||| |||	8
Borussia Mönchengladbach	||	2
SC Freiburg			1
Schalke 04	|||||	5

b)
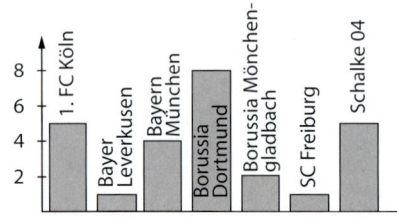

c)

Verein	Häufigkeit
1. FC Köln	11
Borussia Dortmund	6
Schalke 04	4
VFL Bochum	1
Bayer Leverkusen	3
Bayern München	4

S. 14, 4.

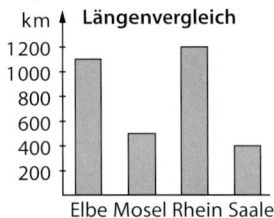

S. 15, 5.

a)

Körpergröße in cm	131–140	141–150	151–160	161–170
Häufigkeit	1	12	14	3

b) In Marias Klasse sind 30 Schüler.
c) Es sind 17 Schüler größer als 150 cm.
d) Es sind 27 Schüler nicht größer als 160 cm.
e) Das ist nicht möglich. Bei den Daten gibt es kein Unterscheidung zwischen Jungen und Mädchen und es sind keine Einzelgrößen enthalten.

S. 15, 6.

a)
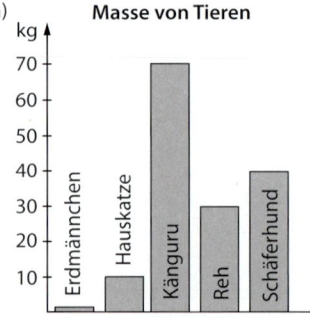

b) Im gewählten Diagramm lässt sich die Giraffe nur Schwer darstellen, das die Säule für die Masse zu lang werden würde. Die Abstände auf der Massen-Achse müssten verändert werden.

S. 15, 7.

a)
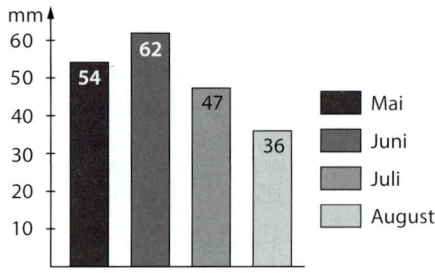

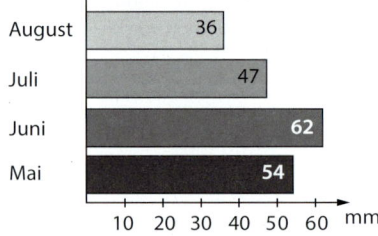

b) individuelle Lösung

Wiederholungsaufgaben (S. 15)

S. 15, 1.
a) $5 + 17 = 22$ b) $9 \cdot 8 = 72$ c) $4 \cdot 7 = 28$
d) $38 : 19 = 2$ e) $0 \cdot 17 = 0$

S. 15, 2.
a) 34   b) 8   c) 2   d) 0   e) 190

S. 15, 3.
Quadrate: ②; ⑥   Rechtecke: ④; ②; ⑥
Vierecke: ①; ②; ③; ④; ⑥

Lösungen zu Kapitel 2: Natürliche Zahlen

Dein Fundament (S. 18/19)

S. 18, 1.
a) A = 3; B = 5; C = 12; D = 19
b) A = 4; B = 18; C = 30; D = 36

S. 18, 2.
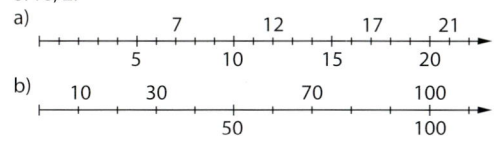

S. 18, 3.
18; 20; 22; 24; 26; 28

S. 18, 4.
a) 21 < 38   b) 790 > 789
c) 8949 < 8959   d) 5898 = 5898

S. 18, 5.
a) 19; 57; 99; 101
b) 5; 17; 22; 24; 31; 42; 87;
c) 768; 779; 867; 3513
d) 799; 811; 1200; 2590; 25139;

S. 18, 6.
a) 121; 79; 66; 60; 59
b) 1999; 321; 300; 99; 89

S. 18, 7.
a) 79 > 78   b) 61 > 60   c) 198 < 199
d) 885 > 861   e) 6501 < 6509   f) 8739 > 8729

S. 18, 8.
a) Achttausendachthundertachtundachzig
b) Siebentausendachthundertundacht

T	H	Z	E
7	8	0	8

S. 18, 9.

	T	H	Z	E
a)	9	7	8	6
b)		1	0	8
c)	4	0	1	0
d)			4	9
e)	2	5	0	0
f)	2	4	0	1

S. 18, 10.
a) Dreiunddreißig
b) Dreihundertdreiunddreißig
c) Dreitausenddreihundertdreiunddreißig
d) Drei millionen dreihundertdreiunddreißigtausend

S. 19, 11.
a) 4502   Viertausendfünfhundertundzwei
b) 3502; 4402; 4501
c) 5502: 4602; 4503

S. 19, 12.
a) 231   Die 3 steht für Zehner.
b) 9023   Die 3 steht für Einer.
c) 2301   Die 3 steht für Hunderter.
d) 3071   Die 3 steht für Tausender.

S. 19, 13.
a) 1 Z = 10 E   b) 1 T = 100 Z   c) 1000 E = 10 H
d) 500 E = 5 H   e) 2 H = 20 Z

S. 19, 14.
a) 29   b) 34   c) 44   d) 56

S. 19, 15.
a)   111
   + 1110
   +11100
   + 1110
   + 111
   13542

b) 10000
   – 1000
   – 100
   –   10
   –   1
    8889

c) 123 · 12
   123
   246
   1476

d) 2175 : 15 = 145
    15
    67
    60
    75
    75
     0

S. 19, 16.
a) 3 < 7 < 11 < 15 < 19 < 23 < 27 < 31 < …
b) 97 > 94 > 91 > 88 < 85 > 82 > 79 > …

S. 19, 17.

a	b	a + b	a – b	a · b	a : b
24	4	28	20	96	6
120	80	200	40	9600	15
40	8	48	32	320	5
80	16	96	64	1280	5

S. 19, 18.
a) (f) – Divisor darf nicht 0 sein.
b) (f) – Divisor darf nicht 0 sein.
c) wahr   d) wahr

S. 19, 19.
a) 9   b) 8   c) 50   d) 8

Prüfe dein neues Fundament (S. 58/59)

S. 58, 1.
a) 64   b) 6   c) 12
d) 13   e) 120   f) 534

S. 58, 2.
a) 14803   b) 4190   c) 179488   d) 809

S. 58, 3.
a) Überschlag 21 000 : 20 = 1050; Lösung 1230
b) Überschlag 2000 · 150 = 300 000; Lösung 284 970

S. 58, 4.
a) Ines hat bei der vorderen Stelle den Übertrag vergessen. Richtiges Ergebnis: 610 620.
b) Alles ist richtig.

Lösungen

c) Ines hat an der vorderen Stelle addiert anstatt zu subtrahieren. Richtiges Ergebnis: 3209.
d) Ines hat das erste „Zwischenprodukt" zu weit nach rechts geschrieben. Richtiges Ergebnis: 31 332.

S. 58, 5.
a) 110 · 21 = 2310; falsche Rechnung, richtig ist: 121.
b) 146 · 32 = 4672; Rechnung stimmt.
c) 13 · 29 = 377; Rechnung stimmt.

S. 58, 6.
a) Überschlag: 100 + 2000 + 60 = 2160
   Ergebnis: 100 + 1777 + 64 = 1941
b) Überschlag: 1000 + 1000 · 6 = 7000
   Ergebnis: 1056 + 1056 · 6 = 1056 · 7 = 7392
c) Überschlag: 1200 : 6 + 1000 = 1200
   Ergebnis: 1056 : 6 + 1056 = 1232
d) Überschlag: 30 − 10 + 100 = 120
   Ergebnis: 32 − 9 + 100 = 123

S. 58, 7.
a) 57   b) 7900   c) 0
d) 120   e) 190   f) 0

S. 58, 8.
a)   5779
   − 4517
   ─────
     1262

b)   8689
   + 8042
   ─────
    16731

c)
1	1	1	6	:	3	1	=	3	6
	9	3							
	1	8	6						
		1	8	6					
				0					

S. 58, 9.
a) 14   b) 2   c) 23   d) 11
e) 4   f) 45   g) 48   h) 12

S. 58, 10.
a) 15   b) 4   c) 39   d) 25
e) 15   f) 12   g) 160   h) 16

S. 58, 11.
a) Überschlag: 500 : 10 = 50
   Rechnung: 504 : 12 = 42
b) Überschlag: 10 000 : 2000 = 5
   Rechnung: 10 010 : 2002 = 5
c) Überschlag: 12 000 : 30 = 400
   Rechnung: 13 428 : 36 = 373
d) Überschlag: 500 000 : 250 = 2000
   Rechnung: 522 240 : 256 = 2040
e) Überschlag: 150 : 15 = 10
   Rechnung: 156 : 13 = 12
f) Überschlag: 1500 : 150 = 10
   Rechnung: 1650 : 150 = 11
g) Überschlag: 10 000 : 10 = 1000
   Rechnung: 13 200 : 11 = 1200
h) Überschlag: 100 000 : 5 = 20 000
   Rechnung: 110 000 : 5 = 22 000

S. 58, 12.
a) (3 + 6) · 5 = 45   b) 5 − (18 : (6 + 3)) = 3
c) (19 − 3) : (3 + 5) = 2

S. 58, 13.
Gustav hat sich die Zahl 3 gedacht.

S. 59, 14.
Frau Specht muss insgesamt 675 € bezahlen.

S. 59, 15.
154 Besucher waren in der Vorstellung.

S. 59, 16.
a) Jeder Teilnehmer muss 7 Euro bezahlen.
b) Nun muss jeder Teilnehmer 6,50 € bezahlen.

S. 59, 17.
Ab 26 Fahrten lohnt sich die Monatskarte.

S. 59, 18.
Das Herz schlägt etwa 129 600 mal am Tag.

Wiederholungsaufgaben (S. 59)

S. 59, 1.
1,5 cm: 6 cm: 8,2 cm:

S. 59, 2.
Mögliche Antworten:
a) 3 bis 8 g
b) 200 g
c) 800 bis 1500 kg

S. 59, 3.
Der Film endet um 21:10 Uhr.

S. 59, 4.
Man braucht 9 Kleinbusse, da man keinen halben Bus mieten kann.

S. 59, 5.
Zeitangaben sind 9 s; 2 h; 20 min; 3 s und 5 h.

Lösungen zu Kapitel 3: Gleichungen

Dein Fundament (S. 62/63)

S. 62, 1.
a) 27   b) 42   c) 134   d) 223   e) 72
f) 170   g) 131   h) 339   i) 161   j) 220
k) 555   l) 305

S. 62, 2.
a) 7   b) 22   c) 98   d) 139   e) 200
f) 45   g) 40   h) 241   i) 399   j) 317
k) 87   l) 305

S. 62, 3.
a) 13 + 7 = 20   b) 89 + 11 = 100   c) 60 = 35 + 25
d) 58 = 31 + 27   e) 3 + 20 + 7 = 30 f) 45 − 15 = 30

Lösungen

g) 29 − 12 = 17   h) 10 = 37 − 27   i) 13 = 26 − 13
j) 7 − 0 + 3 = 10

S. 62, 4.

a)
2	9	4
7	5	3
6	1	8

b)
13	28	7
10	16	22
25	4	19

c)
30	65	16
23	37	51
58	9	44

d)
32	37	30
31	33	35
36	29	34

S. 62, 5.
Wenn die Summe kleiner 13 bleiben soll, darf man zur 7 nur eine der Zahlen von 1 bis 5 addieren:

S. 62, 6.
Die Summe der 3 vorgegebenen Summanden ist 36.
Die Summe der gesuchten 2 weiteren Summanden muss somit 22 sein (36 + 22 = 58):
(1 | 21), (2 | 20), (3 | 19), (4 | 18), (5 | 17), (6 | 16)
(7 | 15), (8 | 14), (9 | 13), (10 | 12), (11 | 11)

S. 62, 7.
a) 48   b) 39   c) 48   d) 366   e) 121
f) 190   g) 2900   h) 3900   i) 420   j) 260

S. 62, 8.
a) 8   b) 9   c) 11   d) 9   e) 7
f) 61   g) 2211   h) 512   i) 130   j) 22304

S. 62, 9.
a) 4 · 7 = 28   b) 9 · 8 = 72   c) 6 · 8 = 48
d) 4 · 9 = 36   e) 2 · 5 · 3 = 30   f) 12 : 6 = 2
g) 56 : 7 = 8   h) 169 : 13 = 13   i) 88 : 8 = 11
j) 125 : 25 = 5

S. 62, 10.
Das Produkt der kleinsten 5 verschiedenen Zahlen allein ist bereits größer als 32 (1 · 2 · 3 · 4 · 5 = 120).
Die Behauptung von Ben ist falsch.

S. 63, 11.
5 · 4 = 20   5 · 8 = 40   5 · 12 = 60
5 · 16 = 80   5 · 24 = 120

S. 63, 12.

a)
·	4	8	9	0	3
7	28	56	63	0	21
5	20	40	45	0	15
9	36	72	81	0	27

b)
:	6	2	3	4	12
60	10	30	20	15	5
48	8	24	16	12	4
0	0	0	0	0	0

S. 63, 13.

a) 3 →+3→ 6 →·2→ 12 →−2→ 10

b) 3 →·5→ 15 →−3→ 12 →:3→ 4 →:2→ 2

S. 63, 14.

a)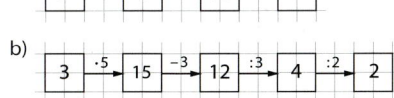

S. 63, 15.
a) 18 + 7 = 25   b) 5 · 18 = 90   c) 27 : 3 = 9
d) 2 · 2 = 4   e) 15 · 1 = 15

S. 63, 16.
Die gedachte Zahl ist 16.
Vorgehensweise: 2 · 8 = 16

S. 63, 17.
Die Summanden sind 9 und 18.
Vorgehensweise: 27 : 3 = 9

S. 63, 18.

a)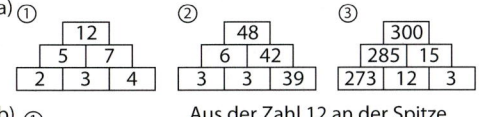

b) ① 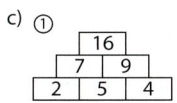   Aus der Zahl 12 an der Spitze der Pyramide wird die 14.

c) ① 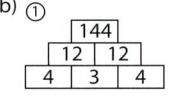   Aus der Zahl 12 an der Spitze der Pyramide wird die 16.

S. 63, 19.

a)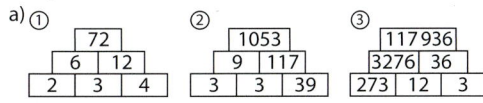

b) ① 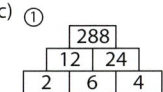   Aus der Zahl 72 an der Spitze der Pyramide wird die 144.

c) ①
288	
12	24
2	6	4

Aus der Zahl 72 an der Spitze der Pyramide wird die 288.

S. 63, 20.
a) falsch: Gegenbeispiel (5 + 0 = 5)
b) falsch: Gegenbeispiel (5 · 0 = 0)
c) falsch: Gegenbeispiel (0 : 0 hat keine Lösung, da der Divisor nicht 0 sein darf.)
d) wahr: Es sind immer zwei ungerade Zahlen, deren Summe gerade ist und zwei gerade Zahlen. Die Summe gerader Zahlen ist wieder gerade.

Prüfe dein neues Fundament (S. 70/71)

S. 70, 1.
a) Term   b) kein Term   c) Term
d) Term   e) kein Term   f) Term

S. 70, 2.
a) 2x + 14   b) x − 11   c) 17 · (x + 12)   d) x : 7

S. 70, 3.
a) 9 · 8 − 17 = 55   b) 99 · 10 + 24 = 1014   c) $5^3 : 5^2 = 5$

S. 70, 4.
a) Preis für 5 Straßenbahn-Einzelfahrkarten
b) Anzahl der Stühle in der Aula
c) Gesamtpreis für 3 Rosinen- und 4 Körnerbrötchen
d) Zahlen der 5er-Reihe, beginnend mit 25
e) Nachfolger der Zahl x
f) Produkt zweier benachbarter natürlichen Zahlen
g) Handy-Kosten bei 345 Gesprächsminuten

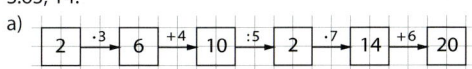

Lösungen

S. 70, 5.
a) 2x + 3   x – Anzahl der Jungen
b) 3x   x – Anzahl der Jungen
c) x – 5   x – Alter von Timo
d) 2,50 € + x · 1,50 €   x – gefahrene Kilometer
e) n · 0,80 ct   n – Anzahl Eiskugeln
f) 2x + 3   x – Katrins Alter

S. 70, 6.
a) 3 · 12 = 36   b) 12 : 2 = 6
c) 12^2 = 144   d) (30 – 12) : (12 – 6) = 3
e) $(12 – 8)^2$ = 16   f) 2 · 12 + 12 = 36
g) 2 · (12 + 12) = 48   h) (12 – 12) · 12 = 0
i) (27 – 12) : 3 = 5   j) 12 : 6 + 4 = 6

S. 70, 7.
a) x = 8   Probe: 55 + 8 = 63
b) y = 29   Probe: 29 – 17 = 12
c) z = 28   Probe: 53 – 28 = 25
d) z = 7   Probe: 6 · 7 = 42
e) x = 3   Probe: 7 · 3 + 4 = 25
f) y = 28   Probe: 2 · (28 – 13) = 30
g) z = 42   Probe: 42 : 7 = 6
h) x = 4   Probe: 6 · 4 – 4 = 20
i) x = 2   Probe: 8 : 2 + 3 = 7
j) x = 12   Probe: 12 : 6 + 4 = 6
k) a = 4   Probe: 50 · 4 – 44 = 156
l) x = 8   Probe: 72 : 8 + 11 = 20
m) a = 2   Probe: 50 = 2 · 13 + 24
n) x = 10   Probe: 70 = 10 · (10 – 3)
o) x = 8   Probe: 70 = 8 · 10 – 10
p) x = 6   Probe: (30 + 6) : 12 = 3

S. 70, 8.
b = 7 · 8 + 3 = 59

S. 70, 9.
a) 2 · (x – 7) = 18   b) x = 16; 2 · (16 – 7) = 18

S. 71, 10.
a) x = 9   b) x = 1   c) x = 8   d) x = 3
e) x = 0   f) x = 3   g) x = 17   h) x = 1

S. 71, 11.
a) Julia hat immer 3 € in das Sparschwein gesteckt.
b) 15 + 13 · x = 54

S. 71, 12.
a) Wenn du die Zahl x verdreifachst, erhältst du die Zahl 39. (x = 13)
b) Versiebenfache die Summe aus einer unbekannten Zahl und der 9, dann erhältst du die Zahl 77. (x = 2)
c) Das um 5 vergrößerte Sechsfache einer Zahl x ergibt die Zahl 23. (x = 3)
d) Vermindere das Dreifache einer Zahl x um 4 und du erhältst ihr Doppeltes. (x = 4)

S. 71, 13.
Oma hatte 28 Handpuppen, denn x : 4 + 4 = 11

S. 71, 14.
a) ① 2x + 4 = 8   ② 9 = 3x   ③ 3x + 2 = 11
b) ① 2x = 4   → x = 2 (Kugeln)
    ② 3x = 9   → x = 3 (Kugeln)
    ③ 3x = 9   → x = 3 (Kugeln)

Wiederholungsaufgaben (S. 71)

S. 71, 1.
a) 780   b) 115   c) 2 343
d) 219   e) 742   f) 2 394

S. 71, 2.
a) 300   b) 5 700   c) 5 700
    340   5 680   5 660
d) 8 000   e) 10 000   f) 89 000
    7 990   9 980   89 000

S. 71, 3.
a) 17 · 3 = 51   b) 39 + 87 = 126   c) 36 : 6 = 6
d) 0 · 6 = 0   e) 6 · 3 + 4 = 22

S. 71, 4.
a) 241 > 240   b) 978 > 878   c) 312 > 302
d) 876 < 886   e) 9939 > 9929

S. 71, 5.
a) A = 4; B = 14; C = 28
b) A = 20; B = 90; C = 120; D = 140

Lösungen zu Kapitel 4:
Brüche und Dezimalbrüche

Dein Fundament (S. 74/75)

S. 74, 1.
a) 321   b) 29   c) 604   d) 327   e) 294

S. 74, 2.
a) ≈ 27; Ergebnis 21   b) ≈ 70; Ergebnis 69
c) ≈ 90; Ergebnis 91   d) ≈ 800; Ergebnis 807
e) ≈ 50; Ergebnis 53

S. 74, 3.
Überschlag 40 000 : 100 = 400
Das Ergebnis muss eine dreistellige Zahl sein. Evas Ergebnis (321) ist richtig.

S. 74, 4.
Der Divisor ist 8.

S. 74, 5.

	Rest bei Division durch				
	2	3	5	9	10
a) 34	0	1	4	7	4
b) 228	0	0	3	3	8
c) 425	1	2	0	2	5
d) 420	0	0	0	6	0
e) 481	1	1	1	4	1

S. 74, 6.
a) 4; 8; 12   b) 225; 275; 350

S. 74, 7.
a)
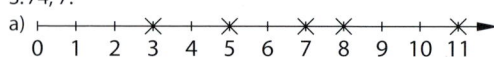

b)
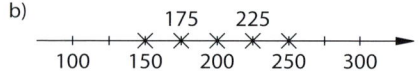

c)
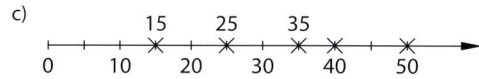

S. 74, 8.
a) 12   b) 97 890   c) 9020

S. 74, 9.
a) 6   b) 55   c) 92   d) 1737

S. 74, 10.

	a)	b)	c)
Abstand zweier Teilstriche bedeutet	1 s	2 °C	10 km/h
Angezeigter Wert	19,8 s	22 °C	70 km/h

S. 74, 11.
128 < **130** < **132** < **134** < **136** < 138

S. 74, 12.
a) XII   b) dreihundertsiebzehn

S. 75, 13.
Lea bekommt 4,50 €.

S. 75, 14.
a) Nein, jedes Kind kann 10 Murmeln bekommen und die letzte Murmel kann man verschenken.
b) Ja, da das fünfte Stück nochmals in vier gleich große Teilstücke geteilt werden kann.
c) Nein, jedes Kind bekommt drei Fahrscheine und ein Fahrschein bleibt übrig.
d) Ja, jede Person erhält 3,75 €.

S. 75, 15.

	Doppeltes	Dreifaches	Vierfaches	Fünffaches
a)	6 kg	9 kg	12 kg	15 kg
b)	60 min	90 min	120 min	150 min
c)	40 ct	60 ct	80 ct	100 ct
d)	50 cm	75 cm	100 cm	125 cm
e)	14 Tage	21 Tage	28 Tage	35 Tage

S. 75, 16.
a) 4 kg   b) 6,50 €   c) 50 cm   d) 15 min
e) 2 Jahre

S. 75, 17.
a) Zwei halbe Liter   b) 15 Minuten
c) 90 Minuten   d) 3 halbe Meter

S. 75, 18.
a) 12 m   b) 20 km   c) 7,50 €

S. 75, 19.
Mögliche Lösungen:
a)
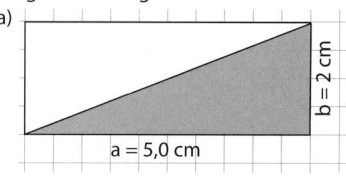

b)
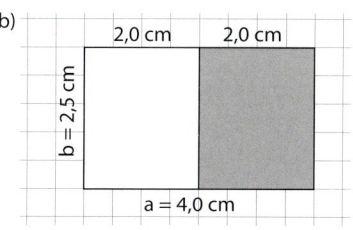

c)
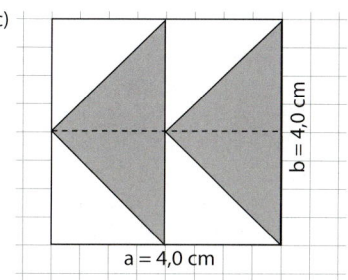

S. 75, 20.
a) wahr
b) falsch, drei Monate sind ein viertel Jahr.
c) wahr
d) falsch, 120 Minuten sind 2 Stunden.
e) falsch, drei Monate sind ein viertel Jahr.
f) wahr

S. 75, 21.
a) 50 cm   b) 500 mℓ   c) 18 Mon.   d) 500 kg

S. 75, 22.
Die Fahrstrecke beträgt 10 km.

Prüfe dein neues Fundament (S. 106/107)

S. 106, 1.
a) $\frac{1}{8}$ b) $\frac{3}{11}$

S. 106, 2.
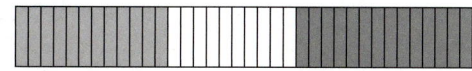
grün: $\frac{12}{36}$ rot: $\frac{14}{36}$ gefärbt (gesamt): $\frac{26}{36}$

S. 106, 3.
Beispiel im Maßstab 1 : 4

S. 106, 4.
a) 500 g   b) $\frac{1}{4}$

S. 106, 5.
a) $\frac{3}{5} = \frac{6}{10} = \frac{15}{25} = \frac{24}{40}$ b) $\frac{36}{48} = \frac{3}{4} = \frac{9}{12} = \frac{18}{24}$

S. 106, 6.
a)
(Neuntel) $\frac{2}{3}$ $\frac{7}{9}$ $\frac{6}{5}$
(Fünftel)
(Drittel)
(Zehntel) $\frac{60}{90}$ $\frac{70}{90}$ 1 $\frac{108}{90}$

b) $\frac{5}{16} < \frac{6}{16}$ c) $\frac{3}{4} = 0{,}75$; $\frac{4}{5} = 0{,}8$ → $\frac{3}{4} < \frac{4}{5}$

S. 106, 7.
a) $\frac{4}{3} = 1\frac{1}{3}$; $\frac{6}{5} = 1\frac{1}{5}$; $\frac{17}{4} = 4\frac{1}{4}$; $\frac{29}{6} = 4\frac{5}{6}$

Lösungen

b) $1\frac{1}{2} = \frac{3}{2}$; $2\frac{2}{3} = \frac{8}{3}$; $4\frac{3}{4} = \frac{19}{4}$; $5\frac{3}{19} = \frac{98}{19}$

S. 106, 8.

a)
	H	Z	E	z	h	t
34,563		3	4	5	6	3
123,239	1	2	3	2	3	9

b) 2,3 < 2,1
Die Ziffer der Zehntelstelle bei 2,3 ist größer.

c) $1,25 = \frac{125}{100} = 125\%$

S. 106, 9.
a) $0,10 = \frac{1}{10}$ $0,25 = \frac{1}{4}$ $0,75 = \frac{3}{4}$
b) $0,4 = 40\%$ $0,1 = 10\%$ $0,28 = 28\%$
c) $0,2 \cdot 60\,€ = 12,0\,€$

S. 106, 10.
a) $\frac{8}{12} = \frac{2}{3}$ b) $\frac{18}{23}$ c) $\frac{11}{33} = \frac{1}{3}$ d) $\frac{1}{9}$
e) $\frac{21}{99} = \frac{7}{33}$ f) $\frac{57}{19} = 3$ g) $\frac{7}{8}$ h) $\frac{14}{14} = 1$

S. 106, 11.
a) $\frac{20}{20} - \left(\frac{2}{20} + \frac{3}{20} + \frac{5}{20}\right) = \frac{20}{20} - \frac{10}{20} = \frac{10}{20} = \frac{1}{2}$
b) $\frac{20}{20} - \left(\frac{9}{20} + \frac{8}{20} + \frac{3}{20}\right) = \frac{20}{20} - \frac{20}{20} = \frac{0}{20} = 0$
c) $\frac{20}{20} - \left(\frac{1}{20} + \frac{4}{20} + \frac{5}{20}\right) = \frac{20}{20} - \frac{10}{20} = \frac{10}{20} = \frac{1}{2}$

S. 106, 12.
a) $\frac{17}{21} + \frac{2}{21} - \frac{5}{21} = \frac{19}{21} - \frac{5}{21} = \frac{14}{21} = \frac{2}{3}$
b) $\frac{112}{120} + \frac{15}{120} - \frac{7}{120} = \frac{112}{120} + \frac{8}{120} = \frac{120}{120} = 1$
c) $\frac{100}{130} - \frac{40}{130} + \frac{20}{130} = \frac{80}{130} = \frac{8}{13}$

S. 106, 13.
a) 1,32   b) 2,4   c) 1,380   d) 1,13

S. 106, 14.
a) 3,90   b) 9,40   c) 146,643   d) 40,72
e) 1,10   f) 21,40   g) 450,64   h) 59,60

S. 107, 15.
a) 5,6   b) 0,0314   c) 0,158

S. 107, 16.

2,12 + 3,89	2 + 4	6	6,01
7,89 − 5,01	8 − 5	3	2,88
34,873 + 53,234	35 + 53	88	88,107
234,342 − 134,892	234 − 134	100	99,45

S. 107, 17.

·	3	1,3	12,5	0,56
a) 0,033	0,099	0,0429	0,4125	0,01848
b) 1,562	4,686	2,0306	19,5250	0,87472
c) 0,862	2,586	1,1206	10,7750	0,48272
d) 13,9	41,7	18,07	173,75	7,784

e) $2371,9112 \cdot 3 = 7115,7336$
$2371,9112 \cdot 1,3 = 3083,48456$
$2371,9112 \cdot 12,5 = 29648,89000$
$2371,9112 \cdot 0,56 = 1328,270272$

S. 107, 18.
Die Trefferquote von Marie liegt wesentlich höher als bei Peter, denn $\frac{1}{5} > \frac{1}{10}$.

S. 107, 19.
Wiebke hat recht. Die Kassiererin hat statt einen Nachlass einen Aufschlag berechnet.

S. 107, 20.
Überschlag: Rechnung:
Ausgaben: 40 €   Ausgaben: 40,52 €
Restgeld: 60 €   Restgeld: 59,48 €

Wiederholungsaufgaben (S. 107)

S. 107, 1.
a) $15 = 3 \cdot 5$ b) $12 + 19 = 31$

S. 107, 2.
a) Wunsch 1: 13   Wunsch 2: 19
b) Pudding: $13 + 19 - 23 = 9$

S. 107, 3.

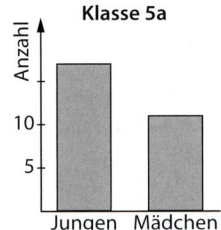

Lösungen zu Kapitel 6:
Größen und ihre Einheiten

Dein Fundament (S. 118/119)

S. 118, 1.
a) 10 €   b) 2,5 cm   c) 1 h
d) 25 cm   e) $\frac{3}{4}$ h   f) $1\frac{1}{2}$ h

S. 118, 2.
a) 500 g   b) 150 cm   c) 5000 mm   d) 500 kg

S. 118, 3.
a) cm / mm   b) m / cm   c) km   d) m

S. 118, 4.
a) Beispiele: (Profiltiefe bei Autoreifen, Dicke von Drahtseilen)
b) Beispiele: (Höhe von Bäumen, Breite von Straßen)
c) Beispiele: (Entfernung von Ortschaften)

S. 118, 5.
a) Beispiele: Masse einer Tafel Schokolade
                Masse der Zutaten beim Kochen
b) Beispiele: Masse von Personen
                Masse vom Wochenendeinkauf
c) Beispiele: Masse eines Lastkraftwagens
                Masse von Großtieren (z. B. Wal)

S. 118, 6.
a) ≈ 1,5 cm   b) ≈ 45 kg   c) ≈ 30 s   d) ≈ 1,55 m

Lösungen

S. 118, 7.
a) 50 cm b) 50 000 cm
c) 18 Monate d) 30 Minuten

S. 118, 8.
a) 25 € b) 0,1 m c) 90 kg d) 50 %

S. 118, 9.
a) 30 cm b) 8 m c) 31 mm d) n. l.

S. 118, 10.
a) 32 cm b) 8 cm c) 26 m d) 8 m
e) 24,4 cm f) 5,5 cm g) 3 cm h) 41 mm

S. 118, 11.
a) 38 m b) 36 m c) 37 m d) 10 m
e) 4,2 m f) 6 m g) 9 m h) 3,5 m

S. 119, 12.
a) falsch 2 500 g − 15 g = 2 485 g
b) falsch 1,5 m − 0,5 m = 1 m
c) falsch 2 000 kg + 100 kg = 2 100 kg
d) falsch 100 cm − 35 cm + 15 cm = 80 cm

S. 119, 13.
Die gesamte Fahrstrecke ist 2 700 m lang.

S. 119, 14.
a) 10 Hefte kosten 10 · 0,29 € = 2,90 €.
b) 1 Schreibblock kostet 9,90 € : 10 = 0,99 €.

S. 119, 15.
a) 120 min b) 7 m c) 300 ct
d) 3 000 g e) 5,00 € f) 0,5 kg
g) 50 cm h) $\frac{1}{2}$ h i) 48 h

S. 119, 16.
a) 25 cm = 250 mm b) 5 dm = 50 cm
c) 1,5 mm = 1 500 µm d) $\frac{1}{2}$ km = 500 m
e) 2 min = 120 s f) 1,5 h = 90 min

S. 119, 17.
a) 20 mm = 2 cm b) 300 cm = 30 dm
c) 1 234 m = 1,234 km d) 120 min = 2 h
e) 24 h = 1 d f) 500 g = 0,5 kg

S. 119, 18.
a) 2,70 € = 270 ct (270 ct < 2 070 ct)
b) $3\frac{1}{4}$ m = 325 cm
c) $\frac{3}{4}$ h = 45 min Die Wert sind gleich.

S. 119, 19.
a) 1 000 g = 1 kg b) 100 cm = 1 m
c) 0,5 m = 50 cm d) 1,5 h = 90 min

S. 119, 20.
a) – Länge einer Türklinke
   – Breite einer 3,5 Zoll-Festplatte des PC
b) – eine Tüte Mehl
   – Würfel aus Blei mit der Kantenlänge 4,44 cm
c) – eine Unterrichtsstunde
   – beidseitiges Abspielen einer Schallplatte

S. 119, 21.
a) 3 h = 180 min
b) 300 s = 5 min
c) 1 ℓ = 4 · $\frac{1}{4}$ ℓ
d) 2,5 m = 5 · $\frac{1}{2}$ m

S. 119, 22.

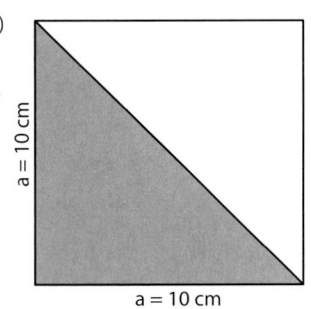

S. 119, 23.
a) falsch 6 Stunden sind ein viertel Tag.
b) richtig
c) falsch 4 Monate sind ein drittel Jahr.
d) richtig
e) falsch Jedes Kind erhält 15 € : 6 = 2,50 €.
f) falsch Das Dreifache sind 2,50 € · 3 = 7,50 €.

Prüfe dein neues Fundament (S. 142/143)

S. 142, 1.
a) Quadratmeter b) Kilometer
c) Tonne oder Kilogramm d) Liter
e) Cent f) Meter

S. 142, 2.
a) Die Angabe stimmt nicht. Er kann bis zu 200 t wiegen. Schon bei seiner Geburt wiegt ein Blauwal etwa:
2,5 t = 2 500 kg = 2 500 000 g = 2 500 000 000 mg.
b) Die Angabe ist korrekt. Der Wert ist richtig und auch die Maßeinheit ist gut gewählt.
c) Die Angabe stimmt nicht.
45 min = 2 700 s

S. 142, 3.
a) 75 dm b) 1 400 g c) 9 250 m
d) 2 250 mm² e) 1 500 mℓ f) 150 s
g) 10 g h) 0,5 cm³ = 500 mm³

S. 142, 4.
a) 0,25 km b) 0,028 kg c) 0,003 km d) 0,55 dm
e) 0,015 ℓ f) 0,15 cm³ g) $12\frac{1}{2}$ h h) 0,015 t

S. 142, 5.
a) 700 mm b) 23 000 kg c) 420 s
d) 4,7 dm e) 2,43 kg f) 5 h
g) 4 500 000 000 mg h) 3251 mm i) 20 000 cm²
j) 3 dm² k) 10 000 m² l) 2 a

S. 142, 6.
a) 20 000 mm³ b) 6 000 cm³
c) 15 m³ d) 3 000 000 mm³
e) 30 000 000 mm³ f) 6 000 000 cm³
g) 15 000 000 000 mm³ h) 3 ℓ

S. 142, 7.
a) 12 a = 0,12 ha b) 0,25 kg = 250 g
c) 300 min < 6 h d) 2 000 m² < 2 ha
e) 3,5 ℓ = 3500 mℓ > 350 mℓ f) 399 mm² > 0,399 cm²

S. 142, 8.
a) 44,4 kg b) 47 cm² c) 4 m³ d) 30 min
e) 650 g f) 2,05 ℓ g) 45 min h) 2,25 €

S. 142, 9.
a) 100 g b) 4 m² c) 30 min d) 6 kg
e) 1,8 kg f) 4,5 m² g) 80 min h) 3,333 kg

S. 142, 10.
a) $\frac{1}{10}$ b) $\frac{1}{4}$ c) $\frac{1}{5}$ d) $\frac{1}{25}$

S. 142, 11.
a) 4,45 € b) 11,93 € c) 6,67 € d) 9,87 €
e) 15,91 € f) 17,93 €

S. 142, 12.
Der Inhalt reicht für 50 000 : 200 = 250 Gläser.

S. 142, 13.
a) 0,500 kg + 0,250 kg = 0,750 kg
b) 3 · 60 min – 90 min = 90 min
c) 1,25 m + 1,5 m + 1,5 m = 4,25 m

S. 175, 14.
In der Zeichnung beträgt die Länge der Turnhalle 125 cm und ihre Breite 62,5 cm.

S. 143, 15.
Sinnvoll sind 0,43 m = 43 cm und 263 g.

S. 143, 16.
Die wirkliche Länge ist:
21,3 cm · 87 = 1853,1 cm = 18,531 m
Die richtigen Antworten kamen von Anja und Ruben.
Nicht richtig sind die Antworten von:
– Thomas:
  1859 cm : 87 = 21,4 cm ≠ 21,3 cm
– Tuna:
  2130 cm : 87 = 24,5 cm ≠ 21,3 cm
– Marie:
  108 310 cm : 87 = 1 244,9 cm ≠ 21,3 cm

S. 143, 17.
a) Der Baum hat in der Zeichnung die Höhe von
   600 cm : 200 = 3 cm.
b) Es wurde der Maßstab 1 : 40 gewählt.
   550 cm : 11 cm = 40
c) Bernburg und Könnern haben einen Abstand von
   2,7 cm · 50 000 = 135 000 cm = 1,35 km.

S. 143, 18.

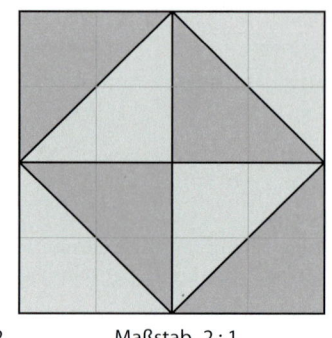

Maßstab 1 : 2 Maßstab 2 : 1

Wiederholungsaufgaben (S. 143)

S. 143, 1.
a) 214 b) 66 c) 125 d) 0

S. 143, 2.
a) 4 + 14 = 18 b) 5 · 4 = 20 c) 48 – 19 = 29

S. 143, 3.
6 Möglichkeiten; kleinste Zahl: 389; größte Zahl: 983

S. 143, 4.
250 006

S. 143, 5.
58 mm = 5,8 cm

Lösungen zu Kapitel 7:
Geometrische Grundbegriffe

Dein Fundament (S. 146/147)

S. 146, 1.
a) Eine gerade Linie von 0 von A ist 2 cm lang.
b) Eine gerade Linie von 0 bis C ist 7,2 cm lang.
c) Eine gerade Linie von A bis D ist 7,9 cm lang.
d) Eine gerade Linie von B bis C ist 2,7 cm lang.

S. 146, 2.
① Linie ist nicht gerade. ② 1,5 cm
③ Linie ist nicht gerade. ④ 2,5 cm

S. 146, 3.

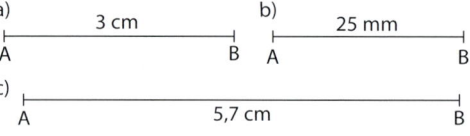

S. 146, 4.
Mögliche Lösungen:

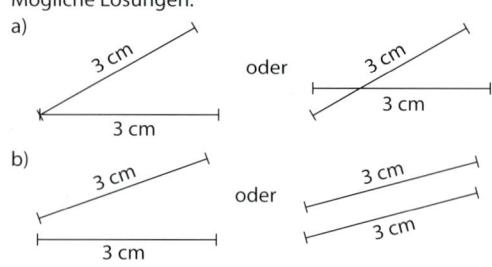

Lösungen

S. 146, 5.
Beide Linien sind 5 cm lang.

S. 146, 6.
a) 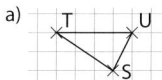 b)

c)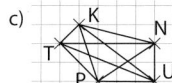

S. 146, 7.
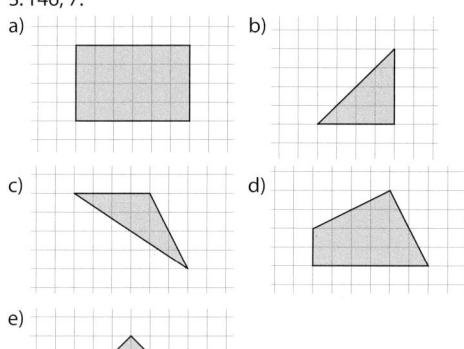

S. 146, 8.
Mögliche Lösungen:
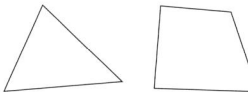

S. 147, 9.
a) Die Figur enthält 2 Dreiecke und 4 Vierecke.
b) Die Figur enthält 4 Dreiecke und 4 Vierecke.
c) Die Figur enthält 3 Dreiecke und 3 Vierecke.

S. 147, 10.
Mögliche Lösungen:
a)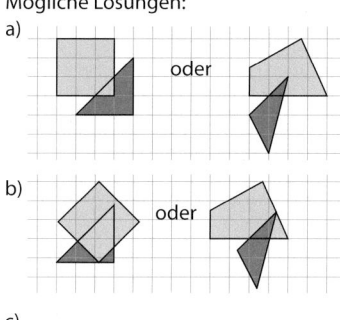

b)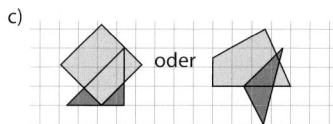

c)

S. 147, 11.
a)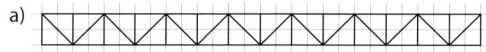

b) Zeichnung im Maßstab 1 : 2.
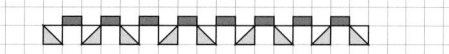

S. 147, 12.
a) 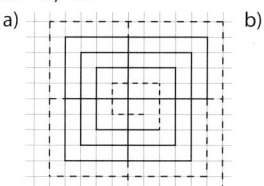 b)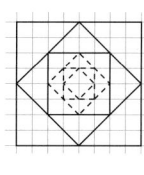

S. 147, 13.
a)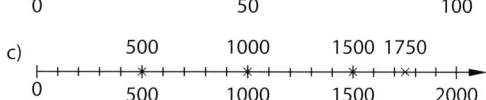
b)
c)

S. 147, 14.
Pfeil A (1), Pfeil B (3) und Pfeil C (7)

Prüfe dein neues Fundament (S. 180/181)

S. 180, 1.
e und f sind zueinander senkrecht.
g und h sind zueinander parallel.

S. 180, 2.
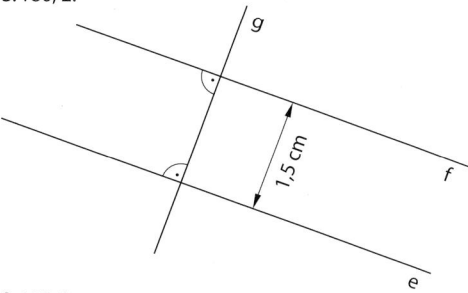

S. 180, 3.
α = 45°   β = 30°   γ = 77°

S. 180, 4.
a) 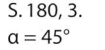 α = 20°   b) β = 85°

c) γ = 90°   d) δ = 110°

e) ε = 165°   f) φ = 360°

S. 180, 5.

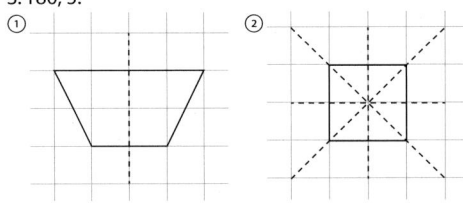

③ und ④ haben keine Symmetrieachsen.

S. 180, 6.
a) Original und Bild bilden ein Rechteck.
b) Original und Bild bilden ein Sechseck.
c) Original und Bild sind deckungsgleich.

S. 180, 7.

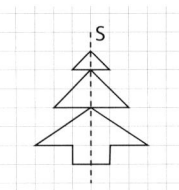

S. 180, 8.
a) Richtig gezeichnet.
b)   c)

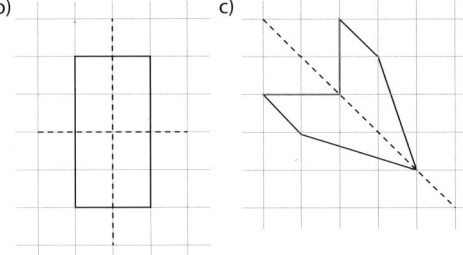

d) Richtig gezeichnet.
e)

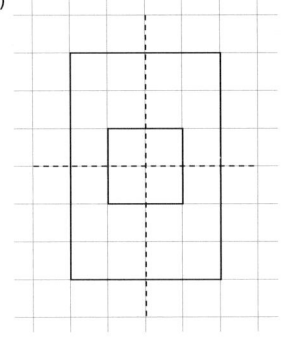

S. 181, 9.

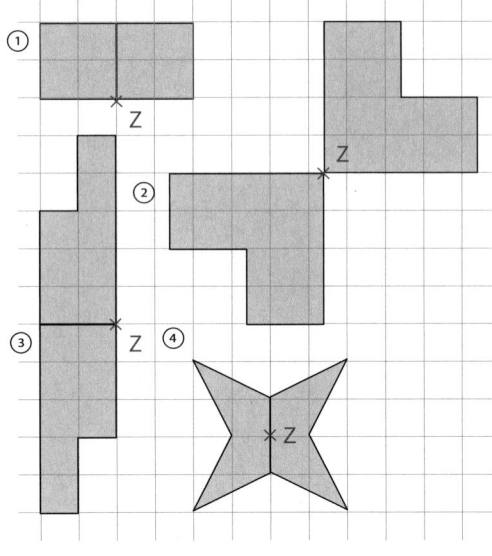

S. 181, 10.
a)

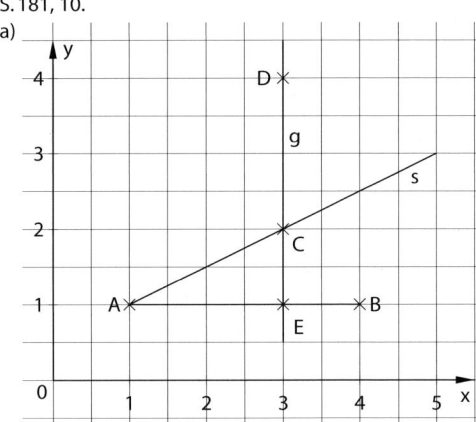

b) Siehe Grafik.
c) $\overline{AB} = 3$ cm
d) E(3|1)

S. 181, 11.

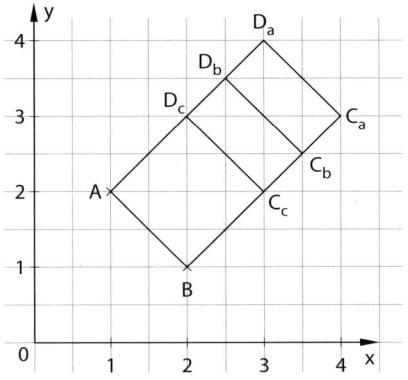

A(1|2) und B(2|1)

Mögliche Lösungen:
a) $C_a(4|3)$ und $D_a(3|4)$
b) $C_b(3,5|2,5)$ und $D_b(2,5|3,5)$
c) $C_c(3|2)$ und $D_c(2|3)$

Wiederholungsaufgaben (S. 181)

S. 181, 1.
a) 31 > 13   b) 6 + 5 = 11   c) 735 > 99

S. 181, 2.
a) 5, 29, 30, 32, 35   b) 18, 19, 205, 250, 502

S. 181, 3.
Es sind mindestens 4 h 40 min = 280 min vergangen.

S. 181, 4.
a) 1 m = 1000 mm
b) 3 kg = 3000 g
c) 1 h = 3600 s
c) 4,2 dm

Lösungen zu Kapitel 8:
Umfang und Flächeninhalt

Dein Fundament (S. 184/185)

S. 184, 1.
Es sind insgesamt 8 · 8 = 64 Felder.

S. 184, 2.
Es sind insgesamt 7 · 6 = 42 Platten.

S. 184, 3.
a) In Figur ① passen insgesamt 4 · 4 = 16 Quadrate.
   In Figur ② passen insgesamt 4 · 7 = 28 Quadrate.
b) Für Figur ① fehlen noch 16 – 4 = 12 Quadrate.
   Für Figur ② fehlen noch 28 – 7 = 21 Quadrate.

S. 184, 4.
a) 30 cm   b) 12,3 cm   c) 8 m   d) 0,5 m
e) 31 mm   f) 5,5 cm   g) 7 cm   h) 35 cm

S. 184, 5.
a) 48 cm   b) 16 cm   c) 39 m   d) 18 m
e) 36,6 cm   f) 2,2 cm   g) 4,5 cm   h) 41 mm

S. 184, 6.
a) 57 cm   b) 54 cm   c) 50 m   d) 82 m
e) 37 cm   f) 11 cm   g) 24 cm   h) 2 m

S. 185, 7.
Quadrat und Rechteck mit je 16 Kästchen

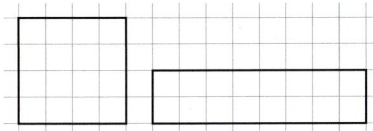

S. 185, 8.
Quadrat- und Rechteckumfang: 16 Kästchenlängen

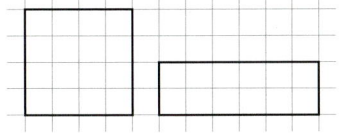

S. 185, 9.
a) Rechteck mit a = 4,0 cm und b = 2,5 cm

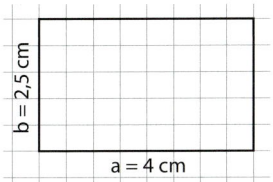

b) Quadrat mit a = 3,0 cm

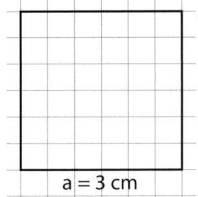

c) Dreieck mit a = b = c = 3,0 cm

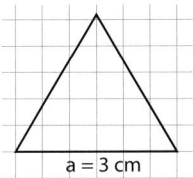

S. 185, 10.
Die Gesamtlänge der Seiten beträgt 4 · 3,7 = 14,8 cm.

S. 185, 11.
a) a = 9 cm   b) a = 4 cm

S. 185, 12.
Punkt D(3|3) ergänzt die drei Punkte zum Rechteck.

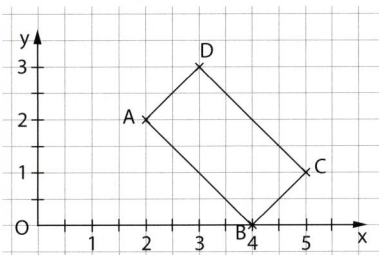

S. 185, 13.
a) Quadrat   b) Rechteck   c) Quadrat   d) Quadrat

S. 185, 14.
a) 66   b) 9   c) 50   d) 50
e) 88   f) 50   g) 33   h) 6

S. 185, 15.
a)

	a	a · a	4 · a
①	5	25	20
②	6	36	24
③	3	9	12
④	11	121	44

b)

	c	d	c · d	2 · c + 2 · d	2 · (c + d)	(c · d) : 2
①	4	7	28	22	22	14
②	4	8	32	24	24	16
③	3	2	6	10	10	3
④	6	5	30	22	22	15

Prüfe dein neues Fundament (S. 194/195)

S. 194, 1.
a) Figur ①. In ihr sind 16 kleine Quadrate enthalten, so viele Quadrate, wie in keiner anderen Figur.
b) Figur ④. Ihr Umfang ist 2 Kästchenlängen größer als der Umfang jeder anderen Figur.
c) Gleichen Umfang haben ①, ②, ③ und ⑤.
d) Gleichen Flächeninhalt haben ②, ③ und ④.

S. 194, 2.

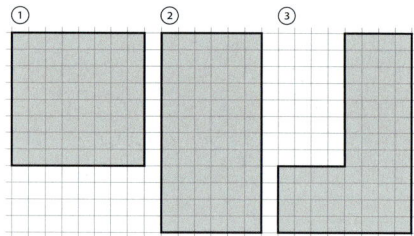

a) Figuren nach Umfanggröße geordnet: ①, ②, ③
b) Figuren nach Flächeninhalt geordnet: ①/③, ②

S. 194, 3.
a) $2\,m^2 = 20\,000\,cm^2$ b) $300\,cm^2 = 3\,dm^2$
c) $1\,ha = 10\,000\,m^2$ d) $200\,m^2 = 2\,a$

S. 194, 4.

	a)	b)	c)	d)
Breite a	3 m	4 cm	2 cm	20 cm
Länge b	5 m	4 cm	4 cm	5 dm
Flächeninhalt A	$15\,m^2$	$16\,cm^2$	$8\,cm^2$	$1\,000\,cm^2$
Umfang u	16 m	16 cm	120 mm	140 cm

S. 194, 5.
a)

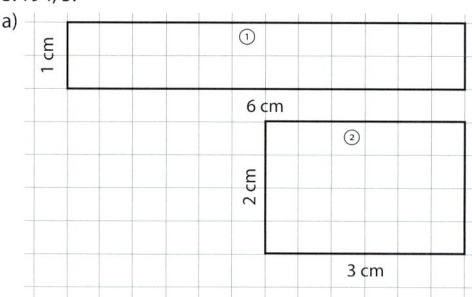

①: u = 14 cm
②: u = 10 cm

b)

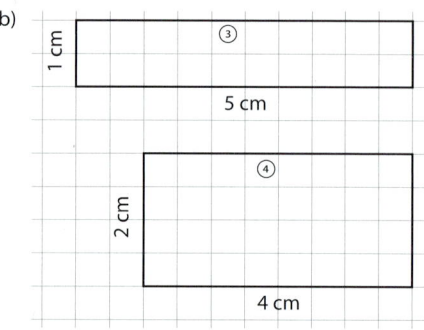

①: $A = 5\,cm^2$
②: $A = 8\,cm^2$

S. 194, 6.
a) Der Umfang vergrößert sich um 4 cm.
b) Der Umfang vergrößert sich um 8 cm.

S. 195, 7.
a) Der Umfang des Quadrats verdoppelt bzw. halbiert sich ebenfalls.
b) Der Flächeninhalt des Quadrats steigt auf das Vierfache an bzw. verringert sich auf ein Viertel.

S. 195, 8.
a) Streichholzschachtel, $3\,cm \times 5\,cm \times 1{,}5\,cm$
 – größte Fläche: $3\,cm \times 5\,cm$
  $u = 2 \cdot (3\,cm + 5\,cm) = 16\,cm$
  $A = 3\,cm \cdot 5\,cm = 15\,cm^2$
 – kleinste Fläche: b = 3 cm, h = 1,5 cm
  $u = 2 \cdot (3\,cm + 1{,}5\,cm) = 9\,cm$
  $A = 3\,cm \cdot 1{,}5\,cm = 4{,}5\,cm^2$
b) Schuhkarton, $20\,cm \times 31\,cm \times 11\,cm$
 – größte Fläche: $20\,cm \times 31\,cm$
  $u = 2 \cdot (20\,cm + 31\,cm) = 102\,cm$
  $A = 20\,cm \cdot 31\,cm = 620\,cm^2$
 – kleinste Fläche: $20\,cm \times 11\,cm$
  $u = 2 \cdot (20\,cm + 11\,cm) = 62\,cm$
  $A = 20\,cm \cdot 11\,cm = 220\,cm^2$
c) Würfel, $3{,}5\,cm \times 3{,}5\,cm \times 3{,}5\,cm$
 – größte Fläche = kleinste Fläche: $3{,}5\,cm \times 3{,}5\,cm$
  $u = 2 \cdot (3{,}5\,cm + 3{,}5\,cm) = 14\,cm$
  $A = 3{,}5\,cm \cdot 3{,}5\,cm = 12{,}25\,cm^2$
d) Quader, $5\,cm \times 3\,cm \times 4\,cm$
 – größte Fläche: $5\,cm \times 4\,cm$
  $u = 2 \cdot (4\,cm + 5\,cm) = 18\,cm$
  $A = 4\,cm \cdot 5\,cm = 20\,cm^2$
 – kleinste Fläche: $4\,cm \times 3\,cm$
  $u = 2 \cdot (4\,cm + 3\,cm) = 14\,cm$
  $A = 4\,cm \cdot 3\,cm = 12\,cm^2$

S. 195, 9.
Es sind 8 Eimer Farbe erforderlich.

S. 195, 10.
a) Nach der Richtlinie sind 140 Hühner auf $20\,m^2$ erlaubt. Frau Kluge hat nur 120 Hühner auf $24{,}75\,m^2$ und erfüllt die Richtlinie.
b) Sie muss 20 m Zaun kaufen.
c) Der Auslauf würde $25\,cm^2$ größer.
d) Sie benötigt dann 15,50 m Zaun.

Lösungen

Wiederholungsaufgaben (S. 195)

S. 195, 1.
a) 590 – 240 = 350
b) 395 – 85 = 310
c) 999 : 9 = 111
d) 20 + 55 · 4 = 240

S. 195, 2.
a) 123 cm = 1 230 mm
b) 57 mm = 0,57 dm
c) 2,5 kg = 2500 g
d) 465 kg = 0,465 t
e) 1 g 25 mg = 1025 mg
f) 225 min = 3,75 h

S. 195, 3.
  208
+ 692
  900

S. 195, 4.
250 006

Lösungen zu Kapitel 9: Volumen und Oberflächeninhalt

Dein Fundament (S. 198/199)

S. 198, 1.
a) b ∥ c
b) a ⊥ f
c) a und b

S. 189, 2.
a)
b)

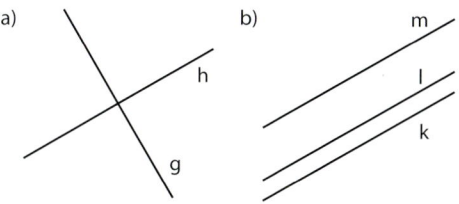

S. 198, 3.
a) $\overline{AB} \parallel \overline{ED}$, $\overline{AE} \parallel \overline{BD}$, $\overline{BE} \parallel \overline{CD}$
b) $\overline{AB} \perp \overline{AE}$, $\overline{AE} \perp \overline{ED}$, $\overline{ED} \perp \overline{BD}$, $\overline{BD} \perp \overline{AB}$, $\overline{EB} \perp \overline{BC}$, $\overline{BC} \perp \overline{DC}$
c) gleichlang: $\overline{AB}$, $\overline{BD}$, $\overline{DE}$, $\overline{EA}$
   gleichlang: $\overline{BC}$, $\overline{CD}$

S. 198, 4.
a) Gerade g zeichnen, den Punkt A auf g festlegen und mit Geodreieck rechten Winkel zu g in A zeichnen. Der freie Schenkel ist die Senkrechte s zu g.
b) Gerade g und die Senkrechte s wie in a) zeichnen, dann 1,5 cm zu g auf s markieren und durch die Markierung mit Geodreieck die Parallele zu g zeichnen. Es gibt unendlich viele Parallelen zu g.

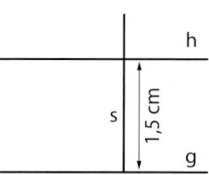

S. 198, 5.
a) 4 cm · 4 cm = 16 cm²
b) 2 cm · 3 cm = 6 cm²

S. 198, 6.

Rechteck	a)	b)	c)	d)	e)
a	15 cm	50 m	21 cm	3,5 m	5 dm
b	3 cm	10 m	6 cm	2 m	5 dm
A	45 cm²	500 m²	126 cm²	7 m²	25 dm²

S. 198, 7.
z. B. ① 2 cm × 6 cm, ② 3 cm × 4 cm

S. 198, 8.
a) 24 b) 16 c) 52 d) 27 e) 24 f) 52

S. 199, 9.

a)
	a	a²	a³	6 · a²
①	5	25	125	150
②	3	9	27	54
③	2	4	8	24
④	1	1	1	6

b)
	a	b	c	a · b · c	2 · (a · b + a · c + b · c)
①	2	3	4	22	52
②	6	2	3	36	72
③	3	3	3	27	54
④	1	2	1	2	10

S. 199, 10.
a) 18   b) 14   c) 22   d) 10

S. 199, 11.
a) Bauplan ③
b)

zu 10 a)			zu 10 b)			zu 10 c)			zu 10 da)		
3	2	1	3	2	1	3	3	3	3	2	1
3	2	1	2	2	1	3	2	2	2	1	
3	2	1	1	1	1	3	2	1	1		

S. 199, 12.
a) 3 Würfel   b) 5 Würfel

S. 199, 13.
a) 200 cm   b) 5 cm   c) 2 000 cm
d) 40 cm   e) 25 cm   f) 12 cm   g) 0,5 cm

S. 199, 14.
a) 3 cm²   b) 20 000 cm²   c) 500 cm²   d) 5 cm²

S. 199, 15.
a) 2 ℓ = 2 000 mℓ   b) 0,5 ℓ = 500 mℓ
c) 750 mℓ = 0,75 ℓ   d) $\frac{1}{4}$ ℓ = 250 mℓ

Prüfe dein neues Fundament (S. 214/215)

S. 214, 1.
a) Aussage gilt für alle Quader.
b) Aussage ist immer falsch.
   Es stoßen bei jedem Quader immer nur drei Begrenzungsflächen an den Ecken aneinander.
c) Aussage gilt nur für Würfel.

Lösungen

S. 214, 2.
a) 105 Einheitswürfel
b) 729 Einheitswürfel
c) 1200 Einheitswürfel

S. 214, 3.
Zusammenstoßende Kanten haben die gleiche Ziffer.
a) Dieses Netz ergibt einen Würfel.

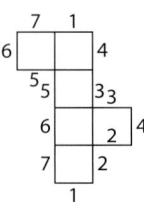

b) Dieses Netz ergibt keinen Würfel, da beim Falten Quadrate übereinander liegen werden.

c) Dieses Netz ergibt einen Würfel.

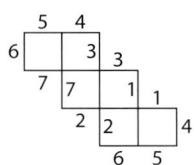

d) Dieses Netz ergibt einen Würfel.

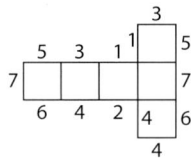

S. 214, 4.
Mögliche Lösung:

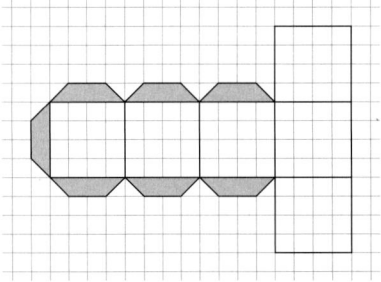

S. 214, 5.
a)

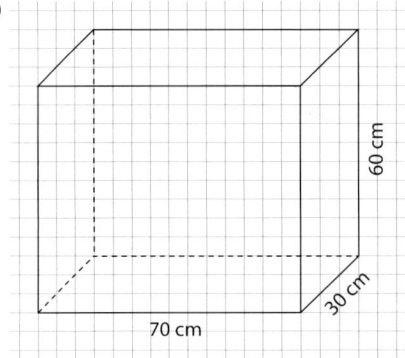

b)

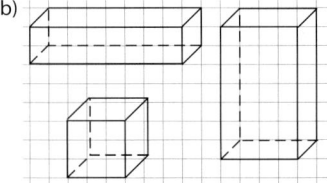

c) O = 16 200 cm² = 162 dm²; V = 126 000 cm³ = 126 dm³

S. 214, 6.
Figuren b) und c) passen zu dem Schrägbild. Bei Figur a) sind drei Würfel in einer Reihe und bei Figur d) sind 5 Würfel zu sehen.

S. 214, 7.
a) 20 000 mm³   b) 6000 cm³
c) 15 m³   d) 3 000 000 mm³
e) 30 000 000 mm³   f) 6 000 000 cm³
g) 15 000 000 000 mm³   h) 3 ℓ

S. 214, 8.
Der Inhalt reicht für 50 000 Gläser.

S. 215, 9.
a) Der rechte Körper könnte eine ein Würfel mit der Kantenlänge 1,5 cm sein. Die Vorderfläche ist ein Quadrat mit der Seitenlänge von 1,5 cm und die Tiefenlinie von 0,75 cm ist die Häfte von 1,5 cm.

b)

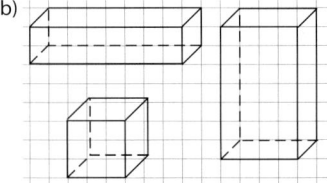

S. 215, 10.
a)

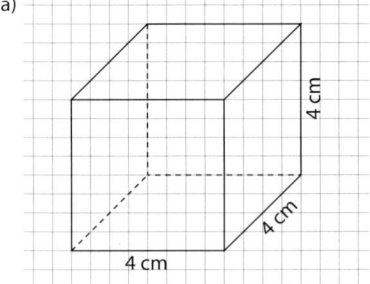

b)
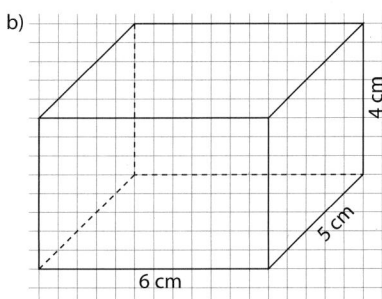

c) V = 27 cm³ ⇒ a = 3 cm

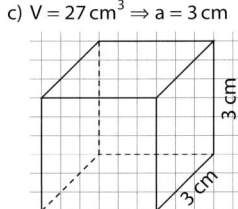

S. 215, 11.

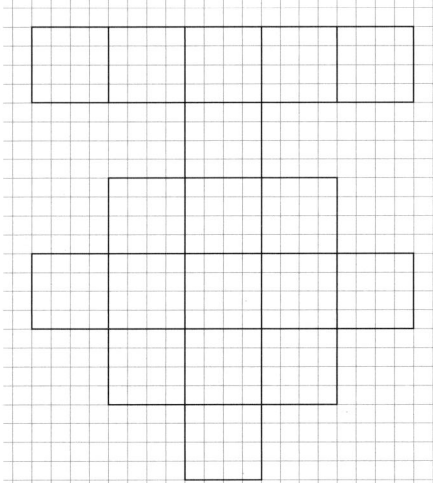

S. 215, 12.
a) Mögliche Zeichnung:

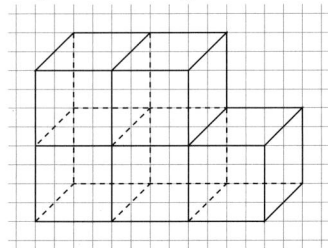

b) V = 40 cm³; O = 80 cm²
c) Die Volumen der beiden Körper sind gleich, da beide aus 5 Würfeln bestehen. Körper ① hat eine kleinere Oberfläche, da bei ihm 10 Flächen und bei Körper ② nur 8 Flächen zusammen geklebt werden.

Wiederholungsaufgaben (S. 215)

S. 215, 1.
a) Der Tank ist zur Hälfte gefüllt.
b)

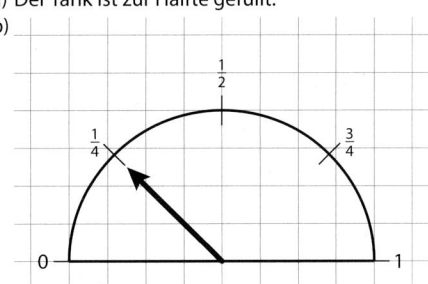

S. 215, 2.
```
  5 6 6
-   3 2 3
-------
  2 4 3
```

S. 215, 3.
a) 75 dm   b) 1400 g   c) 9250 m   d) 225 mm

S. 219, 4.
Sven hat mit seiner Behauptung nicht recht.
Das Quadrat hat bei vorgegebener Größe des Umfangs immer den größten Flächeninhalt, und umgekehrt bei vorgegebenem Flächeninhalt hat das Quadrat immer den geringsten Umfang.

Zu Svens Beispiel:
a = 10 cm; b = 4 cm   → u = 28 cm; A = 40 cm²
Quadrat mit u = 28 cm → a = 7 cm;   A = 49 cm²

Das Geodreieck (Geometriedreieck)

Das Geodreieck kannst du verwenden:

– als **Lineal** zum Zeichnen und Messen von (geraden) Linien,
– als **Zeichendreieck** zum Zeichnen und Prüfen spezieller Winkel (45° und 90°),
– als **Winkelmesser** zum Zeichnen und Messen beliebiger Winkel,
– als **Hilfsmittel** zum Zeichnen und Prüfen von parallelen und senkrechten Linien.

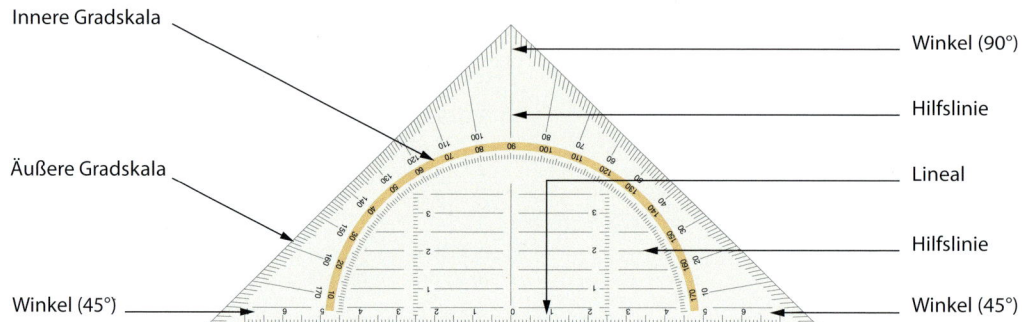

So kannst du Winkel mit dem Geodreieck messen:

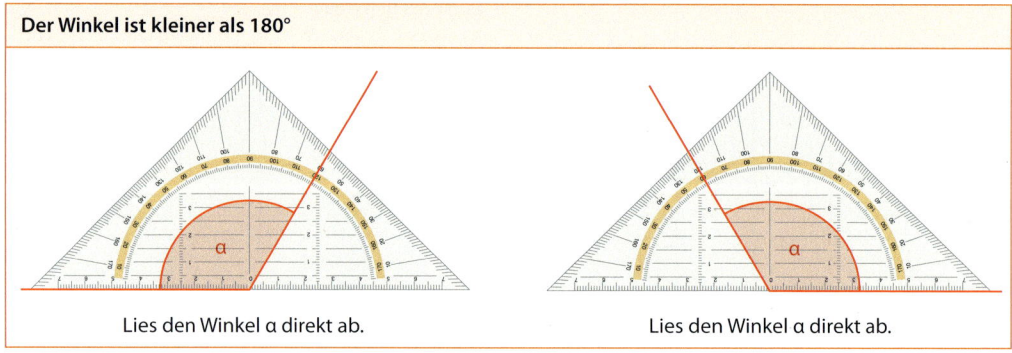

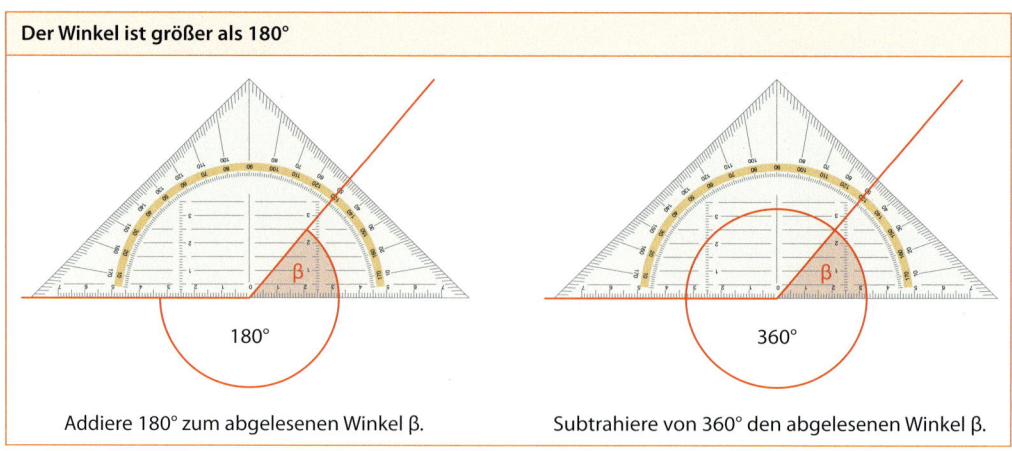

Körper und Körpernetze

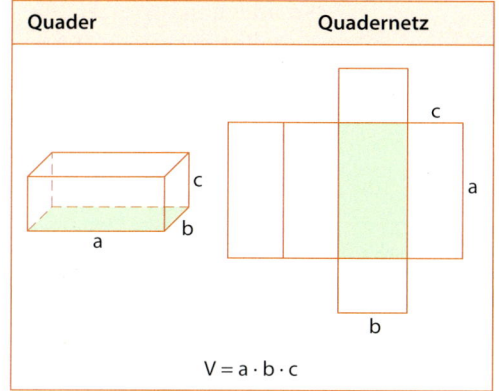

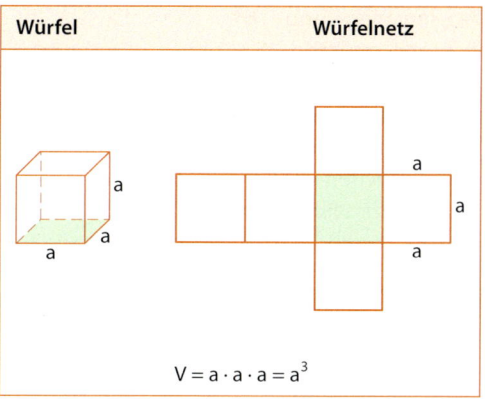

Würfelnetze

Würfelschrägbilder

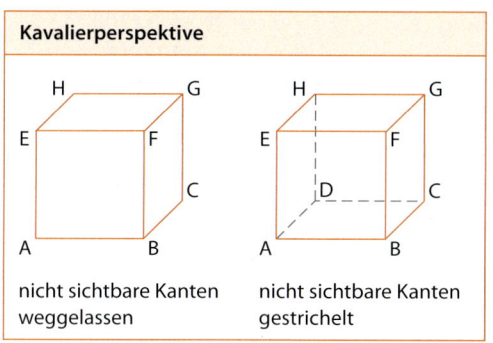

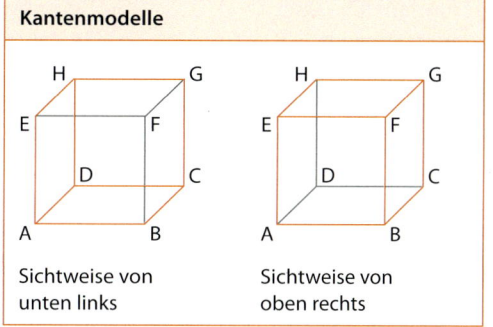

Stichwortverzeichnis

Achsenspiegelung 164
Achsensymmetrie 161, 182
Addition 29, 40, 45, 46
– gleichnamiger Brüche 86
– natürlicher Zahlen 29
– von Brüchen 108
– von Dezimalbrüchen 99, 108
Ar 134
arabische Zahlen 22
Assoziativgesetz,
  Verbindungsgesetz 40, 41
– der Addition 40
– der Multiplikation 41
Ausgangsgleichung 72
Aussage 66, 72

Balkendiagramm 8, 16
Bildlänge 131, 132
Bildpunkt 164, 172
Bildstrecke 131, 132
Brüche 73, 94, 108
– echte 76, 108
– erweitern 108
– gleichnamige 82, 108
– kürzen 108
– ordnen 108
– unechte 76, 108
– ungleichnamige 82
Bruchstrich 76

Daten 5, 8, 16
Dezimalbrüche 73, 90, 94
– addieren 108
– multiplizieren 108
– runden 97, 108
– subtrahieren 108
Diagramm 8, 16
– Balkendiagramm 8, 16
– Diagrammlegende 16
– Diagrammüberschrift 16
– Säulendiagramm 8
Diagrammart 10, 16
Differenz 29, 43
Distributivgesetz,
  Verteilungsgesetz 43
Dividend 32
Division 32, 43, 52
Divisionszeichen 76

Divisor 32
Drehung 172, 182
Drehwinkel 172
Drehzentrum 172
Dreieck 148

echter Bruch 76, 108
Einheit 117, 123, 126
Einheitsquadrat 189, 196
Einheitswürfel 137, 206
endlicher Dezimalbruch 90
Erweitern 79
Erweiterungszahl 79

Faktor 32
Figur 161, 162, 186
Flächeneinheit 135, 196
Flächeninhalt 134, 135, 189, 196
– von Quadraten 189, 196
– von Rechtecken 189, 196
Fünfeck 196

gemischte Zahl 76, 108
GEOGEBRA 174
geometrische Figuren 148
Gerade 150, 174, 182
gestreckter Winkel 166, 170, 182
Gleichheitszeichen 66
gleichnamiger Bruch 82, 108
Gleichung 61, 66, 72
Größe 64, 72, 117, 170
Größenanteile 129
Größenumwandlung 123
große Zahlen 24

Häufigkeit 8, 16
Häufigkeitstabelle 8, 16
Hektar 134

Klammer 37
Kommaverschiebungs-
  regel 123
Kommutativgesetz, Ver-
  tauschungsgesetz 40, 41
– der Addition 40
– der Multiplikation 41

Koordinaten 157, 158, 182
Koordinatensystem 157, 158, 182
Koordinatenursprung 157
Körper 216
Körpernetz 200, 216
– Quader 200
– Würfel 200
Kürzen 79
Kürzungszahl 79

Lagebeziehungen von
  Geraden 150
Länge 120
Längeneinheit 196
Lot 150, 182

Masse 120
Maßstab 131, 144
Maßzahl 123, 126, 134, 137
Minuend 29
Multiplikation 32, 40, 41, 43, 45, 50
– natürlicher Zahlen 32
– von Dezimalbrüchen 101, 108

Nachfolger 20
natürliche Zahlen 29, 32, 46, 48, 50, 52
– darstellen 20
– runden 27
n-Eck (Vieleck) 148
Netz
– eines Quaders 200
– eines Würfels 200
Nullwinkel 170, 182

Oberflächeninhalt 203, 216
Ordnen 108
Originallänge 131, 132, 209
Originalpunkt 164, 172
Originalstrecke 131, 132

parallel 150, 174
Parallelogramm 148
Parallelverschiebung 154, 182
Platzhalter 64, 72

Stichwortverzeichnis

Potenz 33
Potenzieren 33
Potenzschreibweise 33
Potenzwert 33
Probe 72
Produkt 32, 43
Prozent 94
Prozentschreibweise 108
Punktrechnung 37
Punktsymmetrie 176

Quader 200, 203, 209, 216
– Volumen 206
– Würfel 216
Quadernetz 200, 201
Quadrat 148, 186, 189, 196
Quotient 32, 43

Rechengesetze 40, 41
Rechenvorteile 45
Rechteck 148, 186, 189, 190, 196
rechter Winkel 166, 170, 182
rechtwinkliges Koordinatensystem 157
römische Zahlen 22

Säulendiagramm 8
Scheitelpunkt 166, 182
Schenkel eines Winkels 166, 182
Schrägbild 209
– von Quadern 209, 216
– zusammengesetzter Körper 209
senkrecht 150, 174
Spiegelachse 164
Spiegelbild 164
Spiegelung 182
spitzer Winkel 166, 169, 170, 182
stellengerecht 99
Stellenwerttafel 24
Strahl 150, 182
Strecke 150, 174, 182
Strichliste 8, 16
Strichrechnung 37
stumpfer Winkel 166, 170, 182
Subtrahend 29
Subtraktion 29, 45, 48

– gleichnamiger Brüche 86
– natürlicher Zahlen 29
– von Brüchen 108
– von Dezimalbrüchen 99, 108
Summand 29, 40
Summe 29, 43
Symmetrieachse 162, 182

Tabelle 8
Tabellenkalkulation 10, 16
Term 64, 66, 72
Termwert 64, 72
Trapez 148

überstumpfer Winkel 166, 170, 182
Umfang 186
– eines Quadrats 186, 196
– eines Rechtecks 186, 196
– eines Vielecks 186, 196
Umkehroperation 30, 33
Umrechnungszahl 126, 135, 138, 144
unechter Bruch 76, 108
ungleichnamiger Bruch 82

Variable 64, 72
Verbindungsgesetz 40, 41
Verbindungslinie 182
Verbindungsstrecke 164
Vergleichen 108
Vergleichsgröße 135, 138
Vergrößerung 131, 132
Verkleinerung 131, 132
Verschiebungslänge 154
Verschiebungsrichtung 154
Vertauschungsgesetz 40, 41
Verteilungsgesetz 43
Vieleck 186, 196
Viereck 148
Vollwinkel 169, 170, 182
Volumen 137, 216
– eines Quaders 206, 216
– zusammengesetzter Körper 206
Volumenangabe 138
Volumeneinheit 138, 216
– nächstgrößere 137
– nächstkleinere 137
Vorgänger 20

Vorrangregel 37

wahre Aussage 66, 72
Winkel 172, 182
– 45°-Winkel 209
– gestreckter Winkel 166, 170, 182
– Nullwinkel 170
– rechter Winkel 166, 170, 182
– spitzer Winkel 166, 169, 170, 182
– stumpfer Winkel 166, 170, 182
– überstumpfer Winkel 166, 170, 182
– Vollwinkel 166, 170, 182
Winkelarten 166, 170, 182
Winkeleinheit 169
Winkelgröße 169, 170
Würfel 200, 216

x-Achse 157

y-Achse 157

Zahlen 20, 64, 72
– arabische Zahlen 22
– Erweiterungszahlen 79
– gemischte Zahlen 76, 108
– große Zahlen 24
– Kürzungszahlen 79
– natürliche Zahlen 29, 32
– römische Zahlen 22
Zahlenstrahl 18, 82, 90
Zehnerpotenz 33
Zehntel 132
Zeit 120
Zeitdauer 121
zusammengesetzte Körper 206, 209

Bildnachweis

Einband: F1 online | **5** Fotolia/Alexander Raths | **13** Fotolia/Jisign | **17** Fotolia/crisod | **20** Fotolia/Fotosasch | **21** Fotolia/FX Berlin | **22** Shutterstock/sbchuck o.; Fotolia/Seamartini M. | **24** Fotolia/tai111 | **26** Mauritius images/BSIP SA / Alamy | **27** picture-alliance/dpa | **29** Fotolia/Margie Hurwich o.; Fotolia/Fotosasch u. | **30** Fotolia/Matthew Cole | **32** Fotolia/Charnsitr o.; Fotolia/Fotosasch u. | **35** Fotolia/Silroby | **36** Fotolia (2) | **37** Fotolia/bpstocks | **39** Fotolia/ra2studio | **42** Fotolia/Fotosasch | **45** Fotolia/Eleonora Ivanova (2) | **47** Fotolia/Andrey Kuzmin | **48** Fotolia/stockphotograf | **50** Fotolia/ArTo | **51** Fotolia/extender 01 | **52** Fotolia/Andrew Kazmierski | **53** Fotolia/Matthew Cole | **54** Fotolia/GVictoria l.; Fotolia/Leoba u. | **55** Fotolia/Sylverarts | **56** Fotolia/Viktor | **57** Fotolia/Matthew Cole | **59** Fotolia/Sandra Thiele l.; Fotolia/seen M.; Fotolia/deusexlupus r. | **61** Fotolia/Malena und Philipp K | **64** Fotolia/Fotosasch | **65** Fotolia/Schneider Foto | **66** Fotolia/Fotosasch | **67** Fotolia/Nenov Brothers | **69** Fotolia/Felix Pergande | **71** interfoto_rm | **73** Fotolia/satori | **74** Fotolia/Aleksandr Bryliaev l. | **76** Fotolia/venimo o.; Fotolia/kiboka | **78** Fotolia/aleks49011 | **79** Fotolia/Liaurinko | **82** Hartmann, Peter, Berlin | **90** Fotolia/Denis Junker | **92** Fotolia/kelttt | **93** Fotolia/Africa Studio | **96** Fotolia/Matthew Cole o.; Fotolia/Eleonora Ivanova u. | **97** Fotolia/Monkey Business | **99** Fotolia/2006 James Steidl James Group Studios inc. | **100** Fotolia/Matthew Cole | **101** Fotolia/Fatman73 | **103** Fotolia/mouse_md o.; Fotolia/Alexander Potapov | **104** http://web.me.com/vieloryb/index.html/ © 2010 TheVectorminator. All Copyright Reserved. vieloryb(at)me(dot)com | **105** Fotolia/michaeljung o.; Fotolia/xcid u. | **109** Fotolia/Yantra | **110** Hemera l.; Fotolia/Fotosasch r. | **111** Fotolia/contrastwerkstatt | **114** Shutterstock/Farferros | **115** F1 online/Dr. Wilfried Bahnmüller | **116** Fotolia/Fotosasch | **117** dpa | **120** Fotolia/GeorgSV | **121** Fotolia/www.bildidee.net | **123** Fotolia/FotoJagodka 2013 | **125** Fotolia/mariusz szczygieł | **126** stock.adobe.com/janvier | **128** Fotolia/otahei o.; Fotolia (2) u. | **129** Fotolia/farbkombinat l.; Fotolia/Africa Studio M.; Fotolia/Tatyana Nyshko r. | **130** Fotolia/Sebastian Luenenstrass | **131** Kartografie Peter Kast, Wismar | **132** Fotolia/kelttt | **133** Fotolia/Oddoai l.; Fotolia/Antony McAulay M., r. | **136** Fotolia/Zerbor | **137** Fotolia/amalia7 | **138** Fotolia/Jiri Hera (1); Fotolia/osphotodesign (2); Fotolia/euthymia (3); Günter Liesenberg (4) | **139** Fotolia/mouse_md | **140** Fotolia/deusexlupus o.; F1online u. | **141** picture alliance / dpa o.; Shutterstock/Joe Gough u. | **143** Hemera o.; Fotolia/Osterland u. | **145** Fotolia/Grischa Georgiew | **148** Shutterstock/Roman Sigaev | **153** GlowImages/ArTo o.; Fotolia r. | **154** Mauritius images/Hercules Milas / Alamy (2) | **160** Fotolia/AlexanderZam o. r.; Amtlicher Stadtplan Bielefeld © Amt für Geoinformationen und Kataster 7/2013 u. | **161** Maya Brandl, Berlin | **162** Fotolia/ufotopixl10 | **163** Fotolia/Marco Uliana l.; Fotolia/amokhin Roman M.; Fotolia/Cherry-Merry r.; Fotolia/Viorel Sima u. | **164** Fotofinder International/Science Museum, London | **165** Fotolia/Thomas Aumann | **168** Fotolia/kelttt | **171** Fotolia/Eleonora Ivanova | **172** Fotolia/pettys | **173** Fotolia/Cobalt | **178** Fotolia/puckillustrations | **183** Fotolia/emeritus2010 | **184** Fotolia/Cobalt | **188** stock.adobe.com/janvier | **189** Fotolia/KB3 | **190** Fotolia/kraska | **195** Fotolia/Callahan | **197** Maya Brandl, Berlin | **203** BILDART Volker Döring, Hohen-Neuendorf | **204** Fotolia/kraska | **207** Fotolia/vberla | **208** Fotolia/babimu l.; Fotolia/koosen | **213** Fotolia | **214** Fotolia/Janina Dierks | **217** Fotolia/Gerhard Seybert - Sankt Nikolaus Str.6 - 47608 Geldern | **218** Fotolia/Fotosasch | **222** Fotolia/eyetronic | **224** Fotolia/rustamank | **225** Fotolia/Robert Kneschke | **226** stock.adobe.com/janvier (5) | **227** BILDART Volker Döring, Hohen-Neuendorf | **228** Maya Brandl, Berlin | **229** Fotolia/eermedia.de o.; Fotolia/topae u. | **230** Fotolia/© www.pelzinger.de o.; Fotolia/Serg Shalimoff 2009 u. | **231** Fotolia/Christian Schwier | **232** Dr. Sandra Wortmann, Ense (2) | **234** Fotolia/Fotowerk